U0792614

高校经典教材同步辅导丛书

电工学电子技术

（第七版·下册）

同步辅导及习题全解

主　编　陈　勇　孟祥曦

中国水利水电出版社
www.waterpub.com.cn

内容提要

本书是与秦曾煌主编的《电工学（下册）电子技术·第七版》（高等教育出版社出版）一书配套的同步辅导和习题解答辅导书。

本书按教材内容安排全书结构，各章均包括重点内容提要、练习与思考题解答、课后习题全解三部分内容。全书按教材内容，针对各章节全部习题给出详细解答，思路清晰，逻辑性强，循序渐进地帮助读者分析并解决问题，内容详尽，简明易懂。

本书可作为本科非电专业学生和自考生学习电工学课程的辅导材料和复习参考用书，及工科考研学生强化复习的指导书，也可以作为教师的教学参考书。

图书在版编目（CIP）数据

电工学电子技术（第七版下册）同步辅导及习题全解 / 陈勇，孟祥曦主编. -- 北京 : 中国水利水电出版社，2010.1（2022.8重印）
（高校经典教材同步辅导丛书）
ISBN 978-7-5084-7160-0

Ⅰ. ①电… Ⅱ. ①陈… ②孟… Ⅲ. ①电工学－高等学校－教学参考资料②电子技术－高等学校－教学参考资料 Ⅳ. ①TM1②TN01

中国版本图书馆CIP数据核字(2010)第010677号

策划编辑：杨庆川　责任编辑：杨元泓　加工编辑：李　燕　封面设计：李　佳

书　　名	高校经典教材同步辅导丛书 **电工学电子技术（第七版·下册）同步辅导及习题全解**
作　　者	主编　陈　勇　孟祥曦
出版发行	中国水利水电出版社 （北京市海淀区玉渊潭南路1号D座　100038） 网址：www.waterpub.com.cn E-mail：mchannel@263.net（万水） sales@mwr.gov.cn 电话：（010）68545888（营销中心）、82562819（万水）
经　　售	北京科水图书销售有限公司 电话：（010）68545874、63202643 全国各地新华书店和相关出版物销售网点
排　　版	北京万水电子信息有限公司
印　　刷	三河市祥宏印务有限公司
规　　格	170mm×227mm　16开本　16.5印张　405千字
版　　次	2010年1月第1版　2022年8月第10次印刷
定　　价	28.00元

前言

"电工学—电子技术"课程一直是高等学校工科电子类相关专业学生的必修课程，学好这门课程对以后其他专业课的学习有着至关重要的影响。为了适应当前教育事业改革与发展的趋势，满足广大学习电子技术课程读者的需要，我们特地编写了本书。

本书是以秦曾煌主编的《电工学(下册)电子技术·第七版》一书中的练习与思考题和课后习题为参考而编写的。本书主要内容包括重点内容提要、练习与思考题解答、课后习题全解三部分。本书从分析习题的电路模型、条件与结论之间的关系入手，建立清晰的脉络，理清解题思路，使学生能够掌握分析方法和解题方法，并能在解题过程中灵活运用。

本书的主要特点如下：

1. 知识点窍：运用公式、定理及定义点明知识点。

2. 逻辑推理：阐述习题解答过程的精髓。

3. 解题过程：概念清晰、步骤完整、数据准确、附图齐全。

"知识点窍"和"逻辑推理"是本书的精华所在，把"知识点窍"、"逻辑推理"、"解题过程"串起来，做到融会贯通，巩固所学，达到举一反三的效果。这种方法是由多位著名教授针对学生答题弱点的分析而研究出来的一种新型拓展思路的解题方法。"知识点窍"提纲挈领地抓住题目的核心知识，让学生清楚地了解出题者的意图；"逻辑推理"则注重引导学生思维，旨在培养学生科学的思维方法，掌握答题的思维技巧。

为方便读者使用，书中各章节次序和习题编号均与原教材一致。

由于编者水平有限及编写时间仓促，不妥之处在所难免，希望广大读者不吝批评、指正。

编者

2009年12月

目 录

contents

目录
contents

第 14 章

半导体器件

本章重点是导体二极管的单向导电特性、伏安特性以及主要参数；硅稳压二极管的伏安特性、稳压原理及主要参数；晶体管的放大作用、输入特性曲线和输出特性曲线、主要参数以及温度对参数的影响。

14.1 重点内容提要

一、半导体的导电特性

1. 半导体

半导体是指导电能力介于导体和绝缘体之间的一类物质。

2. 本征半导体

本征半导体就是完全纯净的具有晶体结构的半导体。

载流子：电子带负电，空穴带正电，在外电场作用下自由电子移动，相邻的价电子填补空穴而形成空穴移动，它们都能导电。

本征激发产生的自由电子和空穴成对出现，数量取决于环境温度高低。

3. P 型半导体和 N 型半导体

(1)P 型半导体：在纯净半导体中掺入适量三价元素，形成空穴型(P 型)半导体。它的导电能力大大高于本征半导体。其中空穴为多数载流子(简称“多子”)，自由电子为少数载流子(简称“少子”)。

(2)N 型半导体：在纯净半导体中掺入适量五价元素，形成自由电子型(N 型)半导体。其中自由电子为“多子”，空穴为“少子”。

在两种杂质半导体中，整体上电量平衡，对外不显电性(不带静电)。

二、PN 结及其单向导电性

PN 结　又称耗尽层、阻挡层，将两种杂质半导体结合在一起，由于界面两侧载流子浓度不同而产生载流子扩散运动。P 型区空穴向 N 型区扩散，N 型区自由电子向 P 区扩散。在边界两侧两种载流子产生复合，形成带正电和负电的离子。在边界两侧形成空间电荷区，称为 PN 结。

(1) 区内正、负离子带电而不能移动，载流子因复合而数量很少，因此电阻率很高。

(2) 正、负离子形成的内电场阻止多子继续扩散。

(3) 内电场对少子有吸引作用，形成少子的逆向运动，称为漂移。

(4) 在没有外电场作用时，当扩散运动和漂移运动达到动态平衡时，两侧间没有电流，空间电荷区厚度一定。

(5)PN 结正向导通，反向截止，即为单向导电性。

三、二极管

1. 基本结构、符号、伏安特性及主要参数

(1) 结构：将 PN 结两边各引出一个电极便构成一个二极管。其中 P 型区引出阳极 A(+)，N 型区引出阴极 K(−)。符号：A  K

(2) 伏安特性及参数：伏安特性如图 14.1 所示。

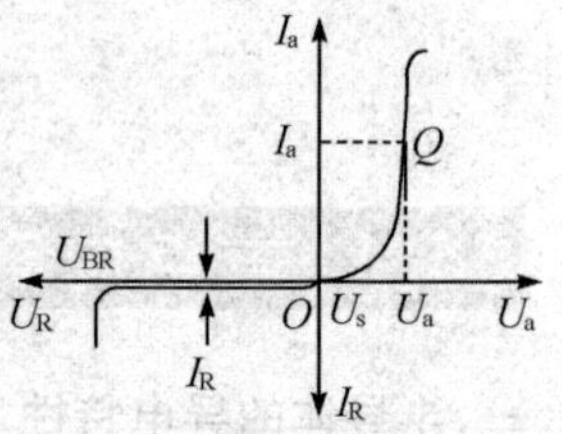

图 14.1

正向 $I_a = f(U_a)$：U_S 为死区电压（硅管为 0.5V，锗管为 0.2V）。U_a 为管压降，随 I_a 而变化很小，可近似取 $U_a = 0.7\text{V}$（硅管），0.3V（锗管）。

反向 $I_R = f(U_R)$：I_R 基本不变，称反向饱和电流。U_{BR} 为反向击穿电压，若外加电压超过 U_{BR}，则 I_R 增大，失去单向导电性，损坏。

2. 半导体二极管的应用

(1) 整流与检波电路。

(2) 限幅电路：有单向限幅和双向限幅两种。

(3) 钳位电路。

(4) 续流电路。

四、稳压二极管

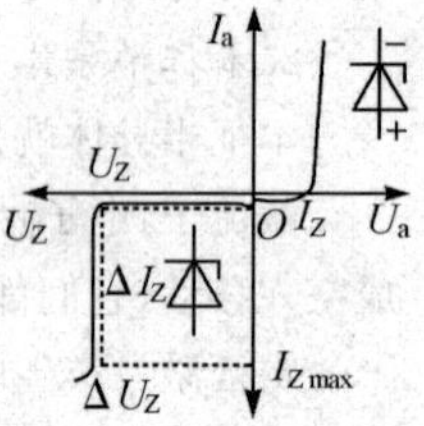

图 14.2

稳压管是一种特殊的面接触型硅二极管，其伏安特性及符号如图 14.2 所示。反向工作在击穿状态，管压降 U_Z 几乎不随电流 I_Z 变化，故能起稳压作用。

1. 主要参数

稳定电压 U_Z、稳定电流 I_Z、最大稳定电流 I_{ZM} 或最大允许功耗 $P_Z(=U_Z I_{ZM})$、动态电阻 $r_Z(=\dfrac{\Delta U_Z}{\Delta I_Z})$ 和电压温度系数 α_U 等。

2. 稳压管的应用

(1) 等效电路如图 14.3 所示。

(2) 实现简单稳压电路如图 14.4(a) 所示。

(3) 削波电路如图 14.4(b) 所示。

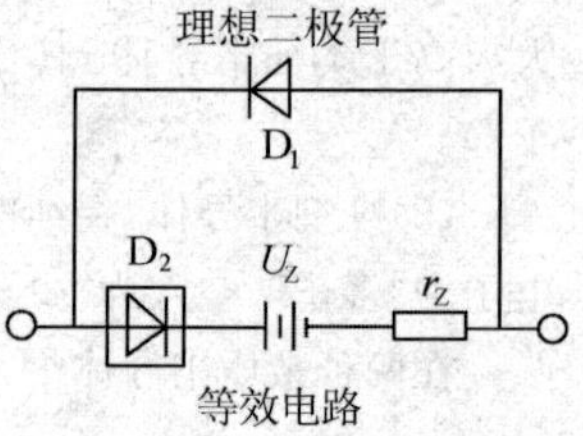

图 14.3

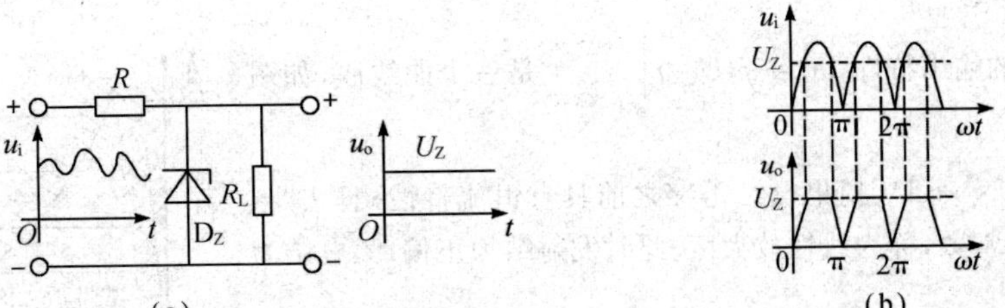

(a)　　(b)

图 14.4

五、晶体管

晶体管又称半导体三极管。

1. 结构与基本放大原理

(1) 晶体管有三个电极和两个PN结，三个电极分别是发射极(E或e)、基极(B或b)和集电极(C或c)，两个PN结是发射结(Je)和集电结(Jc)。

发射区掺杂浓度高，基区薄，集电区掺杂浓度低，集电结的面积比发射结大。

(2) 类型。

1)NPN型和PNP型。

2) 硅(Si)管或锗(Ge)管。

(3) 基本放大电路。

根据实现电流放大作用的要求，供电电源接法应保证：发射结为正向偏置，集电结为反向偏置。两种结构形式的共射极接法电路如图14.5所示。

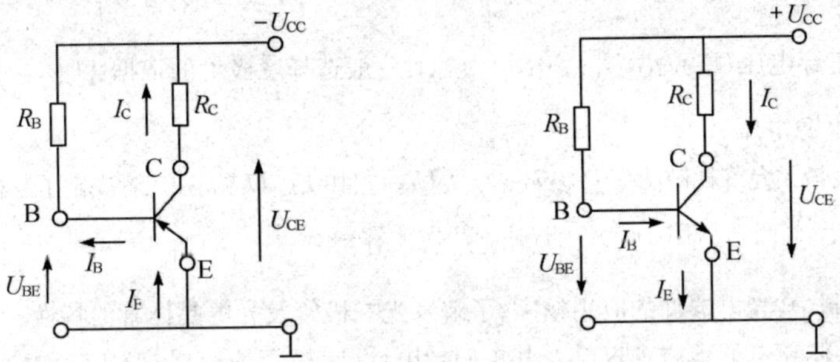

(a)　　(b)

图 14.5

(4) 三极管的构造特点。

1) 发射区面积小，掺杂浓度高，多数载流子数量多。

2) 基区极薄，掺杂浓度很低，多子数量很少。

3) 集电区面积大，掺杂浓度次于发射区而高于基区。

2. 特性曲线

三极管的输出特性 $I_C = f(U_{CE})\Big|_{I_B=常数}$ 是一个曲线簇，如图 14.6 所示。

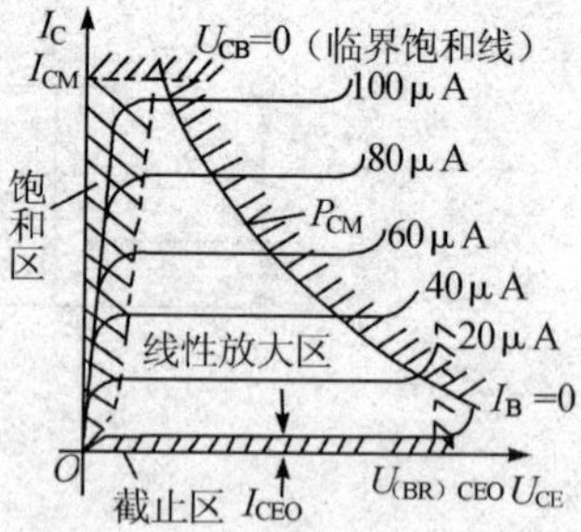

图 14.6

(1) 由 $U_{CE} \geqslant 1V$ 到集电结击穿之前具有恒流特性，且 $I_C = \bar{\beta} I_B$，$\bar{\beta}$ 近似为常数，称为线性放大区。此时发射结为正偏，集电结为反偏。

(2) 当 $I_B \leqslant 0$ 时，$I_C \leqslant I_{CEO}$，称为截止区。此时两个 PN 结均为反偏。

(3) 当 $U_{CB} \leqslant 0$（或 $U_{CE} \leqslant U_{BE}$）时，$I_C \propto U_{CE}$，I_C 与 I_B 无线性关系，称为饱和区。此时两个 PN 结均为正偏。

(4) 三极管用于放大电路时工作在线性放大区，用于数字（或开关）电路时，则工作在饱和区（导通）和截止区（断开）。

3. 主要参数

(1) 电流放大系数（$\bar{\beta}$ 和 β）。

直流（静态）电流放大系数 $\bar{\beta} = \dfrac{I_C}{I_B}$；

交流（动态）电流放大系数 $\beta = \dfrac{\Delta I_C}{\Delta I_B}$。

(2) 反向饱和电流 I_{CBO} 和穿透电流 I_{CEO}：二者间的关系为 $I_{CEO} = (1+\beta) I_{CBO}$。随温度升高而增大，影响电路工作稳定性。

(3) 集电极最大允许电流 I_{CM}：集电极电流超过此值则 β 下降 $\dfrac{1}{3}$。

(4) 反向击穿电压 $U_{(BR)CEO}$，$U_{(BR)CBO}$，$U_{(BR)EBO}$：一般选择三极管的依据：$U_{CC} \leqslant \dfrac{1}{2} U_{(BR)CEO}$，$U_{(BR)EBO} \leqslant 4V$，$U_{CC}$ 为电源电压。

(5) 集电极最大允许耗散功率 P_{CM}：$P_{CM} = I_C U_{CE}$，它和 I_{CM}，$U_{(BR)CEO}$ 三者决定了三极管的安全工作区。

六、光电器件

光工业控制中，光电器件的应用较多。了解发光二极管及光电晶体管的特性。

考点：半导体导电的本质，PN 结及其单向导电性，二极管的应用，稳压管的应用，三极管管脚的判别，三个工作区及其判定。

14.2 练习与思考题解答

14.1.1 解题过程 电子导电是自由电子在外电场作用下定向运动，携带负电荷导电，运动方向与电流方向相反；空穴导电则是由被原子核束缚的价电子在共价键之间递补空穴，在外电场作用下形成空穴的定向运动，携带正电荷导电，运动方向与电流方向相同。

空穴导电是半导体所特有的，不是自由电子递补空穴所形成的，而是价电子递补空穴形成的，空穴参与导电，其数量不减。

14.1.2 解题过程 当在纯净半导体中掺杂时，杂质原子的价电子中多余电子被挤入能级更高的外层，使之易于挣脱原子核引力的束缚，从而成为自由电子；或者因为杂质原子少了一个价电子，而在共价键上形成"空位"，"空位"很容易被相邻原子中的价电子填充，于是在相邻原子上形成空穴。

掺杂浓度增加，这种自由电子或空穴的数量便远远多于本征激发所产生的自由电子或空穴数量，形成多数载流子。

自由电子或空穴和本征激发的空穴或自由电子复合，使本征激发的空穴或自由电子数量更少，形成少数载流子。

由于复合作用，杂质半导体中少子浓度要比本征载流子浓度小得多。

14.1.3 解题过程 不是。N型半导体中五价杂质原子的一个价电子被挤入更外层而挣脱原子核束缚成为自由电子时，该杂质原子便失去一个电子而成为带正电的离子。

P型半导体三阶的杂质原子共价键上空位被填补，在相邻半导体原子上形成一个带正电的空穴，但该杂质原子则多一个价电子，从而成为带负电的离子。

不论N型、P型半导体，多数载流子浓度远远高于少数载流子，但电荷量平衡，整体不带电。

14.3.1 解题过程 当正向超过某值U_S时，正向电流才迅速增大，这个U_S值就称为死区电压。出现死区电压的原因是由于PN结形成后，空间电荷区的内电场阻止多数载流子扩散，当外加正向电压很低时，不能克服内电场的阻碍作用，这样使得正向扩散电流很小，通过二极管的电流较小（近似为0），硅管和锗管的死区电压分别均为0.5V和0.1V。

14.3.2 解题过程 反向电流达到饱和，不随外加电压（反向电压）变化。这是因为反向饱和电流是由少数载流子漂移运动形成，少子的数量很小，稍加反向电压便全部漂移过去。

当温度升高时，本征激发增加，少子增多，反向饱和电流也增大。

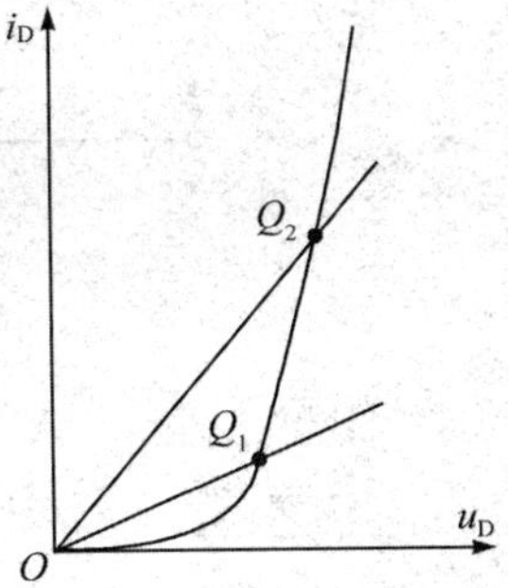

题14.3.3图

14.3.3 解题过程 如题14.3.3图所示，由于当$U > U_{a2}$二极管正向特性曲线上升过快，因此可近似为$U_{a1} \approx U_{a2}$，又因为$I_{a1} \gg I_{a2}$，所以

$$R_1 = \frac{U_{a1}}{I_{a1}} < \frac{U_{a2}}{I_{a2}} = R_2$$

14.3.4 解题过程 万用表表头正极（红色）是内部电池的负极，而表头的负极（黑色）是电池的正

极。若测得二极管为较小正向电阻,则黑笔所触及的是二极管正极,红笔所触及的是二极管负极。若测得的正向电阻较小,而反向电阻很大,则该二极管是好的。若测得正、反向电阻均接近于0,则二极管已击穿损坏。若正、反向电阻均为∞,则二极管已断路。

14.3.5 解题过程　二极管的正向压降:硅管0.6～0.8V(最高不超过1V),锗管0.2～0.3V,因此1.5V干电池接到二极管两端,将使二极管烧坏。

14.3.6 解题过程　2CZ52D型二极管,最大整流电流为100mA,反向峰值电压200V。

14.3.7 知识点窍　二极管状态判别。

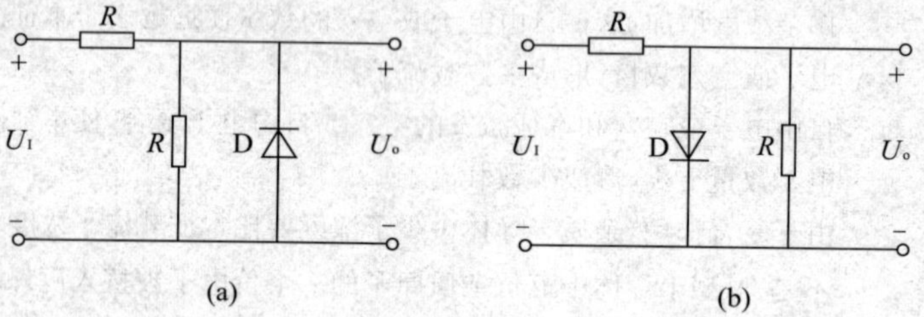

题 14.3.7 图

逻辑推理　先判别二极管处于什么状态,再计算压降。

解题过程　(a) 两电阻分压 $U_R = 1.5\text{V}$

则 $U_P = -1.5\text{V}$,二极管截止,$U_O = U_R = 1.5\text{V}$

(b) 二极管正向导通,$U_O = 0.7\text{V}$

14.3.8 知识点窍　二极管状态判别。

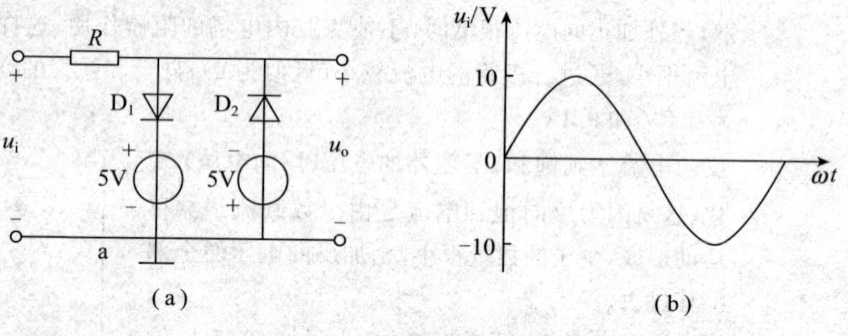

题 14.3.8 图

逻辑推理　先判断二极管在各个时间段的状态,再作图。

解题过程　选择 u_i 负极为零参考点,由图可知 V_{D1} 阴 $=5\text{V}$,V_{D2} 阳 $=-5\text{V}$

当 V_1 阳 $>5\text{V}$ 时,D_1 导通,$u_o = 5\text{V}$

当 V_2 阴 $<-5\text{V}$ 时,D_2 导通,$u_o = -5\text{V}$

u_O 波形如题解 14.3.8 图所示。

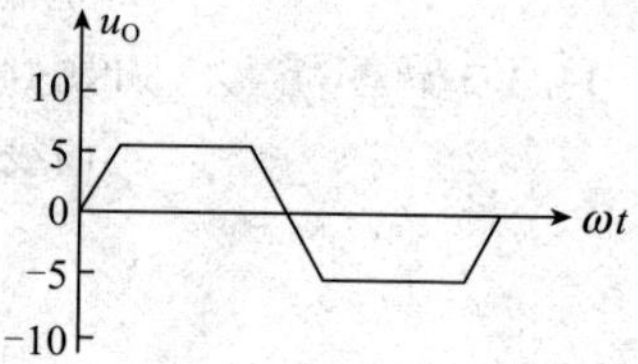

题解 14.3.8 图

14.3.9 知识点窍　先判断两个二极管的状态谁先导通，由相应回路计算电流。

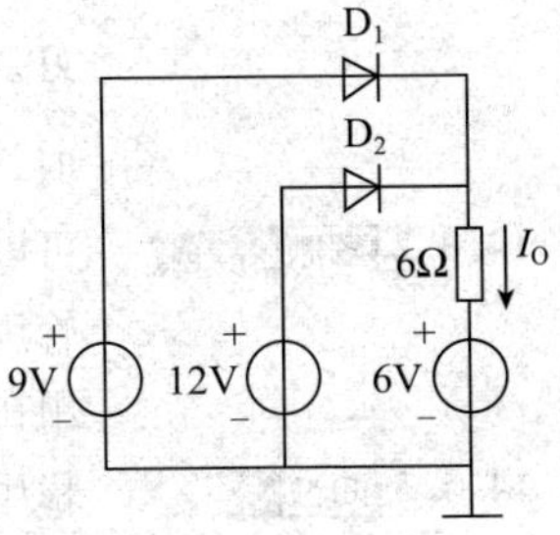

题 14.3.9 图

解题过程　V_{D1} 阳 $= 9V$　V_{D2} 阳 $= 12V$

V_{D1} 阴 $= V_{D2}$ 阴 $= 6V$

$\therefore V_{D1} = 3V$　$V_{D2} = 6V$

从而 D_2 优先导通，由 D_2 构成闭合回路。

$$\therefore I_O = \frac{12-6}{6} = 1A$$

14.3.10 知识点窍　二极管状态判别。

解题过程　化简三个电源支路

$$R_{eq} = 1/(\frac{1}{20}+\frac{1}{20}+\frac{1}{20}) = \frac{20}{3}k\Omega$$

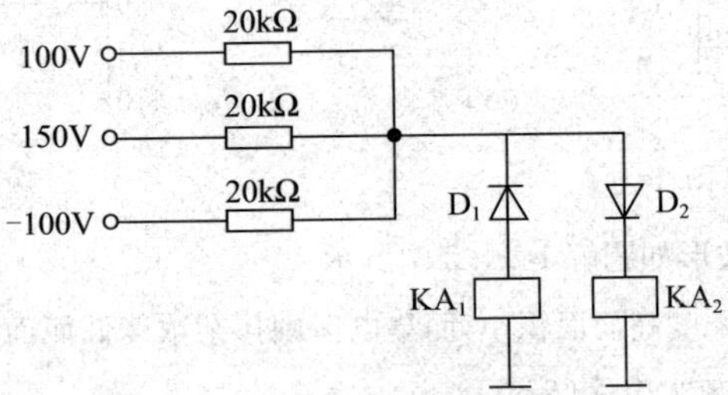

题 14.3.10 图

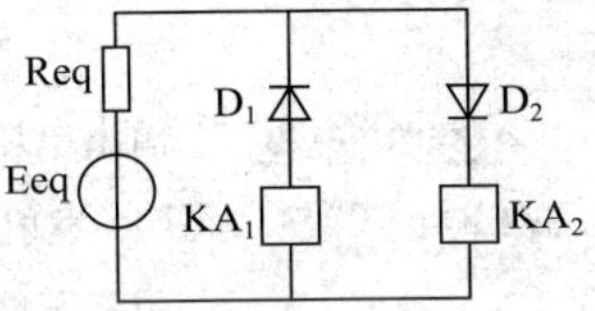

题解 14.3.10 图

$$E_{eq} = R_{eq}(\frac{100}{20}+\frac{150}{20}-\frac{100}{20}) = 50V$$

从而等效电路图如图解 14.11 所示。

由图可知 D_1 截止，D_2 导通，所以 KA_1 不动作。

$$I_{D2} = 50/(\frac{20}{3}+10) = 3mA > 2mA$$

满足 KA_2 动作条件。

14.4.1 解题过程　稳压管的稳压原理是其电压有偏差后，对电压偏差进行调整的过程。题解 14.4.1 图所示的是最基本的稳压管稳压电路。它的稳压过程是

$$U_I\uparrow \rightarrow U_Z\uparrow \rightarrow I_Z\uparrow\uparrow \rightarrow I_R R\uparrow\uparrow = U_R\uparrow \rightarrow (U_I - U_R)\downarrow = U_Z\downarrow \rightarrow \uparrow\downarrow$$

由此可见，稳压是利用一个较小的 ΔU_Z 会产生一个较大的 ΔI_Z 而调整的过程。而且，在 ΔU_Z 相同时，产生的 ΔI_Z 越大，调整效果也就越好，即稳压效果也越

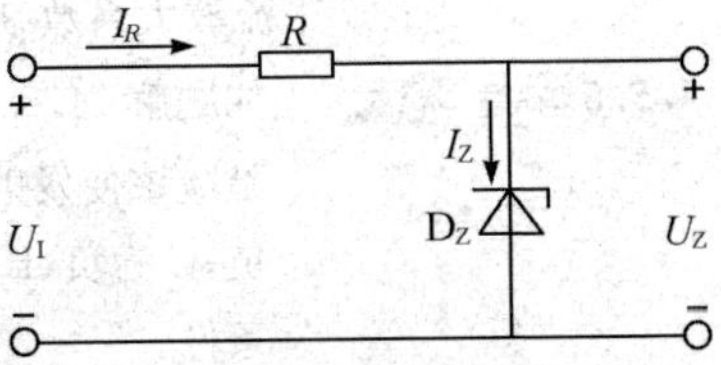

题解 14.4.1 图

好。根据稳压管动态电阻的定义：$r_Z=\dfrac{\Delta U_Z}{\Delta I_Z}$ 可以看到，r_Z 小，就是在 ΔU_Z 一定时，有较大的 ΔI_Z，当然稳压效果好。

14.4.2 解题过程　可以。由于稳压二极管、普通二极管正向特性曲线比较陡，所以也可以作稳压管用，但是因为它们管压降很低：硅管 0.6～0.7V，锗管 0.2～0.3V，所以只用在稳压值很低的情况。

14.4.3 知识点窍　稳压二极管基本工作性质、稳定工作的条件及其性能。

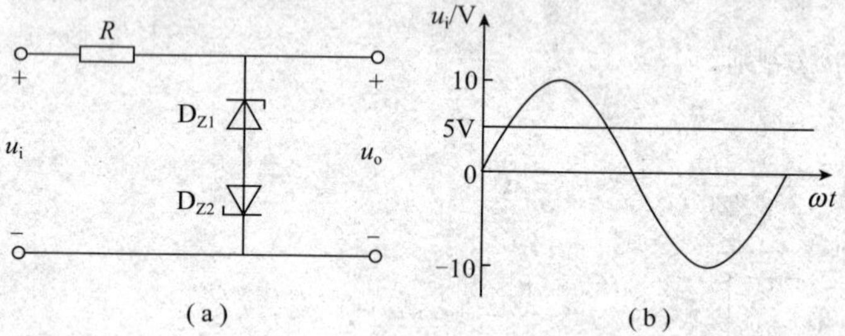

题 14.4.3 图

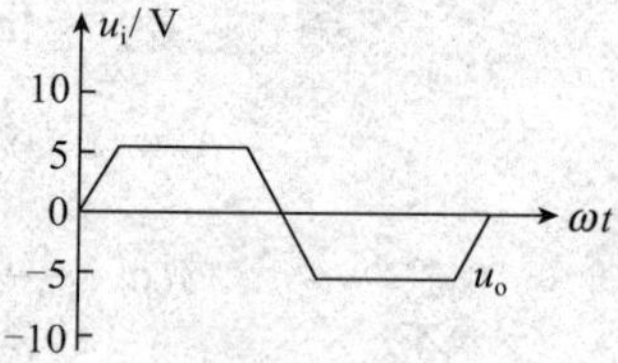

题解 14.4.3 图

解题过程　输出电压 u_o 的波形如题解 14.4.3 图所示。

14.5.1 解题过程　(1) 发射区掺杂浓度高而面积小，而集电区则掺杂浓度低而面积大。若调换使用将不能有效地放大电流($\beta<1$)。

(2) 由于三极管 $U_{(BR)EBO}\leqslant 4$V，若调换使用，当电源电压高于 4.7V 时，三极管便因击穿而损坏。

综上所述，不可以调换使用。

14.5.2 解题过程　不一样。已知晶体管饱和的条件是 $I_B\geqslant\dfrac{I_{CS}}{\beta}$，其中 I_{CS} 为饱和集电极电流，β 为线性电流放大系数，设饱和时电流放大系数为 β'，则 $I_B=\dfrac{I_{CS}}{\beta'}\geqslant\dfrac{I_{CS}}{\beta}$，很显然有 $\beta'\leqslant\beta$，即饱和区工作时的电流放大系数小于线性放大区的电流放大系数。

14.5.3 解题过程　内部结构条件 —— 发射区高掺杂，其中多数载流子浓度很高，基区很薄，且低掺杂，则基区中多子的浓度很低。

外部条件 —— 外加电源极性应使发射结正向偏置，集电结反向偏置，对 *NPN* 管而言，即 $U_C>U_B>U_E$。

14.5.4 解题过程　之所以基区掺杂浓度很小，而且做得很薄，其目的是为减少载流子复合，增大电流放大系数 β。

14.5.5 解题过程　如题解 14.5.5 图所示。由于晶体管是 PNP 型，于是应该使发射结正偏，集电结反偏，E 为正，B 为负；C 为负，B 为正，这是晶体三极管满足放大的条件。

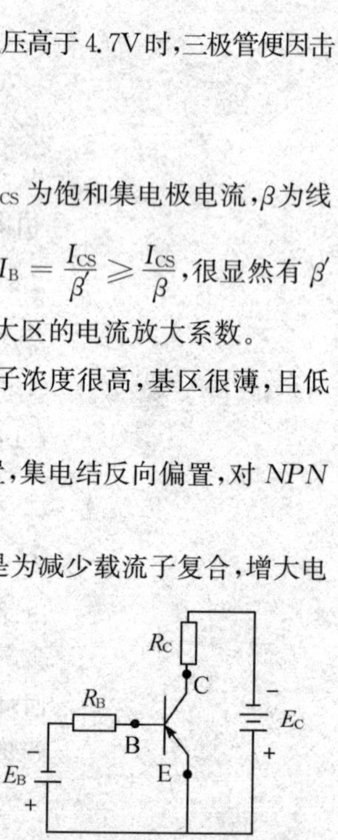

题解 14.5.5 图

14.5.6 解题过程 温度稳定性与穿透电流大小有直接关系，两只管子的穿透电流分别为

$$I_{CEO1} = (1+\bar{\beta})I_{CBO} = (1+50)\times 0.5 = 25.5\mu A$$

$$I_{CEO2} = (1+\bar{\beta})I_{CBO} = (1+150)\times 2 = 302\mu A$$

由此可见，选用第一只管子较好，因为穿透电流小，温度稳定性好。

14.5.7 解题过程 因为 $I_C > I_{CM}$ 时，将使 β 下降至 $\frac{1}{3}$ 以下，管子不起作用，而管子未必损坏。当 $I_C \gg I_{CM}$ 会把管脚的内部引线烧断。

于是(1) 不对，而(2)，(3) 是正确的。

14.5.8 解题过程 不能确定。若 $U_{CE} > 1V$，工作点处于线性放大区，其电流放大系数可确定为

$$\bar{\beta} = \frac{I_C}{I_B} = \frac{1}{10\times 10^{-3}} = 100$$

若 $U_{CE} \leqslant 1V$，处于饱和区，$\bar{\beta}$ 与 I_C/I_B 不是线性关系，这时不能确定。

14.5.9 解题过程 晶体三极管工作在放大状态时，当基极电流 I_B 发生微小的变化，相应的集电极电流 I_C 将有较大的变化，即 $\Delta I_C = \beta\Delta I_B$。此时基极引线万一断开，基极电流的变化率是很大的，致使集电极电流 I_C 突然增大到超过最大允许电流 I_{CM} 时就导致管子损坏。

14.5.10 知识点窍 晶体管电流分配放大原理以及输入输出特性曲线的考查。

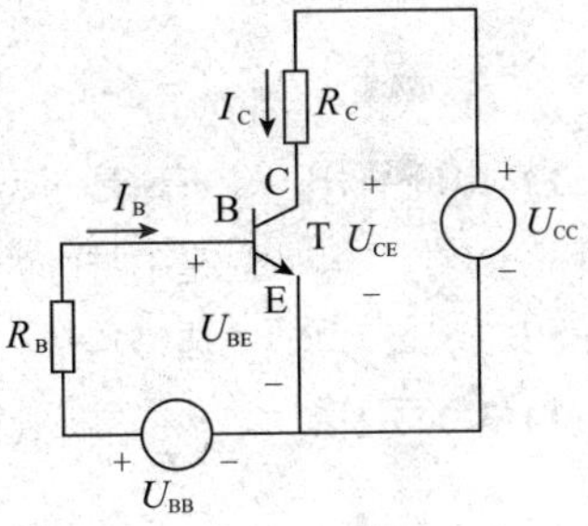

题 14.5.10 图

解题过程 (1)U_{CC}、U_{BB}、R_C 不变，R_B 减小时：

$I_B = \frac{U_{BB}-U_{BE}}{R_B}$ 增大　$I_C = \bar{\beta}I_B$ 增大

$U_{CE} = U_{CC} - I_C \cdot R_C$ 减小。

(2)U_{CC}、U_{BB}、R_B 不变，R_C 减小时：

$I_B = \frac{U_{BB}-U_{BE}}{R_B}$ 不变　$I_C = I_B\bar{\beta}$ 不变

$U_{CE} = U_{CC} - I_C R_C$ 增大。

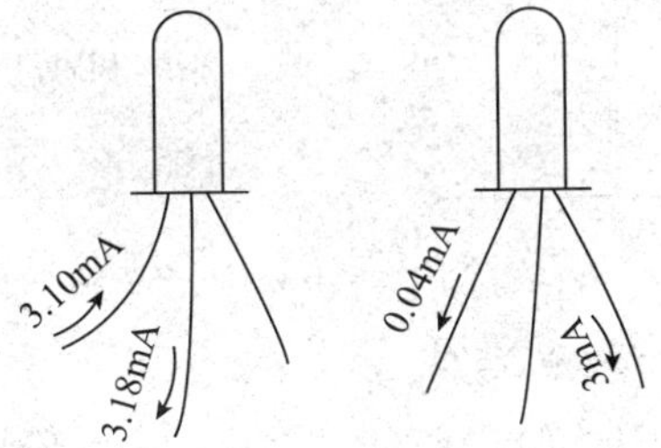

题 14.5.11 图

14.5.11 知识点窍 晶体管电流分配和放大原理。

NPN 结和 PNP 结基本结构考查。

解题过程 $\bar{\beta} = \frac{I_C}{I_B}$　$\beta = \frac{\Delta I_C}{\Delta I_B}$　$I_E = I_C + I_B$

(1) 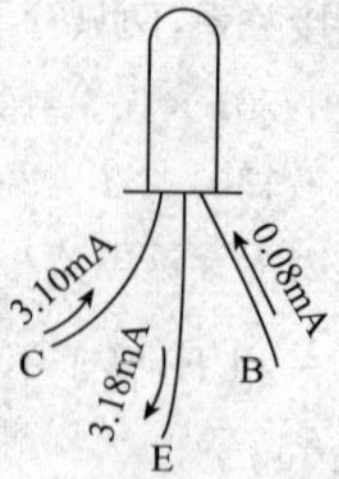

由图知：为 PNP 结 $\bar{\beta}=\frac{I_C}{I_B}=\frac{3.1}{0.08}=38.75$

(2) 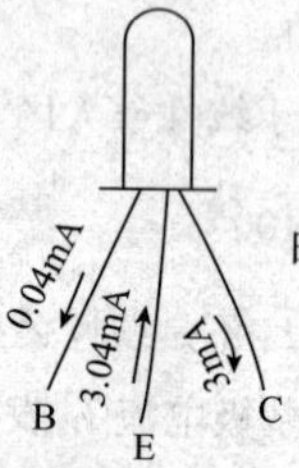

由图知：为 NPN 结 $\bar{\beta}=\frac{I_C}{I_B}=\frac{3}{0.04}=75$

14.3 课后习题全解

A 选择题

14.1.1 分析 不论是N型半导体还是P型半导体，虽然它们都有一种载流子占多数，但整个晶体是不带电的，其中 N 型的自由电子为多数载流子，P 型的空穴为多数载流子，故选(3)。

14.3.1 分析 根据二极管特性判断其导通截止状态，本题中 $V_{D阳}=-12V$，$V_{D阴}=-9V$，因此截止。故选(2)。

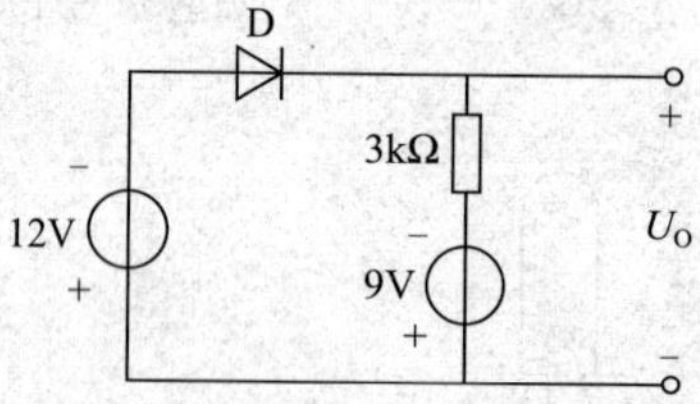

题 14.3.1 图

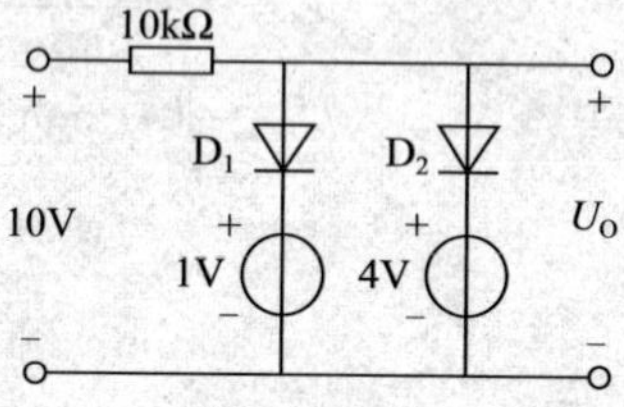

题 14.3.2 图

14.3.2 分析 二极管优先导通考查。

判据：正向电压大的二极管优先导通。$U_{D1}=9V>U_{D2}=6V$ 故 D_1 先导通

$\therefore U_O=1V$，故选(2)。

14.3.3 分析 二极管优先导通考查。

$U_{D1}=12V>U_{D2}=8V>U_{D2}=6V$

故 D_1 优先导通，D_2、D_3 截止，故选(2)。

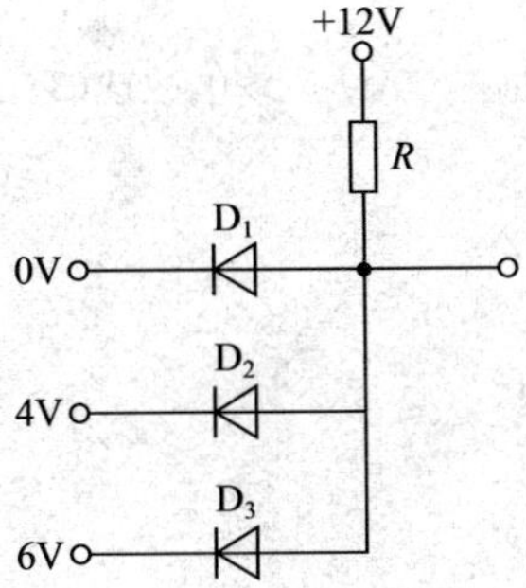

题 14.3.3 图

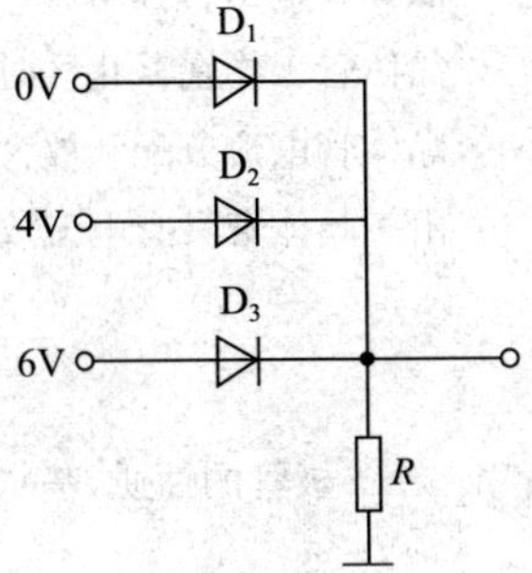

题 14.3.4 图

14.3.4 分析 二极管优先导通考查,先设定一参考零点。

$U_{D1} = 0V < U_{D2} = 4V < U_{D3} = 6V$

故 D_3 先导通,D_1、D_2 截止,故选(1)。

14.4.1 分析 稳压二极管稳定电压的考查。

稳定电压是在规定电流下稳压管反向击穿电压,

$U_D = U_{D1} = 5V$,故选(1)。

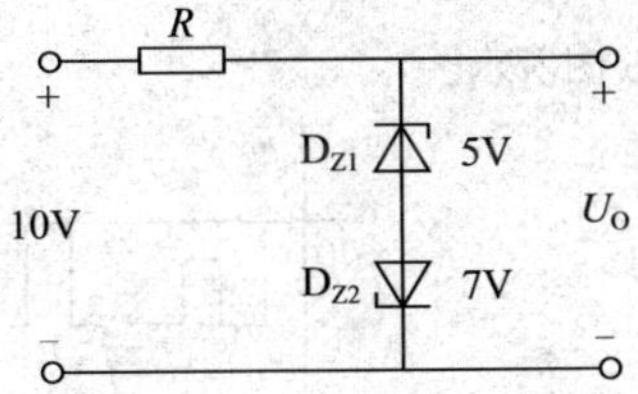

题 14.4.1 图

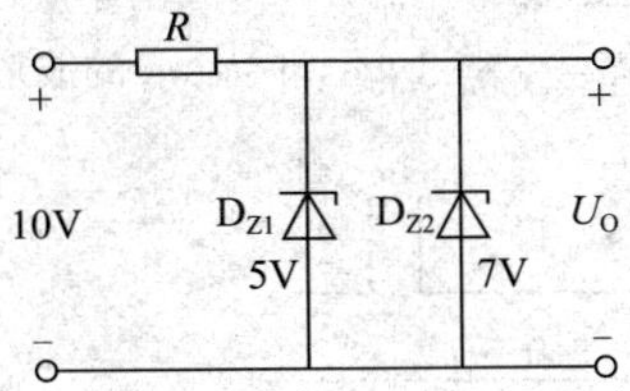

题 14.4.2 图

14.4.2 分析 稳压二极管稳定电压的考查。

$U_{Z1} < U_{Z2}$,故 D_{Z1} 优先导通,$U_D < U_{Z1} = 5V$,故选(1)。

14.5.1 分析 双极型晶体管基本特性考查。

要使用晶体管起电流放大作用,发射结必须正向偏置,集电结必须反向偏置。

三个极电位均大于0,故选(2)。

14.5.2 分析 对于PNP型管,U_{CE}、U_{BE} 均为负值,发射极电位最高 $-6V$,集电极电位最低 $-9V$

$\therefore -6.2V$ 为基极,故选(2)。

14.5.3 分析 由电位均为正可知为NPN型管,$U_{BE} = 0.2V$ 知为锗管,故选(3)。

14.5.4 分析 晶体管的输出特性考查。

晶体管工作在饱和区时 $U_{BC} > 0, U_{BE} > 0, U_{CE} \approx 0$,故选(2)。

14.5.5 分析 晶体管输出特性考查。

晶体管工作在放大区时 $U_{BC} < 0, U_{BE} > 0, U_{CE} > 0$,故选(1)。

14.5.6 分析 晶体管输出特性考查。

晶体管工作在截止区时 $U_{BC}<0, U_{BE}<0, U_{CE}>0$，故选(3)。

14.5.7 分析 晶体管电流分配和放大原理。

由于晶体管具有电流放大作用，故选(2)。

B 基本题

14.3.5 知识点窍 二极管的性质，基尔霍夫电压定律。

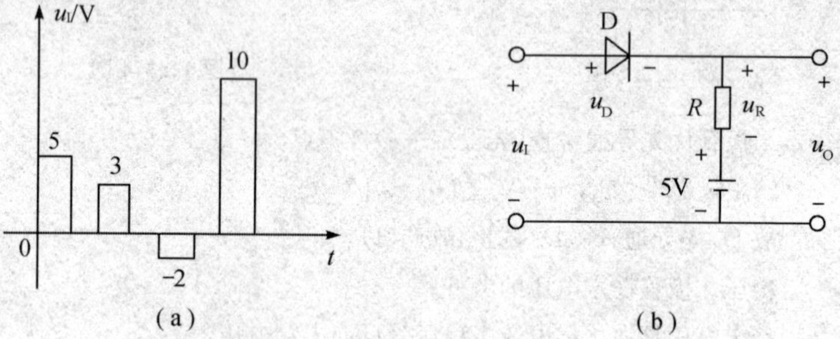

题 14.3.5 图

逻辑推理 u_I 不同，二极管上的压降不同，二极管的状态也不同。

解题过程 u_O，u_R 及 u_D 的波形如题解 14.3.5 图所示。

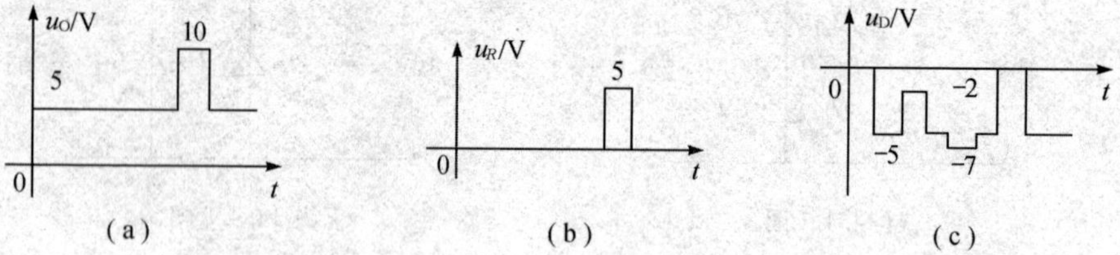

题解 14.3.5 图

输入电压

$$u_I = u_D + u_O = u_D + u_R + 5V$$

输出电压

$$u_O = u_R + 5V$$

当 $u_I > 5V$ 时，二极管 D 导通，$u_O = u_I$；当 $u_I \leqslant 5V$ 时，二极管 D 截止，$u_O = 5V$。

14.3.6 知识点窍 二极管的性质，基尔霍夫电压定律。

逻辑推理 u_i 不同，二极管上的压降不同，二极管的状态也不同。

解题过程 (a) 如题 14.3.6 图(a) 中，$u_o = u_i - u_R = u_D + U$

二极管导通时：$u_i > U, u_o = U$

二极管截止：$u_i \leqslant U, u_o = u_i$

波形图如题解 14.3.6 图(a) 所示。

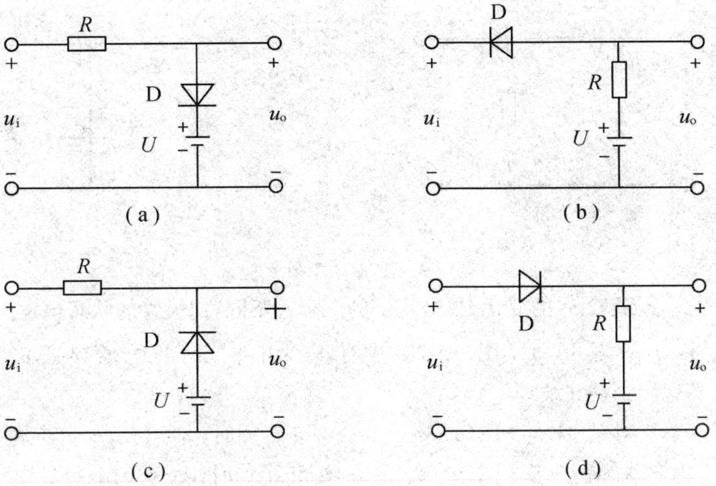

题 14.3.6 图

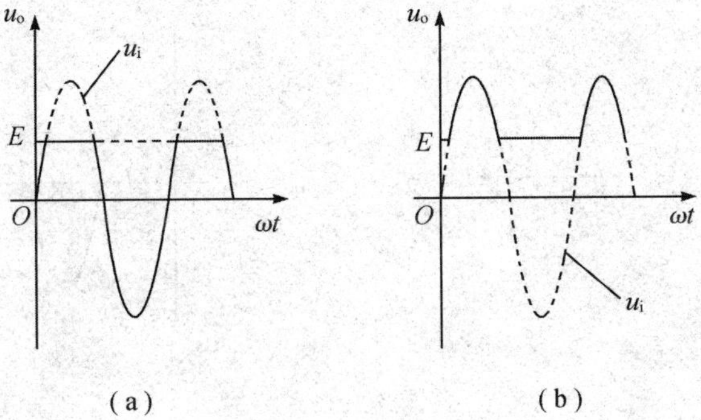

题解 14.3.6 图

(b) 如题 14.3.6 图(b) 中，$u_o = u_i + u_D = u_R + U$

二极管导通过：$u_i < U, u_o = U$

二极管截止时：$u_i \geqslant U, u_o = U_i$

波形图如题解 14.3.6 图(a) 所示。

(c) 如题 14.3.6 图(c) 中，$u_o = u_i - u_R = U - u_D$

二极管导通时：$u_i < U, u_o = U$

二极管截止时：$u_i \geqslant U, u_o = u_i$

波形如题解 14.3.6 图(b) 所示。

(d) 如题 14.3.6 图(d) 中，$u_D = u_i - u_o = U + u_R$

二极管导通时：$u_i > U, u_o = u_i$

二极管截止时：$u_i \leqslant U, u_o = U$

波形如题解 14.3.6 图(b) 所示。

14.3.7 知识点窍 二极管的性质。

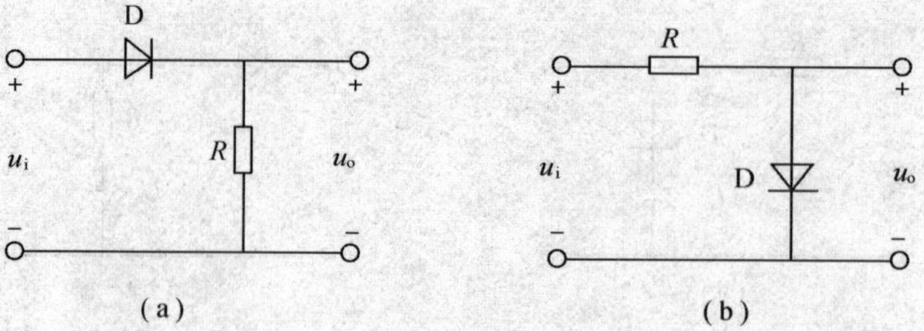

题 14.3.7 图

逻辑推理 随着 u_i 的变化，二极管上的压降也不同，二极管的状态也发生变化。

解题过程 从题 14.3.7 图(a)、(b) 中有，u_i 为正半周时，二极管导通；u_i 为负半周时，二极管截止。

对题 14.3.7 图(a)，$u_o = u_R$。u_i 正半周时，$u_R = u_i$；u_i 负半周时，$u_R = 0$。

对题 14.3.7 图(b)，$u_o = u_D$。u_i 正半周时，$u_D \approx 0$；u_i 负半周时，$u_D = u_i$。

波形如题解 14.3.7 图所示。

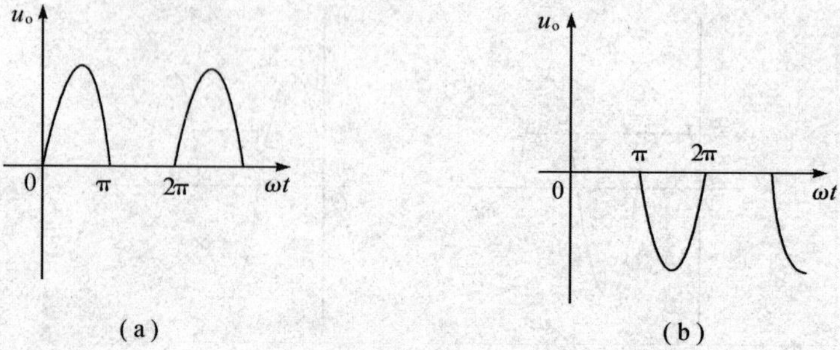

题解 14.3.7 图

14.3.8 **知识点窍** 二极管的性质，欧姆定律。

逻辑推理 此题中虽然出现了两个二极管，但分析的思路一样，它们上面的压降决定了它们的状态。当都为区间压降时，让压降大的那个二极管先导通，判断另一个二极管的状态。

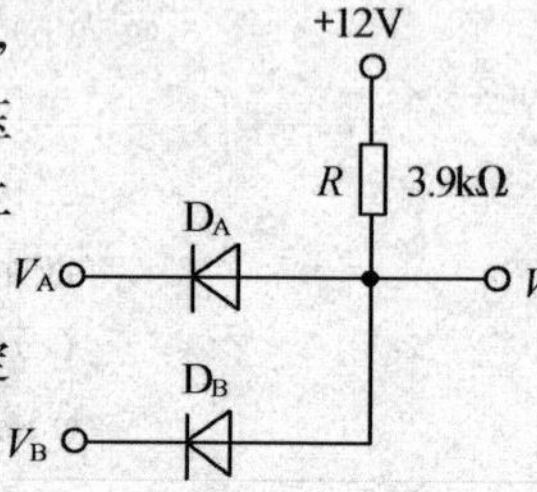

题 14.3.8 图

解题过程 (1) $V_A = V_B = 0$ 时，即 D_A，D_B 均导通，由欧姆定律

$$I_R = \frac{E}{R} = \frac{12}{3.9} \approx 3.08\text{mA}$$

I_A，I_B 是两个二极管中电流，于是

$$I_A = I_B = \frac{1}{2} I_R \approx 1.54\text{mA}, V_Y = 0$$

(2) $V_A = 3\text{V}, V_B = 0$ 时，V_B 较低，D_B 先导通，使 $V_Y = 0$，D_A 截止，$I_A = 0$，于是 $I_R = I_B = \dfrac{12}{3.9} \approx 3.08\text{mA}, I_A \approx 0$

(3) $V_A = V_B = +3V$，两个二极管同时导通，使 $V_Y = +3V$，

$$I_R = \frac{12-3}{3.9} = 2.30\text{mA}$$

$$I_A = I_B = \frac{1}{2} I_R = \frac{1}{2}\,\frac{12-3}{3.9} \approx 1.15\text{mA}$$

14.3.9 知识点窍 二极管的性质，欧姆定律，分压公式。

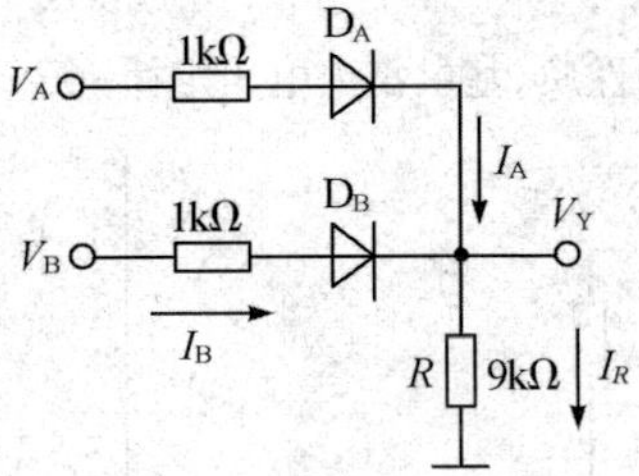

题 14.3.9 图

解题过程 (1) $V_A = +10V$，$V_B = 0$ 时，D_A 导通，V_A 导通

$$V_Y = \frac{9}{1+9} \times 10 = 9V$$

D_B 截止，于是由欧姆定律

$$I_A = \frac{V_A}{1+9} = \frac{10}{10} = 1\text{mA}$$

$$I_R = I_A = 1\text{mA},\ I_B = 0$$

(2) $V_A = 6V$，$V_B = 5.8V$ 时，D_A 先导通，使 $V_Y = \frac{9}{1+9} \times 6 = 5.4V$，

$$V_{BY} = V_B - V_Y = 5.8 - 5.4 = 0.4V$$

设二极管正向电阻为 0，于是 D_B 导通，由支路电流法

$$\begin{cases} 1 \cdot I_A + 9(I_A + I_B) = V_A \\ 1 \cdot I_B + 9(I_A + I_B) = V_B \end{cases}$$

所以 $$(I_A + I_B)(1+9+9) = V_A + V_B$$

由 KCL 定律 $$I_R = I_A + I_B$$

所以 $$I_R = \frac{V_A + V_B}{19} = \frac{6+5.8}{19} \approx 0.62\text{mA}$$

所以，由欧姆定律 $$V_Y = I_R \cdot R = 0.62 \times 9 = 5.59V$$

于是 $$I_A = \frac{6-5.59}{1} = 0.41\text{mA}$$

$$I_B = \frac{5.8-5.59}{1} = 0.21\text{mA}$$

(3) $V_A = V_B = 5V$，两个二极管同时导通。

由支路电流法 $$\begin{cases} 10I_A + 9I_B = 5 \\ 10I_B + 9I_A = 5 \end{cases}$$

所以　　$19(I_A+I_B)=10$

由 KCL 定律　　$I_A+I_B=I_R$

所以　　$I_R=\frac{10}{19}\approx 0.526\text{mA}$

则由欧姆定律　　$V_Y=I_RR=0.526\times 9\approx 4.74\text{V}$

于是　　$I_A=I_B=\frac{1}{2}I_R\approx 0.263\text{mA}$

14.3.10 知识点窍　二极管的性质，基尔霍夫电压定律。

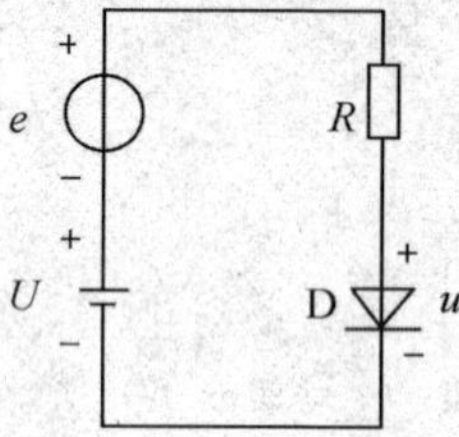

题 14.3.10 图

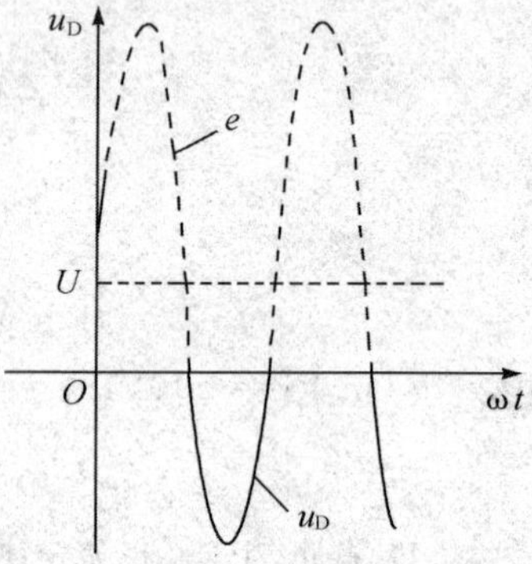

题解 14.3.10 图

逻辑推理　先由 KVL 定律得到二极管上压降与 U,e 之间的关系，再判断二极管的状态。

解题过程　由 KVL 定律，$u_D=U+e-u_R$

$U+e>0$ 时，二极管导通，$u_D\approx 0$

$U+e\leqslant 0$ 时，二极管截止，则电路中无电流，二极管 D 二端电压即为电源电动势，$u_D=U+e=10+30\sin\omega t\,\text{V}$

因为 $U+e\leqslant 0$，即 $10+30\sin\omega t\leqslant 0$，则 $\sin\omega t\leqslant\frac{-1}{3}$

所以，解得：$\pi+\arcsin\frac{1}{3}\leqslant\omega t\leqslant 2\pi-\arcsin\frac{1}{3}$

即 $199.5^\circ\leqslant\omega t\leqslant 340.5^\circ$

波形图如题解 14.3.10 图所示。

14.4.3 知识点窍　稳压管的性质，全电路欧姆定律。

逻辑推理　R_L 上的电压即为稳压管的电压 10V，由欧姆定律可得到 R_1,R_2 上的电流，再由 KCL 定律，即得到稳压管中的电流。

题 14.4.3 图

解题过程　R_1 中电流：$I_1=\frac{U-U_Z}{R_1}=\frac{20-10}{900}\approx 11.1\text{mA}$

电阻 R_2 中电流为

$$I_2=\frac{U_Z}{R_2}=\frac{10}{1\,100}\approx 9.09\text{mA}$$

稳压管中电流，由 KCL 定律

$$I_Z = I_1 - I_2 \approx 2.01\text{mA} < I_{ZM} = 8\text{mA}$$

如果 I_Z 超 I_{ZM}，应加大电阻 R_1；也可减小电阻 R_2。

14.4.4 知识点窍　稳压管的性质。

逻辑推理　二极管区间连接即可得到正向压降 0.5V；D_{Z1} 与 R_L 串联后与 D_{Z2} 的稳压与 D_{Z1} 的稳压之差为 3V；D_{Z2} 正向连接与 D_{Z1} 反向连接串联，则稳压为正向压降 0.5V 与 D_{Z1} 的稳压 5.5V 之和为 6V；同理 D_{Z2} 正向连接串联得到稳压 9V；二者都反向连接再串联，得到稳压为二者稳压之和为 14V。

解题过程　各电路图如题解 14.4.4 图所示。

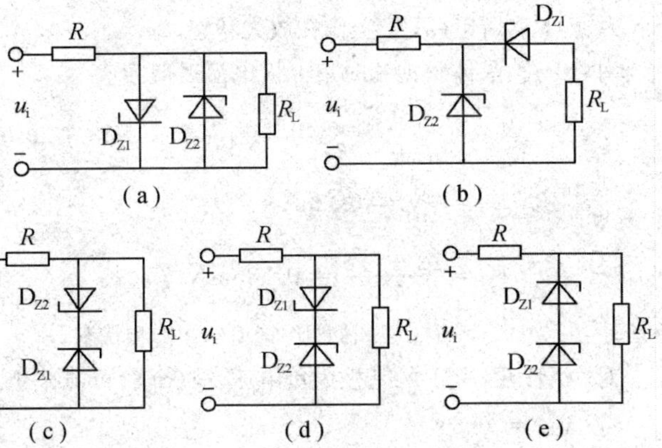

题解 14.4.4 图

(a)0.5V　(b)3V　(c)6V　(d)9V　(e)14V

14.5.8 解题过程　第(1) 种情况工作正常：$I_C < I_{CM}$，$U_{CE} < U_{(BR)CEO}$

$P_C = I_C U_{CE} = 10 \times 3 = 30\text{mW} < P_{CM}$。

第(2) 种情况 $I_C > I_{CM}$，β 大大下降。

第(3) 种情况 $P_C = I_C U_{CE} = 20 \times 6 = 120\text{mW} > P_{CM}$，将烧坏 PN 结。

14.5.9 知识点窍　对晶体管三种工作状态(截止、饱和、放大) 的理解。

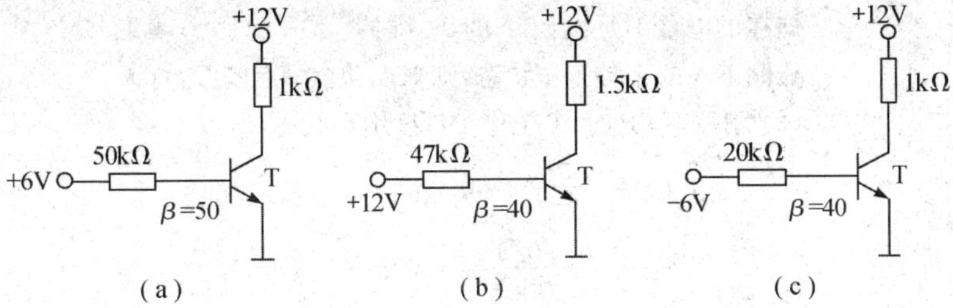

题 14.5.9 图

逻辑推理　由电路参数得到 $I_{C(sat)}$，由此得 $I'_B=\dfrac{I_{C(sat)}}{\beta}$ 再比较 I_B 与 I'_B。

解题过程　设 $V_{BE}=0.6V$，因为 $I_{C(sat)}\approx\dfrac{V_{CC}}{R_C}$，$I'_B=\dfrac{I_{C(sat)}}{\beta}$，$I_B=\dfrac{V_{CC}-V_{BE}}{\beta}$，

所以对(a)管　$I_{C(sat)}=\dfrac{12}{1}=12mA$

晶体管刚饱和时，基极电流

$$I'_B=\frac{12}{50}=0.24mA$$

$$I_B=\frac{6-0.6}{50}=0.108mA$$

$I_B<I'_B$，所以(a)管工作在放大状态。

对(b)管，晶体管饱和时集电极电流近似为

$$I_{C(sat)}=\frac{12}{1.5}=8mA$$

$$I'_B=\frac{8}{40}=0.2mA$$

$$I_B=\frac{12-0.6}{40}=0.285mA$$

$I_B>I'_B$　所以(b)管工作在饱和状态。

对(c)管，因为T的基极为负电压，故(c)管可能截止。

14.5.10 解题过程　设 $V_{BE}=0.6V$。

(1)当SB按下时，电容充电，三极管T深度饱和，KA线圈得电，KA动合触点闭合，灯亮，SB抬起后，I_B 由电容 C 充的电提供，即 C 放电($\tau=RC=10s$ 放电比较缓慢)。

T退饱和，在这个过程中 I_B 的变化对 I_C 影响不大，故KA线圈仍得电，即KA仍闭合着。经过一定时间，C 储存的电量不足以使T的 I_C 维持线圈KA的正常工作状态，则KA动合触点断开，灯灭。

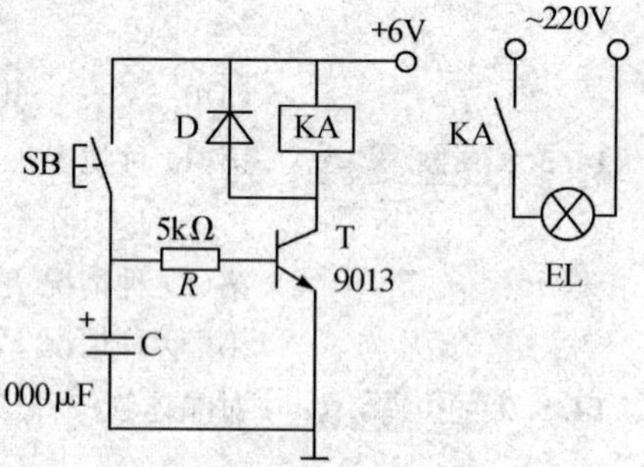

题14.5.10图

(2)刚按下SB时，T工作于深度饱和状态，所以

$$I_C=\frac{0.36}{6}A=0.06A$$

$$I'_B=\frac{6-0.6}{5}=1.08mA$$

$$I_B=\frac{I_C}{\beta}=\frac{0.06}{200}=0.3mA,I'_B>I_B$$

故T工作于深度饱和状态

$\beta' = I_C / I'_B = 55.6$

(3) 刚饱和时 $I'_B = \frac{I_C}{\beta} = \frac{0.06}{200}\text{A} = 0.3 \times 10^{-3}\text{A} = 0.3\text{mA}$

此时电容两端电压

$$U_C = U_{BE} + I_B \times R = 0.6 + 0.3 \times 10^{-3} \times 5 \times 10^3 = 2.1\text{V}$$

(4) 当T截止时，继电器产生的自感电动势的电流可经二极管D环流，延迟继电器的释放时间。

14.6.1 解题过程 正常情况下，B端电位为0，发光二极管不导通，不发光，晶体管T也截止，$I_C = 0$，蜂鸣器不动作，前接装置发生故障后，B点电位上升到 +5V，即 $V_B = 5\text{V}$，则发光二极管PN结正偏，导通并发光；此时三极管T也导通，$I_C = \beta I_B$，故蜂鸣器中流过电流，则开始声音报警。

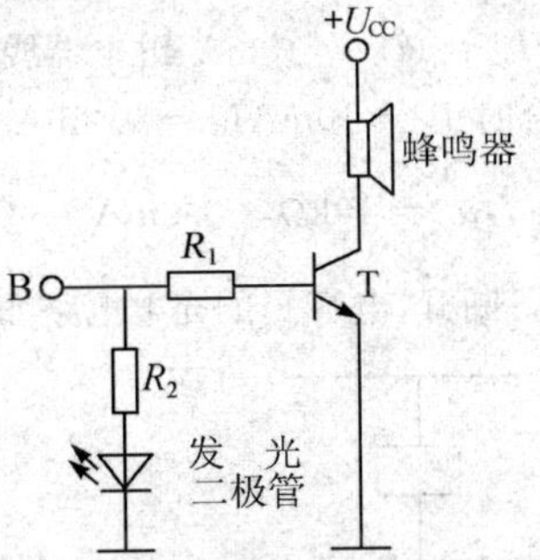

题 14.6.1 图

该电路中 R_1 起限流作用，从而防止流过发光管的电流过大致使损坏。

R_2 通过B点电压向晶体管提供基极电流。

C 拓宽题

14.3.11 知识点窍 二极管的正向导电性。

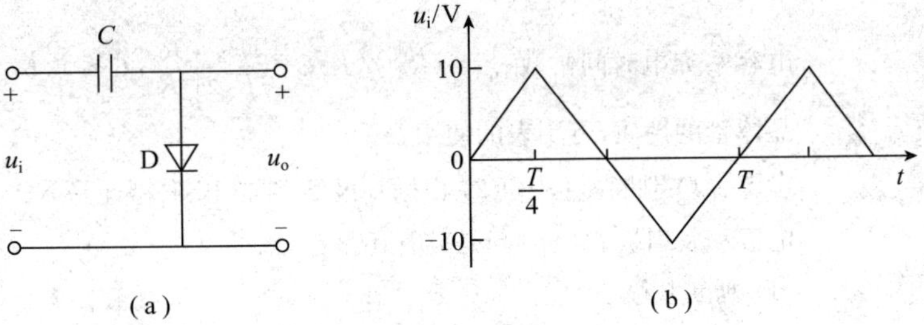

题 14.3.11 图

解题过程 u_0 波形如题解 14.3.11 图所示。

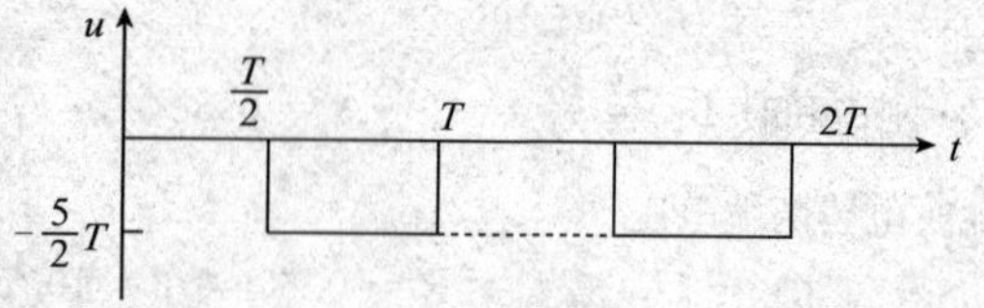

题解 14.3.11 图

正半周 C 充电

$$Q=\int_0^{\frac{T}{2}} Cu(t)\mathrm{d}t=C\cdot\frac{5}{2}T$$

负半周截止 $u=\dfrac{Q}{c}=\dfrac{5}{2}T$

14.5.11 解题过程 (1) 工作原理：S 断开后，电容 C 充电 $u_e>u_D$，BJT 导通，I_b 不断上升，充电至某一时刻 $I_C=\beta I_B=10\text{mA}$，继电器线圈导通，即继电器延时吸合。

(2) 刚吸合时 $I_c=10\text{mA}I_b=0.2\text{mA}$

$I_b=\dfrac{u_c}{R_b}\quad\therefore u_c=10\text{k}\Omega\times0.2\text{mA}=2\text{V}$

(3) $t=0$，S 断开，电容 C 的充电电路如题解 14.5.11 图所示。

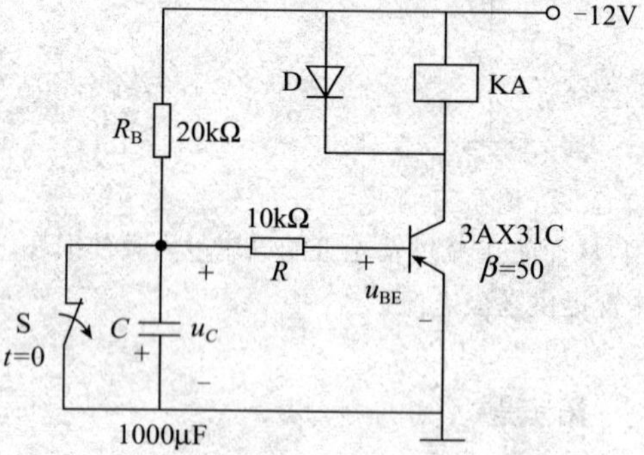

题 14.5.11 图

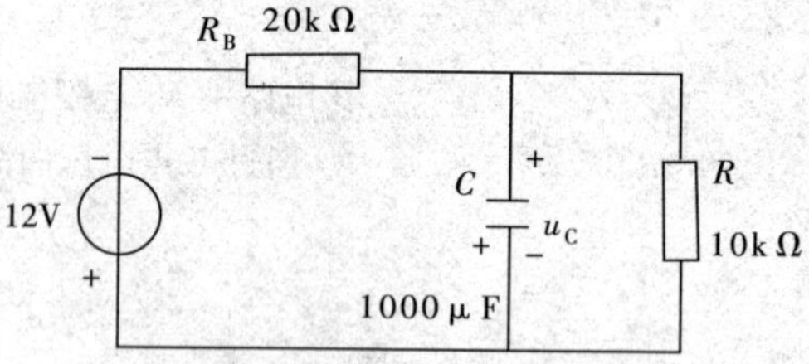

题解 14.5.11 图

电容 C 充电时间常数 $\tau_c=(R_B\,/\!/\,R)C=\dfrac{R_B\cdot R}{R_B+R}\cdot C\approx6.67\times1000=6.67\text{s}$

14.5.12 知识点窍 晶体管的性质，万用表的使用。

逻辑推理 步骤：(1) 判断基极 B。(2) 根据基极 B，判断 PNP 型还是 NPN 型。(3) 判断集电极和发射极。(4) 判断是硅管还是锗管。

解题过程 (1) 判断基极。

用万用电表测电阻的 $R\times1\text{k}\Omega$ 挡依次测量三个脚之间的正、反电阻，若某一脚对另两只脚之间的正向和反向电阻分别相等，各自性质犹如二极管，则该脚便是基极 B。

(2) 判断 PNP 型或是 NPN 型。

若将电表红笔接触基极，黑笔接触另两个脚，测得均为正向电阻，则是 PNP 型，否则是 NPN 型。具体过程参考"练习与思考题解答"中 14.3.4 题。

(3) 分辨集电极和发射极。

用电表测量未知的两个脚之间的正、反向电阻。对于 PNP 型锗管，测得较小电阻(正向)时黑笔所接为发射极，红笔所接为集电极。对于 NPN 型锗管(很少用)，黑笔所接为集电极，红笔所接为发射极。对于硅管，发射极与集电极之间正、反电阻都很大，可在基极上接一只 100kΩ 的电阻，对于 NPN 型，可将该电阻另一端接在黑笔上，将三极管另两只脚在红笔和黑笔之间反复换接，测得其中一个电阻值较小时，则黑笔所接为集电极，红笔所接为发射极。若是 PNP 型，则将电阻另一端接红笔，测得电阻较小时，红笔所接为集电极，黑笔所接为发射极。

(4) 分辨硅管与锗管。

判定三个管脚后，为进一步确定它是硅管还是锗管，可在 B、E 之间加正向偏置电压(通过限流电阻)，测出 U_{BE}。若 $U_{BE} \geqslant 0.6V$，则为硅管；若 $U_{BE} \leqslant 0.3V$，则为锗管。

第 15 章

基本放大电路

本章介绍基本放大电路、多级放大器、负反馈以及差分放大器，掌握估算法求静态工作点的方法，熟悉静态工作点的稳定方法及负反馈稳定工作点电路的分析，以及共射极放大电路 f_L，f_H，A_{um} 的计算。

15.1 重点内容提要

一、基本放大电路的组成

1. 放大电路概述

(1) 作用：把微弱的电信号放大到负载（如喇叭、电阻）所需的数值。

(2) 主要性能指标：图 15.1 所示电路中，u_s，R_s 分别为测试用正弦波信号的开路电压和内阻，R_L 为负载电阻；u_i，i_i 分别是放大电路的输入电压、电流；u_o，i_o 分别是输出电压、电流；直流电源为放大电路供电。

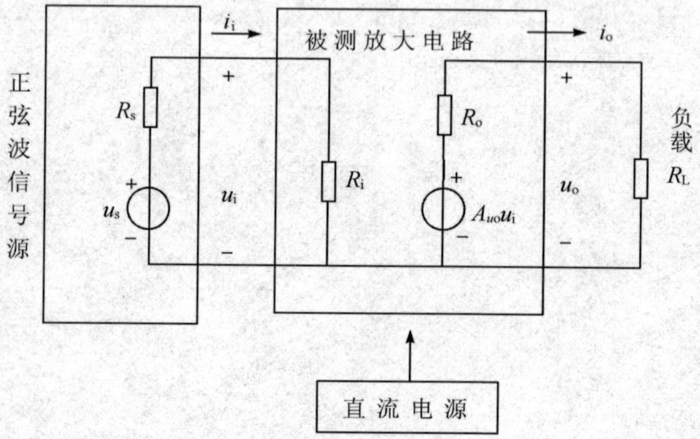

图 15.1

1) 放大倍数(增益):$A_u=\dfrac{u_o}{u_i}$,$A_i=\dfrac{i_o}{i_i}$,

$$A_r=\frac{u_o}{i_i},A_g=\frac{i_o}{u_i}$$

分别是电压放大倍数,电流放大倍数,互阻放大倍数,互导放大倍数。

2) 输入电阻 R_i:$R_i=\left.\dfrac{u_i}{i_i}\right|_{R_L一定}$

3) 输入电阻 R_o:$R_o=\left.\dfrac{u_o}{i_o}\right|_{\substack{u_s=0\\R_L=\infty}}$,如图 15.2 所示。

4) 频带宽度 f_{bw}:$f_{bw}=f_H-f_L$

f_L,f_H 分别是下限截止频率和上限截止频率,是 $|A_u|$ 下降到$\dfrac{A_{um}}{\sqrt{2}}$时的工作频率。

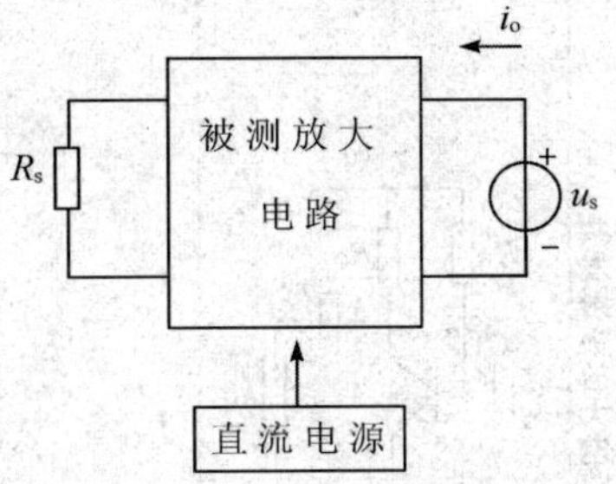

图 15.2

5) 非线失真系数 D(全谐波失真波):$D=\dfrac{\sqrt{\sum\limits_{n=2}^{\infty}u_{on}^2}}{u_{o1}}$

u_{on} 是输出的第 n 阶谐波电压。

6) 动态范围 $u_{o(p-p)}$(输出最大幅度):峰－峰(p－p) 值。

2. 基本放大电路组成原则

(1) 直流偏置:晶体管发射结应正向偏置,集电结反偏,即晶体管工作在放大区。

(2) 信号的输入与输出:信号源和负载接入,不影响晶体管的直流偏置。

本章主要研究由 NPN 型硅管组成的共发射极接法的基本放大电路,电路如图 15.3 所示。由 PNP 型三极管组成的基本放大电路只是电源极性与 NPN 型电路相反,分析的方法完全相同。

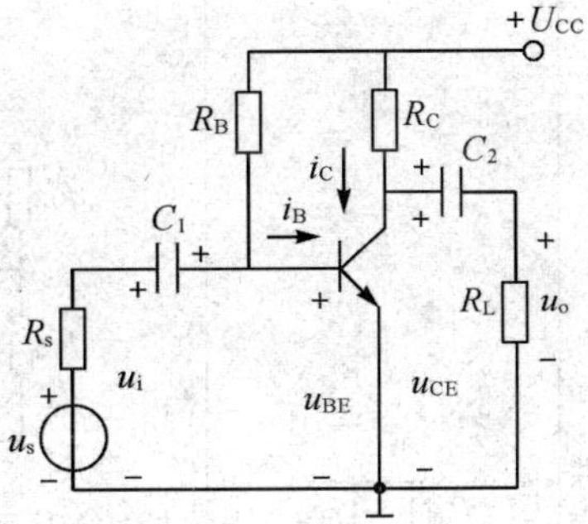

图 15.3

3. 三种晶体管基本放大器的计算

如表 15.1 所示。

简化 h 参数等效电路(交流):

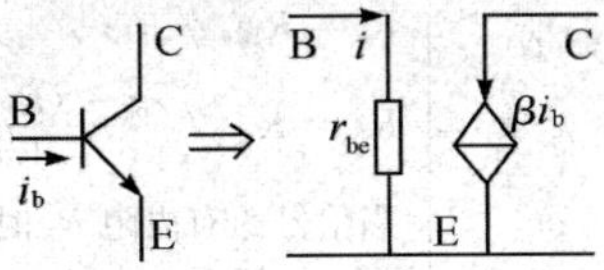

$$\frac{\Delta V_{BE}}{\Delta I_B}=r_{be}=r_{bb'}+r_{b'e}=r_{bb'}+(1+\beta)\frac{26}{I_{EQ}}$$

表 15.1　晶体管三种基本放大器的计算

<table>
<tr><th rowspan="2">组态</th><th rowspan="2">原理图</th><th rowspan="2">直流通路及静态计算</th><th colspan="2">交流通路、微变等效电路及动态计算</th></tr>
<tr><th>交流通路</th><th>微变等效电路</th></tr>
<tr><td>共发射极放大电路</td><td>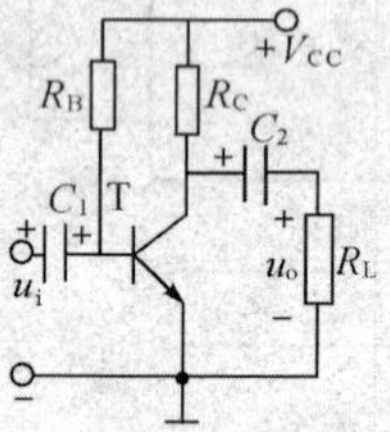
</td><td>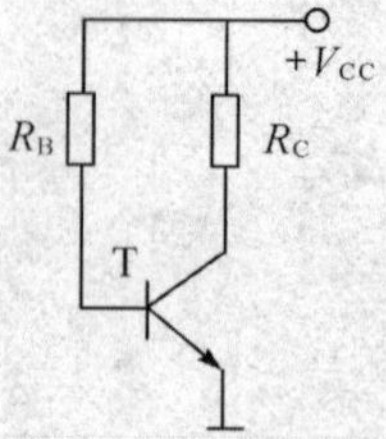

$I_{BQ}=(V_{CC}-I_{BEQ})/R_B$
式中：硅管 U_{BEQ} 取 0.7V；锗管 U_{BEQ} 取 0.3V；
$I_{CQ}=\bar{\beta}I_{BQ}$
$u_{CEQ}=V_{CC}-I_{CQ}R_C$</td><td colspan="2">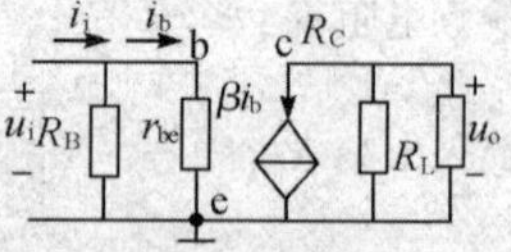

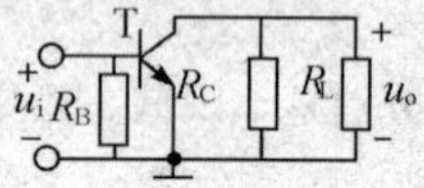

$A_u=-\beta(R_C /\!/ R_L)/r_{be}$
式中：“—”表示 u_o 与 u_i 反相
$r_{be}=r_{bb'}+(1+\beta)\dfrac{26}{I_{EQ}}$
$R_i=R_B /\!/ r_{be}$；　$R_o=R_C$</td></tr>
<tr><td>共集电极放大电路</td><td>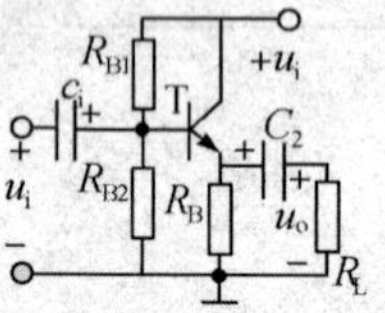
</td><td>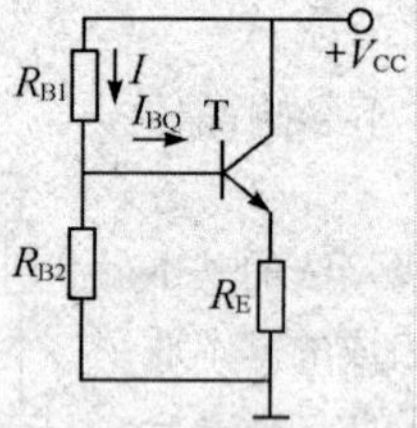

方法一：适用于 $I \geqslant (5\sim10)I_{BQ}$
$U_{BQ}\approx\dfrac{R_{B2}}{R_{B1}+R_{B2}}V_{CC}$
$I_{EQ}=\dfrac{U_{BQ}-U_{BEQ}}{R_E}$
方法二：$V_{BQ}=\dfrac{R_{B2}}{R_{B1}+R_{B2}}\cdot V_{CC}$
$R_B=R_{B1} /\!/ R_{B2}$；
$I_{BQ}=\dfrac{V_{BQ}-U_{BEQ}}{R_B+(1+\bar{\beta})R_E}$
$I_{CQ}=\bar{\beta}I_{BQ}$</td><td colspan="2">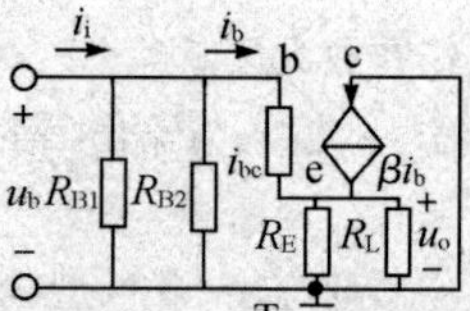

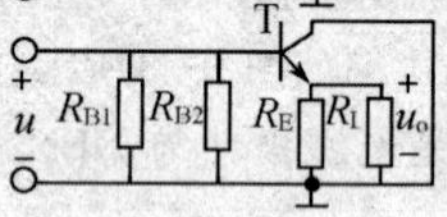

$A_u=\dfrac{(1+\beta)(R_E /\!/ R_L)}{r_{be}+(1+\beta)(R_E /\!/ R_L)}$
$(A_u\leqslant1,\approx1)$
u_o 与 u_i 同相
$R_i=R_{B1} /\!/ R_{B2} /\!/ [r_{be}+(1+\beta)(R_E /\!/ R_L)]$
$R_o=R_E /\!/ \dfrac{r_{be}+(R_{B1} /\!/ R_{B2})}{1+\beta}$
当信号源有内阻 R_s 时，
$R_o=R_E /\!/ \dfrac{r_{be}+(R_s /\!/ R_{B1} /\!/ R_{B2})}{1+\beta}$</td></tr>
</table>

续表

组态	原理图	直流通路及静态计算	交流通路、微变等效电路及动态计算	
			交流通路	微变等效电路
共基极放大电路	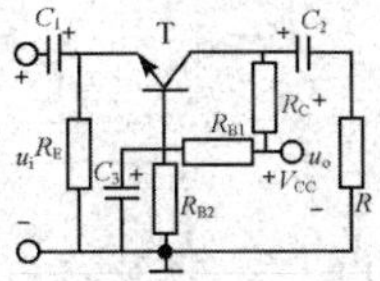	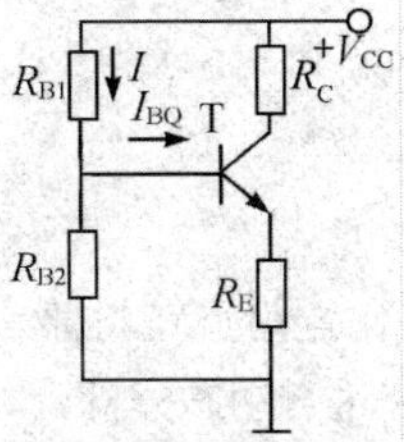 计算方法同共集电极放大电路：共集和共基两种放大电路的 U_{CEQ}、U_{CQ} 计算式均为 $U_{CEQ} \approx V_{CC} - I_{EQ}(R_C + R_E)$； $U_{CQ} = V_{CC} - I_{CQ}R_C$	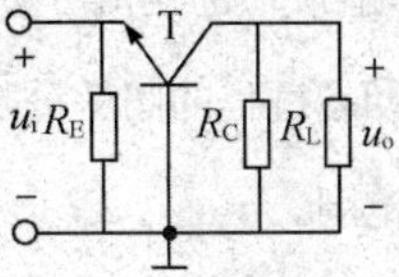	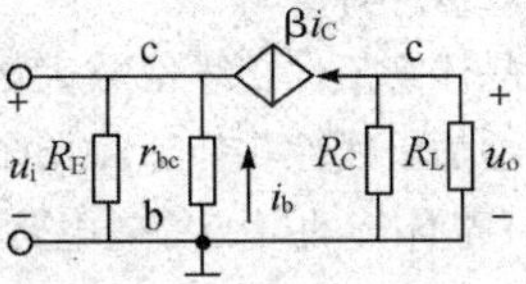
			$A_u = \dfrac{\beta(R_C \mathbin{/\!/} R_L)}{r_{be}}$ u_o 与 u_i 同相 $R_i = R_E \mathbin{/\!/} \dfrac{r_{be}}{1+\beta}$；$R_o = R_C$	

二、放大电路的静态分析

静态分析的目的是确定静态工作点，即确定 U_{BE}，I_B，I_C 和 U_{CE} 的值，静态($u_i = 0$ 时) 电路，分析方法有图解法和近似计算法两种。

1. 静态工作点的估算法，即近似计算法

(1) 画出放大电路的直流通路。

(2) 由直流通路列出输入回路和输出回路直流负载线方程，并取硅管 $|u_{BEQ}| = 0.6 \sim 0.7$V，锗管 $|u_{BEQ}| = 0.2 \sim 0.3$V，代入方程，求出静态工作点的值。

2. 图解法

既可分析放大电路的静态，又可分析放大电路的动态。

(1) 画直流通路。

(2) 列出输入回路直流负载线方程，并在晶体管的输入特性曲线上作出输入回路直流负载线，两者的交点 Q 即为静态工作点，坐标(U_{BEQ}，I_{BQ})。

(3) 列输出回路直流负载线方程，并在晶体管的输出特性曲线上作出输出回路直流负载线，它与 $i_B = I_{BQ}$ 的输出特性曲线的交点就是静态工作点 Q_0，坐标(U_{CEQ}，I_{CQ})。

三、放大电路的动态分析

动态分析是研究信号在电路中的传输情况，确定输出信号的大小、相位和质量，如放大倍数、输入、输出电阻和失真程度等。

1. 图解法

动态分析步骤：

(1) 将 u_i 叠加到 u_{BEQ} 上，画出 $u_{BE}=(u_{BEQ}+u_i)$ 的波形。

(2) 由管子的输入特性和 u_{BE} 的变化，画出 i_B 波形。

(3) 由 i_B 波形，利用输出特性和交流负载线（$R_L=\infty$ 时，即为直流负载线），画出 i_C 和 u_{CE} 的波形。其中，u_{CE} 波形的交流分量是输出电压 u_o 的波形。

通过动态过程的图解分析，从波形上测出 u_{om} 和 u_{im}，求得 $|A_u|=\frac{u_{om}}{u_{im}}$，并可知 u_o 和 u_i 的相位关系及动态范围。

2. 近似解析法

当晶体管工作在线性放大区时，在静态工作点附近可将晶体管特性加以线性化处理，画出微变等效电路来进行动态分析。

(1) 晶体管的微变等效电路：晶体管在低频小信号工作时的近似微变等效电路如图 15.4 所示，图中输入电阻 r_{be} 可用近似公式估算，即

$$r_{be}=300+(1+\beta)\frac{26}{I_E}$$

其中 I_E 是静态发射极电流。

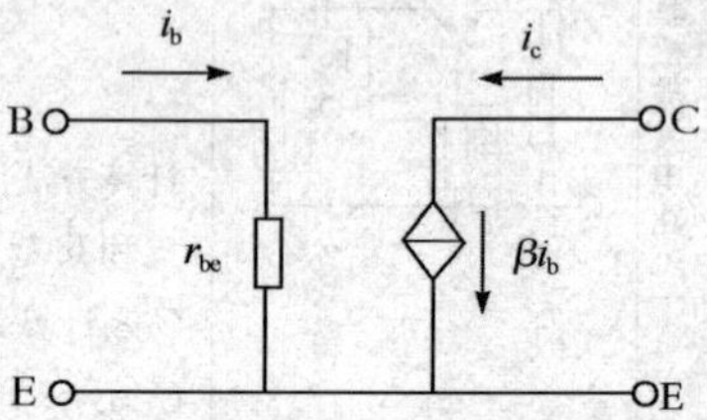

图 15.4

(2) 放大电路的交流通路及微变等效电路的画法。

(3) 动态分析计算。

四、影响放大质量的几个因素

1. 非线性失真

(1) 若 R_B 过大，I_B 过小，使 Q 点过低，则将产生截止失真。

(2) 若 R_B 过小，I_B 过大，使工作点 Q 过高，则将产生饱和失真。

(3) 若信号幅度过大，则将产生双向失真。

2. 温度对静态工作点的影响

(1) 温度升高，I_{CBO} 增大使 I_C 增大，工作点上移；

(2) 温度升高，$\bar{\beta}$ 增大使 I_C 增大，工作点上移。

3. 放大电路的频率特性

放大器的频率特性如图 15.5 所示。当输入信号中含有多种频率（如音乐信号）时，由于对各种频率的信号放大倍数各不相同，输出与输入间的相位差也各不相同，使信号产生失真，称为频率失真。

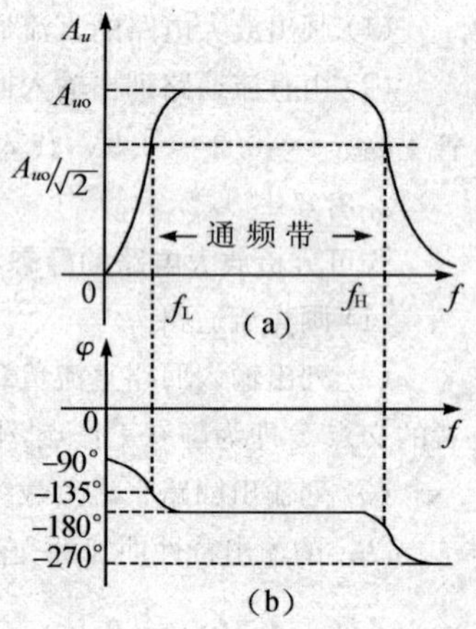

图 15.5

五、多级放大电路

1. 多级放大电路

多级放大电路由多个基本放大电路级联组成。

(1) 输入级(前置放大级):有高的输入阻抗(高的输入电阻,小的输入电容)和低噪声(如射极跟随器)。

(2) 中间放大级(电压放大级):提高信号电压的幅度。

(3) 输出级(功率放大级):提高驱动负载的能力,有低的输出电阻。

2. 级间耦合方式

(1) 阻容耦合:级间串入耦合(隔直)电容的耦合方式。其优点是各级 Q 点相互独立,因此电路调整较为方便,缺点是低频响应较差。

(2) 电隔离耦合:通过磁耦合或光耦合等方式实现信号传输的方法。这些耦合均有各级 Q 独立的特点,变压器耦合还可以实现阻抗变换和传输大的功率。缺点是频响较差,光耦合的信号传输效率较低,体积重量较大。

(3) 直接耦合:采取一定电路技术后,级间直接相连的耦合方式,低频区和中频区特性一致,缺点是要考虑各级直流相互影响,如级间耦合和零点漂移。

六、差分放大电路

1. 基本差分放大电路的特点

(1) 电路完全对称:当静态或输入共模信号时,输出恒为0,即理论上不产生零点漂移,克服了直接耦合放大电路的"零漂"问题及其他共模干扰。

(2) 双入—双出:有两个输入端和两个输出端,通常由两个输出端间输出 u_o,在规定 u_o 极性下,其中一个输入端(如 u_{i1})与 u_o 反相位,称反相输入端;另一输入端(u_{i2})则与 u_o 同相位,称同相输入端。

(3) 具有很大的共模反馈电阻 R_E:因为电路实际上不可能完全对称,R_E 对共模信号有强负反馈作用(这是一种电流负反馈,将在第17章讨论),增强了电路对零点漂移的抑制作用,而对差模信号放大则无影响。

(4) 采用双电源工作:除 $+U_{CC}$ 外,还有 U_{EE},用于抵消 R_E 上直流压降,增大信号工作范围。

(5) 具有阻值很小的调零电位器 R_P:改变两管差模信号负反馈比值,调节零点。

2. 输入信号

(1) 共模输入: $u_{i1c} = u_{i2c}$

(2) 差模输入: $u_{i1d} = -u_{i2d}$

(3) 比较输入:可分解为差模与共模。

$$u_{i1d} = -u_{i2d} = \frac{1}{2}(u_{i1} - u_{i2})$$

$$u_{i1c} = u_{i2c} = \frac{1}{2}(u_{i1} + u_{i2})$$

u_{i1},u_{i2} 为输入信号,$u_{i1} \neq u_{i2}$。

3. 输入—输出方式

有四种输入—输出方式,示意电路如图15.6所示。

(1) 双入—双出:如图15.6(a)所示。

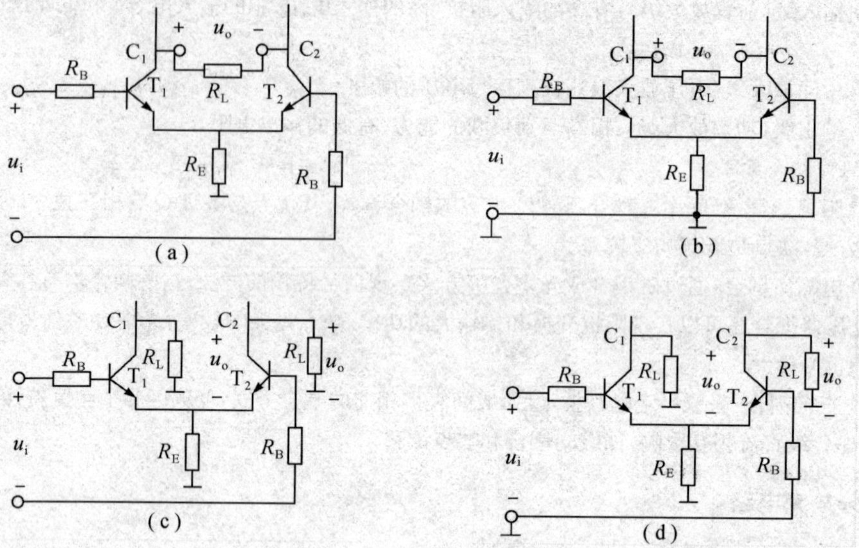

图 15.6

输入信号：

$$u_{i1}=\frac{1}{2}u_i,u_{i2}=-\frac{1}{2}u_i$$

两管电压放大倍数：$A_{d1}=\frac{u_{o1}}{u_{i1}}=A_{d2}=\frac{u_{o2}}{u_{i2}}$

差模放大倍数：$A_d=\frac{u_o}{u_i}=\frac{u_{o1}-u_{o2}}{u_i}=A_{d1}=-\frac{\beta R'_L}{R_B+r_{be}}$

$$R'_L=R_C\ /\!/\ \frac{1}{2}R_L=\frac{R_C\frac{R_L}{2}}{R_C+\frac{R_L}{2}}$$

输入电阻：$r_i=2(R_B+r_{be})$

输出电阻：$r_o\approx 2R_C$

(2) 单入 — 双出：如图 15.6(b) 所示。

输入信号：$u_{i1}\approx\frac{1}{2}u_i,u_{i2}=\frac{1}{2}u_i$

与“双入 — 双出”方式相同。

(3) 双入 — 单出：如图 15.6(c) 所示。

共模放大倍数：$A_c=-\frac{\beta R'_L}{R_B+r_{be}+2(1+\beta)R_E}\approx-\frac{R'_L}{2R_E}$

差模电压放大倍数：$A_d=-\frac{1}{2}\frac{\beta R'_L}{R_B+r_{be}}$(反相输出) 或

$$A_d=\frac{1}{2}\frac{\beta R'_L}{R_B+r_{be}}\text{(同相输出)}$$

其中 $R'_L = R_C \mathbin{/\!/} R_L = \dfrac{R_C R_L}{R_C + R_L}$。

(4) 单入 — 单出：如图 15.6(d) 所示。

特点均与“双入 — 单出”方式相同。

4. 共模抑制比

它是衡量差动放大电路及集成运算放大电路抑制零点漂移能力的重要指标。

$$\mathrm{CMRR} = \frac{A_d}{A_c}$$

用对数表示，则为 $\mathrm{CMRR} = 20\lg \dfrac{A_d}{A_c}\,\mathrm{dB}$。

七、功率放大电路

1. 用途

在多级放大电路中作输出级，向负载提供负载所需的功率，是一种能量转换电路。

2. 对功率放大电路的基本要求

(1) 输出功率大。为此，输入信号电压幅度要大，晶体管工作在极限参数状态下(I_{CM}，$U_{(BR)CEO}$，P_{CM})。

(2) 效率要高，以减少电源供应。为此采用乙类或甲乙类工作状态，使静态直流功率损耗近似为 0。

(3) 要保证信号基本不失真。

(4) 功放管在大信号条件下工作，微变等效电路法已不能适用于功率放大电路的分析，而应该用图解法。

(5) 功放管既要输出大的电压，又要输出大的电流；工作时，工作点应在安全区内移动。

3. 分类

(1) 耦合方式：直接耦合、变压器耦合、电容耦合。

(2) 功放管类型：电子管功放、晶体管功放、场效应管功放、集成功放。

(3) 器件的工作状态：根据导通角(θ) 大小，分为甲类、乙类、甲乙类。

(4) 电路形式：单管功放，推挽式功放，桥式功放。

4. 典型电路

(1) 无变压器互补对称功率放大电路(OTL)：电路如图15.7所示。

结构原理与特点如下：

1)T_1 为 NPN 型，T_2 为 PNP 型，两管特性相同，均工作在乙类或甲乙类。

2)T_1 正半周导电，T_2 负半周导电，互补对称。

3)R 提供静态偏置电压，消除交越失真。

4)C_1 为旁路电容，使两管输入信号对称。

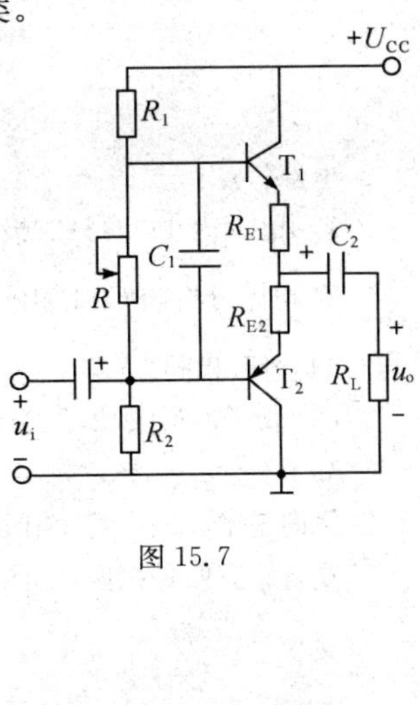

图 15.7

5)R_{E1} 和 R_{E2} 两个小电阻，起限流保护作用，防止负载短路。

电路分析如下：

静态：偏流 $I_{B1}=I_{B2}\approx 0, I_{C1}=I_{C2}\approx I_{CEO}$。

$$P_E = U_{CC}I_{CEO}\approx 0$$

$$U_{C2}=V_A=\frac{1}{2}U_{CC}, U_{C1}\approx\frac{1}{2}U_{CC}$$

动态：$u_o\approx u_i, A_u\approx 1, A_i\approx\beta$。

输出功率：

$$P_o=\frac{U_o^2}{R_L}\approx\frac{U_i^2}{R_L}$$

最大输出功率：$U_{om}\approx\frac{1}{2}U_{CC}, U_{omax}\approx\frac{1}{2\sqrt{2}}U_{CC}$

$$P_{omax}\approx\frac{U_{CC}^2}{8R_L}$$

最高效率： $\eta=\frac{P_{omax}}{P_E}\approx 78.5\%$

电源供应功率：$P_E=U_{CC}I_C$

其中 I_C 是输出信号电流半周平均值，$I_C=\frac{U_{CC}}{2\pi R_L}$。

(2) 无输出电容(C_2)互补对称功率放大电路(OCL)：电路如图 15.8 所示。

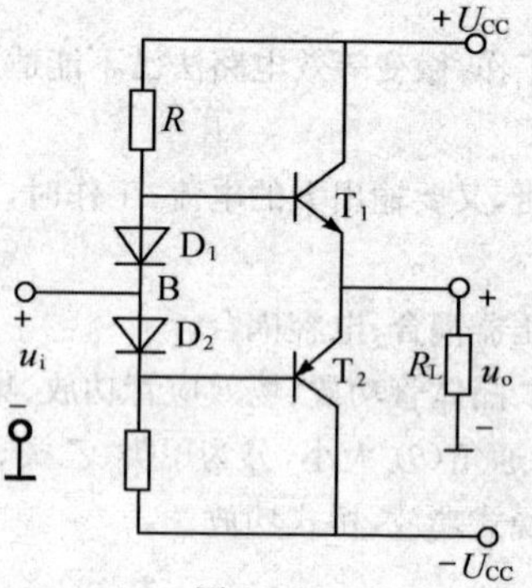

图 15.8

电路特点：

1) 用 D_1 及 D_2 两只二极管获得偏置电压，消除交越失真，同时具有温度补偿作用。

2) 电路分析与 OTL 相似，但 $u_{om}=U_{CC}$(此处 U_{CC} 值为 OTL 电路中的一半)，$P_{omax}=\frac{U_{CC}^2}{2R_L}$，其余与 OTL 电路相同。

(3) 管子的最大功耗 P_{TM} 对 OTL 与 OCL 电路均有：$P_{TM}\approx 0.2P_{OM}$。

5. 复合管

目的是增大输出功率和提高电路的对称性。

复合管有四种接法，如图 15.9 所示。它们的总电流放大倍数均为 $\beta\approx\beta_1\beta_2$。

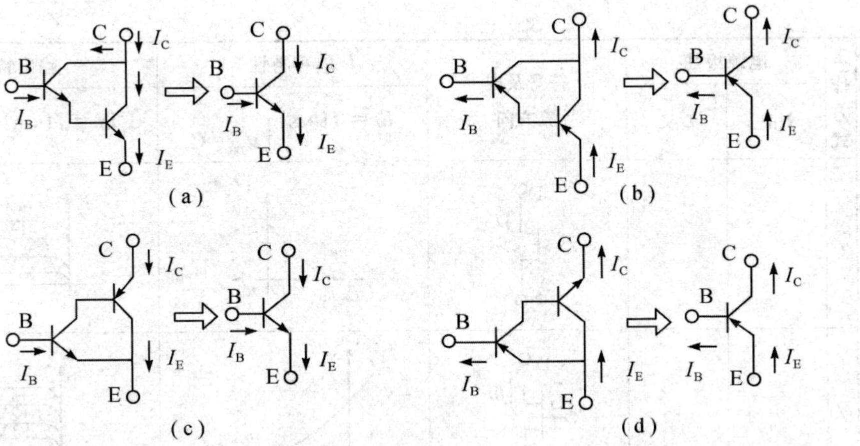

图 15.9

八、场效应管及其放大电路

1. 场效应管的结构类型及特性曲线(见表 15.2)

表 15.2　场效应管的符号及特性曲线

种类	结构类型	工作方式	电源极性 U_{DS}	电源极性 U_{GS}	符号及电流方向	转移特性 $i_D = f(u_{GS})\big\vert_{u_{DS}=C}$	输出特性 $i_D = f(u_{DS})\big\vert_{u_{GS}=C}$
绝缘栅型	N沟道	耗尽型	+	−	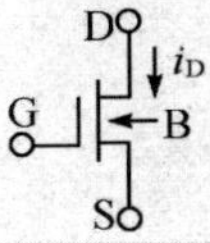	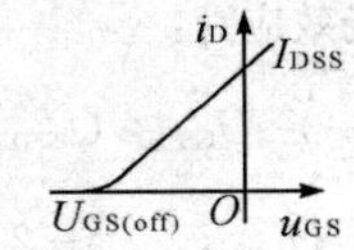	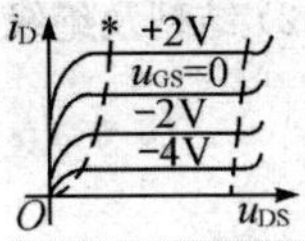
		增强型	+	+	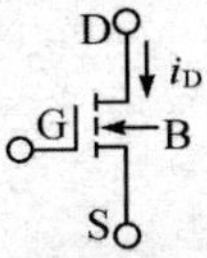	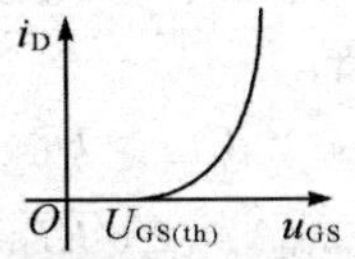	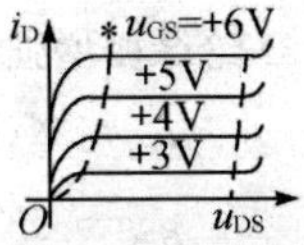
	P沟道	耗尽型	−	+	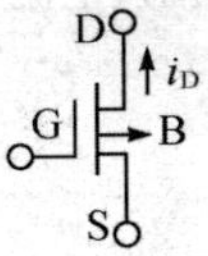	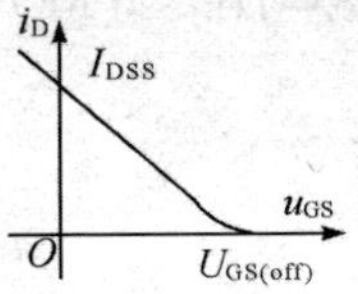	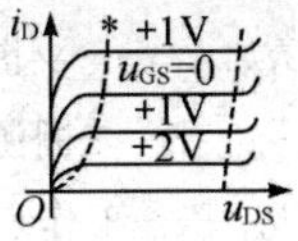
		增强型	−	−	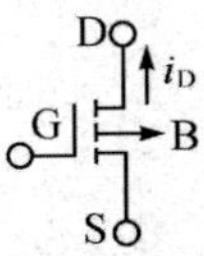	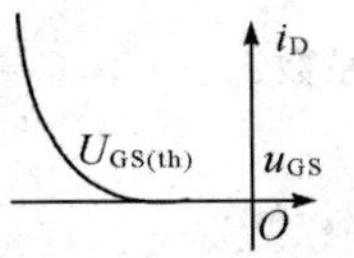	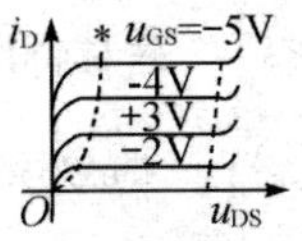

续表

种类	结构类型	工作方式	电源极性 U_{DS}	电源极性 U_{GS}	符号及电流方向	转移特性 $i_D = f(u_{GS})\big\|_{u_{DS}=C}$	输出特性 $i_D = f(u_{DS})\big\|_{u_{GS}=C}$
结型	N沟道	/	+	−	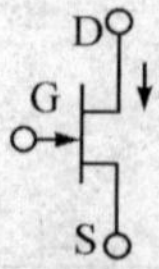	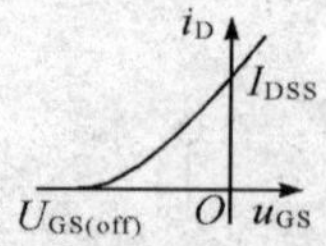	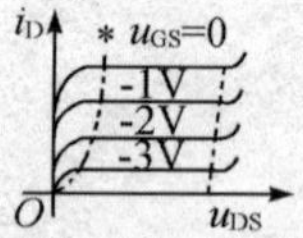
结型	P沟道	/	−	+	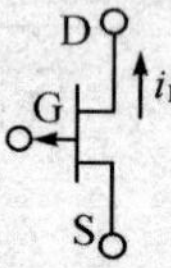	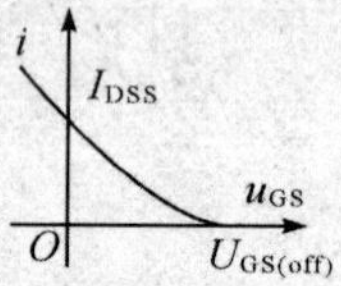	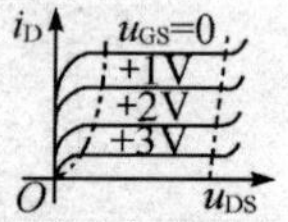

2. 场效应管的转移特性的近似计算及主要参数

(1) 微变等效电路：

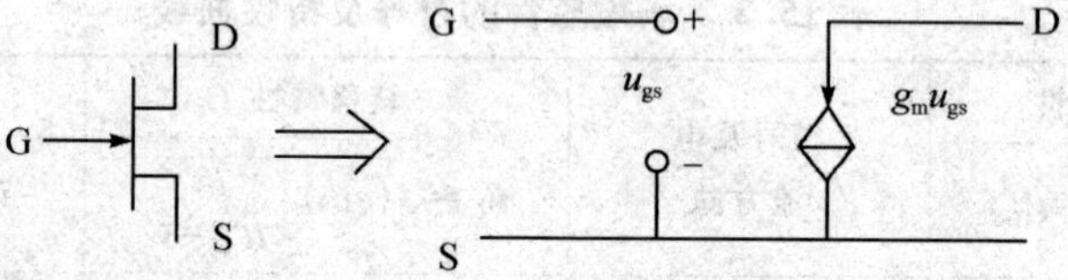

(2) 结型及绝缘栅耗尽型场效应管：

$$I_D = I_{DSS}(1-\frac{U_{GS}}{U_{GS(off)}})^2 ;U_{GS} \geqslant U_{GS(off)}$$

$$g_m = -\frac{2I_{DSS}}{U_{GS(off)}}(1-\frac{U_{GS}}{U_{GS(off)}}) = \frac{-2}{U_{GS(off)}}\sqrt{I_{DSS}I_D}$$

(3) 绝缘栅增强型场效应管：

$$I_D = K(U_{GS}-U_{GS(th)})^2 ;U_{GS} > U_{GS(th)}$$

$$g_m = 2K(U_{GS}-U_{GS(th)}) = 2\sqrt{KI_D}$$

I_{DSS}—— 原始沟道漏极电流（对耗尽型 MOS）或饱和漏极电流（对结型 —JFET）；

$U_{GS(off)}$—— 夹断电压；

$U_{GS(th)}$—— 栅源开启电压；

U_{GS}—— 工作点栅源电压；

I_D—— 工作点漏极电流；

K—— 转移特性曲线形状系数；

g_m—— 跨导，$g_m = \frac{dI_D}{du_{GS}}\Big|_{u_{ds}=常数}$

考点：电路参数与静态工作点的关系，静态工作点与波形失真的关系，交、直流负载线的画法，含电流串联负反馈的典型放大电路的静态与动态分析计算，阻容耦合多级放大电路的静态和动态分析，负反馈模型的判别，负反馈对放大器性能的影响，射极跟随器的特点及应用，对功率放大器的要求及电路元件的作用，复合管，典型差动放大器的输入模式及输入、输出方式，绝缘栅场效应管类型、特点及其放大电路分析。

15.2 练习与思考题解答

15.2.1 解题过程　如图15.10所示，直流负载线的基本方程为：$U_{CE}=U_{CC}-R_C I_C$，R_C 为直流负载线斜率的负倒数，于是 R_C 增大，斜率增大，在同一条 I_B 的 I_C-U_{CE} 曲线上，Q 点左移，并可进入饱和区。U_{CC} 减少，使直流负载线向左移，Q 点左移。

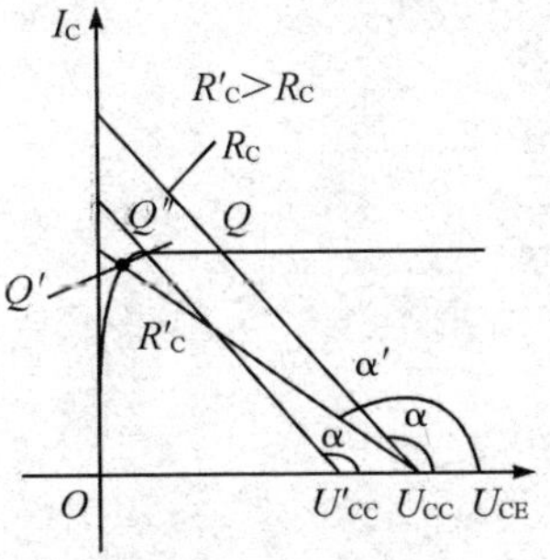

题解15.2.1图

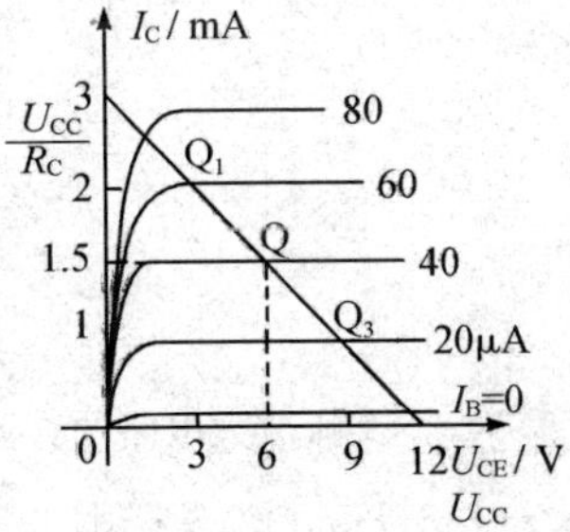

题15.2.2图

15.2.2 解题过程　(1) 起初，I_C 近似正比于 I_B 增加，但逐渐比值减少，并进入饱和区。使

$$I_C\approx\frac{U_{CC}}{R_C}=3\text{mA},u_{CE}\approx 0$$

(2) 开始时，I_C 近似正比于 I_B 减少，逐渐比值减小，最终 $I_C=I_{CEO}$，$I_B=0$，进入截止区。当 $I_B<0$ 时，$I_C\approx I_{CBO}$，$u_{CE}\approx U_{CC}$。

15.2.3 解题过程　例15.2.2的电路如题15.2.3图所示。$U_{CC}=12\text{V}$。

(1)　$R_C=40\text{k}\Omega$ 时，直流负载线斜率大大增加，静态工作点 Q 移至饱和区，$I_C=\frac{U_{CC}}{R_C}=\frac{12}{40}=0.3\text{mA}$，$U_{CE}\approx 0$，不能放大正半周信号。$R_C=0.4\text{k}\Omega$ 时，直流负载线几乎垂直，而且过点 $(U_{CC},0)$ 有电流放大功能，但无电压放大功能。$U_{CE}\approx U_{CC}=12\text{V}$，不随 u_i 变化，$I_C\approx 1.5\text{mA}$。

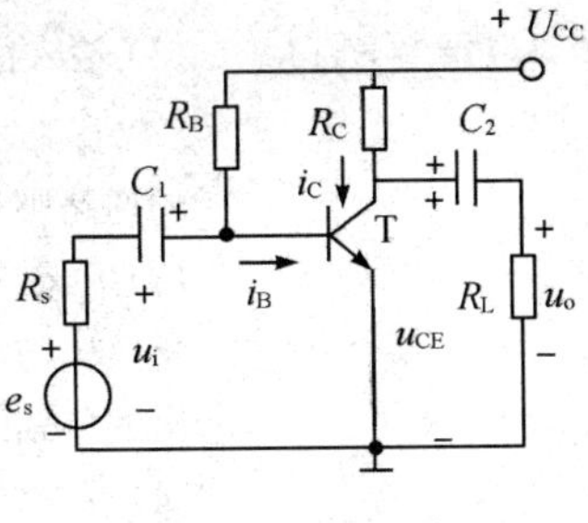

题15.2.3图

(2)　$R_B=3\text{M}\Omega$ 时，$I_B\approx\frac{12}{3\times 10^6}=$

$4\mu A$，工作点接近截止区。$u_{CE} \approx U_{CC}$，不能放大负半周信号。

$R_B = 30k\Omega$ 时，$I_B \approx \dfrac{12}{30 \times 10^3} = 400\mu A$

工作点在饱和区，$I_C \approx \dfrac{U_{CC}}{R_C} = 3mA$

$U_{CE} = 0$。电路不能正常工作。

15.2.4 解题过程 基极电位 V_B 升高，则基极电流 I_B 增大，I_C 增加，U_{CE} 下降，集电极电位 $V_C = U_{CE}$ 也下降。

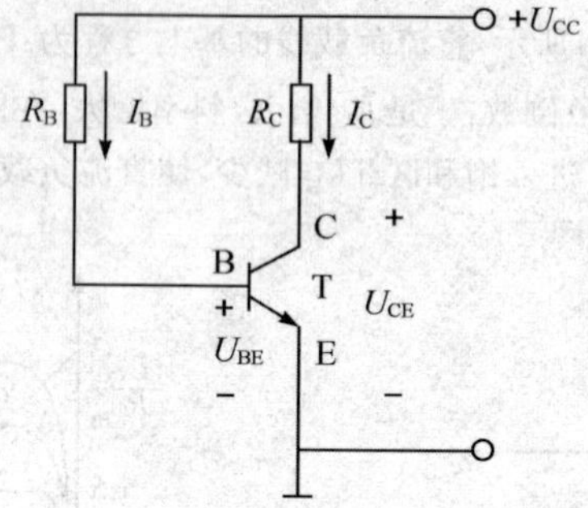

题 15.2.4 图

15.2.5 知识点窍 交流放大电路的直流分路分析。

解题过程 (1) $I_C = \beta_1 I_B = 40 \times \dfrac{12}{240} = 2mA$

$I_C = \beta_2 \cdot \dfrac{U_{CC}}{R_B{}'} = 80 \times \dfrac{12}{R_B{}'} = 2mA$

$\therefore R_B{}' = 480k\Omega$，故 R_B 应调为 $480k\Omega$。

(2) $U_{CE} = U_{CC} - I_C R_C$

公式中 U_{CC}、I_C、R_C 均保持不变，故 U_{CE} 不变化。其值为 $U_{CE} = 12 - 2 \times 3 = 6V$。

15.2.6 解题过程 因为 3DG100A 的 $U_{(BR)CEO} = 15V$，所以集电极电源电压 U_{CC} 应小于 $U_{(BR)CEO}$，否则三极管将被击穿，故不能用 18V 作集电极电源。

15.3.1 解题过程 (1) 输入信号 $u_i = 0$ 时的工作状态称静态；$u_i \neq 0$ 时的工作状态则称动态。

(2) 直流通路是直流电压、直流电流分量的通路，将直流电源除源后交流信号的通路则称交流通路。

(3) 在静态根据负载电阻 R_C 画出的负载线为直流负载线，反映了输出回路直流电压与电流的关系；根据输出回路交流信号电流流过的等效负载电阻所画出的负载线为交流负载线，反映了输出回路交流电压与电流的关系。

(4) 在交流放大电路中电流和电压直流分量就是静态时的工作电流和电压，交流分量就是被放大的信号电流和电压分量。

15.3.2 解题过程 如题 15.2.3 图所示，C_1 的直流分量 $U_{C1} = U_{BE} \approx 0.6V$，

C_2 的直流分量是 $U_{C_2} \approx U_{CE}$，C_1 和 C_2 对交流信号而言，容抗很小，可忽略，故其交流压降也近似为 0。

15.3.3 解题过程 如题 15.2.3 图所示。直流电压表测得的集电极对"地"电压为 U_{CE}，R_L 上无直流电压（C_2 起隔直作用）。故结果不同。

示波器观察的是交流分量，集电极对"地"的交流电压即为 R_L 上的电压。R_C 上的交流电压和集电极对"地"交流电压大小相等，但相位相反。

15.3.4 解题过程 微变等效电路只适用于小信号在线性工作区，故条件是工作在线性放大区，且信号较小。

15.3.5 解题过程 A_u 取决于 $\dfrac{\beta}{r_{be}}$，但 β 增加，r_{be} 也增加，A_u 增加则较小，当 β 足够大，A_u 几乎与 β 无关。所以 A_u 不与 β 成正比。

15.3.6 解题过程 (1) I_E 增大则 I_C 增大，最后进入饱和区，A_u 下降：$I_C \geqslant I_{CM}$，β 下降到原值 $\dfrac{1}{3}$ 以下，也使 A_u 下降。

(2) I_E 增大，r_{be} 减小，到最后 $r_{be} \approx r_{bb'} \approx 200\Omega$，不能再减小了，$A_u$ 也不能增大。可见靠 I_E 增大来提高电压放大倍数是有限制的。

15.3.7 解题过程 (1) 在线性放大区适当增大 R_C，可提高电压放大倍数 A_u，但 A_u 还受负载电阻 R_L 影响，R_L 一定时，R_C 增大对 A_u 影响有限。

(2) 当 R_C 过大时，工作点进入饱和区，产生饱和失真，不可能增大 A_u。

15.3.8 解题过程 r_{be}，r_{ce}，r_i，r_o 都是交流电阻。r_{be} 是晶体三极管的输入电阻；r_i 是放大电路的输入电阻；r_{ce} 是晶体三极管的输出电阻；r_o 是放大电路的输出电阻，它不包括负载电阻 R_L。

15.3.9 解题过程 输入电阻高一些好而输出电阻低一些好，因为前者可使信号源内阻损失降低，信号得到有效放大，而后者可使信号有效输出。带负载能力是指供给负载的电流和功率大小，输出电阻越小，则带负载能力越强。

15.3.10 解题过程 (1) 管子工作在截止状态下，减小 R_B 使 I_B 和 I_C 增大，工作点上移，可使电路正常工作。

(2) 管子工作在饱和状态下，增大 R_B，可以使电路正常工作。

15.3.11 解题过程 不一定，若工作点合适而信号幅度过大，也会造成双向失真。

15.4.1 解题过程 静态工作点不稳定不仅会引起放大能力的变化，而且将引起波形失真。

(1) 工作点升高则产生饱和失真；(2) 工作点下移将产生截止失真。

15.4.2 解题过程 当 $I_2 \gg I_B$ 时，I_B 变化不影响 V_B 大小，当 $V_B \gg U_{BE}$ 时，U_{BE} 变化也几乎不影响 V_B 大小，从而 I_B 大小得以基本稳定，于是 $I_C \approx I_E = \dfrac{V_B - U_{BE}}{R_E} \approx \dfrac{V_B}{R_E}$，所以满足 $I_2 \gg I_B$ 和 $V_B \gg U_{BE}$，静态工作点才能得以基本稳定。

15.4.3 解题过程 对于分压式偏置电路，当 $I_2 \gg I_B$ 和 $U_B \gg U_{BE}$ 两条件被满足时，I_C 和 I_E 几乎

与晶体管参数无关，因此更换晶体管时 I_C 和 U_{CE} 几乎不受影响，只是基极电流 I_B 大小不同而已。

15.4.4 解题过程 实验中，通常调节电阻 R_{B1}。作为隔直电容 C_E 对静态工作点无影响，因为对直流静态工作点，电容等于开路。

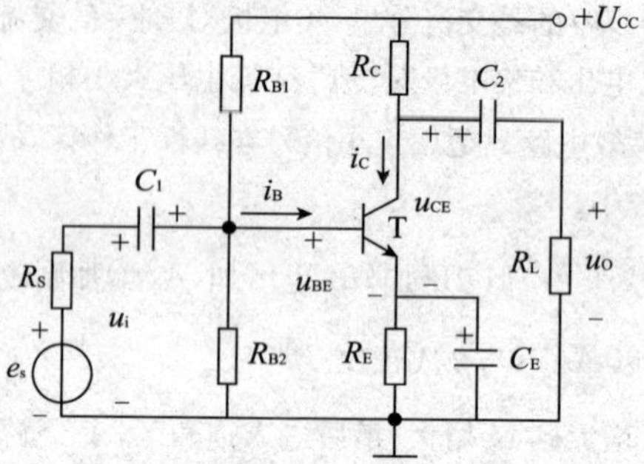

题 15.4.5 图

15.4.5 知识点窍 固定偏置放大电路基本工作原理。

解题过程 (1)R_{B1} 断开，放大电路停止工作。

(2)R_{B1} 短路，三极管工作在饱和区 $U_{CE}=U_{CES}=0$

(3)R_{B2} 断路，电路容易进入饱和区。

(4)R_{B2} 短路，基极电位 $V_B=0$，放大电路无法工作。

(5)C_E 断开，降低电压放大倍数。

(6)C_E 短路，会导致放大电路稳定性能下降。

(7)C_2 断开，交流信号无法正常通过负载。

(8)C_2 短路，放大电路与负载电路构成直流通路，交流通路无法正常工作。

15.5.1 解题过程 低频段主要因为耦合电容(C_1,C_2)和旁路电容 C_E 的容抗($\frac{1}{\omega C_1}$,$\frac{1}{\omega C_2}$,$\frac{1}{\omega C_E}$)增大，前者产生信号压降，后者产生串联负反馈，使输出电压减小，从而放大倍数下降。

高频段则是由于三极管极间电容和电路分布电容 C_o 的容抗$\frac{1}{\omega C_o}$下降，产生分流作用及并联负反馈作用(C,B 极间电容)，使输出电压下降，放大倍数也下降。

15.5.2 解题过程 这是由于它们的用途不同。

(1) 低频放大电路主要是放大音频信号，其频率范围从几十赫兹到上万赫兹，所以低频放大器通频带越宽则声音质量越好。

(2) 串联谐振电路则用于无线电接收，通频带越窄则选择性越强。

这是由于它们的用途不同决定的。

15.6.1 解题过程 针对交流信号，集电极为输入回路和输出回路的公共端故称共集电极放大电路;画出射极输出器的交流等效电路,可以看出信号从基极输入,发射极输出,且发射极和集电极有公共端,从而可以看出射极输出器是共集电极电路。

15.6.2 解题过程 它的突出特点为:

(1) 电压放大倍数接近于1,输出电压与输入电压同相。

(2) 输入电阻高。

(3) 输出电阻低。

用途:在多级放大电路中,用它作为输入级,可使放大电路具有较高的输入电阻,用它作输出极,可使放大电路具有较高的带负载能力,这就是射极输出器的阻抗变换作用。

15.6.3 解题过程 射极输出器的电压倍数近似等于1,但总小于1,也就是该电路的输出电压 $\dot{U}_o$ 与输入电压 $\dot{U}_i$ 之间不仅基本相等,而且相位相同,可以看出输出电压跟随输入电压变化而变化,故其又称为射极跟随器。

15.7.1 解题过程 (1) 电路完全对称:静态或输入共模信号时,输出恒为0,即理论上无零漂移。

(2) 双入 — 双出:有两个输入端、两个输出端。

(3) 具有很大的共模反馈电阻 R_E:增加了电路对零点漂移的抑制作用、对差模信号放大无影响。

(4) 采用双电源工作:U_{CC},$-U_{EE}$ 用于抵消 R_E 上直流压降,增大信号工作范围。

(5) 具有阻值很小的调零电器 R_P:调节零点。

15.7.2 解题过程 共模信号:两个输入端上大小相等、极性相同的信号。

差模信号:两个输入端上大小相等而极性相反的信号。

利用结构对称性,差分放大电路对于输入共模信号时进行抑制,使之输出为零(理论上),而对于输入差模信号时则将其放大 A_u 倍输出。

15.7.3 解题过程 电路完全对称,当外界温度变化或输入共模干扰信号时,两对称放大管产生的漂移电压互相抵消,输出不会产生零点漂移。

共模反馈电阻 R_E 对共模信号或温度变化引起的漂移电压具有很强的负反馈作用,因此大大增强了抑制零点漂移的能力。

理论上 R_E 越大,抑制零点漂移的能力也越强,但 R_E 增大使直流压降增大,为保证三极管的放大工作范围,就要提高 U_{EE} 的电压,这是不利的。通常在 $U_{EE} = U_{CC}$ 的条件下,使 $U_{EE} = 2I_E R_E$ 来选择 R_E 的大小。

差模信号作用下,两管信号电流在 R_E 上压降互相抵消,所以 R_E 不影响差模信号的放大。

15.7.4 知识点窍 差分放大电路。

解题过程 在这个电路中引入了发射极电阻 R_E 和负电源 $-U_{EE}$,从而集电结反偏、发射结正偏,两个BJT均导通,得到晶体管 T_1 和 T_2 的偏流。

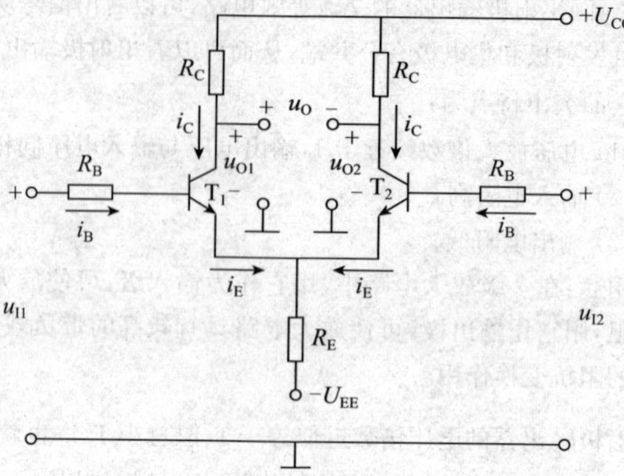

题 15.7.4 图

15.8.1 解题过程 甲类：静态工作点在交流负载线中点，静态消耗功率 $P_E = U_{CC} I_C$，有信号时一部分转换为输出功率，最大输出功率 $P_{OM} = \frac{1}{2} U_{CC} I_C$，效率 $\eta \approx 50\%$，但不失真。

乙类：静态 $I_C = 0$，电源不消耗功率。有信号时，电源供给信号半周平均值直流电源，效率最高可达 78.5%，但半周导电，信号失真严重；如果采用互补对称输出，则会引入交越失真。

甲乙类：介于甲类和乙类之间，因为有较小的静态电流，静态也消耗较小的电源功率，动态时再加半周平均值电流的直流功率，因此效率低于乙类而高于甲类。失真则比甲类大而比乙类小，采用互补对称输出可完全消除失真。

15.8.2 解题过程 C_L 作用：(1) 隔直。

(2) 负半周时，为管子 T_2 提供电源。

C_L 上直流电压为$\frac{1}{2}U_{CC}$，其目的是为了保证正、负半周期，输出对称，在负半周时，C_L 放电，为了使其上电压不下降过快，C_L 应足够大。

15.9.1 解题过程 场效晶体管：

(1) 只有一种载流子参与导电，称为单极型。

(2) 电压控制型，栅极无电流。

(3) 输入电阻很大。

(4) 热稳定性好，结构简单，易于集成。

双极型晶体管：

(1) 自由电子和空穴同时参与导电。

(2) 电流控制型，有基极电流。

(3) 输入电阻很小。

(4) 集成度不如场效晶体管。

15.9.2 解题过程 夹断电压$U_{GS(off)}$是指场效晶体管的栅源电压U_{GS}降低到某值，使原始沟道中的载流子被复合而耗尽，沟道被夹断时的电压。

开启电压$U_{GS(th)}$则是指场效晶体管原始没有导电沟道，而当栅源电压U_{GS}上升到某值时，开始建立导电沟道时的电压。

$U_{GS(th)}$出现在增强型，$U_{GS(off)}$则出现在耗尽型。而且在N沟道中，$U_{GS(th)}>0$，$U_{GS(off)}<0$，在P沟道中，$U_{GS(th)}<0$，$U_{GS(off)}>0$。

耗尽型与增强型的区别在于在SiO_2绝缘层中掺有正离子(N沟道)或负离子(P沟道)，因此在$U_{GS}=0$时便都有原始导电沟道，而增强型没有。

15.9.3 解题过程 $U_{GS}>U_{GS(th)}$时，不是源、漏极之间形成导电沟道，产生漏极电流I_D，I_D沿沟道产生的压降是沟道上各点与栅极间的电压不相等，消弱了栅极中正电场的作用，因此从源极到漏极沟道逐渐变窄。绝缘栅场效应管的转移特性曲线如下所示：

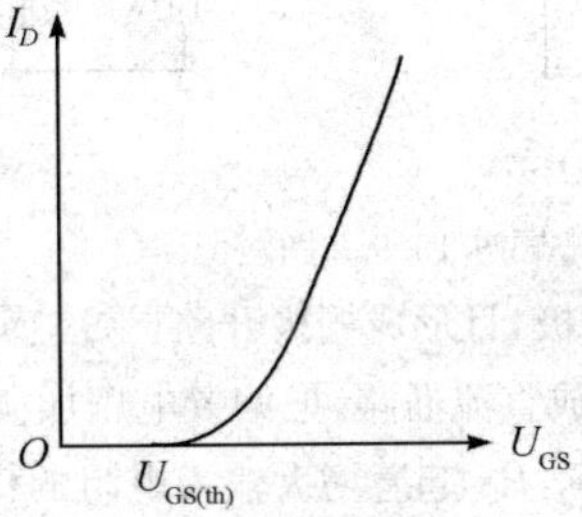

(a) N沟道增强型

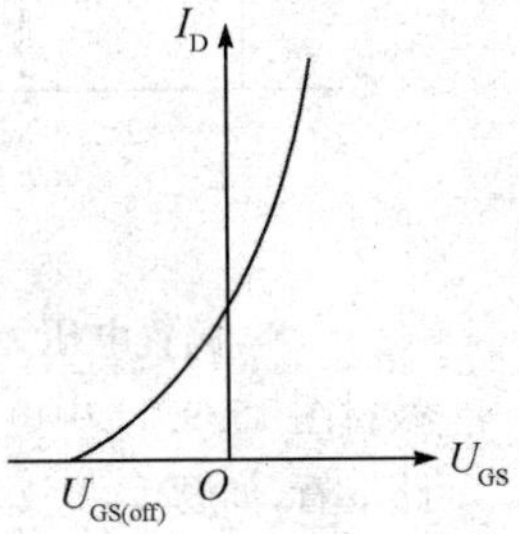

(b) N沟道耗尽型

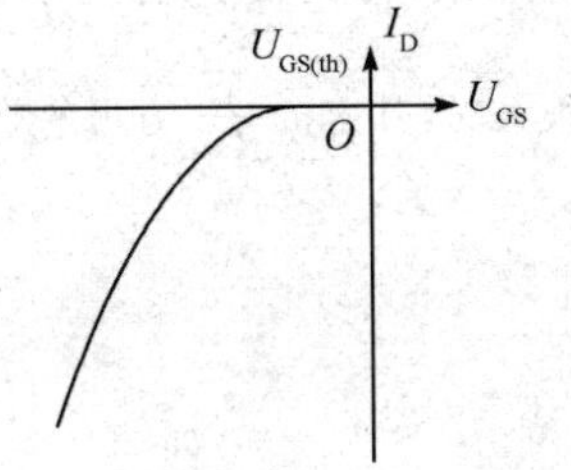

(c) P沟道增强型

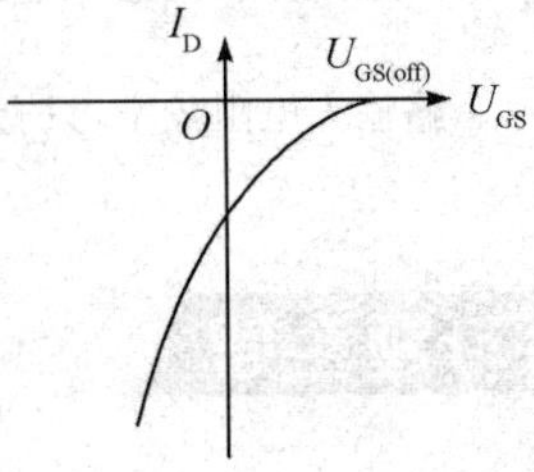

(d) P沟道耗尽型

15.9.4 解题过程 因为SiO_2绝缘层厚度很薄，微小的感应电压便能产生很高的电场强度，以致使绝缘层击穿而损坏。为了保护绝缘层，必须短路栅极，使感应电荷被释放，故栅极不能开路。

15.9.5 解题过程 若共源极场效应管采用分压式偏置电路，则和分压式偏置电路的晶体管共发射极放大电路在结构上是完全相似的。

因为场效晶体管是电压控制型，栅极无电流，故输入电阻很高。

15.9.6 解题过程　在N沟道增强型场效晶体管中，$U_{GS(th)} > 0$，自给偏置只能使$U_{GS} < 0$，故无法开启。

在P沟道增强型场晶体管中，$U_{GS(th)} < 0$，自给偏置只能使$U_{GS} > 0$，故也无法开启。

所以，增强型场效晶体放大器不能用自给偏置。

15.9.7 解题过程　教材图15.9.10电路中$R_G = 0$，交流等效电路如题解15.9.7图(a)所示，$R_i = 0$，输入信号短路，无法工作。

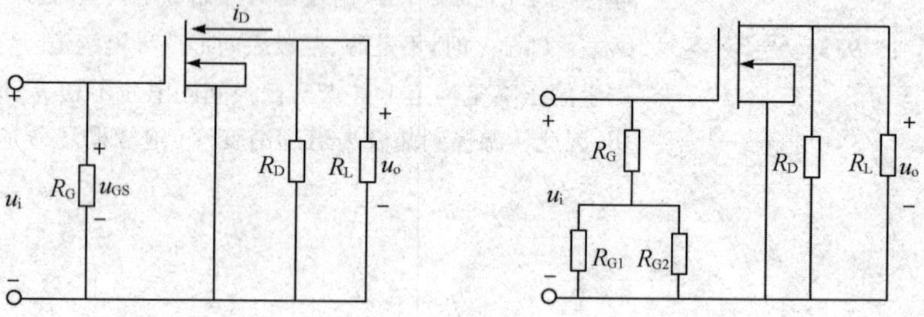

(a)　　　　(b)

题解15.9.7图

$R_G = \infty$，偏置电压无法加到栅极，且形成栅极开路，易被感应电动势击穿。

教材图15.9.11中电路，R_G构成直流通路，把偏置电压加栅极上。而从交流通路上看，如题15.9.7图(b)所示，R_G起着增大输入电阻的作用，若R_G短路，$r_i = R_{G1} /\!/ R_{G2} \ll R_G$，这就失去了场效晶体管放大电路的主要特点。

15.9.8 解题过程　场效晶体管的输入电阻很大，即使C_1取得较小，容抗$\frac{1}{\omega C_1}$仍可忽略。晶体管电路输入电阻较小，只有当C_1很大时，其容抗$\frac{1}{\omega C_1}$方可忽略。

15.3 课后习题全解

A　选择题

15.2.1 分析　用放大电路的直流通路确定静态值。

相关公式有：$I_B = \dfrac{U_{CC} - U_{BE}}{R_B} \approx \dfrac{U_{CC}}{R_B}$

$I_C = \bar{\beta} I_B \quad U_{CE} = U_{CC} - I_C R_C$

故R_B减小时，I_B、I_C均增大，集电极电流V_C减小，故分别选(1)、(2)。

15.2.2 分析　用放大电路的直流通路确定静态值。

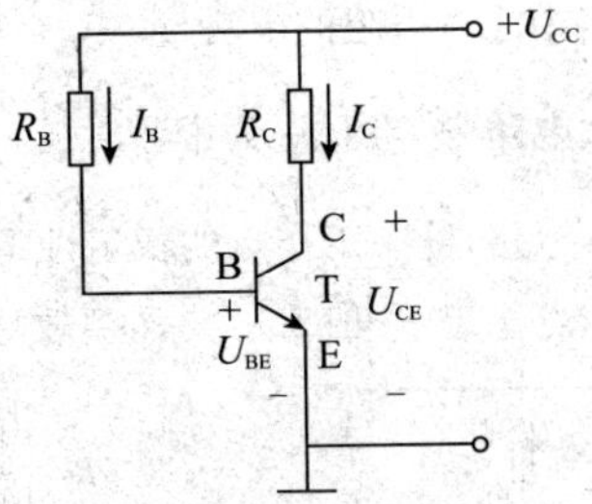

题 15.2.1 图

$R_B=0$ 时，有 I_B、I_C 为无穷大，从而晶体管会被烧毁，故选(3)。

15.2.3 分析 用放大电路的直流通路确定静态值。

将 $U_{CC}=12V \quad R_C=3k\Omega \quad \beta=50 \quad U_{CE}=6V$

代入相应公式可分别求得：$I_C=2mA$

$\therefore I_B=\dfrac{I_C}{\beta}=\dfrac{2}{50}=\dfrac{U_{CC}}{R_B}\Rightarrow R_B=300k\Omega$，故选(2)。

15.2.4 分析 用放大电路的直流通路确定静态值。

$I_C=1.5mA$，有：$I_B=\dfrac{I_C}{\beta}=\dfrac{1.5}{50}=\dfrac{U_{CC}}{R_B}=\dfrac{12}{R_B}$

$\therefore R_B=400k\Omega$，故选(2)。

15.3.1 分析 图解法对放大电路进行动态分析。

由教材题 15.3.1 图分析：

(1) 输入电压信号 u_i 和 u_o 相位相反。

(2)i_b 与 i_c 相位相同。

(3)u_o 与 i_c 相位相反，故分别选(2)、(2)、(1)。

15.3.2 分析 电压放大倍数的计算：

$$|A_u|=\beta\cdot\frac{R'_L}{r_{be}}=\frac{R_C /\!/ R_L}{200+(\beta+1)\dfrac{20mV}{I_E}}$$

R_B 减小时 I_B 增大，I_E 增大，故 $|A_u|$ 增大，选(2)。

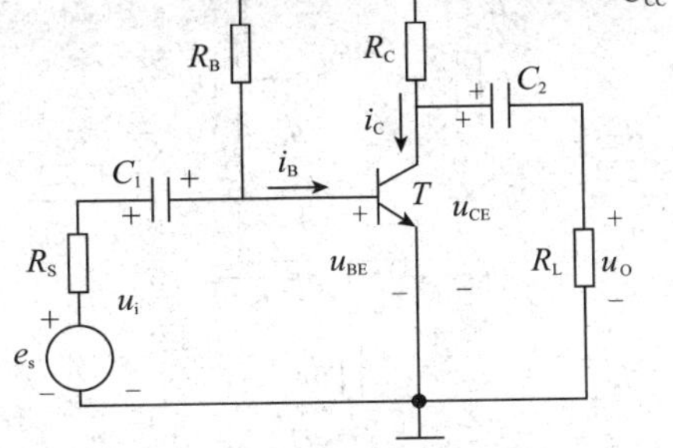

题 15.3.2 图

15.3.3 分析　晶体管微变电路中输入电阻的求法。

共射极交流放大电路中，当 U_{CE} 为常数时 $r_{be}=\frac{\Delta U_{BE}}{\Delta I_B}=\frac{\Delta U_{BE}}{i_b}$，故选(3)。

15.4.1 分析　分压式偏置放大电路，静态工作点的稳定性条件。

为保证静态工作点稳定，一般 $R_{B1}>R_{B2}$，故选(1)。

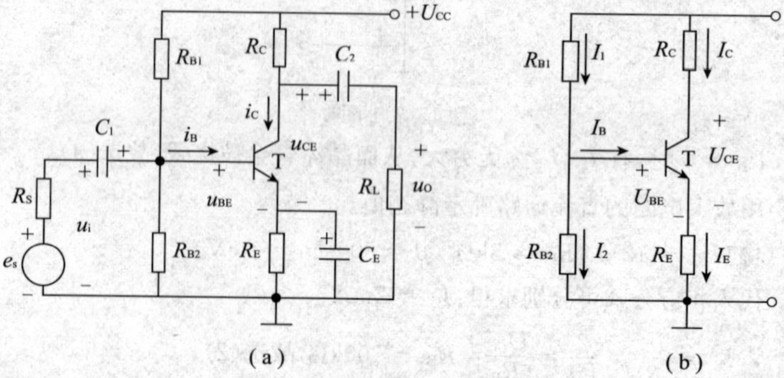

题 15.4.1 图

15.4.2 分析　固定偏置放大电路中交流旁路电容的作用。

当发射极电流交流 i_e 流过 R_e 时，会产生交流电压降，从而降低电压放大倍数，故选(1)。

15.6.1 分析　射极输出器的特点。

由射极输出器微变等效电路可得：

$U_o=R'_L\dot{I}_e=(1+\beta)R'_c\dot{I}_b$

$\dot{U}_i=r_{be}\dot{I}_b+(1+\beta)R'_L\dot{I}_b$

由于 $r_{be}\ll(1+\beta)R'_L\quad U_o\approx U_i$

虽然没有电压放大作用，但因 $I_e=(1+\beta)I_b$，仍有一定的电流放大和功率放大作用，故选(1)。

15.7.1 分析　差分放大电路动态分析。

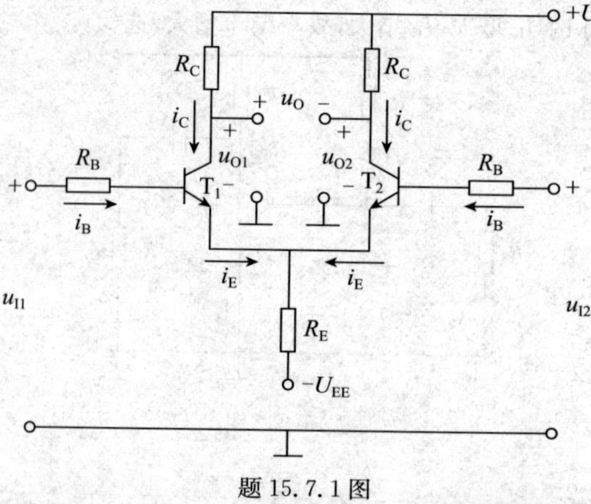

题 15.7.1 图

(1) 在共模信号作用下，完全对称的差分放大电路输出电压为0，对共模信号没有放大作用。

(2) 差模信号使差分放大电路两管的集电极电流一增一减，变化量相等，通过 R_E 中电流近于不变，故 R_E 对差模信号不起作用，故选(2)。

15.7.2 分析　差分放大电路的动态分析。

双端输出电压由题可知当 $u_{I1} > u_{I2}$ 时，且都为正值，u_{O1}，u_{O1} 均为正值，且 $u_{O1} < u_{O2}$

$u_O = (u_{O1} - u_{O2}) < 0$，故选(2)。

15.8.1 分析　互补对称功率放大电路中，甲类工作状态特点。

甲类工作状态不记有无输入信号，电源供给功率不变，无输入信号时，电源功率全消耗在管子和电阻上，有输入信号时，一部分转为输出功率 P_o，信号越大，输出功率越大。故分别选(2)，(2)。

15.9.1 分析　场效应晶体管的特点。

场效应晶体管是一种利用电场效应来控制其电流大小的半导体器件，故选(3)。

B　基本题

15.2.5 逻辑推理　直流通路静态工作点的估计和计算。

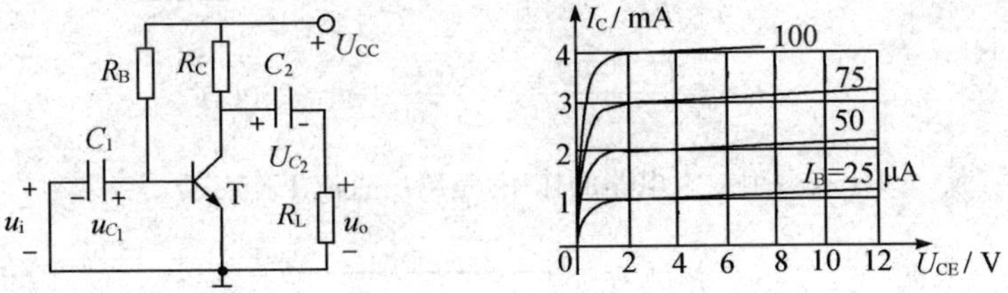

(a)　　　　(b)

题 15.2.5 图

解题过程　(1) 如题解 15.2.5 图(a) 所示的直流通路：

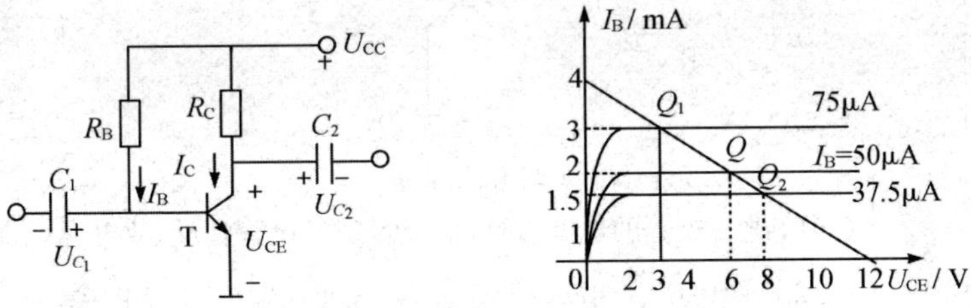

(a)　　　　(b)

题解 15.2.5 图

C_1，C_2 上的电压极性标在原图。

由 $I_B = \frac{U_{CC} - U_{BE}}{R_B} = \frac{12 - 0.7}{240} \approx 50 \times 10^{-6}\text{A} \approx 50\mu\text{A}$

$$I_C = \beta I_B = 40 \times 50 = 2\text{mA}$$

$$U_{CE} = U_{CC} - I_C R_C = 12 - 2 \times 3 = 6\text{V}$$

(2) 由输出特性作出直流负载线　　$U_{CE} = U_{CC} - I_C R_C$

已知：　$I_C = 0, U_{CE} = 12\text{V}, U_{CE} = 0$ 时，$I_C = \frac{U_{CC}}{R_C} = \frac{12}{3} = 4\text{mA}$

过(0,12)，(4,0) 两点，于是可作直线如题解 15.2.5 图(b) 所示，即为直流负载线。

由图可知 $I_B = 50\mu\text{A}$ 时，Q 点(2,6)，即 $I_C = 2\text{mA}, U_{CE} = 6\text{V}$。

(3) 静态时，$U_{C1} = U_{BE}, U_{C2} = U_{CE} = 6\text{V}$。极性在题 15.2.5 图(a) 中。

15.2.6 逻辑推理　用全电路欧姆定律求解基极、集电极电阻。

解题过程　由于　$U_{CE} = U_{CC} - I_C R_C$

$$R_C = \frac{U_{CC} - U_{CE}}{I_C} = \frac{10 - 5}{2} = 2.5\text{k}\Omega$$

由于　$I_C = \beta I_B$

$$I_B = \frac{1}{\beta} I_C = \frac{2}{40} = 50 \times 10^{-3}\text{mA} = 50\mu\text{A}$$

$$R_B = \frac{U_{CC} - U_{BE}}{I_B} = \frac{10 - 0.7}{50} = 200\text{k}\Omega$$

15.2.7 逻辑推理　R_B 在共射放大电路的作用，是给出直流工作点 Q。

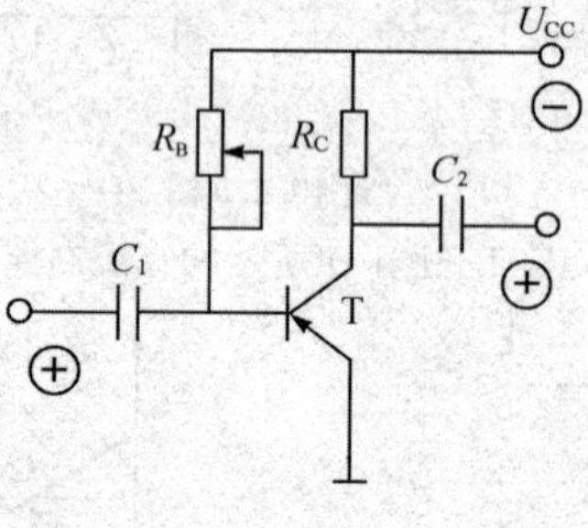

题 15.2.7 图

解题过程　(1)PNP三极管的电源极性和NPN型三极管相反，故电容 C_1 和 C_2 极性也和题 15.2.7 图中所示相反，用 ⊖ 或 ⊕ 标明在题 15.2.7 图中。

(2) 由于 $I_C = \beta I_B$，于是 $I_B = \frac{I_C}{\beta} = \frac{1.5}{75} = 20 \times 10^{-3}\text{mA} = 20\mu\text{A}$

此时 $R_B = \frac{-U_{CC} + U_{BE}}{I_B} \approx \frac{12}{20} = 600\text{k}\Omega$

(3) 若 $R_B=0$ 时,$U_{BE}=12V\gg0.7V$(硅管)或 $U_{BE}=12V\gg0.3$(锗管),于是 I_B 大大增大,使PN结发热而损坏。一般在偏置电路中,给 R_B 再串联一电阻。

15.3.4 知识点窍 微变等效电路,欧姆定律。

逻辑推理 用交流小信号模型求解 A_u 电路,如题15.3.4图所示。

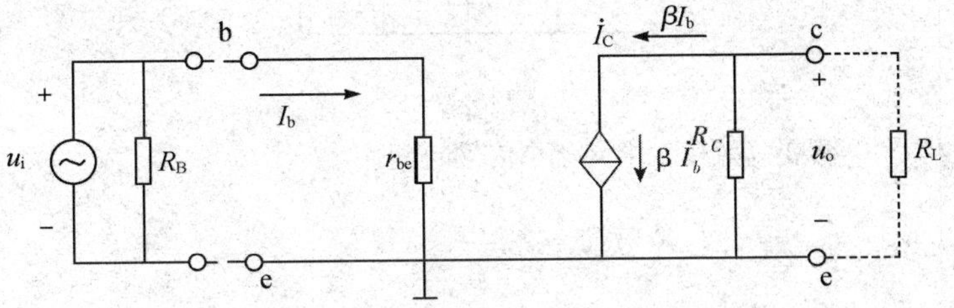

题 15.3.4 图

解题过程 (1) 输出端开路:

$$u_o=-i_CR_C \qquad i_C=\beta i_b=\beta\frac{u_i}{r_{be}}$$

于是, $u_o=-\beta\frac{u_i}{r_{be}}\cdot R_C$,于是 $A_u=\frac{u_o}{u_i}=-\frac{\beta R_C}{r_{b3}}=-150$

(2) 输出端有负载 R_L

$$U_o=-i_C(R_C\ /\!/\ R_L)$$

所以 $u_o=-\beta\frac{u_i}{r_{be}}(R_L\ /\!/\ R_C)$

于是 $A_u=\frac{u_o}{u_i}=-\frac{\beta}{r_{be}}(R_L\ /\!/\ R_C)=-\frac{40}{0.8}\times\frac{3\times6}{3+6}=-100$

15.3.5 知识点窍 放大电路动态分析基本考查。

解题过程 (1) $r_{be}=200\Omega+(1+\beta)\frac{26mV}{(1+\beta)I_B}=1.4k\Omega$

$$U_{CE}=V_{CC}-I_CR_C\Rightarrow I_C=\frac{2-6}{3}=2mA$$

$$\therefore I_B=\frac{I_C}{\beta}=\frac{U_{CC}}{R_B}\Rightarrow R_B=600k\Omega$$

(2) $|A|=100=\beta\frac{R'_C}{r_{be}}=100\times\frac{R_C\ /\!/\ R_L}{1.4k\Omega}$

$$\therefore R_L=4.6k\Omega$$

15.3.6 知识点窍 微变等效模型。

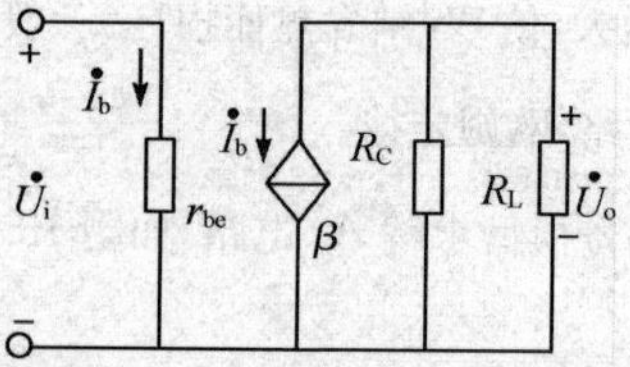

题 15.3.6 图

逻辑推理 微变等效模型求交流小信号问题。

解题过程 $\dot{U}_{o0} = -\beta\dot{I}_b R_C, \beta I_b = \frac{-U_{o0}}{R_C}$

如图 15.27 所示。

$$\dot{U}_{o1} = -\beta\dot{I}_b(R_C \,/\!/\, R_L), \beta I_b = -\frac{U_{o1}}{R_C \,/\!/\, R_L}$$

于是$\frac{U_{o0}}{R_C} = \frac{R_C + R_L}{R_C R_L}U_{o1}$

$$U_{o1} = \frac{R_L}{R_C + R_L}U_{o0} = \frac{5.1}{3.3+5.1} \times 2 = 1.21\text{V}$$

15.3.7 知识点窍 放大电路交直流分析。

解题过程 (1) 当 $R_P = 0$ 时，各静态值分别为

$$I_B = \frac{U_{CC} - U_{BE}}{R_B} = \frac{12-0.6}{1\times10^5} = 0.114\text{mA}$$

$$I_C = \beta I_B = 51 \times 0.114 = 6\text{mA}$$

$$U_{CE} = U_{CC} - I_C \cdot R_C$$

$$= 12 - 6\times10^{-3}\times2\times10^3$$

$$= 0\text{V}$$

此时，R_B 过小，使得 I_B 过大，工作点 Q 过高，晶体管工作在饱和状态。

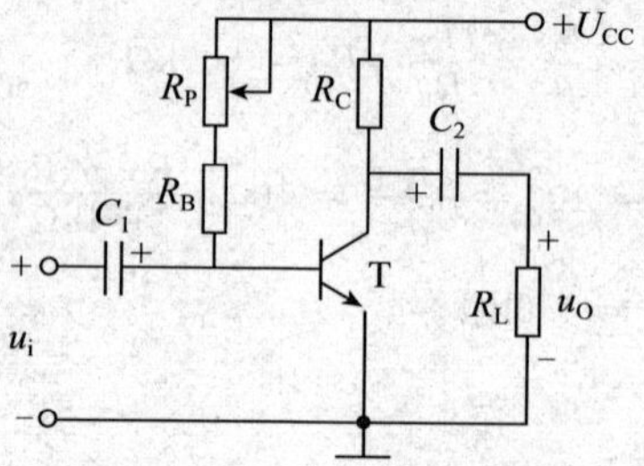

题 15.3.7 图

(2) 当 $R_P = 1\times 10^6\,\Omega$ 时，各静态值分别为

$$I_B = \frac{U_{CC}-U_{BE}}{R_B+R_P} = 10\mu A$$

$$I_C = \beta \cdot I_B = 51\times 10\times 10^{-6} = 0.5mA$$

$$U_{CE} = U_{CC} - I_C \cdot R_C = 12 - 0.5\times 10^{-3}\times 2\times 10^3 = 11V$$

此时，I_B 过小，工作点 Q 过低晶体管工作在截止状态。

(3) 由 $U_{CE} = U_{CC} - I_C \cdot R_C$ 知

$$I_C = \frac{U_{CC}-U_{CE}}{R_C} = \frac{12-6}{2\times 10^{-3}} = 3mA$$

则 $I_B = \dfrac{I_C}{\beta} = \dfrac{3\times 10^{-3}}{51} = 0.059mA$

而 $I_B = \dfrac{U_{CC}-U_{BE}}{R_B+R_P}$

故 $R_P = \dfrac{U_{CC}-U_{BE}}{I_B-R_B} = 93.9k\Omega$

此时，晶体管处于线性工作状态。

(4) 略。

15.4.3 知识点窍 放大电路分析。

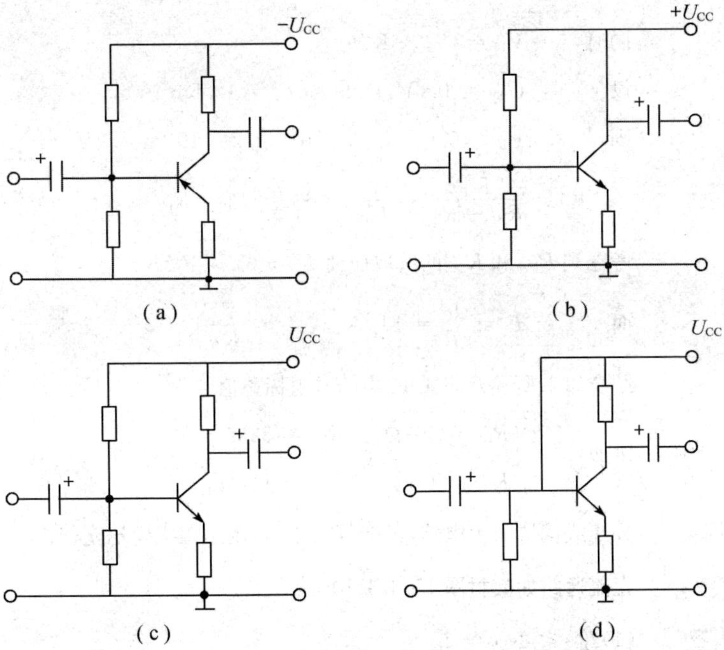

题 15.4.3 图

解题过程 电路(a) 和(c) 均可以放大交流信号。

电路(b) 和(d) 均不能放大交流信号，因为电路(b) 没有直流负载电阻，集电极电位恒为 U_{CC}，交流通路中集电极对地短路。而电路(d) 中偏置电阻为零，晶体管饱和，其交流通路中输入端对地短路，信号无法输入到三极管中，且使信号源短路。

15.4.4 知识点窍 分压式偏置放大电路，欧姆定律，基尔霍夫电压定律。

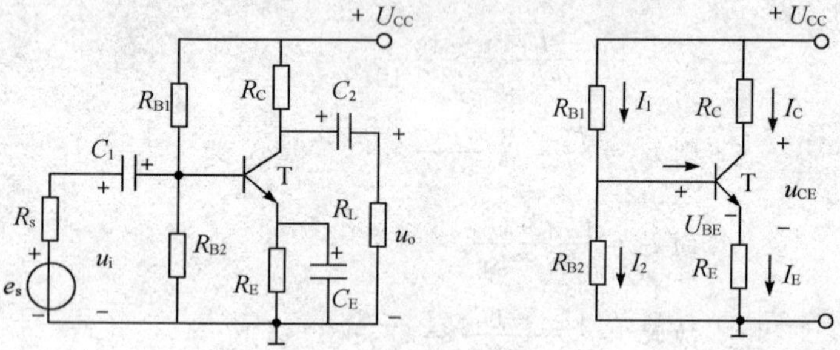

(a)　　　　　　　　　　(b)

题 15.4.4 图

逻辑推理 R_{B1}，R_{B2} 的作用是稳定直流偏置电压，使 $U_{BE}=0.6V$。

解题过程 由题 15.4.4 图(b) 知，基极电位 $V_B=\dfrac{R_{B2}}{R_{B1}+R_{B2}}U_{CC}$

同时　$V_B=U_{BE}+I_ER_E$

设　$U_{BE}=0.6V$，且 $I_C\approx I_E=1.55\text{mA}$

则　$V_B=0.6+1.55\times10^{-3}\times2\times10^3=3.7V$

$$\frac{R_{B2}}{R_{B1}+R_{B2}}=\frac{V_B}{U_{CC}}=\frac{3.7}{15}\Rightarrow R_{B1}:R_{B2}\approx3:1$$

考虑到 R_{B1} 和 R_{B2} 的选取应使 $I_2>(5\sim10)I_B$

而　$I_B=\dfrac{I_C}{\beta}=31\mu A$　　$I_2=\dfrac{V_E}{R_{B2}}$

结合以上所述及附录 H 中的电阻标称值

可取 $\begin{cases}R_{B1}=30\text{k}\Omega\\R_{B2}=10\text{k}\Omega\end{cases}$ 或 $\begin{cases}R_{B1}=33\text{k}\Omega\\R_{B2}=11\text{k}\Omega\end{cases}$

15.4.5 知识点窍 分压式偏置放大电路，微变等效模型，基尔霍夫电压定律。

逻辑推理 直流通路如教材图 15.4.1(b) 所示。

解题过程 (1) $I_B\ll I_{RB1}=I_{B2}$

于是 $V_B = \dfrac{R_{B2}}{R_{B1}+R_{B2}} \cdot U_{CC} = \dfrac{10}{33+10} \times 24 = 5.58\text{V}$

$$V_B = I_B(1+\beta) \cdot R_E + U_{BE}$$

于是 $I_B = \dfrac{V_B - U_{BE}}{(1+\beta)R_E} = \dfrac{5.58-0.6}{67\times1.5} \approx 46\mu\text{A}$

$$I_C = \beta I_B = 66 \times 46\mu\text{A} = 3.04\text{mA}$$

$$U_{CE} = U_{CC} - I_C R_C - I_E R_E = 24 - 3.04\times3.3 - 3.08\times1.5 = 9.35\text{V}$$

(2) 微变等效电路如题解 15.4.5 图所示。

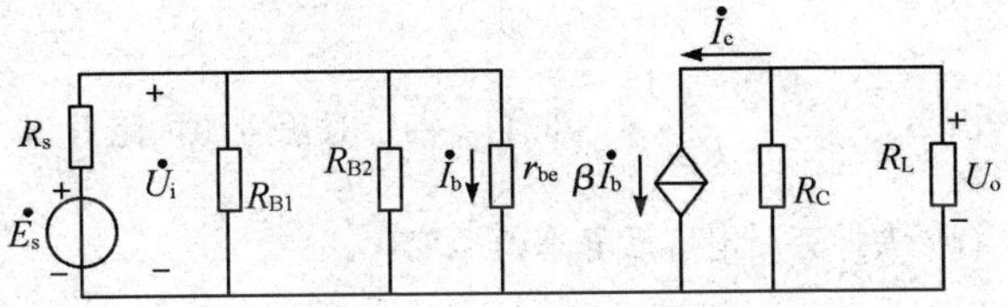

题解 15.4.5 图

(3) $r_{be} = 200 + (1+\beta)\dfrac{26}{I_E} = 200 + 67\times\dfrac{26}{3.08} \approx 0.766\text{k}\Omega$

(4) $\dot{U}_o = -\beta\dot{I}_b(R_C \mathbin{/\!/} R_L) = -\beta\dot{I}_b R'_L$

$$R'_L = R_C \mathbin{/\!/} R_L$$

$$\dot{U}_i = \dot{I}_b r_{be}$$

于是 $A_u = \dfrac{U_o}{U_i} = -\dfrac{\beta R'_L}{r_{be}} = -\dfrac{66}{0.766}\times\dfrac{3.3\times5.1}{3.3+5.1} \approx -173$

(5) 同理：$\dot{U}_o = -\beta\dot{I}_b R_C$

$$A_u = \frac{U_o}{U_i} = -\frac{\beta R_C}{r_{be}} = -\frac{66}{0.766}\times3.3 \approx -284$$

显然，R_L 的作用使 A_u 下降，使交流负载总电阻变小。

(6) 输入电阻为

$$r_i = R_{B1} \mathbin{/\!/} R_{B2} \mathbin{/\!/} r_{be} = 33 \mathbin{/\!/} 10 \mathbin{/\!/} 0.766 \approx 0.696\text{k}\Omega$$

输出电阻为

$$r_o = R_C = 3.3\text{k}\Omega$$

15.4.6 知识点窍 放大电路分析。

逻辑推理 $A_u/A_{us} = \dot{E}_s/\dot{U}_i = \dfrac{r_i + R_S}{r_i}$，$A_{us} = \dfrac{r_i}{r_i + R_s}A_u$。

解题过程 当 $R_s = 1\text{k}\Omega$ 时 $\dot{U}_i = \dfrac{r_i}{r_i + R_s}\dot{E}_s$

因此 $\dfrac{U_i}{E_s} = \dfrac{r_i}{r_i + R_s}$

于是 $A_{us} = \dfrac{\dot{U}_o}{\dot{E}_s} = \dfrac{\dot{U}_0}{\dot{U}_i} = \dfrac{\dot{U}_i}{E_s} = \dfrac{r_i}{r_i + R_s}A_u$

已知 $A_u = -173, r_i = 0.696\Omega, R_s = 1\text{k}\Omega$

所以 $A_{us} = \dfrac{0.696}{0.696+1} \times (-173) \approx -71 \ll A_u$

由 $\dot{A}_{us} = \dfrac{r_i}{r_i + R_s} \cdot A_u$ 可知，r_i 一定时信号源内阻 R_s 愈大，电压放大倍数愈小。

15.4.7 **解题过程** (1) 去掉旁路电容后静态值无变化。

(2) 微变等效电路如题解 15.4.7 图所示。

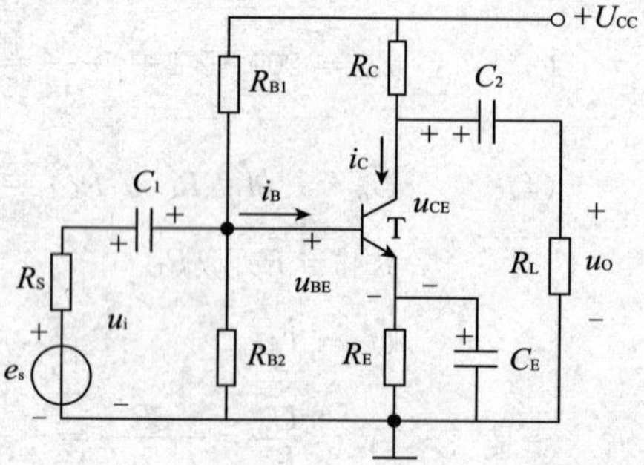

题 15.4.7 图

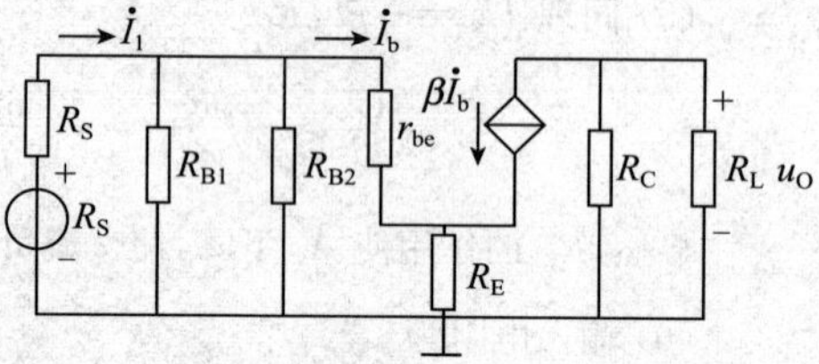

题解 15.4.7 图

(3) $A_u = \dfrac{u_o}{u_i} = -\beta\dfrac{R'_L}{r_{be} + (1+\beta)R_E} = -66 \times \dfrac{2}{0.72 + 67 \times 1.5} = -1.3$

∴ 发射极电阻 R_e 降低了电压放大倍数。

(4) 输入电阻 $r_i = R_{B1} \mathbin{/\mkern-6mu/} R_{B2} \mathbin{/\mkern-6mu/} [r_{be} + (1+\beta)R_E]$

$= 33 \mathbin{/\mkern-6mu/} 10 \mathbin{/\mkern-6mu/} [0.72 + 67 \times 1.5] = 7.13\text{k}\Omega$

输出电阻 $r_o \approx R_c = 3.3\text{k}\Omega$。

15.4.8 解题过程 (1)R_{B1} 开路，$u_{CE} = U_{CC}$

(2)R_{B1} 短路，基极对地电压 $V_B = U_{CC}$

(3)R_E 开路，集电极电压 $V_C = U_{CC}$

(4)CE 被击穿，发射极电压 $V_E = 0$

(5)BE 结开路，$V_B \neq 0, V_E = 0$

(6)BE 结击穿，$u_{BE} = 0$

(7)CE 结击穿，$u_{CE} = 0$

15.6.2 知识点窍 射极跟随器。

逻辑推理 射极跟随器特点：①$A_u \approx 1$。②r_i 较大。③r_o 较小，用于耦合。

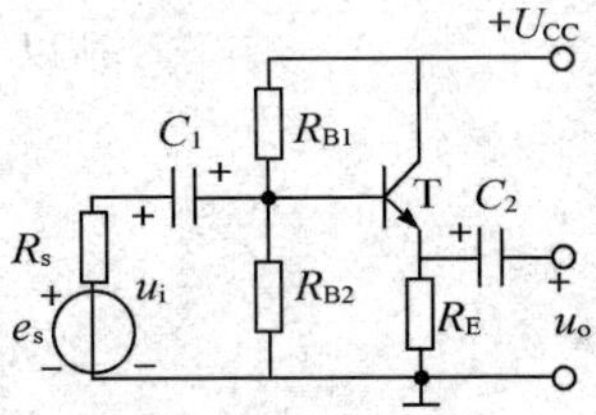

题 15.6.2 图

解题过程 输入电阻

$$r_i = R_{B1} \mathbin{/\!/} R_{B2} \mathbin{/\!/} (r_{be} + R'_E)$$

$$R'_E = \frac{\dot{U}_E}{\dot{I}_i} = \frac{(1+\beta)\dot{I}_i R_E}{\dot{I}_i} = (1+\beta)R_E$$

于是，输入电阻

$$r_i = R_{B1} \mathbin{/\!/} R_{B2} \mathbin{/\!/} [r_{be} + (1+\beta)R_E] = 100 \mathbin{/\!/} 30 \mathbin{/\!/} [1 + 51 \times 1] \approx 16\text{k}\Omega$$

将 e_s 短接，并设输出端电压为 $\dot{U}$，则

$$\dot{I}_E = \frac{\dot{U}}{R_E}$$

$$\dot{I}_b = \frac{\dot{U}_o}{r_{be} + R_s \mathbin{/\!/} R_{B1} \mathbin{/\!/} R_{B2}}$$

所以总电流

$$\dot{I}_o = \dot{I}_E + \dot{I}_b + \beta\dot{I}_b = \dot{U}_o\left(\frac{1}{R_E} + \frac{\beta+1}{r_{be} + R_s \mathbin{/\!/} R_{B1} \mathbin{/\!/} R_{B2}}\right)$$

因此，输出电阻

$$r_o = \frac{\dot{U}_o}{\dot{I}_o} = \frac{1}{\dfrac{1}{R_E} + \dfrac{1+\beta}{r_{be} + R_s \mathbin{/\!/} R_{B1} \mathbin{/\!/} R_{B2}}}$$

$$= R_E \mathbin{/\!/} \frac{r_{be} + R_s \mathbin{/\!/} R_{B1} \mathbin{/\!/} R_{B2}}{(1+\beta)}$$

$$= 1 \mathbin{/\!/} \frac{1 + 0.05 \mathbin{/\!/} 100 \mathbin{/\!/} 30}{51} \approx 20\Omega$$

已知 $A_u = \frac{u_o}{u_i}, \dot{U}_o = (1+\beta)\dot{I}_i R_E$

所以 $A_u = \frac{\dot{U}_o}{\dot{U}_i} = \frac{(1+\beta)R_E}{r_{be} + (1+\beta)R_E}$

由分压公式：$\frac{\dot{U}_i}{e_s} = \frac{r_i}{r_i + R_s}$

所以 $A_{us} = \frac{\dot{U}_o}{\dot{e}_s} = \frac{\dot{U}_o}{\dot{e}_s} = \frac{\dot{U}_o}{U_i} = \frac{\dot{U}_i}{e_s} = \frac{r_i}{R_s + R_i} A_u$

$$= \frac{r_i}{R_s + r_i} \cdot \frac{(1+\beta) \cdot R_E}{r_{be} + (1+\beta)R_E} = \frac{16}{0.05 + 16} \times \frac{51 \times 1}{1 \times 51 + 1}$$

$$= 0.98$$

15.6.3 解题过程 (1) 直流通路如题解 15.6.3 图(a) 所示

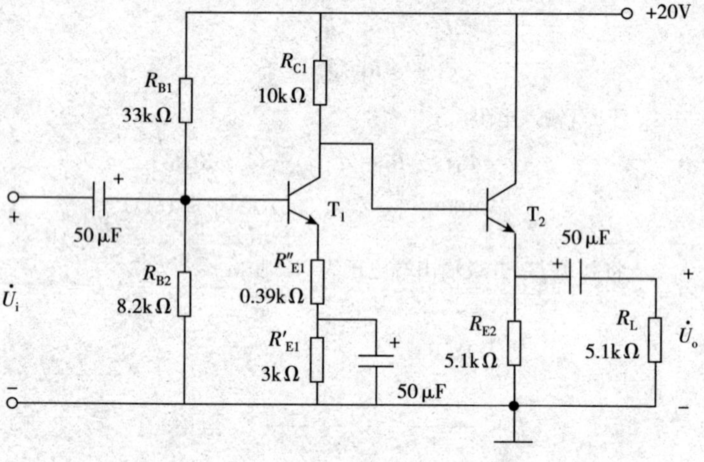

题 15.6.3 图

计算前级静态值：

$$U_{B1} = \frac{R_{B2}}{R_{B1} + R_{B2}} U_{CC} = \frac{8.2}{33 + 8.2} \times 20\text{V} \approx 4\text{V}$$

$$I_{E1} = \frac{U_{B1} - U_{BE1}}{R'_{E1} + R''_{E1}} = \frac{4 - 0.6}{3 + 0.39}\text{mA} \approx 1\text{mA}$$

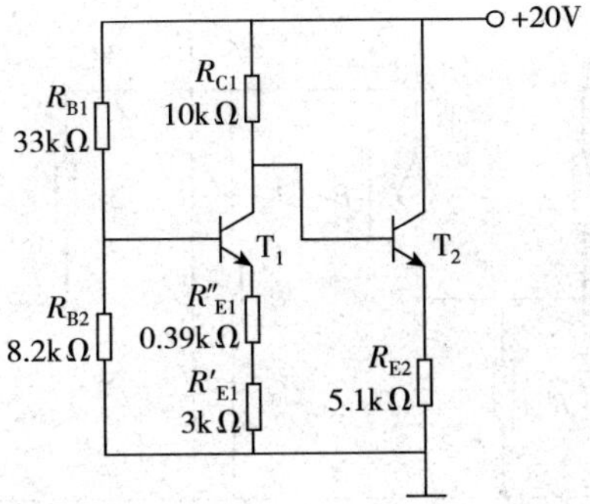

题解 15.6.3 图(a)

$$I_{C1} \approx I_{E1} = 1\text{mA}$$

$$I_{B1} = \frac{I_{C1}}{\beta} = \frac{1}{40}\text{mA} = 0.25\text{mA}$$

$$U_{CE1} = U_{CC} - I_{C1}(R_{C1} + R'_{E1} + R''_{E1})$$

$$= 20\text{V} - (10 + 3 + 0.39)\text{V} = 6.6\text{V}$$

计算后级静态值：

$$I_{E2} = \frac{U_{CC} - R_{C1}I_{C1} - U_{BE2}}{R_{E2}}$$

$$= \frac{20 - 10 \times 1 - 0.6}{5.1}\text{mA} = 1.8\text{mA}$$

$$I_{C2} \approx I_{E2} = 1.8\text{mA}$$

$$I_{B2} = \frac{I_{C2}}{\beta} = \frac{1.8}{40}\text{mA} = 0.45\text{mA}$$

$$U_{CE2} = U_{CC} - I_{E2}R_{E2} = 20\text{V} - 5.1 \times 1.8\text{V} = 10.8\text{V}$$

(2) 微变等效电路如题解 15.6.3 图(b) 所示

前级电压放大倍数为

$$R'_{L1} = R_{C1}//r_{i2} = R_{C1}//[r_{be2} + (1+\beta_2)(R_{E2}//R_L)] \approx 9.1\text{k}\Omega$$

$$A_{U1} = -\beta_1 \frac{R'_{L1}\dot{I}_{b1}}{[r_{be1} + (1+\beta)R''_{E1}]\dot{I}_{b1}} = -40\frac{9.1}{1.37 + 41 \times 0.39} = -21$$

后级电压放大倍数为

$$R'_L = R_{E2}//R_L = 2.55\text{k}\Omega$$

$$A_{U2} = \frac{(1+\beta_2)R'_L}{r_{be2} + (1+\beta_2)R'_L} = \frac{41 \times 2.55}{0.89 + 41 \times 2.55} \approx 0.99$$

总的电压放大倍数为

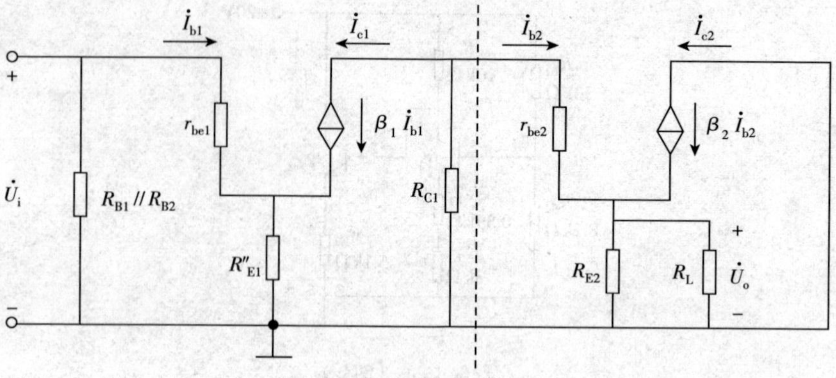

题解 15.6.3 图(b)

$$A_U = A_{U1}A_{U2} = -21 \times 0.99 = -20.8$$

(3) 电路的输入电阻为

$$r_i = R_{B1}//R_{B2}//[r_{be1} + (1+\beta)R''_{E1}] = 4.77\text{k}\Omega$$

电路的输出电阻为

$$r_o \approx \frac{r_{be2} + R_{C1}}{\beta} = \frac{0.89 + 10}{40}\text{k}\Omega = 272\Omega$$

15.6.4 **知识点窍** 微变等效模型，基尔霍夫电压定律。

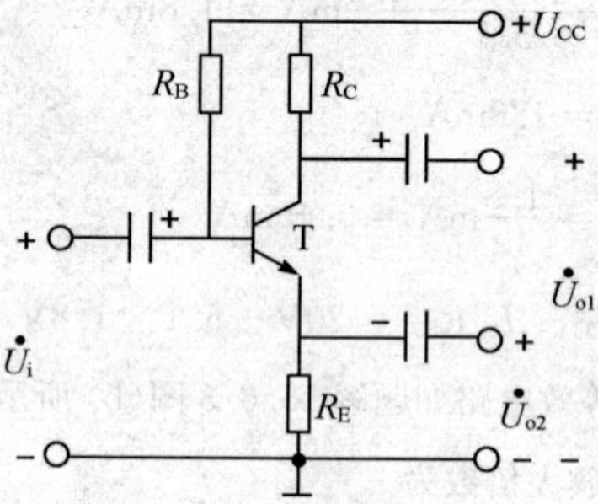

题 15.6.4 图

逻辑推理 R_E 上电流 $I_E = \alpha I_C = (1+\beta)I_B$，$R_E$ 是负反馈电阻，稳定工作点。该放大电路的微变等效电路如题解 15.6.4 图(a) 所示。

解题过程 由 KVL 定律：

$$U_{CC} = U_B + U_{BE} + U_E = I_B R_B + I_E R_E + U_{BE}$$
$$= I_B R_B + (1+\beta)R_E I_B + U_{BE}$$

$$I_B = \frac{U_{CC} - U_{BE}}{R_B + (1+\beta)R_E} \approx \frac{12 - 0.7}{300 + 51 \times 2} \approx 30\mu\text{A}$$

$$I_E = (1+\beta)I_B = 51 \times 30\mu A = 1.53mA$$

$$r_{be} = 200 + (1+\beta)\frac{26}{I_E} = 200 + 51 \times \frac{26}{1.53} = 1.07k\Omega$$

由欧姆定律

$$\dot{U}_i = \dot{I}_b r_{be} + \dot{U}_{o2},$$

$$\dot{U}_{o1} = -\beta \dot{I}_b R_C, \dot{U}_{o2} = (1+\beta)\dot{I}_b R_E$$

所以 $$A_{u1} = \frac{\dot{U}_{o1}}{\dot{U}_i} = \frac{-\beta R_C}{r_{be} + (1+\beta)R_E} = -\frac{50 \times 2}{1.07 + 51 \times 2} \approx -0.97$$

$$A_{u2} = \frac{\dot{U}_{u2}}{\dot{U}_i} = \frac{(1+\beta)R_E}{r_{be} + (1+\beta)R_E} = \frac{51 \times 2}{1.07 + 51 \times 2} \approx 0.99$$

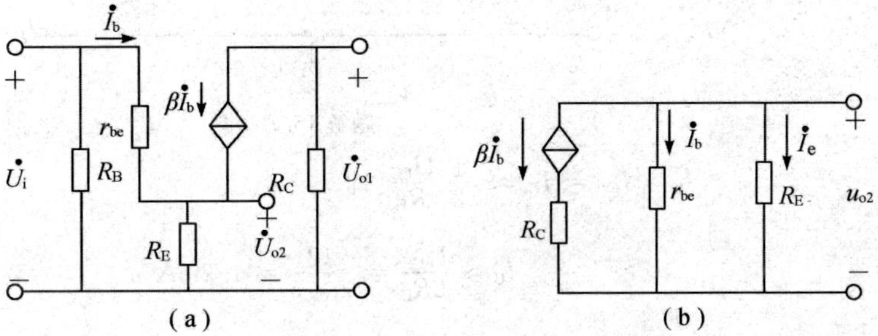

题解 15.6.4 图

(2) 将 U_i 除源(短接),$\dot{U}_{BE} + \dot{V}_E = 0$

$$\dot{I}_b r_{be} + (1+\beta)\dot{I}_b R_E = 0$$

故 $\dot{I}_b = 0$,由此可得

$$r_{o1} = R_C = 2k\Omega$$

从发射极输出时的输出电阻为

$$r_{o2} \approx \frac{r_{be} + R'_s}{\beta} \approx \frac{r_{be}}{\beta} = \frac{1070}{50}\Omega = 21.4\Omega$$

式中,$R'_s = R_s \,//\, R_B$,忽略信号源内阻,所以 $R'_s \approx 0$。

15.7.3 **知识点窍** 差动放大器分析,基尔霍夫电压定律。

逻辑推理 了解不同参数对差动放大器静态值的影响。

解题过程 已知:$U_{CC} = 12V, U_{EE} = 12V$,三极管 $\beta = 50, R_C = 10k\Omega, R_E = 10k\Omega, R_B =$

20kΩ，$R_P = 100\Omega$，$R_L = 20k\Omega$。并已求得静态值为：$I_C = 0.6mA$，$I_B = 0.02mA$，$U_{CE} = 6V$。

(1) 当 $R_E = 5k\Omega$ 时，如题解 15.7.3 图所示。由于 R_P 中点可看为 0 电位。

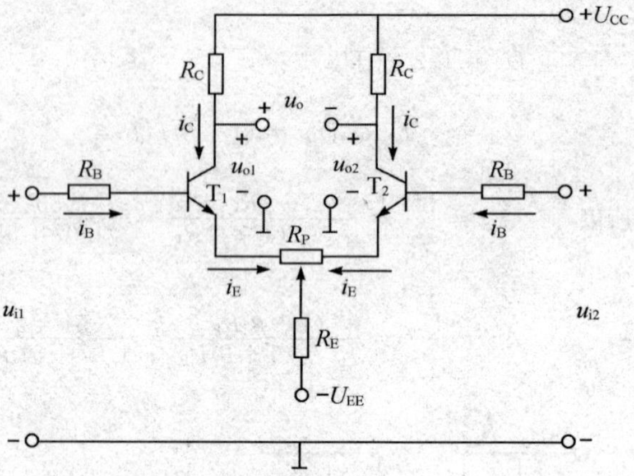

题解 15.7.3 图

$I_{E2} = I_{E1} \approx \frac{1}{2}\frac{U_{EE}}{R_E}$，即

$$I_C \approx \frac{U_{EE}}{2R_E} = \frac{12}{2\times 5} = 1.2mA$$

所以，$I_B = \frac{I_C}{\beta} = 0.024mA$

$$U_{C1} \approx U_{CC} - I_C R_C = 12 - 1.2\times 10 = 0V$$

(2) 当 $-U_{EE} = -6V$ 时

$$I_C \approx \frac{U_{EE}}{2R_E} = \frac{6}{2\times 10} = 0.3mA$$

$$U_{C1} \approx U_{CC} - I_C R_C = 12 - 0.3\times 10 = 9V$$

(3) $U_{CC} = 9V$ 时

$$I_C = 0.45mA, I_B = 0.009mA$$

$$U_{C1} \approx U_{CC} - I_C R_C = 9 - 0.45\times 10 = 4.5V$$

由(1)，(2)，(3) 可知，R_E 减小则静态工作点上移，进入饱和区；$-U_{EE}$ 减小则静态工作点下移，进入截止区；U_{CC} 减小将使 U_{C1} 减小，从而使工作点左移，进入饱和区。

15.7.4 知识点窍 差分放大器分析。

逻辑推理 求差分放大器共模输入的放大倍数。

解题过程 单端输出共模信号的交流通路如题解 15.7.4 图所示。

共模输入电压

$$u_{ic1} = (R_B + r_{be})i_{b1c} + (1+\beta)i_{b1c}2R_E$$

共模输出电压

$$u_{oc1} = -\beta i_{b1c}R_C$$

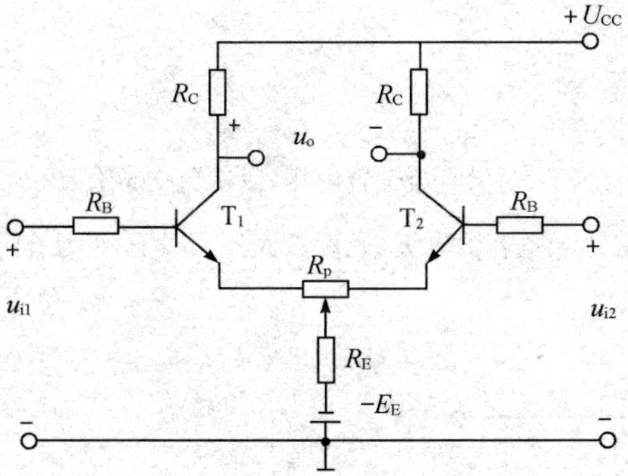

题 15.7.4 图

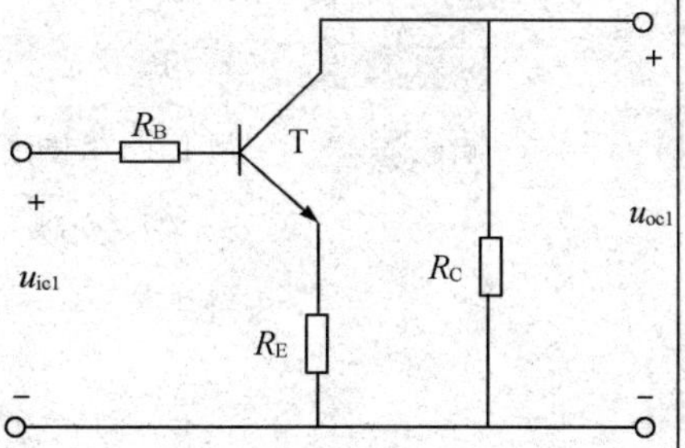

题解 15.7.4 图

于是

$$A_C = \frac{u_{oc1}}{u_{ic1}} = \frac{-\beta R_C}{(R_B + r_{be}) + (1+\beta)\cdot 2R_E} \approx \frac{-R_C}{2R_E}$$

15.7.5 知识点窍 差动放大器分析。

逻辑推理 先利用 KVL 定律求出静态电流 I_B，再由微变等效电路求出电压放大倍数。

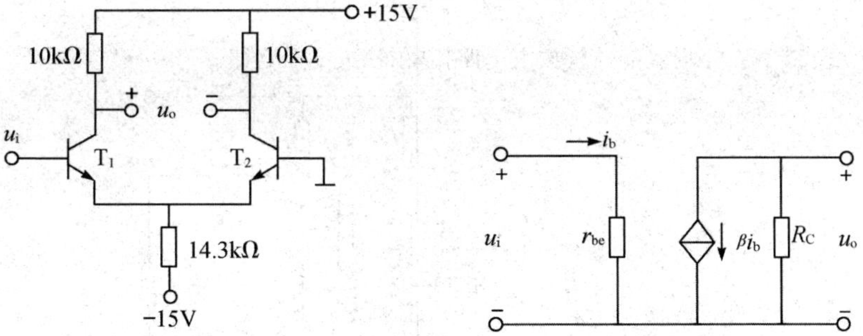

(a) (b)

题 15.7.5 图

解题过程 首先求静态值 I_B。

$$I_B=\frac{15-U_{BE}}{2(1+\beta)R_E}=\frac{15-0.7}{2\times51\times14.3}=9.8\mu A$$

于是,由 r_{be} 定义可得

$$r_{be}=200+\frac{26}{I_B}=\left(200+\frac{26}{9.8\times10^{-3}}\right)\Omega\approx2.85k\Omega$$

单端输入的差模电压放大倍数

$$A_d=\frac{u_o}{u_i}=-50\times\frac{10}{2.85}=-175.3$$

15.8.2 知识点窍 功率放大器。

逻辑推理 T_4,T_5 接成二极管,为 T_1,T_2 提供直流偏置电压,以避免交越失真。

解题过程 题 15.8.2 图所示是 OCL(无电容输出级) 功率放大器。T_5,T_4 作为直流偏置电压,消除交越失真。

当静态 $V_A=0$ 时,$V_{C3}=-U_{BE}=-0.6V$。

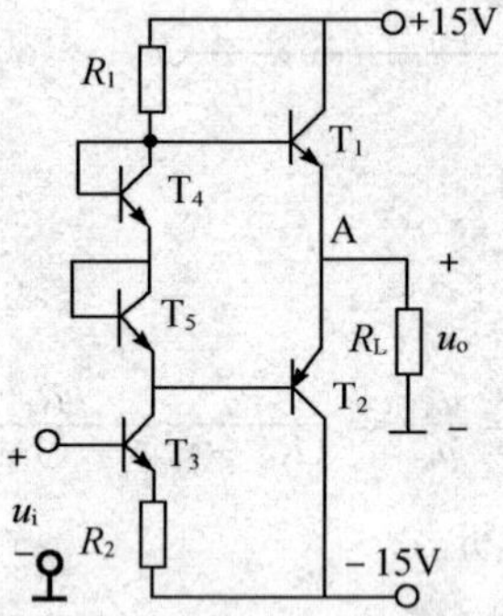

题 15.8.2 图

15.9.2 知识点窍 场效晶体管放大电路,基尔霍夫电压定律。

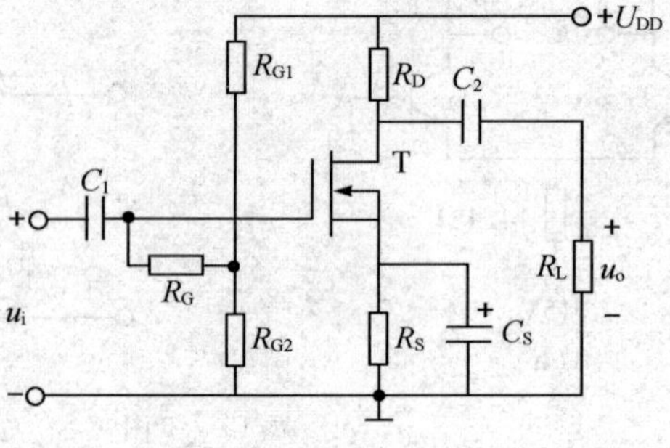

题 15.9.2 图

逻辑推理 场效晶体管放大电路，栅极无电流。

解题过程 (1) $$V_G = \frac{R_{G2}}{R_{G1}+R_{G2}} \times U_{DD} = \frac{47}{2\,000+47} \times 18 \approx 0.41\text{V}$$

$$U_{GS} = V_G - I_D R_S$$

因此 $$I_D = \frac{1}{R_S}(V_G - U_{GS}) = \frac{1}{2}[0.41-(-0.2)] = 0.31\text{mA}$$

由于无栅极电流，$I_D = I_S$，于是

$$U_{DS} = U_{DD} - I_D(R_D + R_S) = 18 - 0.31 \times (30+2) \approx 8.08\text{V}$$

(2) 微变等效如题解 15.9.2 图(a) 所示。

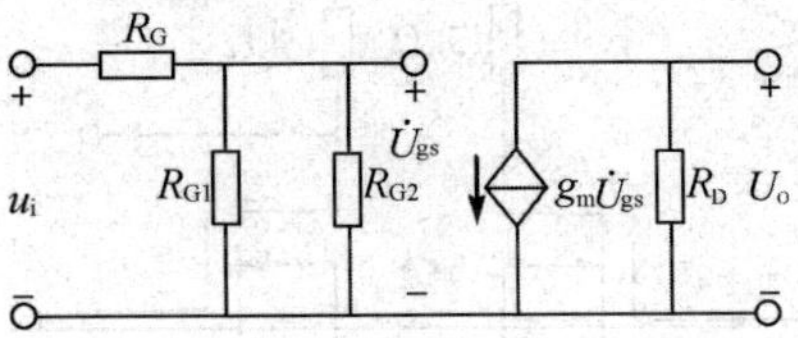

题解 15.9.2 图(a)

输入电阻

$$r_i = R_G + R_{G1} /\!/ R_{G2}$$
$$= 10 + \frac{2 \times 0.047}{2+0.047}$$
$$\approx 10\text{M}\Omega$$

输出电阻：$r_o \approx R_D = 30\text{k}\Omega$

$$A_u = -g_m R'_L = -1.2 \times \frac{15 \times 15}{15+15} = -18$$

(3) 如题解 15.9.2 图(b) 所示。

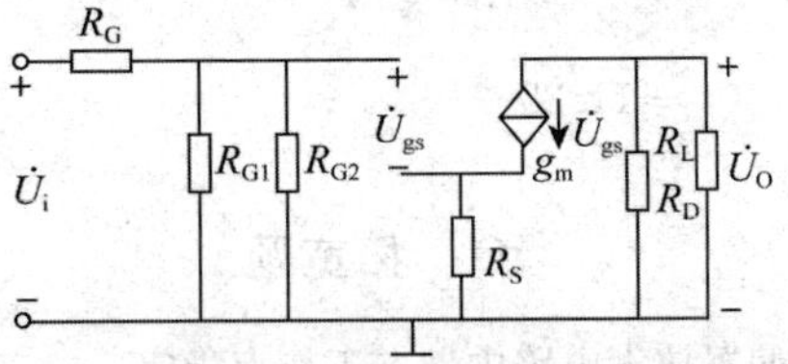

题解 15.9.2 图(b)

因为 $\dot{I}_d = g_m \dot{U}_{gs}$(跨导的定义)

所以 $$\dot{U}_{GS} = \dot{U}_i - \dot{I}_D R_S$$
$$= \dot{U}_i - g_m \dot{U}_{gs} R_S$$

即输入电压 $\dot{U}_i = \dot{U}_{gs}(1 + g_m R_S)$

又因输出电压 $\dot{U}_o = -g_m \dot{U}_{gs} R'_L$

故电压增益 $A_{uf}=\dfrac{\dot{U}_o}{\dot{U}_i}$ 代入数据,得到

$$A_{uf}=-\frac{g_m R'_L}{1+g_m R_S}=\frac{-1.2\times 15}{1+1.2\times 2}\approx -5.3$$

15.9.3 解题过程 这个差动电路的工作原理与双极性三极管差动放大电路是类似的,只是它的输入电阻比后者高许多倍。直接由单入—单出场效晶体管差动放大电路电压放大公式

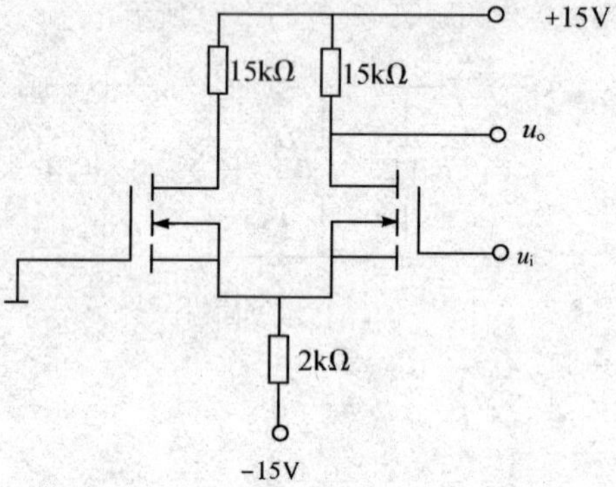

题 15.9.3 图

$$A_u=-\frac{1}{2}g_m R'_L$$

所以 $A_u=\dfrac{u_o}{u_i}=-\dfrac{1}{2}g_m R'_L$

$$=-\frac{1}{2}\times 1.5\times 15$$

$$=-11.25$$

C 拓宽题

15.4.9 知识点窍 分压式偏置放大电路中静态工作点稳定。

逻辑推理 据“工作点稳定”可选出放大电路类型,然后由相关公式查表得出具体参数。

解题过程 (1) 选择放大电路和晶体管。

要求工作点稳定,可选用分压偏置放大电路(教材图 15.4.1),选 $U_{CC}=12V$;

按建议选用晶体管 3GD100,设 $\beta=50$,并设 $|A_u|=60$,$r_i=1k\Omega$。

参数计算

由式 $r_{be}\approx[200+(1+\beta)\dfrac{26}{I_E}]\Omega\approx r_i$ 可求

$$I_C \approx I_E \approx \frac{26(1+\beta)}{r_i - 200} = \frac{26 \times 51}{1\,000 - 200} = 1.66\text{mA}$$

由式 $|A_u| = \frac{\beta R'_L}{r_{be}}$ 可求

$$R'_L = \frac{60 \times 1}{50} = 1.2\text{k}\Omega$$

$$R'_L = \frac{R_C R_L}{R_C + R_L}$$

即 $$R_C = \frac{R'_L R_L}{R_L - R'_L} = \frac{1.2 \times 3}{3 - 1.2} = 2\ \text{k}\Omega$$

设 $V_B = 4\text{V}$

$$R_E = \frac{V_B - U_{BE}}{I_E} = \frac{4 - 0.6}{1.66} \approx 2\ \text{k}\Omega$$

基极电流 $I_B \approx \frac{I_C}{\beta} = \frac{1.66}{50} = 0.033\text{mA}$

设 $I_2 = 10 I_B$，即

$$I_2 = 10 \times 0.033 = 0.33\text{mA} \approx I_1$$

得 $$R_{B2} = \frac{V_B}{I_2} = \frac{4}{0.33}\text{k}\Omega = 12.12\text{k}\Omega(\text{取 } 12\ \text{k}\Omega)$$

$$R_{B1} = \frac{U_{CC} - V_B}{I_1} = \frac{12 - 4}{0.33} = 24.24\text{k}\Omega(\text{取 } 24\text{k}\Omega)$$

(2) 核查静态工作点。

由 $U_{CE} = U_{CC} - (R_C + R_E) I_C$ 作直流负载线图，如题解 15.4.9 图所示。

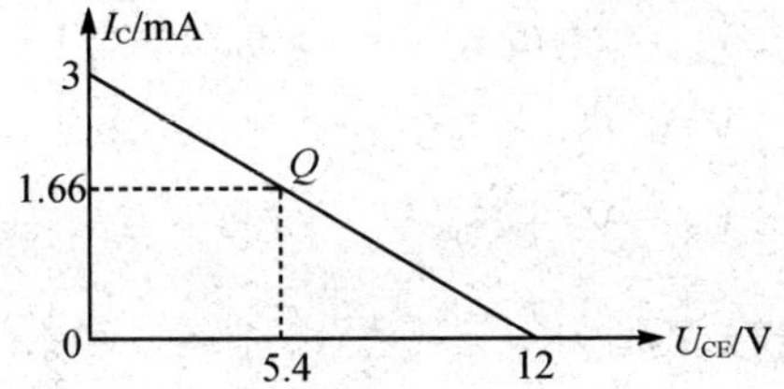

题解 15.4.9 图

$$I_C = 0, U_{CE} = U_{CC} = 12\text{V}, U_{CE} = 0$$

$$I_C = \frac{U_{CC}}{R_C + R_E} = \frac{12}{2+2}\text{mA} = 3\text{mA}$$

$$U_{CE} = 12 - (2+2) \times 1.66 = 5.4\text{V}$$

静态工作点合适，在小信号情况下，不会产生失真。

15.7.6 知识点窍　差动放大器分析。

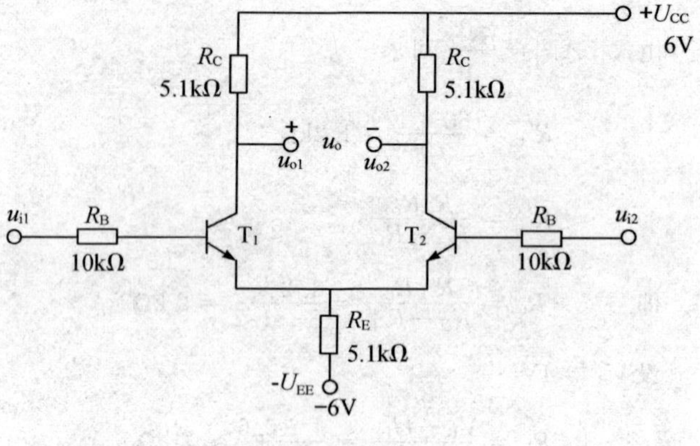

题 15.7.6 图

逻辑推理　直流通路中，R_E 稳定 E 点和工作点 Q；交流通路中，E 点接地。

解题过程　(1) 求静态值：输入接地，因电路对称，两管静态值相同，有

$$6 = U_{BE} + I_B R_B + 2I_B \cdot (1+\beta) \cdot R_E$$

于是
$$I_B = \frac{-U_{EE} - U_{BE}}{R_B + 2(1+\beta)R_E} = \frac{6-0.7}{10+2\times 51\times 5.1} \approx 10\mu A$$

因此 $I_C = \beta I_B = 50 \times 10\mu A = 0.5mA$

$$U_{CE} = U_{CC} + 6 - I_C R_C - 2I_E R_E$$
$$= 6 + 6 - 0.5\times 5.1 - 2\times 0.51\times 5.1 \approx 4.25V$$

由 KVL 定律

$$V_E = 2I_E R_E - 6 = 2\times 0.51\times 5.1 - 6 = -0.798V$$

$$V_C = U_{CC} - I_C R_C = 6 - 0.5\times 5.1 = 3.45V$$

$$V_B = V_E + U_{BE} = -0.798 + 0.7 = -0.098V \approx -0.1V$$

(2) 共模分量 $u_{ic1} = u_{ic2} = \frac{1}{2}(u_{i1} + u_{i2}) = \frac{1}{2}(7+3) = 5mV$

差模分量 $u_{id1} = \frac{1}{2}(u_{i1} - u_{i2}) = \frac{1}{2}(7-3) = 2mV$

$$u_{id2} = -u_{id1} = -2mV$$

(3) 由定义，可得

$$r_{be} = 200 + (1+\beta)\frac{26}{I_E} = 200 + \frac{26}{0.01} = 2.8k\Omega$$

如题解 15.7.6 图(a) 所示，由 KVL 定律，共模输入电压：

$$\dot{U}_i = \dot{I}_b(R_B + r_{be}) + V_E = \dot{I}_b(R_B + r_{be}) + 2\dot{I}_e \cdot R_E$$

$$= \dot{I}_b(R_B + r_{be}) + 2\dot{I}_b(1+\beta) \cdot R_E$$

共模输出电压：$\dot{U}_o = - i_b \beta R_C$

共模电压增益

$$A_c = \frac{\dot{U}_o}{\dot{U}_i} = \frac{-\beta R_C}{R_B + r_{be} + 2(1+\beta)R_E} \approx 0.478$$

共模分量 $u_{oc1} = u_{oc2} = A_{uc} \cdot u_{ic1} = 0.478 \times 5 = -2.39\text{mV}$

(4)R_E 对差分交流通路短路，如题解 15.7.6 图(b) 所示。

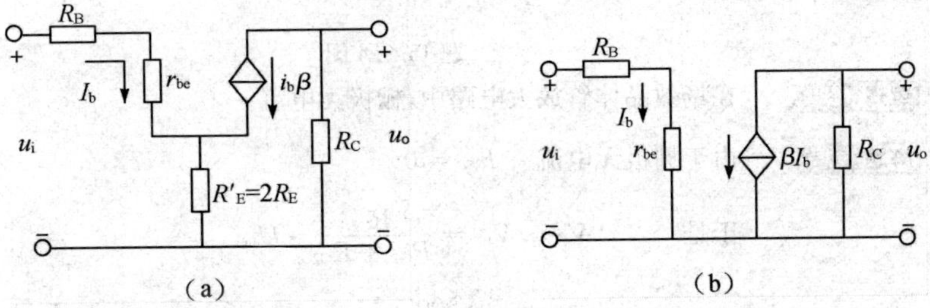

题解 15.7.6 图

差模输入电压：$\dot{U}_i = \dot{I}_b(R_B + r_{be})$

差模输出电压：$\dot{U}_o = -\beta\dot{I}_b \cdot R_C$

于是，差模电压增益

$$A_d = A_{d1} = A_{d2} = -\frac{\beta R_C}{R_B + r_{be}} = -\frac{50 \times 5.1}{10 + 2.8} \approx -19.9$$

差模分量分别为

$$u_{od1} = A_{d2} \cdot u_{id1} = -19.9 \times 2 \approx -39.8\text{mV}$$

$$u_{od2} = A_{d2} \cdot u_{id2} = -19.9 \times (-2) = 39.8\text{mV}$$

(5) 两个输出端各自电压为

$$u_{o1} = u_{oc1} + u_{od1} = -2.39 + (-39.8) = -42.2\text{mV}$$

$$u_{o2} = u_{oc2} + u_{od2} = -2.39 + 39.8 = 37.4\text{mV}$$

(6) 双端输出时

$$u_{oc} = u_{oc1} - u_{oc2} = -2.39 - (-2.39) = 0$$

$$u_{od} = u_{od1} - u_{od2} = -39.8 - 39.8 = -79.6\text{mV}$$

$$u_o = u_{o1} - u_{o2} = -42.2 - 37.4 = -79.6\text{mV}$$

15.9.4 知识点窍 场效晶体管放大电路，基尔霍夫电压定律。

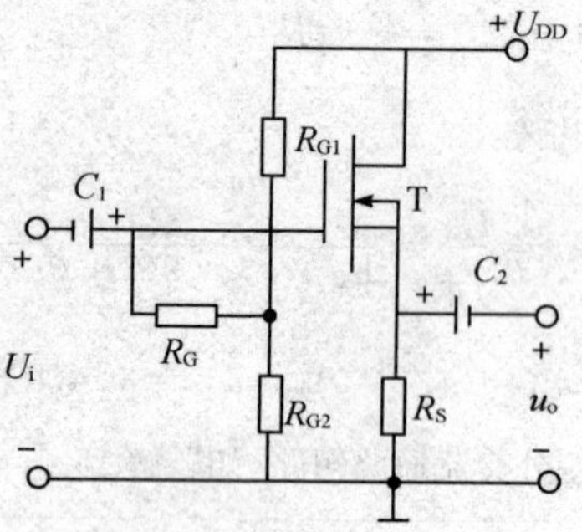

题 15.9.4 图

逻辑推理 在场效晶体管放大电路中，栅极无电流。

解题过程 由于栅极无电流 $I_{GS} = 0$

于是 $$V_S \approx V_G = \frac{R_{G2}}{R_{G1} + R_{G2}} \cdot U_{DD}$$

$$= \frac{500}{1\,000 + 500} \times 12 = 4\text{V}$$

$$I_D = I_S = \frac{V_S}{R_S} = \frac{4}{12} = 0.33\text{mA}$$

所以 $$U_{DS} = U_{DD} - I_D R_S$$

$$= 12 - 0.33 \times 12 = 8\text{V}$$

输入电压 $\dot{U}_i = \dot{U}_{gs} + \dot{I}_d R_S$

因为 $\dot{I}_D = g_m \dot{U}_{gs}$

故 $U_i = U_{gs}(1 + g_m R_S)$

输出电压 $\dot{U}_S = \dot{U}_o = \dot{I}_d R_S = g_m R_S \cdot \dot{U}_{gs}$

放大倍数 $$A_u = \frac{\dot{U}_o}{\dot{U}_i} = \frac{g_m R_S}{1 + g_m R_S} = \frac{0.9 \times 12}{1 + 0.9 \times 12} \approx 1$$

输入电阻 $r_i = R_G + R_{G1} \mathbin{/\!/} R_{G2} = 1 + 1 \mathbin{/\!/} 0.5 \approx 1.33\text{M}\Omega$

求输出电阻：交流微变等值电路如题解 15.9.4 图所示。对输出电阻，在输出端加一恒压源 $\dot{U}_o$，产生输出电流为 $\dot{I}_o$，方向如图所示。

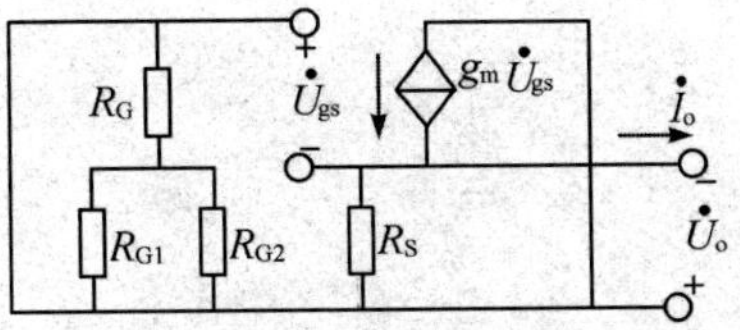

题解 15.9.4 图

输出电阻 $r_o=\dfrac{\dot{U}_o}{\dot{I}_o}$

由图可知 $\dot{U}_o=\dot{U}_{GS}$

$$\dot{I}_o=\frac{\dot{U}_{gs}}{R_S}+g_m\dot{U}_{gs}=(g_m+\frac{1}{R_S})\dot{U}_{gs}$$

于是有 $r_o=\dfrac{1}{g_m+\dfrac{1}{R_S}}\approx\dfrac{1}{g_m}=1.1\text{k}\Omega$

第 16 章

集成运算放大器

本章主要介绍集成运放的概念，主要技术指标，重点掌握集成运放在线性和非线性领域方面的应用。集成运放的基本应用电路的分析与计算是本课程的重点内容。

16.1 重点内容提要

一、集成运算放大器的结构特点与分析方法

1. 集成运算放大器电路的简单说明

(1) 输入级：是具有高输入电阻和低零点漂移的双入 — 双出差动运算放大电路。两个输入端也就是集成运算放大器的外部输入端，分别为同相输入端和反相输入端。

(2) 中间级：其作用是提高电压放大倍数；将双端输入变为单端输出；将静态输出电位转移到零电位等。

(3) 输出级：一般由互补功率放大电路或射极输出器构成，具有低输出电阻和较强的带负载能力。

集成运算放大器的外部接线图和原理性电路符号如图 16.1 所示。

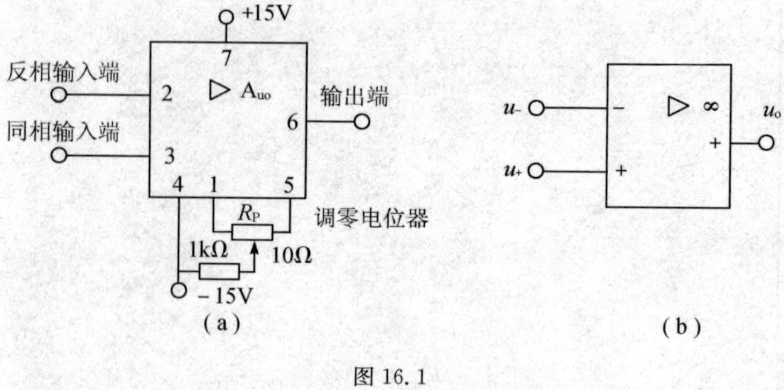

图 16.1

(4) 偏置电路：作用是为上述各级电路提供稳定和合适的偏置电流，决定各级的静态工作点。

2. 主要参数

(1) 最大输出电压 U_{opp}。

(2) 输入失调电压 U_{IO}。

(3) 失调电流 I_{IO}。

(4) 输入偏置电流 I_{IB}。

(5) 共模输入电压范围 U_{ICM}。

3. 理想运算放大器及其分析依据

(1) 传输特性：如图 16.2 所示。

1) 线性工作区，$u_i \approx 0$。

2) 非线性工作区，$u_o = \pm U_{o(sat)}$。

(2) 在线性区应用时的分析方法。

1) 外加深度负反馈，$A_{uF} = \frac{1}{F}$。

2) $u_+ \approx u_-$，即“虚短”。

3) $i_+ = i_- \approx 0$，即“虚断”。

4) 输出电阻 $r_0 = 0$，共模抑制比 $K_{CMR} \approx 0$。

(3) 在非线性区应用时的分析方法。

1) 当 $u_+ > u_-$ 时，$u_o = +U_{o(sat)}$；当 $u_+ < u_-$ 时，$u_o = -U_{o(sat)}$。

2) $i_+ = i_- = 0$。

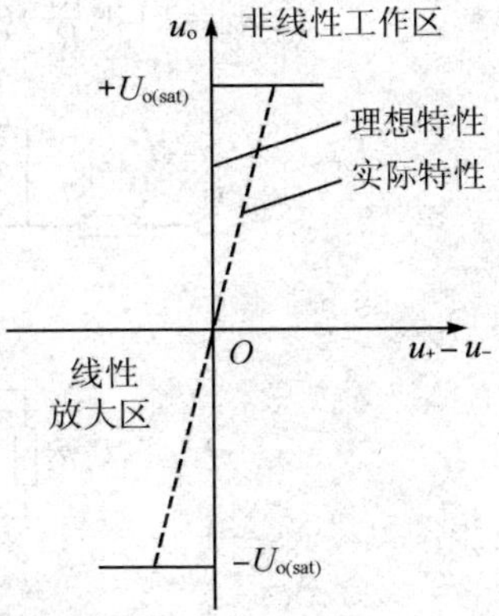

图 16.2

二、运算放大器在信号运算方面的应用

1. 反相比例运算器

电压并联负反馈，如图 16.3(a) 所示。

$$A_{uF} = \frac{u_o}{u_i} = -\frac{R_F}{R_1}$$

当 $R_F = R_1$ 时

$u_o = -u_i$（反相器）

$R_2 = R_1 \mathbin{/\!/} R_F$（平衡电阻）

2. 同相比例运算器

电压串联负反馈，如图 16.3(b) 所示。

$$A_{uF} = \frac{u_o}{u_i} = 1 + \frac{R_F}{R_1}$$

当 $R_1 = \infty$ 或 $R_F = 0$ 时

$u_o = u_i$（电压跟随器），$R_2 = R_1 \mathbin{/\!/} R_F$

3. 加法运算器

如图 16.3(c) 所示。

$$u_o = -\left(\frac{R_F}{R_{11}}u_{i1} + \frac{R_F}{R_{12}}u_{i2}\right)$$

当 $R_F = R_{11} = R_{12}$ 时，$u_o = -(u_{i1} + u_{i2})$

$$R_2 = R_{11} /\!/ R_{12} /\!/ R_F$$

4. 减法运算器

如图 16.3(d) 所示。

$$u_o = (1 + \frac{R_F}{R_1})(\frac{R_3}{R_2 + R_3})u_{i2} - \frac{R_F}{R_1}u_{i1}$$

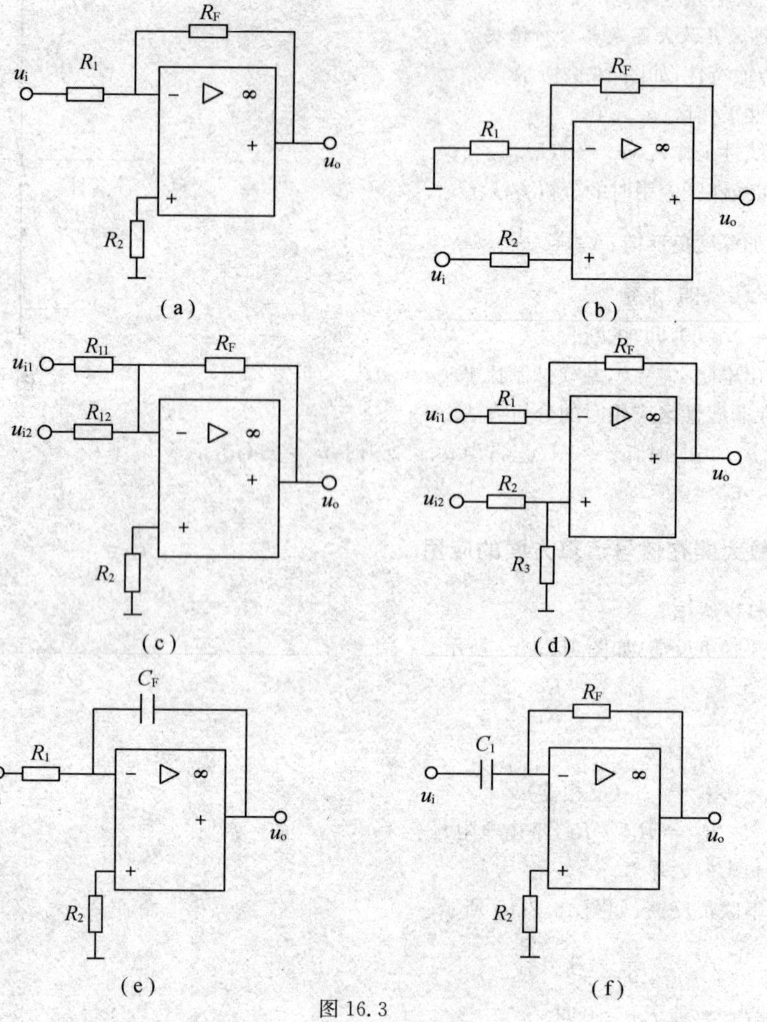

图 16.3

当 $R_1 = R_2, R_3 = R_F$ 时

$$R_1 /\!/ R_F = R_2 /\!/ R_3$$

5. 积分运算电路

电路如图 16.3(e) 所示。

$$u_o = -\frac{1}{R_1 C_F}\int u_i \mathrm{d}t + k$$

其中 k 为积分常数，即电容的初始电压值 $u_C(0_+)$。

当 $u_i = U_i$ 恒定时

$$u_o = -\frac{U_i}{R_1 C_F}t + u_o(0), R_2 = R_1$$

6. 微分运算电路

如图 16.3(f) 所示。

$$u_o = -R_F C_1 \frac{\mathrm{d}u_i}{\mathrm{d}t}, R_2 = R_F。$$

三、运算放大器在信号处理方面的应用

1. 有源滤波器

(1) 有源低通滤波器：(电路如图 16.4(a) 所示，频响特性如图 16.4(b) 所示)。

$$T(\mathrm{j}\omega) = \frac{\dot{U}_o(\mathrm{j}\omega)}{\dot{U}_i(\mathrm{j}\omega)} = \frac{1+\frac{R_F}{R_1}}{1+\mathrm{j}\frac{\omega}{\omega_0}} = \frac{A_{uF0}}{1+\mathrm{j}\frac{\omega}{\omega_0}}$$

$$\omega_0 = \frac{1}{RC}, \mid T(\mathrm{j}\omega) \mid = \frac{\mid A_{uF0} \mid}{\sqrt{1+(\frac{\omega}{\omega_0})^2}}, \varphi(\omega) = -\arctan\frac{\omega}{\omega_0}$$

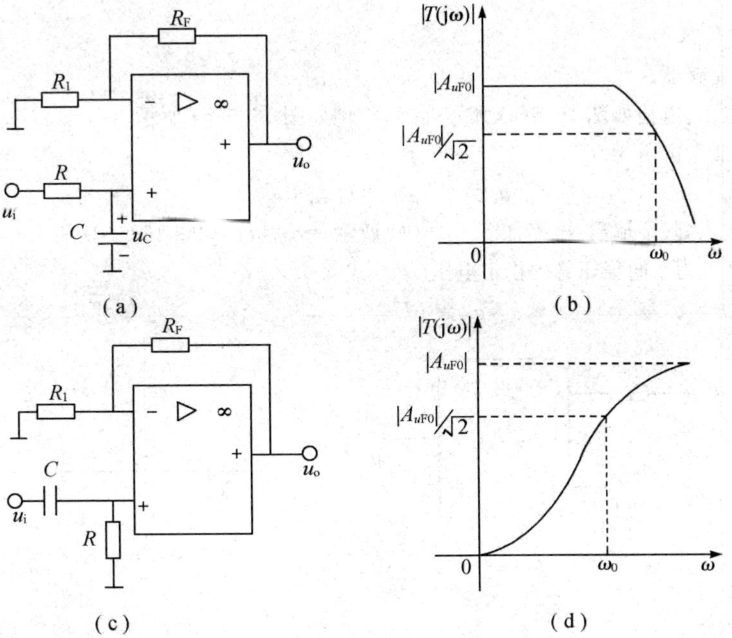

图 16.4

(2) 有源高通滤波器:(电路如图 16.4(c) 所示,频响特性如图 16.4(d) 所示)。

$$T(j\omega)=\frac{U_o(j\omega)}{U_i(j\omega)}=\frac{1+\frac{R_F}{R_1}}{1-j\frac{\omega_0}{\omega}}=\frac{A_{uF0}}{1-j\frac{\omega_0}{\omega}}$$

$$\omega_0=\frac{1}{RC},\ |T(j\omega)|=\frac{|A_{uF0}|}{\sqrt{1+(\frac{\omega_0}{\omega})^2}},\varphi(\omega)=\arctan\frac{\omega_0}{\omega}$$

2. 采样保持电路

当 S 闭合时,信号源 u_i 对电容 C 充电,即为采样。当 S 断开时,因 $i_+\approx 0$,u_C 保持充电结束时的电压,即为保持。输出 $u_o=u_C$,电路如图 16.5 所示。

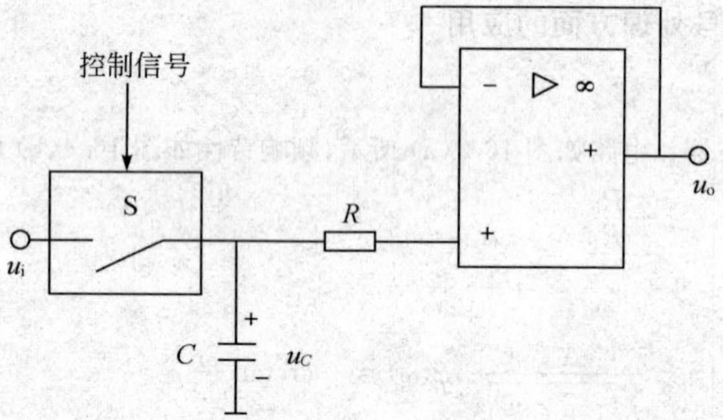

图 16.5

3. 电压比较器

(1) 过零比较器。

1) 反相输入。电路如图 16.6(a) 所示,传输特性如图 16.6(b) 所示。

$U_R=0$(参考电压为 0)

$u_i<0,u_o=+U_{o(sat)}$　　　　$u_i>0,u_o=-U_{o(sat)}$

2) 同相输入,限幅输出。电路如图 16.6(c) 所示。传输特性如图 16.6(d) 所示。

$U_R=0$,U_Z 为双向稳压管的稳定电压。

$u_i>0,u_o=+U_Z$　　　　$u_i<0,u_o=-U_Z$

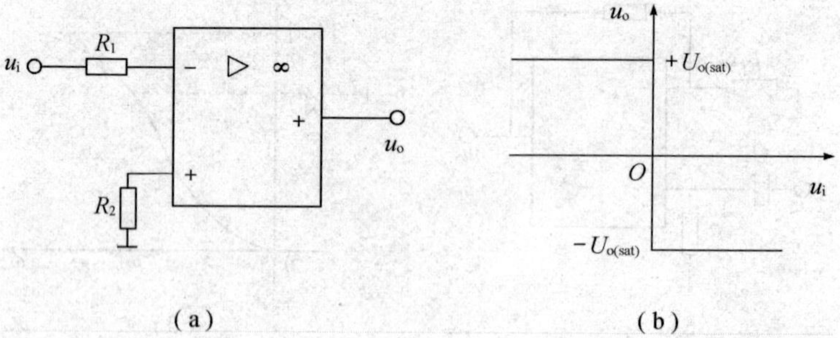

图 16.6

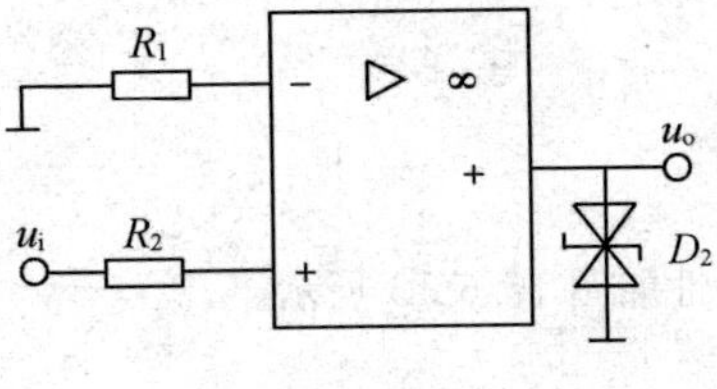

(c)

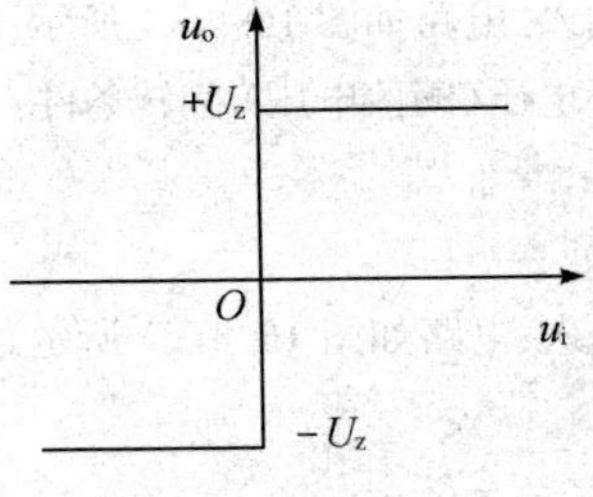

(d)

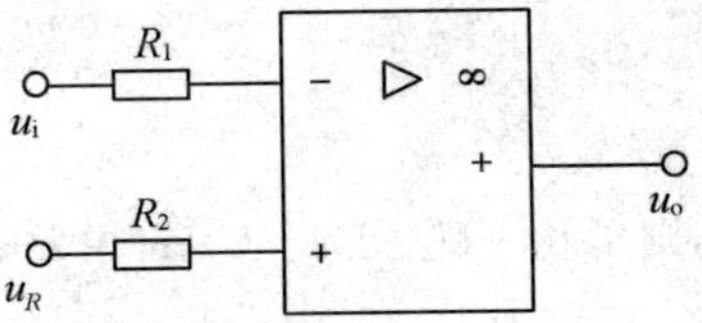

(e)

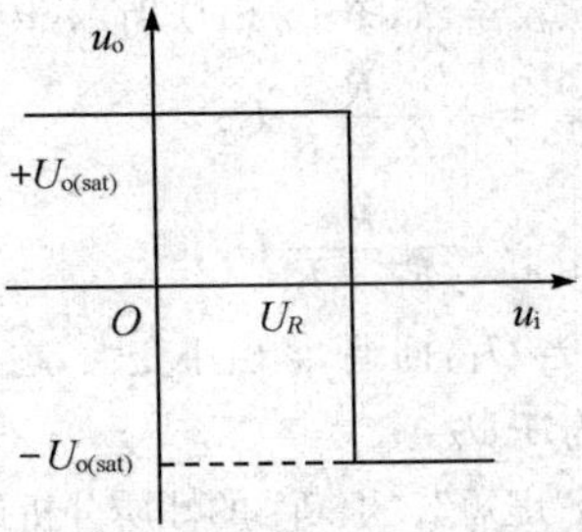

(f)

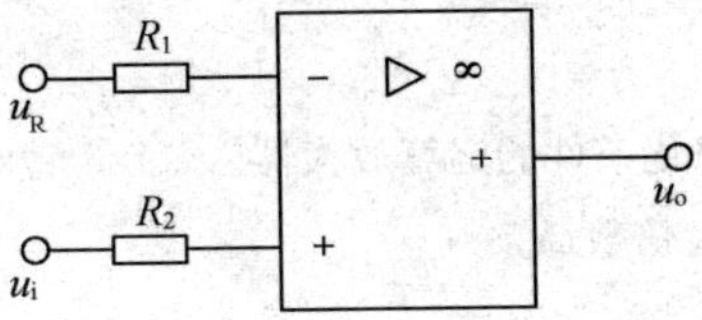

(g)

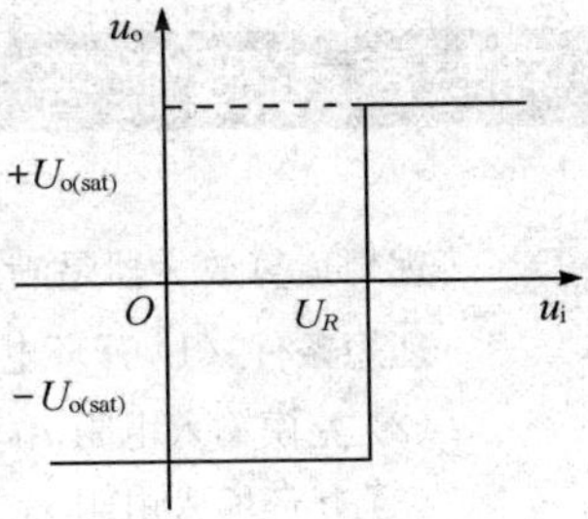

(h)

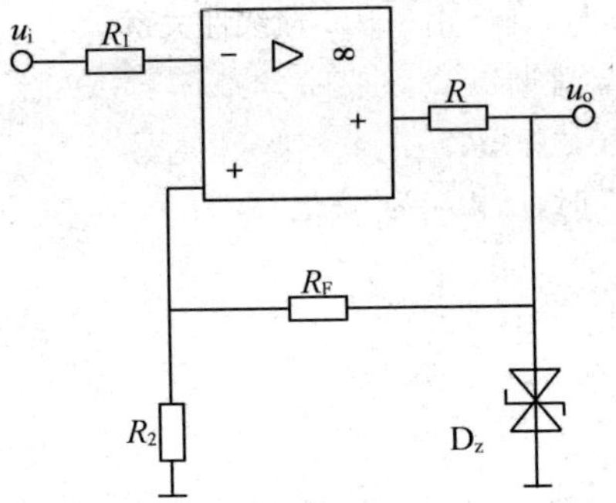

(i)

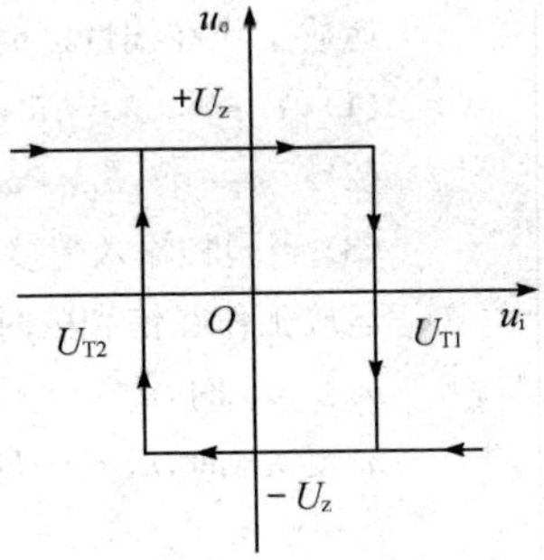

(j)

图 16.6(续)

(2) 任意电压比较器。

1) 反相输入。电路如图 16.6(e) 所示,传输特性如图 16.6(f) 所示。

u_R 为参考电压(阈值电压) 翻转条件:

$u_i < u_R, u_o = +U_{o(sat)}$

$u_i > u_R, u_o = -U_{o(sat)}$

2) 同相输入:电路如图 16.6(g) 所示,传输特性如图 16.6(h) 所示。

翻转条件:

$u_i < u_R, u_o = -U_{o(sat)}$

$u_i > u_R, u_o = +U_{o(sat)}$

(3) 滞回比较器,如图 16.6(i) 所示,传输特性如图 16.6(j) 所示。

上门限:$U_{T1} = +\dfrac{R_2}{R_2 + R_F}U_Z$,

下门限:$U_{T2} = -\dfrac{R_2}{R_2 + R_F}U_Z$,

$U_{T1} - U_{T2} = U_T$,回差。u_i 由小变大,超过 U_{T1},则 u_o 由 $+U_Z$ 变为 $-U_Z$;u_i 由大变小,小于 U_{T2},则 u_o 由 $-U_Z$ 变为 $+U_Z$。

考点:运用"虚短"、"虚断"的性质分析运算放大器,模拟信号运算电路分析,电压比较器分析。

16.2 练习与思考题解答

16.1.1 解题过程 理想运算放大器是满足理想化条件的运算放大器。

理想条件:(1) 开环电压放大倍数 $A_{uo} \to \infty$。

(2) 差模输入电阻 $r_{id} \to \infty$。

(3) 开环输入电阻 $r_o \to \infty$。

(4) 共模抑制比 $K_{CMR} \to \infty$。

运放工作在线性区时:u_o 与 $u_i(= u_+ - u_-)$ 成线性关系。

(1)$r_{id} \to \infty, i_+ = i_- \approx 0$,"虚断"。

(2)$A_{uo} \to \infty, u_+ = u_i \approx 0$,"虚短"。

(3) 当同相输入端接"地"时,反相端为"虚地"。

运放工作在饱和区时:

$u_+ > u_-$ 时,$u_o = +U_{o(sat)}$。

$u_+ < u_-$ 时,$u_o = -U_{o(sat)}$。

$i_+ = i_- \approx 0$。

16.1.2 解题过程 电路可画成如题解 16.1.2 图(a) 所示。已知 $U_{o(sat)} = \pm 13\text{V}, A_{uo} = 2\times 10^5$,可得输出饱和时的输入电压为

$$u_{i(sat)} = \frac{U_{o(sat)}}{A_{uo}} = \frac{\pm 13}{2\times 10^5}\text{V} = \pm 0.065\text{mV}$$

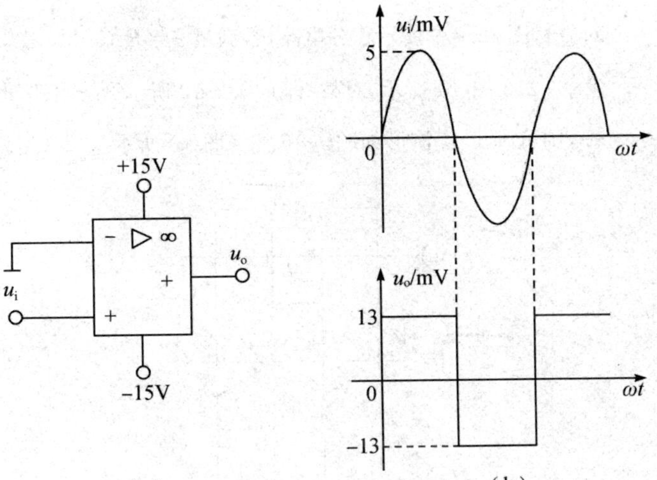

(a)　　　　　　　　(b)

题解 16.1.2 图

相位角为 $\alpha = \arcsin\frac{u_{i(sat)}}{U_{im}} = \arcsin\frac{\pm 0.065}{5} = \pm 0.75° \approx 0$

由此可画出 u_o 波形，如题解 16.1.2 图(b) 所示。

16.1.3 解题过程　$G_{uo} = 20\lg A_{uo} = 20\lg(2\times 10^5) \approx 106\text{dB}$

16.2.1 解题过程　因为运算放大器开环放大倍数很大，所以实际允许输入电压很小，但并非为 0。当同相端接“地”时，由于 $u_+ \approx u_-$，所以反相端接近“地”电位，故称“虚地”。若将两个输入直接连接，则 $u_i = 0, u_o = A_{uo}\cdot u_i = 0$，运放不工作。

16.2.2 解题过程　重画教材图 16.2.1 如题解 16.2.2 图(a) 所示，$\dot{U}_o = -\frac{R_F}{R_1}\dot{U}_i$，于是有效值 $U_o = \frac{R_F}{R_1}\cdot U_i$，

幅值：$U_{om} = \frac{R_F}{R_1}\cdot U_{im} = \frac{R_F}{R_1}\cdot 1\text{mV}$，但 u_i、u_o 相位相反，波形图如题解 16.6.2 图(b) 所示。

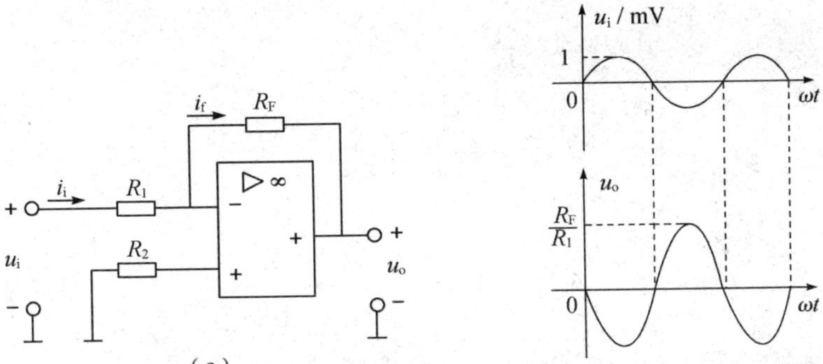

(a)　　　　　　　　(b)

题解 16.2.2 图

16.2.3 解题过程　对教材图 16.2.9 所示积分电路，若满足 $\tau = R_1 C_F \gg \frac{T}{2}$，则可画 u_o 波形如题解 16.2.3 图(b) 所示。对教材图 16.2.12 所示微分电路，若满足 $R_F C_1 = \tau \ll \frac{T}{2}$，则可画出 u_o 波形如题解 16.2.3 图(c) 所示。

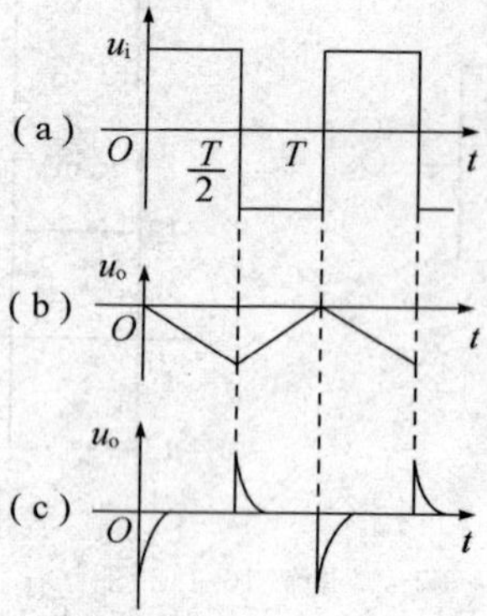

题解 16.2.3 图

16.3.1 解题过程　有源滤波器和采样保护器工作在线性区，因为输入、输出间有负反馈，且输出没有饱和。电压比较器的输出饱和电压工作在开环状态，于是，工作在饱和区。

16.3.2 解题过程　$\dot{U}_+ = \dot{U}_C(j\omega) = \dfrac{\dot{U}_i(j\omega)}{R + \frac{1}{j\omega C}} \cdot \dfrac{1}{j\omega C}$

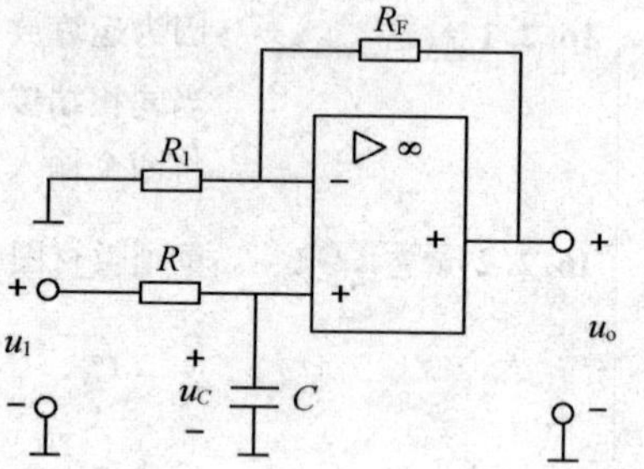

题 16.3.2 图

$\dot{U}_+ = \dot{U}_-$，于是，$\dfrac{\dot{U}_o - \dot{U}_-}{R_F} = \dfrac{\dot{U}_-}{R_1}$

$$\dot{U}_o = \frac{R_F}{R_1}\dot{U}_- + \dot{U}_- = \left(1 + \frac{R_F}{R_1}\right)\dot{U}_+$$

$$= \frac{\frac{1}{j\omega C}}{R + \frac{1}{j\omega C}} \cdot \left(1 + \frac{R_F}{R_1}\right)\dot{U}_i$$

令 $$\omega_0 = \frac{1}{RC}$$

$$\dot{U}_o = \frac{1 + \frac{R_F}{R_1}}{1 + j\frac{\omega}{\omega_0}} \cdot \dot{U}_i$$

$$A_u = T(j\omega) = \frac{\dot{U}_o}{\dot{U}_i} = \frac{1 + \frac{R_F}{R_1}}{1 + j\frac{\omega}{\omega_0}}$$

$\omega = \omega_0$ 时

$$|T(j\omega)| = \frac{\left|1+\dfrac{R_F}{R_1}\right|}{\sqrt{1+1}} = \frac{\sqrt{2}}{2}(1+\frac{R_F}{R_1}) = \frac{1}{\sqrt{2}}(1+\frac{150}{100}) = 1.77$$

$$\omega_0 = \frac{1}{RC} = \frac{1}{82\times10^3\times0.01\times10^{-6}} = 1219.5\text{rad/s}$$

16.3.3 **知识点窍** 电压比较器,二极管的单向导通特性。

解题过程 如题 16.3.3 图所示,当 $u_i > U_R$ 时,$u_o = +U_{o(sat)}$,红灯亮;当 $u_i < U_R$ 时,$u_o = -U_{o(sat)}$,绿灯亮。

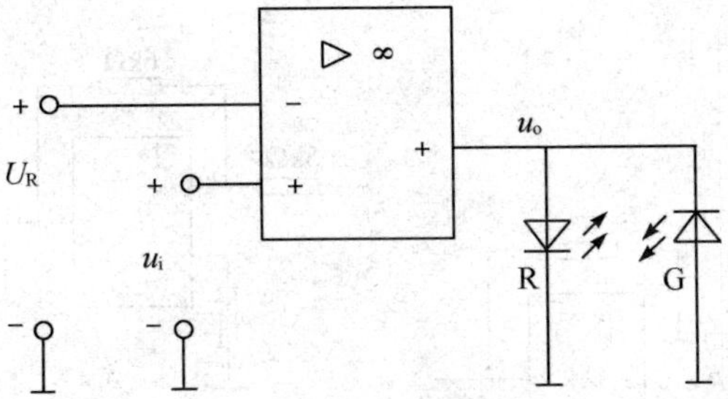

题 16.3.3 图

16.3 课后习题全解

A 选择题

16.2.1 **分析** 运算放大器虚短、虚断两种方法的应用。

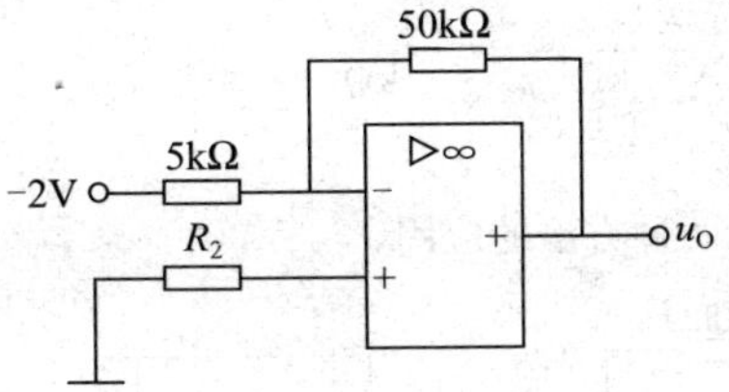

题 16.2.1 图

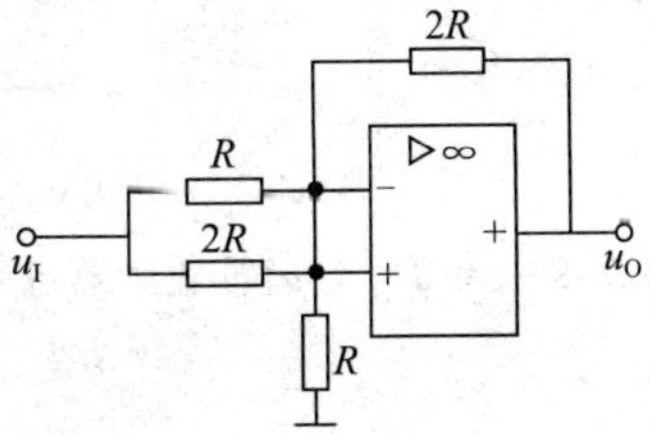

题 16.2.2 图

$$\frac{-2\text{V}-0}{5\text{k}\Omega} = \frac{0-u_o}{50\text{k}\Omega}$$

$\therefore u_o = 20\text{V}$ 超出了所加电源电压 $\pm15\text{V}$,故选(3)。

16.2.2 **分析** 运算放大器虚短、虚断两种方法的应用。

由虚短:$u_+ = u_0 = u_I \cdot \dfrac{R}{2R+R} = \dfrac{1}{3}u_I$

虚断：$\dfrac{u_I-\dfrac{1}{3}u_I}{R}=\dfrac{\dfrac{1}{3}u_I-u_o}{2R}$

$u_o=-u_I$，故选(2)。

16.2.3 分析 运算放大器虚短、虚断两种方法的应用。

虚短：$u_+=u_-=-u_I$

虚断：$\dfrac{-u_I-u_I}{R}=\dfrac{u_I-u_o}{R}$

$\therefore u_o=3u_I$，故选(2)。

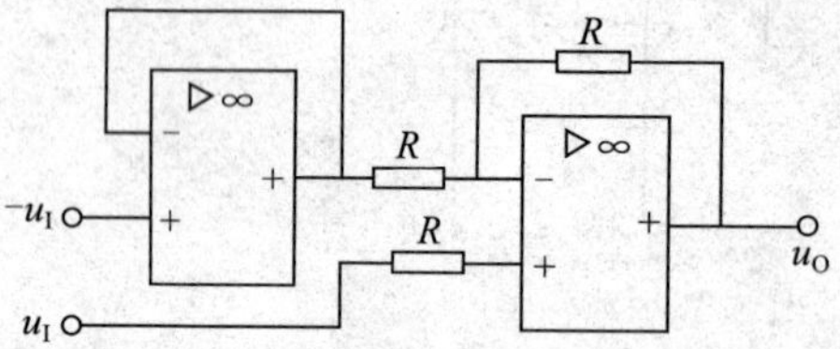

题 16.2.3 图

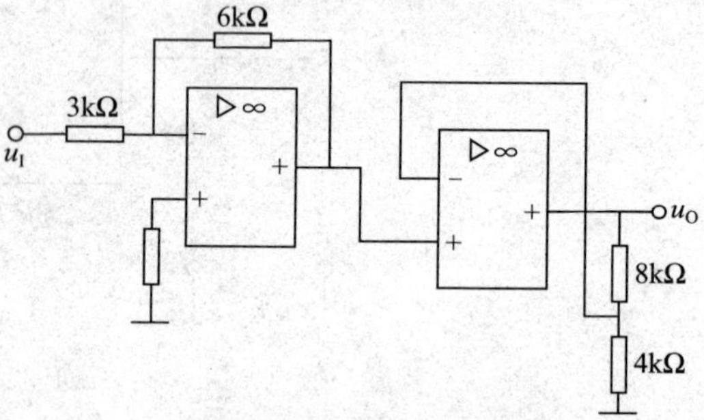

题 16.2.4 图

16.2.4 分析 运算放大器虚短、虚断两种方法的应用。

虚短：$u_{+1}=u_{-1}=0$

虚断：$\dfrac{u_I-0}{3\text{k}\Omega}=\dfrac{0-u_O}{6\text{k}\Omega}$

第一个运算放大器输出电压 $u_O=-2\text{V}$

$u_{+2}=u_{-2}=-2\text{V}$　　$\dfrac{u_o-u_{-2}}{8\text{k}\Omega}=\dfrac{u_{-2}-0}{4\text{k}\Omega}$

$\therefore u_o=-6\text{V}$，故选(3)。

16.2.5 分析 运算放大器虚短、虚断两种方法的应用。

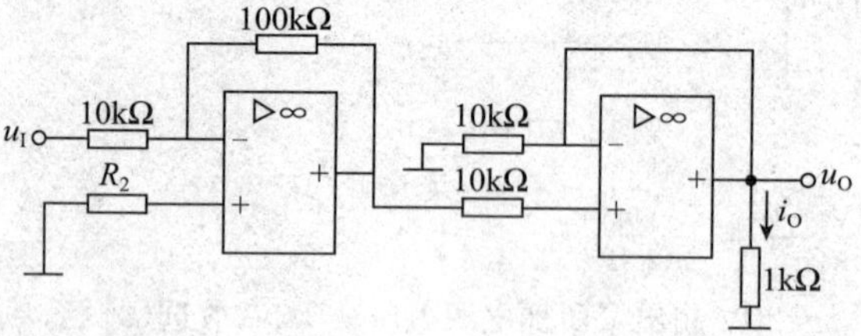

题 16.2.5 图

$\dfrac{-0.5-0}{10\text{k}\Omega}=\dfrac{0-u_{o1}}{100\text{k}\Omega}$

$\therefore u_{o1}=5\text{V}$

$u_{+2} = u_{-2} = 5\text{V} = u_o$

$\therefore i_o = u_o/1\text{k}\Omega = 5\text{mA}$，故选(2)。

16.3.1 分析 该电路为电压比较器。

正半周 $u_i > 0$，同相输入端输入 $u_o = +U_o(\text{sat})$，为矩形波电压，故选(3)。

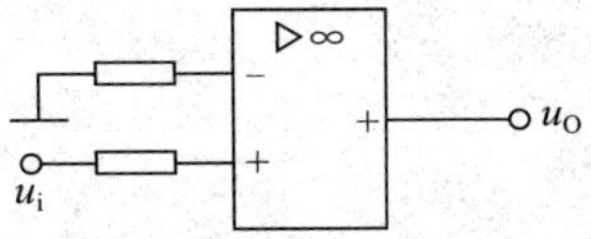

题 16.3.1 图

16.3.2 分析 $u_I = 4\text{V}$ 时 $> 2\text{V}$(参考电压)，反相输入端输入。故 $u_o = -U_o(\text{sat})$，此时三极管截止，小灯泡暗 1s。

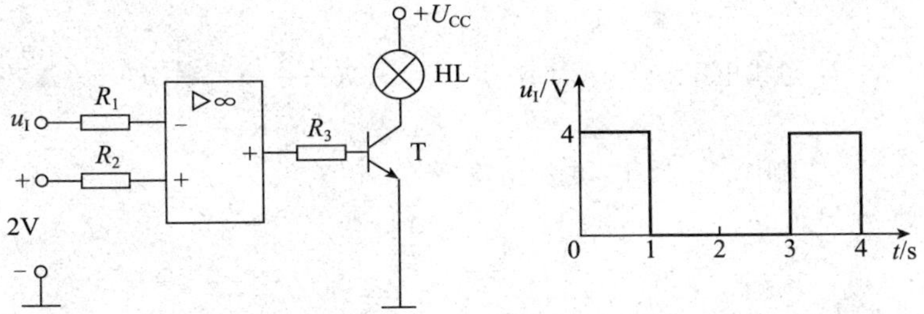

(a) (b)

题 16.3.2 图

$u_I = 0\text{V}$ 时 $< 2\text{V}$(参考电位)，$u_o = +U_o(\text{sat})$ 三极管导通，小灯泡亮 2s，故选(2)。

B 基本题

16.1.1 知识点窍 运放的工作区。

逻辑推理 工作在线性区时，有 $u_o = A_{uo} u_i$，u_o 为输出电压。

解题过程 (1) $A_{uodB}(\text{dB}) = 20\lg A_{uo}$

$$A_{uo} = 10^{\frac{A_{udB}}{20}} = 10^{\frac{100}{20}} = 10^5$$

差分输入

$$u_i = u_+ - u_- = \frac{U_{OPP}}{A_{uo}} = \frac{\pm 13\text{V}}{10^5} = \pm 0.13\text{mV}$$

(2) 输入端电流 $i_+ = i_- = \dfrac{u_i}{r_{id}} = \dfrac{\pm 0.13\text{mV}}{2\text{M}\Omega} = \pm 0.065\text{nA}$

16.1.2 知识点窍 电桥。

逻辑推理 电桥的作用是测量 $R + \Delta R$，

当 $\Delta R = 0$，$u_+ = u_-$，$u_o = 0$。

解题过程 运放输入端电压

$$u_- = \frac{1}{2}U$$

$$u_+ = \frac{R}{R + R + \Delta R} \cdot U = \frac{1}{2 + \dfrac{\Delta R}{R}} U$$

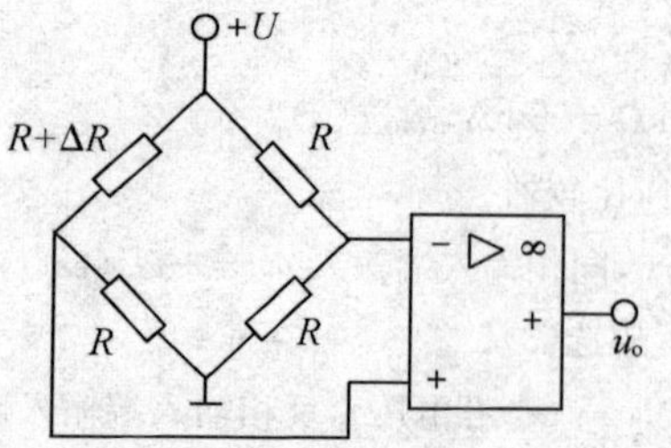

题 16.1.2 图

输出电压 $u_o = A_{uo}(u_+ - u_-) = A_{uo}\left(\frac{1}{2+\frac{\Delta R}{R}} - \frac{1}{2}\right)U = -A_{uo} \cdot U \frac{\frac{\Delta R}{R}}{2\left(2+\frac{\Delta R}{R}\right)}$

其中,A_{uo} 为开环电压增益,于是

$$u_o = -\frac{A_{uo} \cdot U}{4} \cdot \frac{\frac{\Delta R}{R}}{1+\frac{\Delta R}{2R}}$$

16.2.6 知识点窍 运算放大电路的分析。

逻辑推理 闭环放大倍数,$u_- = 0, i_1 = \frac{u_i}{R_1}, i_2 = \frac{-u_o}{R_F}$,

因 $i_1 = i_2$

$$\frac{u_i}{R_1} = -\frac{u_o}{R_F}$$

即 $\frac{u_o}{u_i} = -\frac{R_F}{R_1}$

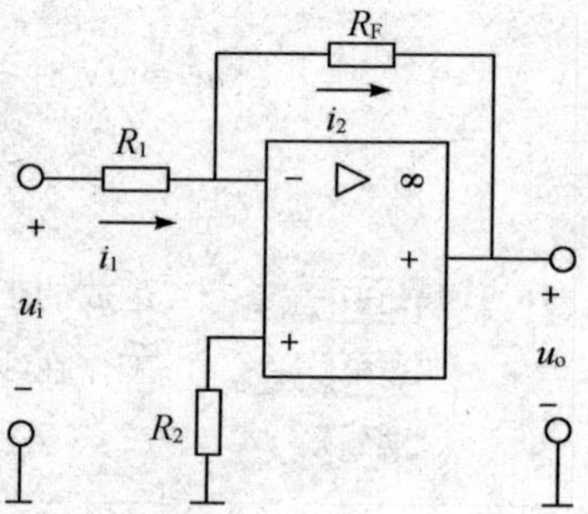

题 16.2.6 图

解题过程 由"虚短"可知:$u_+ = u_- = 0$

由"虚断"可知:$i_1 = i_2$

所以,输出电压

$$u_o = -i_2 R_F + u_+ = -i_2 R_F + 0$$

输入电压

$$u_i = i_1 R_1 + u_+ = i_1 R_1$$

因此,得到电压增益

$$A_{uf} = -\frac{R_F}{R_1} = -\frac{500}{10} = -50$$

为了"+,-"极匹配,消除温漂等影响,则有

$$R_2 = R_1 \,//\, R_F = \frac{10 \times 500}{10+500} = 9.8\text{k}\Omega$$

$u_i = 10\text{mV}$ 时,由定义,输出电压为

$$u_o = A_{uf} \cdot u_i = -50 \times 10 = -500\text{mV}$$

16.2.7 知识点窍 理想运放的性质。

逻辑推理 利用“虚短”、“虚断” 概念。

$i_+ = i_- = 0, u_+ = u_-, u_- = u_+ = \frac{R_3}{R_2 + R_3} \cdot u_i$，

再由 $u_- = \frac{R_1}{R_1 + R_F} u_o$，可求 u_o。

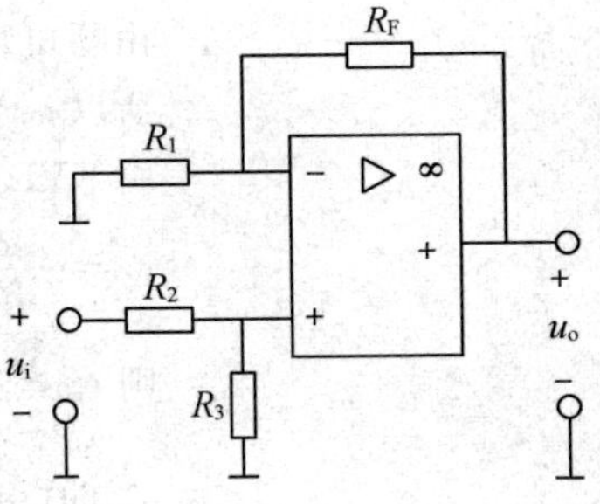

题 16.2.7 图

解题过程 $u_+ = \frac{R_3}{R_2 + R_3} u_i = \frac{18}{2 + 18} \times 1 = 0.9\text{V}$

由“虚断” 可知：$i_{id} = 0$，即 R_1、R_F 串联，所以

$$u_- = \frac{R_1}{R_1 + R_F} u_o$$

又由“虚短” 可知：$u_+ = u_-$，所以

$$u_o = \frac{R_1 + R_F}{R_1} \times u_+ = \frac{2 + 10}{2} \times 0.9 = 5.4\text{V}$$

16.2.8 知识点窍 运算放大电路的分析，基尔霍夫电压定律。

解题过程 各支路电流参考方向如图所示，由“虚短” 可知：$u_- = u_+ = 0$，故 $u_i - u_- = u_i - u_+ = i_1 R_1$，

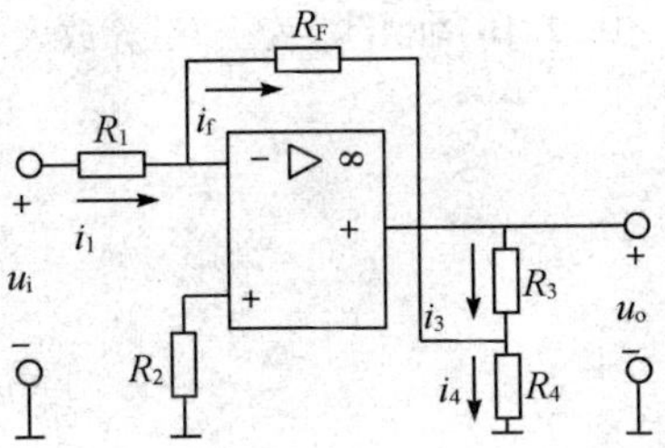

题 16.2.8 图

即 $\quad i_1 = \frac{u_i}{R_1} = i_F, \quad i_3 + i_f = i_4$

因 $R_F \gg R_4$，$i_f \ll i_4$，故 $i_3 \approx i_4$，所以

$$u_o = i_3 R_3 + i_4 R_4 \approx i_4 (R_3 + R_4)$$

由 KVL 定律

$$u_- = i_f R_F + i_4 R_4 = 0$$

所以

$$i_4 R_4 = -i_f R_F, i_4 = -i_f \frac{R_F}{R_4} = -\frac{u_i}{R_1} \cdot \frac{R_F}{R_4}$$

于是

$$u_o = -\frac{u_i}{R_1} \cdot \frac{R_F}{R_4}(R_3 + R_4) = -\frac{R_F}{R_1}(1 + \frac{R_3}{R_4}) u_i$$

故闭环电压增益为

$$A_{uf} = \frac{u_o}{u_i} = -\frac{R_F}{R_1}\left(1 + \frac{R_3}{R_4}\right)$$

16.2.9 知识点窍 运算放大电路的分析。

解题过程 电流参考方向如题 16.2.8 图所示。

由“虚短” 可知：

$u_- = u_+ = 0$

故 $u_i - u_- = u_i - u_+ = i_1 \cdot R_1$

则 $i_1 = \frac{u_i}{R_1} = i_f, i_4 = i_3 + i_f$

由题知 $R_F \gg R_4, i_f \ll i_4 \Rightarrow i_4 \approx i_3$

所以 $u_o = i_3 \cdot R_3 + i_4 \cdot R_4 \approx i_4 \cdot (R_3 + R_4)$

由 KVL 定律：$u_- = i_f \cdot R_F + i_4 \cdot R_4 = 0 \Rightarrow i_4 \cdot R_4 = -i_f \cdot R_F$

$i_4 = -\frac{R_F}{R_4} i_f = -\frac{u_i}{R_1} \cdot \frac{R_F}{R_4}$

则 $u_o = -\frac{u_i}{R_1} \cdot \frac{R_F}{R_4} \cdot (R_3 + R_4) = -\frac{R_F}{R_1} \cdot \left(1 + \frac{R_3}{R_4}\right) \cdot u_i$

故闭环电压增益 $A_{uf} = \frac{u_o}{u_i} = -\frac{R_F}{R_1} \cdot \left(1 + \frac{R_3}{R_4}\right)$

(1) $A_{uf} = -\frac{100 \times 10^3}{50 \times 10^3} \times \left(1 + \frac{3 \times 10^3}{2 \times 10^3}\right) = -5$

(2) 当 $R_3 = 0$ 时，$A_{uf} = -\frac{R_F}{R_1}$，令 $A_{uf} = -5$，则

$$R_F = (-5) \times (-R_1) = 250\text{k}\Omega$$

16.2.10 知识点窍　运算放大电路分析，基尔霍夫电流定律，叠加原理。

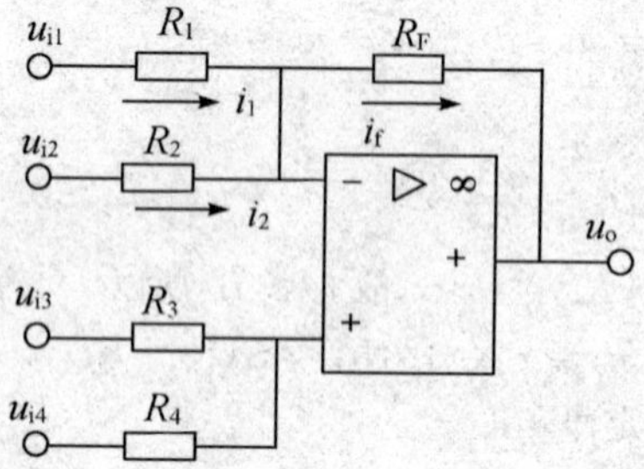

题 16.2.10 图

逻辑推理　可用叠加原理，把各输入分别加入，或者利用 $u_+ = u_-, i_+ = i_- = 0$ 来计算。

解题过程　方法一

$$u_+ = \frac{R_4}{R_3 + R_4}(u_{i3} - u_{i4}) + u_{i4}$$

于是

$$u_+ = u_- = \frac{R_4}{R_3 + R_4}(u_{i3} - u_{i4}) + u_{i4}$$

$$= 4 + \frac{1}{1+1}(3-4) = (4 - \frac{1}{2})\text{V}$$

$$= 3.5\text{V}$$

$$i_1 = \frac{u_{i1} - u_-}{R_1}, i_2 = \frac{u_{i2} - u_-}{R_2}, i_F = \frac{u_- - u_o}{R_F}$$

由 KCL 定理：$i_1 + i_2 = i_F$

$$\frac{1 - u_-}{2} + \frac{2 - u_-}{2} = \frac{3}{2} - u_- = \frac{u_- - u_o}{1}$$

$$u_o = 2u_- - \frac{3}{2} = 5.5\text{V}$$

方法二　可用叠加原理求解。令 $u_{i3} = u_{i4} = 0$，可得

$$u'_o = -(\frac{R_F}{R_1}u_{i1} + \frac{R_F}{R_2}u_{i2}) = -\frac{R_F}{R_1}(u_{i1} + u_{i2}) = -\frac{1}{2}(1+2) = -1.5\text{V}$$

令 $u_{i1} = u_{i2} = 0$，可得

$$R = R_1 \,/\!/\, R_2 = \frac{2\times 2}{2+2} = 1\text{k}\Omega$$

由节点电压法

$$(\frac{1}{R_3} + \frac{1}{R_4})u_+ = \frac{u_{i3}}{R_3} + \frac{u_{i4}}{R_4}$$

则有

$$u_+ = \frac{\frac{u_{i3}}{R_3} + \frac{u_{i4}}{R_4}}{\frac{1}{R_3} + \frac{1}{R_4}} = \frac{\frac{3}{1} + \frac{4}{1}}{\frac{1}{1} + \frac{1}{1}} = 3.5\text{V}$$

$$u''_o = (1 + \frac{R_F}{R})u_+ = (1 + \frac{1}{1}) \times 3.5 = 7\text{V}$$

合成：结果 $u_o = u'_o + u''_o = -1.5 + 7 = 5.5\text{V}$

16.2.11 **知识点窍**　二级运算放大电路。

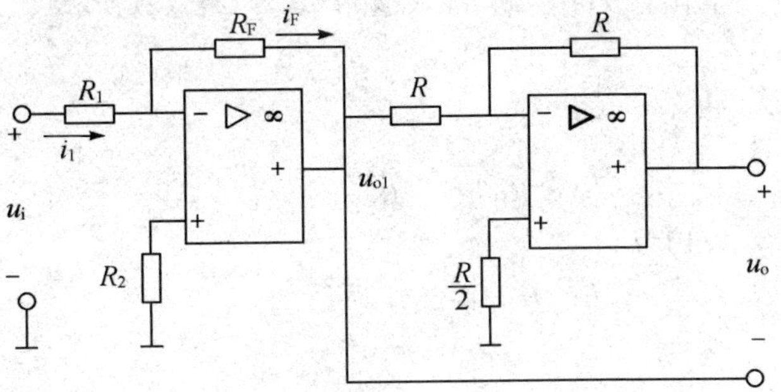

题 16.2.11 图

逻辑推理　$u_o = u_{o2} - u_{o1}$，两级都是反相放大器，利用“虚短”、“虚断”分析。

解题过程　对第一级，因为 $u_+ = u_- = 0$，且 $i_1 = i_F$

$$i_F = -\frac{u_{o1}}{R_F},\ i_1 = \frac{u_I}{R_1}$$

所以

$$\frac{u_{o1}}{R_F} = -\frac{u_i}{R_1},\ u_{o1} = -\frac{R_F}{R_1}u_i$$

对第二级

$$u_{o2} = -\frac{R}{R}u_{o1} = -\frac{R}{R}(-\frac{R_F}{R_1})u_i = \frac{R_F}{R_1}u_i$$

所以 $$u_o = u_{o2} - u_{o1} = \frac{R_F}{R_1}u_i - (-\frac{R_F}{R_1}u_i) = 2\frac{R_F}{R_1}u_i$$

16.2.12 知识点窍　加法运算电路。

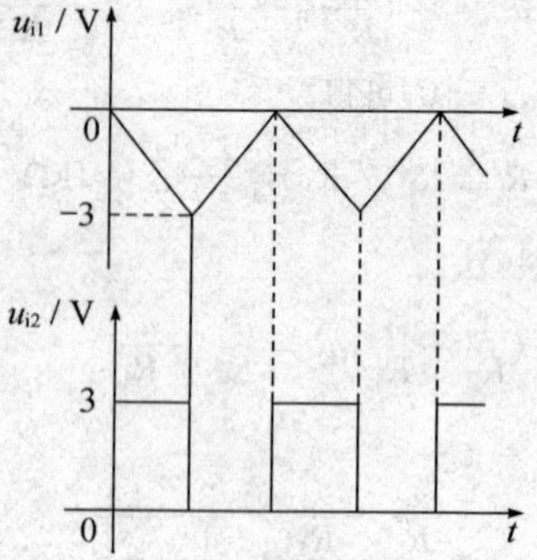

题 16.2.12 图

逻辑推理　利用理想运放"虚短"，"虚断"的特性可知 i_+，i_-，u_+，u_- 均为0，由欧姆定律可得到 i_1，i_2 与 u_{i1}，u_{i2} 的关系，再由KCL定律可得出输出电压 u_o 与 u_{i1}，u_{i2} 的关系。

解题过程　重画原教材图16.2.6，如题解16.2.12图(a)所示。

$$i_+ = i_- = 0, u_+ = u_- = 0$$

由

$$i_1 = \frac{u_{i1}}{R_{11}}, i_2 = \frac{u_{i2}}{R_{12}}$$

又因为

$$i_1 + i_2 = i_3$$

于是

$$u_o = -(\frac{R_F}{R_{11}}u_{i1} + \frac{R_F}{R_{12}}u_{i2}) = -(u_{i1} + u_{i2})$$

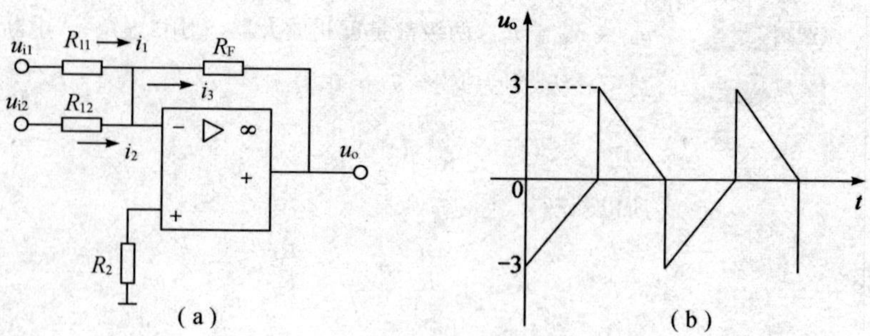

题解 16.2.12 图

当 $t = 0$ 时，$u_{i1} = 0$，u_{i2} 由0跳变到 $+3V$，故 u_o 由0跳变到 $-3V$。

当 $t = t_1$ 时，$u_{i1} = -3V$，u_{i2} 由 $+3V$ 跳变到 0，故 u_o 由 0 跳变到 $+3V$。

在 $t = 0 \sim t_1$ 期间，

$$u_o = -(u_{i1} + 3) = -[(0 \sim -3) + 3] = -3V \sim 0，一条直线。$$

在 $t = t_1 \sim t_2$ 期间，

$$u_o = -(u_{i1} + 0) = -u_i = +3V \sim 0，一条直线。$$

当 $t = t_2$ 时，

重复 $t = 0$ 时刻的状态。

依次类推，可画出 u_o 波形如题解 16.2.12 图(b) 所示。

16.2.13 知识点窍 二级运算放大电路。

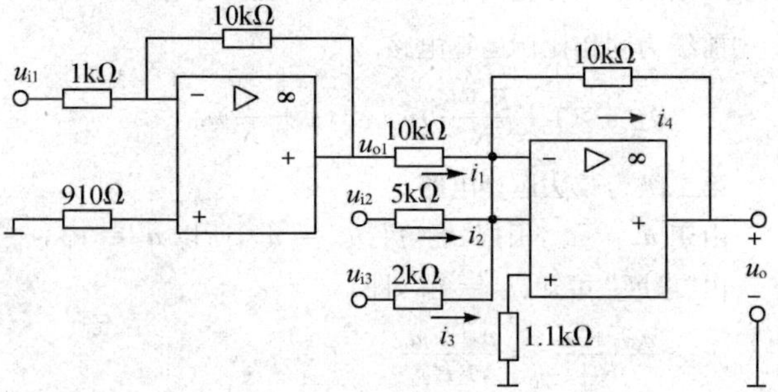

题 16.2.13 图

逻辑推理 第一级，反相放大器：$u_{o1} = -\frac{10}{1}u_{i1} = -10u_{i1}$，

第二级，反相加法器：$u_{+2} = u_{-2} = 0$，

由 KCL 定律：$i_1 + i_2 + i_3 = i_4$，$\frac{u_{o1}}{10} + \frac{u_{i2}}{5} + \frac{u_{i3}}{2} = -\frac{u_o}{10}$，于是可求 u_o。

解题过程 题 16.2.13 图所示为一个二级运算放大电路，第一级为反相放大器，第二级为反相加法器。

对于第一级放大运算电路：

由“虚短”有：$u_{+1} = u_{-1} = 0$；由“虚断”有：$i_{11} = i_{12}$

故输出电压 $u_{o1} = -i_{12} \cdot R_{F1} + u_{+1} = -i_{12} \cdot R_{F1}$

输入电压 $u_{i1} = i_{11} \cdot R_{11} + u_{+1} = i_{11} \cdot R_{11} \Rightarrow u_{o1} = -\frac{R_{F1}}{R_{11}} = -10u_{i1}$

对于第二级放大运算电路：

由“虚短”知：$u_{+2} = u_{-2} = 0$

由 KCL 定律知：$i_1 + i_2 + i_3 = i_4$

$\Rightarrow \frac{u_{o1}}{10} + \frac{u_{i2}}{5} + \frac{u_{i3}}{2} = -\frac{u_o}{10}$

$\Rightarrow u_o = -(u_{o1} + 2u_{i2} + 5u_{i3})$

而 $u_{o1} = -10u_i$

综上得：$u_o = 10u_{i1} - 2u_{i2} - 5u_{i3}$

16.2.14 知识点窍　二级运算放大电路。

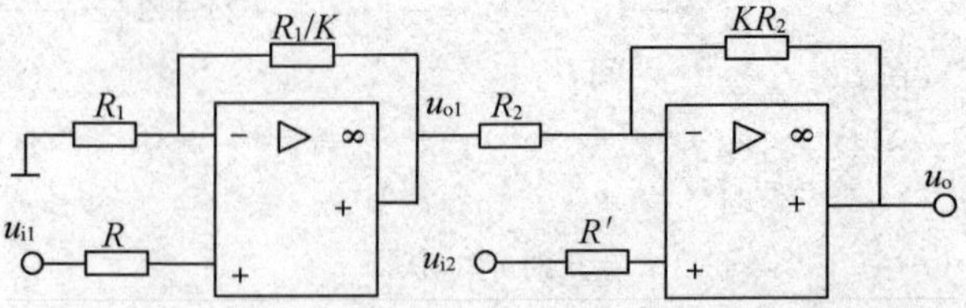

题 16.2.14 图

逻辑推理　二级均是同相比例放大器，利用“虚短”、“虚断”逐级计算。

解题过程　前级为同相比例运算电路。

$$u_{o1} = (1 + \frac{R_1/K}{R_1})u_{i1} = (1 + \frac{1}{K})u_{i1}$$

第二级为减法运算电路。

由于 $u_+ = u_{i2}$，根据“虚短”：$u_+ = u_-$，所以 $u_- = u_{i2}$，

由“虚断”可知：$i_2 = i_{F_2}$，即

$$\frac{u_{o1} - u_{i2}}{R_2} = \frac{u_{i2} - u_o}{KR_2}$$

整理，得

$$u_o = (1 + \frac{KR_2}{R_2})u_{i2} - \frac{KR_2}{R_2}u_{o1} = (1 + K)u_{i2} - K(1 + \frac{1}{K})u_{i1}$$
$$= (1 + K)(u_{i2} - u_{i1})$$

16.2.15 知识点窍　差动运算电路。

解题过程　重画原教材图 16.2.7 如题解 16.2.15 图所示。

由分压公式可知

$$u_+ = \frac{R_3}{R_2 + R_3}u_{i2}$$

利用“虚短”可知：$u_+ = u_-$，于是

$$u_- = \frac{R_2}{R_2 + R_3}u_{i2}$$

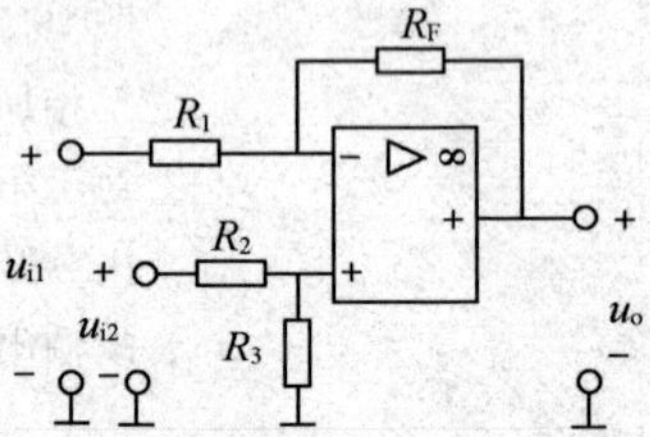

题解 16.2.15 图

由“虚断”可知：$\frac{u_{i1} - u_-}{R_1} = \frac{u_- - u_o}{R_F}$ 因此

$$u_o = (1 + \frac{R_F}{R_1})u_- - \frac{R_F}{R_1}u_{i1}$$

$$u_o = (1 + \frac{R_F}{R_1})\frac{R_2}{R_2 + R_3}u_{i2} - \frac{R_F}{R_1}u_{i1} = (1 + \frac{20}{4}) \cdot \frac{20}{4 + 20} \times 1 - \frac{20}{4} \times 1.5$$
$$= -2.5\text{V}$$

16.2.16 知识点窍　运算放大电路分析。

逻辑推理　利用“虚短”和“虚断”的性质来求解。

解题过程 由“虚短”概念知 $u_{+2}=u_{-2}, u_{+1}=u_{-1}$

由 KVL 定律：$u_{+1}-u_{-2}=iR_3$，于是

$$u_{-1}-u_{+2}=u_i=u_{+1}-u_{-2}$$

即 $u_i=iR_3$

所以 $i=\dfrac{u_i}{R_3}$

又由 KVL 定律以及“虚断”可知

$$u_o=i(R_1+R_2+R_3)=\frac{u_i}{R_3}(R_1+R_2+R_3)$$

代入数据，得

$$u_o=\frac{0.5}{2}(10+10+2)=5.5\text{V}$$

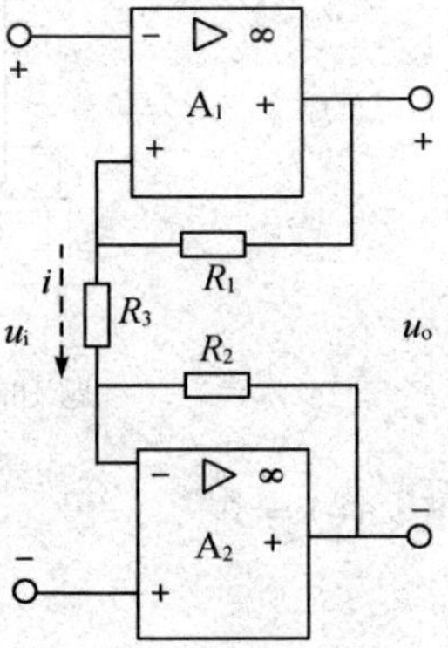

题 16.2.16 图

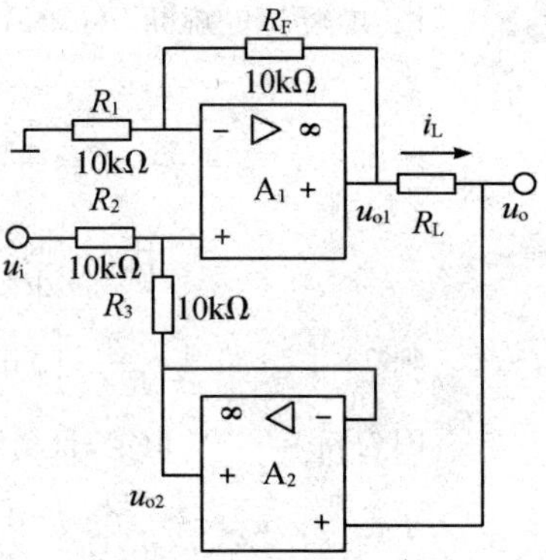

题 16.2.17 图

16.2.17 知识点窍 运算放大电路分析。

逻辑推理 A_2 是跟随器，$u_{o2}=u_o$，于是由 $u_{+1}=u_{-1}, i_{+1}=i_{-1}=0$ 可证。

解题过程 $u_{o2}=u_o$

由“虚断”可知：R_2 和 R_3 上电流大小相等方向相同，即

$$\frac{u_i-u_+}{R_2}=\frac{u_+-u_{o2}}{R_3}$$

所以

$$\frac{\dfrac{u_i}{R_2}+\dfrac{u_{o2}}{R_3}}{\dfrac{1}{R_2}+\dfrac{1}{R_3}}=u_+$$

已知 A_2 为跟随器，则 $u_{o2}=u_o$，所以

$$u_+=\frac{1}{2}(u_i+u_o)$$

由“虚短”和“虚断”，对于 A_1，有

$$u_+=u_-, i_{R1}=i_{RF}$$

所以，$u_+ = \frac{R_1}{R_1 + R_F} u_{o1}$，即

$$u_{o1} = (1 + \frac{R_F}{R_1}) u_+ = (1 + \frac{10}{10}) \times \frac{1}{2}(u_i + u_o) = u_i + u_o$$

所以

$$i_L = \frac{u_{o1} - u_o}{R_L} = \frac{1}{R_L}(u_i + u_o - u_o) = \frac{u_i}{R_L}$$

得证。

16.2.18 知识点窍 积分运算电路。

逻辑推理 $u_i = -1\text{V}$ 恒定，于是，$u_o = -\frac{u_i}{R_1 C_F} t + u_o(0)$。

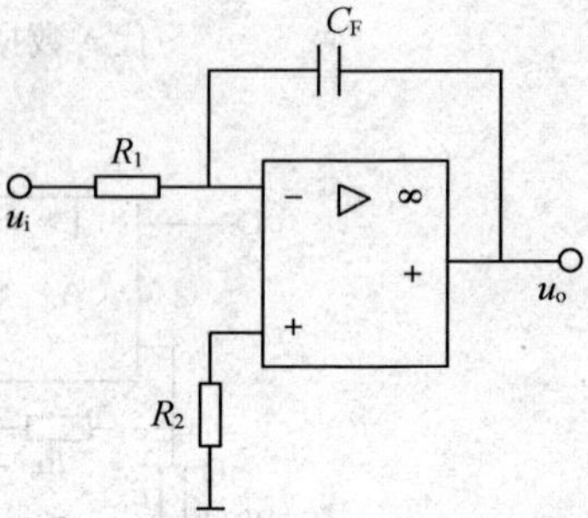

题 16.2.18 图

解题过程 由“虚短”和“虚断”可知：

$$i_1 = i_F, u_+ = u_- = 0$$

所以 $$i_1 = \frac{u_i}{R_1}, i_F = -\frac{du_o}{dt}$$

$$u_i = -R_1 C_F \frac{du_o}{dt}$$

则 $$u_o = -\frac{1}{R_1 C_F}\int u_i dt + u_o(0)$$

因为 $u_i = -1\text{V}$ 恒定，且初始情况下 $u_o(0) = 0$

于是 $$u_o = -\frac{U_i}{R_1 C_F} t$$

因此 $$t = \frac{-u_o R_1 C_F}{U_i} = \frac{-10 \times 10 \times 10^3 \times 1 \times 10^{-6}}{-1} = 0.1\text{s}$$

即所需要的时间为 0.1s。超出这段时间后运算放大器进入饱和状态，输出电压保持不变。若要使积分时间 $t' = 10t = 1\text{s}$，则

$$C_F R_1 = \frac{-U_i}{u_o} t' = \frac{1}{10} \times 1 = 0.1\text{s}$$

可将 R_1 或 C_F 增大 10 倍，即采用 $R_1 = 100\text{k}\Omega$，$C_F = 1\mu\text{F}$ 或 $R_1 = 10\text{k}\Omega$，$C_F = 10\mu\text{F}$。

16.2.19 知识点窍 二级运算放大电路。

逻辑推理 第一级是减法电路，第二级是积分电路。

解题过程 由“虚短”可知 $$u_- = u_+ = \frac{R_3}{R_2 + R_3} u_{i2}$$

由“虚断”则有 $$\frac{u_{i1} - u_-}{R_1} = \frac{u_- - u_{o1}}{R_F}$$

所以

$$u_{o1} = R_F\left[-\frac{u_{i1}}{R_1} - (\frac{1}{R_1} + \frac{1}{R_F}) u_-\right]$$

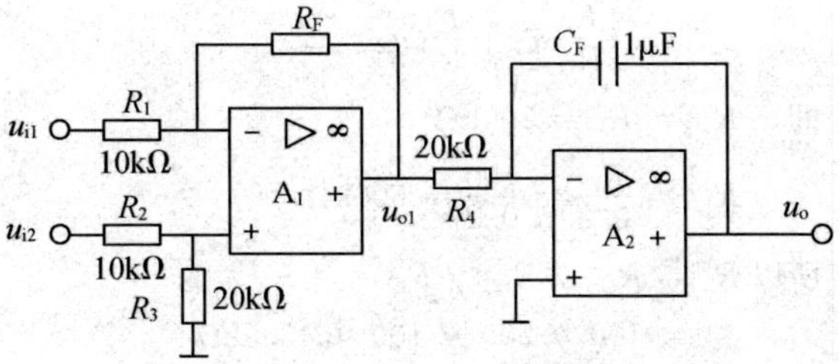

题 16.2.19 图

$$u_{o1} = -\frac{R_F}{R_1}u_{i1} + \frac{R_3}{R_2+R_3}\times\left(1+\frac{R_F}{R_1}\right)u_{i2}$$

$$= -\frac{20}{10}\times 1.1 + \frac{20}{10+20}\times\left(1+\frac{20}{10}\right)\times 1 = -0.2\text{V}$$

由于 u_{o1} 恒定，根据题 16.2.16，可知

$$u_o = -\frac{1}{R_4C_F}\int u_{o1}\,dt = -\frac{u_{o1}}{R_4C_F}t$$

于是

$$t = \frac{-u_o}{u_{o1}}R_4C_F = \frac{-10}{-0.2}\times 20\times 10^3\times 1\times 10^{-6} = 1\text{s}$$

16.2.20 知识点窍　各种运算放大电路。

逻辑推理　(1) 反相比例放大电路；(2) 反相加法电路；(3) 同相比例放大电路；(4) 反相比例放大电路；(5) 减法放大电路；(6) 积分电路；(7) 减法积分电路。

解题过程　(1)　$u_o = -3u_i = -\frac{R_F}{R_1}u_i$

即　$\frac{R_F}{R_1} = 3, R_1 = \frac{R_F}{3} = \frac{50}{3}\text{k}\Omega$

$$R_2 = \frac{R_1\cdot R_F}{R_1+R_F} = \frac{\frac{50}{3}\times 50}{\frac{50}{3}+50} = 12.5\text{k}\Omega$$

反相比例运算电路如题解 16.2.20 图(a) 所示。

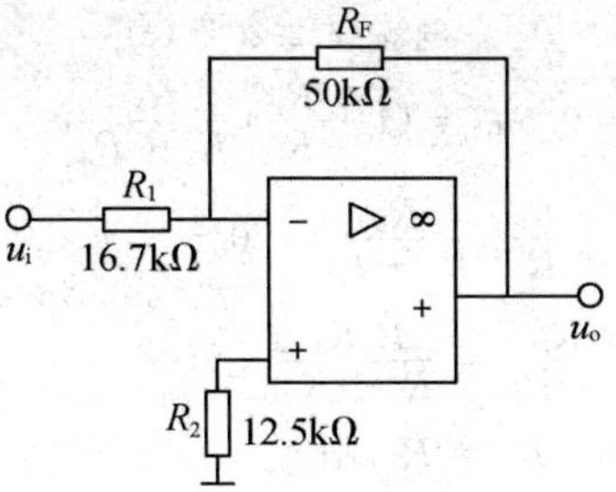

题解 16.2.20 图(a)

(2)　$u_o = -(u_{i1} + 0.2u_{i2})$

$$=-(\frac{R_F}{R_{11}}u_{i1}+\frac{R_F}{R_{12}}u_{i2})$$

即 $R_{11}=R_F=100\text{k}\Omega$

$$R_{12}=\frac{R_F}{0.2}=\frac{100}{0.2}=500\text{k}\Omega$$

所以 $R_2=R_{11}\ /\!/\ R_{12}\ /\!/\ R_F$

$$=100\ /\!/\ 500\ /\!/\ 100\approx 45.5\text{k}\Omega$$

反相加法运算电路如题解 16.2.20 图(b) 所示。

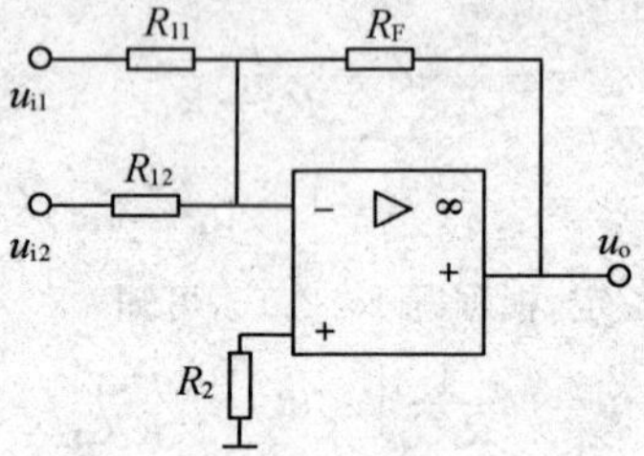

题解 16.2.20 图(b)

(3) $u_o=5u_i=(1+\frac{R_F}{R_1})u_i$

即 $1+\frac{R_F}{R_1}=5$

所以 $R_1=\frac{R_F}{4}=\frac{20}{4}=5\text{k}\Omega$

$$R_2=R_1\ /\!/\ R_F=5\ /\!/\ 20=4\text{k}\Omega$$

同相比例运算电路如题解 16.2.20 图(c) 所示。

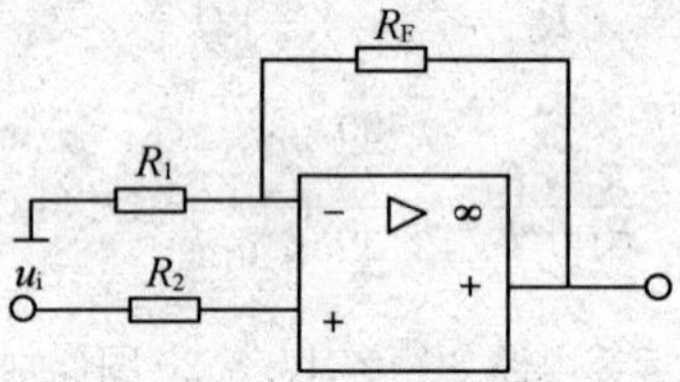

题解 16.2.20 图(c)

(4) $u_o=0.5u_i=(1+\frac{R_F}{R_1})\frac{R_3}{R_2+R_3}u_i$

$$\begin{cases}(1+\frac{R_F}{R_1})\frac{R_3}{R_2+R_3}=0.5\\ \frac{R_1R_F}{R_1+R_F}=\frac{R_2R_3}{R_2+R_3}\end{cases}$$

令 $R_3=R_F,R_1=R_2$,则

$$\frac{R_1+R_F}{R_1}\times\frac{R_3}{R_2+R_3}=\frac{R_F}{R_1}=0.5$$

得 $R_2=R_1=20\text{k}\Omega,R_3=R_F=10\text{k}\Omega$

电路如题解 16. 2. 20 图(d) 所示。

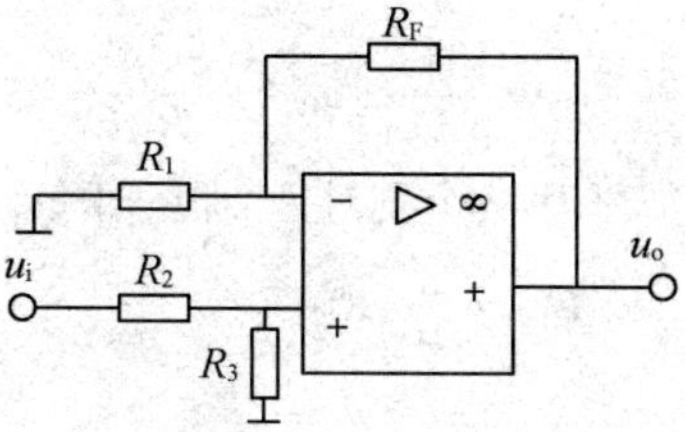

题解 16. 2. 20 图(d)

(5) $u_o = 2u_{i2} - u_{i1}$

$$= (1 + \frac{R_F}{R_1})u_{i2} - \frac{R_F}{R_1}u_{i1}$$

则 $\frac{R_F}{R_1} = 1, 1 + \frac{R_F}{R_1} = 2$

所以 $R_1 = R_F = 10\text{k}\Omega$

$$R_2 = R_1 /\!/ R_F = 5\text{k}\Omega$$

电路如题解 16. 2. 20 图(e) 所示。

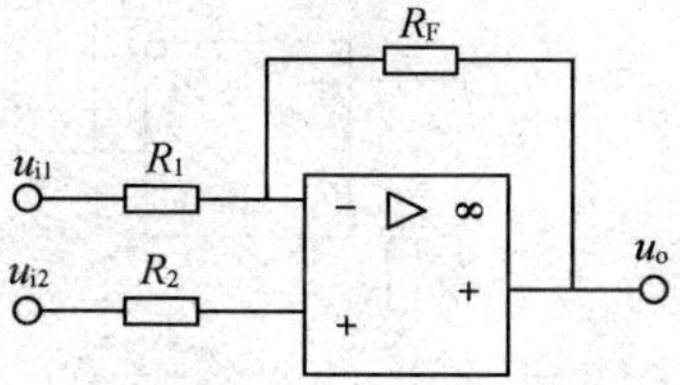

题解 16. 2. 20 图(e)

(6) $u_o = -200\int u_i \mathrm{d}t = -\frac{1}{R_1 C_F}\int u_i \mathrm{d}t$

故 $R_1 C_F = \frac{1}{200}$

$$R_1 = \frac{1}{200C_F} = \frac{1}{200 \times 0.1 \times 10^{-6}}\Omega = 50\text{k}\Omega$$

$$R_2 = R_1 = 50\text{k}\Omega$$

反相积分电路如题解 16. 2. 20 图(f) 所示。

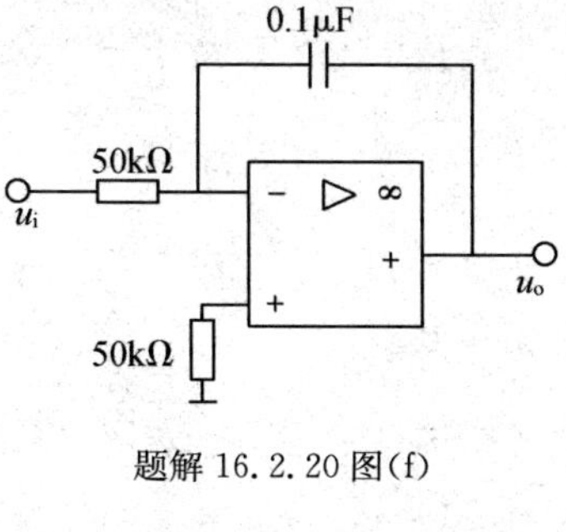

题解 16. 2. 20 图(f)

(7) $$u_o = -10\int u_{i1}\,dt - 5\int u_{i2}\,dt$$

$$= -\frac{1}{R_{11}C_F}\int u_{i1}\,dt - \frac{1}{R_{12}C_F}\int u_{i2}\,dt$$

可利用叠加原理，先分别对每个积分求解。

得 $$R_{11}C_F = \frac{1}{10}, R_{12}C_F = \frac{1}{5}$$

所以

$$R_{11} = \frac{1}{10C_F} = \frac{1}{10\times 1\times 10^{-6}}\Omega = 100\text{k}\Omega$$

$$R_{12} = \frac{1}{5C_F} = \frac{1}{5\times 1\times 10^{-6}}\Omega = 200\text{k}\Omega$$

$$R_2 = R_{11} /\!/ R_{12} = \frac{100\times 200}{100+200} \approx 66.7\text{k}\Omega$$

积分加法运算电路如题解 16.2.20 图(g) 所示。

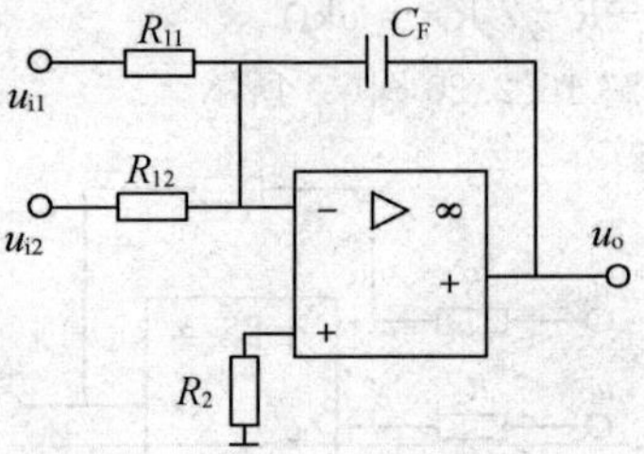

题解 16.2.20 图(g)

16.2.21 知识点窍

积分运算电路，基尔霍夫电压定律。

逻辑推理

$i_+ = i_- = 0, u_+ = u_-$。

解题过程

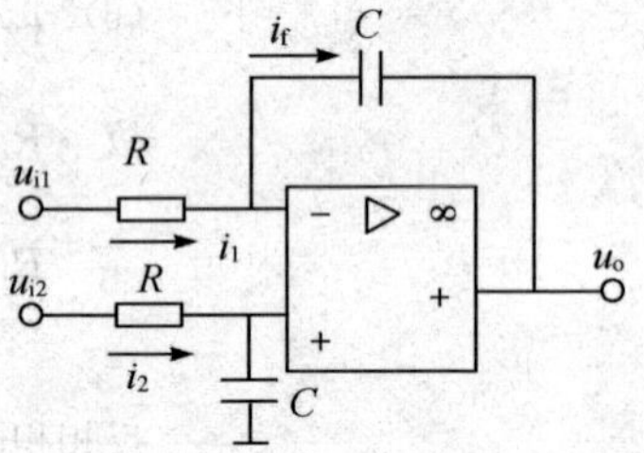

题 16.2.21 图

$$i_1 = i_f = \frac{u_{i1} - u_-}{R}$$

$$i_2 = \frac{u_{i2} - u_+}{R} = C\frac{du_+}{dt}$$

$$RC\frac{du_+}{dt} + u_+ = u_{i2}$$

$$u_+ + \frac{1}{RC}\int u_+\,dt = \frac{1}{RC}\int u_{i2}\,dt$$

$$u_+ = \frac{1}{RC}\int u_{i2}\,dt - \frac{1}{RC}\int u_+\,dt$$

由于 $$i_f = C\frac{du_C}{dt} = \frac{u_{i1} - u_-}{R} = \frac{u_{i1} - u_+}{R},$$

$$u_+ = u_-$$

两边积分：$u_C - \frac{1}{RC}\int u_{i1}\,dt = -\frac{1}{RC}\int u_+\,dt$

得 $$\frac{1}{RC}\int u_{+}\,\mathrm{d}t=\frac{1}{RC}\int u_{i1}\,\mathrm{d}t-u_{C}$$

由 $$u_{o}=u_{-}-u_{C}=u_{+}-u_{C}=\frac{1}{RC}\int u_{i2}\,\mathrm{d}t-\frac{1}{RC}\int u_{+}\,\mathrm{d}t-u_{C}$$
$$=\frac{1}{RC}\int u_{i2}\,\mathrm{d}t-\left(\frac{1}{RC}\int u_{i1}\,\mathrm{d}t-u_{C}\right)-u_{C}=\frac{1}{RC}\int(u_{i2}-u_{i1})\,\mathrm{d}t$$

16.2.22 **知识点窍** 积分运算电路。

逻辑推理 电路为反相积分电路。u_i 为恒值时，u_o 为三角波。

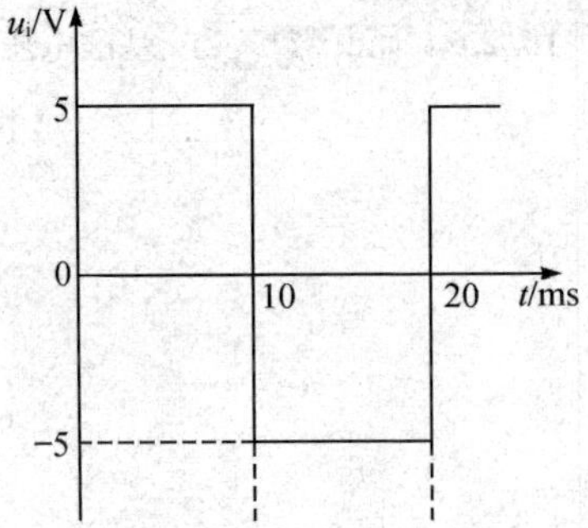

题 16.2.22 图

解题过程 (1)$t=0\sim10\text{ms}$ 时：

$$u_{o}=-\frac{1}{R_{1}C_{F}}\int u_{i}\,\mathrm{d}t$$
$$=\frac{1}{50\times10^{3}\times1\times10^{-6}}\int5\mathrm{d}t\mathrm{V}$$
$$=\frac{5}{50\times10^{3}\times1\times10^{-6}}t\mathrm{V}$$
$$=-100t\mathrm{V}$$

(2)$t=10\sim20\text{ms}$ 时：

$$u_{o}=-\frac{1}{R_{1}C_{F}}\int(-5)\,\mathrm{d}t=100t+K$$

当 $t=10\text{ms}=\frac{1}{100}\text{s}$ 时，$u_o=-1\text{V}$，故 $K=-2$。于是得 u_o 的波形如题解 16.2.22 图所示。

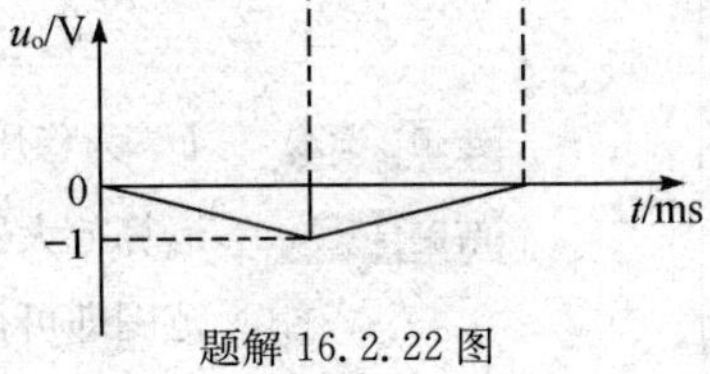

题解 16.2.22 图

16.2.23 **知识点窍** 电路的瞬态分析。

逻辑推理 随着 C 的充电，u_- 发生变化，u_o 也随之变化，所以 u_i 从 0 跳变到 3V 时，应进行瞬态分析。

解题过程 由于电路同相端接“地”，故反相端为“虚地”。

由于电容电压不突变，则

$$u_C(0_+)=u_C(0_-)=0$$

稳态时，电路开路，$u_C(\infty)=\frac{1}{2}u_i=1.5\text{mV}$

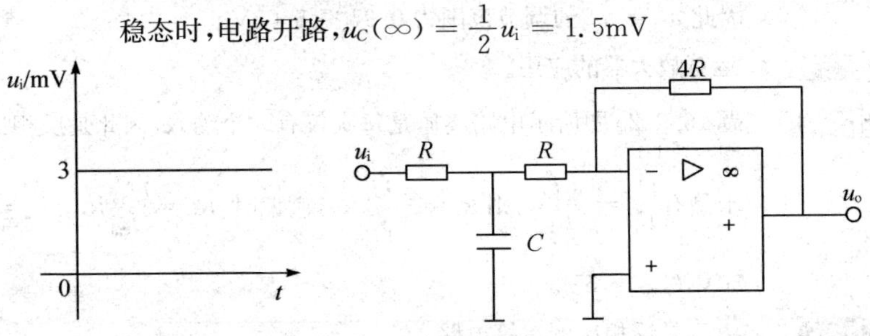

题 16.2.23 图

$R // R$ 为 RC 回路的串联电阻，故时间常数 $\tau = \frac{1}{2}RC$。

由于是零状态响应，故 $u_C(t) = u_C(\infty)(1 - e^{-t/\tau}) = 1.5(1 - e^{-2t/RC})$mV。

又根据反相比例运算关系有

$$u_o(t) = -\frac{4R}{R}u_C(t) = -4 \times 1.5(1 - e^{-2t/RC}) = -6(1 - e^{-2t/RC})\text{mV}$$

所以　$u_o(t) = 6(e^{-2t/RC} - 1)$mV

16.2.24 知识点窍　基准电压电路。

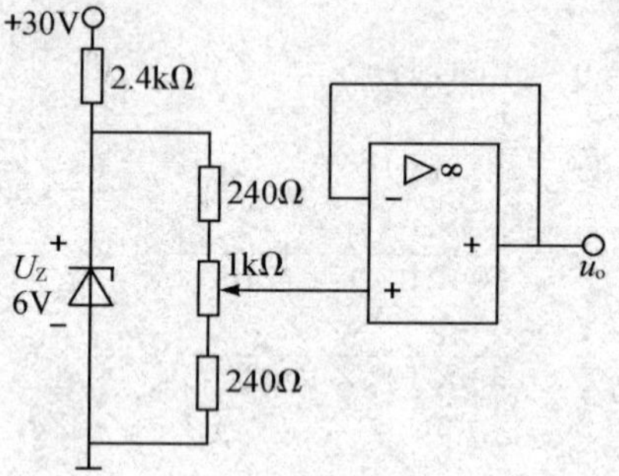

题 16.2.24 图

逻辑推理　U_Z 为稳压管，故其可看做直流恒压源，而放大器为电压跟随器，即 $u_o = u_+$。

解题过程　运算放大器组成一个电压跟随器，所以有 $u_o = u_- = u_+$，故只要求出 u_+ 的调节范围即可得 u_o 的调节范围。

当电位器滑到最上端时

$$\begin{aligned} u_+ &= \frac{U_Z}{1\text{k} + 2 \times 240}(1\text{k} + 240) \\ &= \frac{6\text{V}}{1000 + 2 \times 240} \times (1000 + 240) \\ &= 5.02\text{V} \end{aligned}$$

当电位器滑到最下端时

$$u_+ = \frac{U_Z}{1\text{k} + 2 \times 240} \times 240 = \frac{6\text{V}}{1000 + 2 \times 240} \times 240 \approx 0.97\text{V}$$

因此 $u_o = u_+$ 的调节范围为 0.97 ～ 5.02V。

16.2.25 知识点窍　运算放大器的应用。

逻辑推理　题 16.2.25 图所示电路实质是每次仅有一个输入，因此是反相比例运算电路，

于是有 $\frac{\dot{U}_i}{R_i} = \frac{-\dot{U}_o}{R_F}$，则 $R_i = -\frac{\dot{U}_i}{\dot{U}_o}R_F$，满偏时，$R_i = \frac{U_{im}}{U_{om}}R_F$，$U_{im} = 0.5, 1, 5, 10,$

50V，$U_{om} = 5$V。

解题过程　由于是反相比例运算电路：

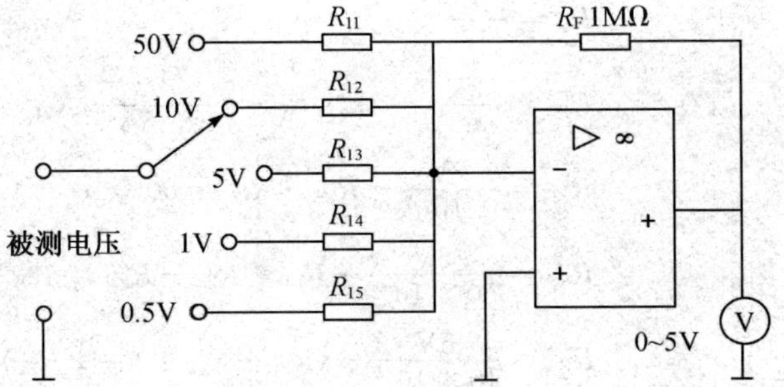

题 16.2.25 图

$$\frac{u_{ox}}{u_i} = -\frac{R_F}{R_{1x}}$$

这里,x 对应 1,2,3,4,5,因此

$$R_{1x} = \frac{-u_i}{u_{ox}} R_F$$

又因为每个量程上输入最大时输出均为电压表满量程 5V,故有

$$R_{11} = \frac{50}{5} \times 1\text{M}\Omega = 10\text{M}\Omega, R_{12} = \frac{10}{5} \times 1\text{M}\Omega = 2\text{M}\Omega$$

$$R_{13} = \frac{5}{5} \times 1\text{M}\Omega = 1\text{M}\Omega, R_{14} = \frac{1}{5} \times 1\text{M}\Omega = 200\text{k}\Omega$$

$$R_{15} = \frac{0.5}{5} \times 1\text{M}\Omega = 100\text{k}\Omega$$

16.2.26 **知识点窍** 运算放大器的应用。

逻辑推理 $i_+ = i_- = 0, u_o = -i_i R_F$。于是 $U_{om} = I_{im} R_F, R_F = R_{F1}, \cdots, \sum_{i=1}^{5} R_{Fi}$ 五种值。

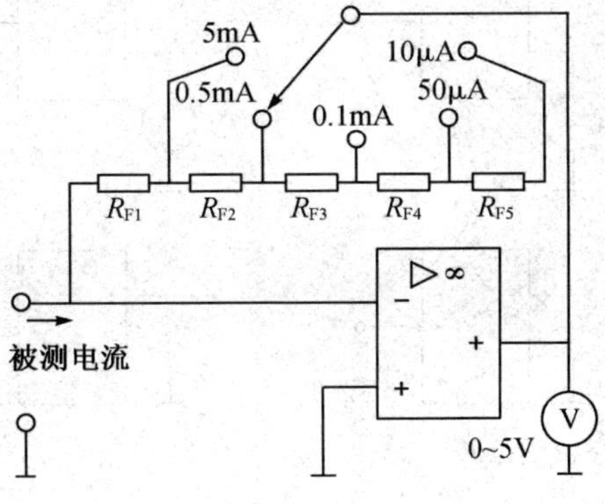

题 16.2.26 图

解题过程 由"虚短"可知:$u_+ = u_- = 0$。而又因为"虚断",可以得到 $i_+ = i_-$,所以

输出电压　$u_o = -i_i \cdot R_F$

设各挡输入电流为 $I_x, x = 1,2,3,4,5$。

$I_1 = 5\text{mA}, I_2 = 0.5\text{mA}, I_3 = 0.1\text{mA}, I_4 = 50\mu\text{A}, I_5 = 10\mu\text{A}$

于是 $R_F = \dfrac{u_o}{-I_x}$

故有 $R_{F1} = \dfrac{5V}{5mA} = 1k\Omega, R_{F2} = \dfrac{5V}{0.5mA} - R_{F1} = 9k\Omega$

$$R_{F3} = \frac{5V}{0.1mA} - R_{F1} - R_{F2} = 50 - 10 = 40k\Omega$$

$$R_{F4} = \frac{5V}{50 \times 10^{-6}} - R_{F1} - R_{F2} - R_{F3} = 100 - 50 = 50k\Omega$$

$$R_{F5} = \frac{5V}{10 \times 10^{-6}} - (R_{F1} + R_{F2} + R_{F3} + R_{F4}) = 500 - 100 = 400k\Omega$$

16.2.27 知识点窍 运算放大器的应用。

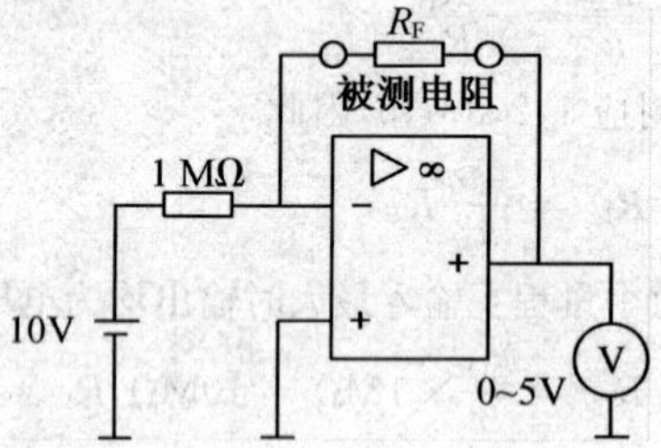

题 16.2.27 图

逻辑推理 反相比例运算。

解题过程 $R_F = \left|\dfrac{u_o}{u_i}\right| \times R_1 = \left|\dfrac{-5}{10}\right| \times 1M\Omega = 500k\Omega$

16.3.3 知识点窍 电压比较器的输出特性。

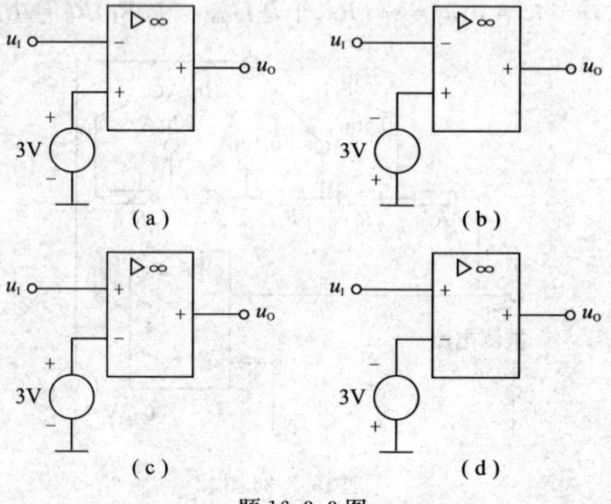

题 16.3.3 图

解题过程 如题解 16.3.3 图所示:

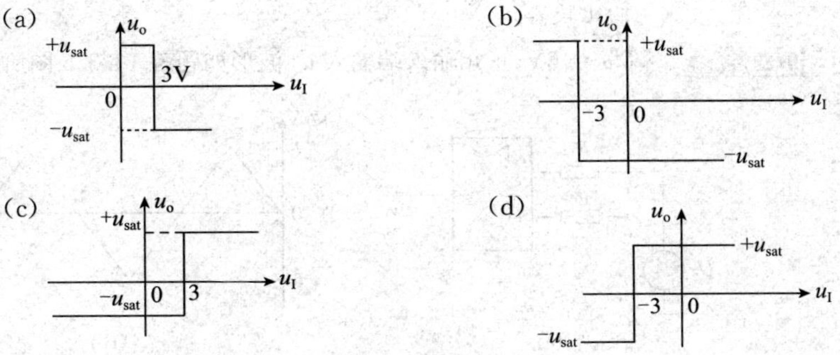

题解 16.3.3 图

16.3.4 知识点窍　运算放大器的性质，稳压管的性质。

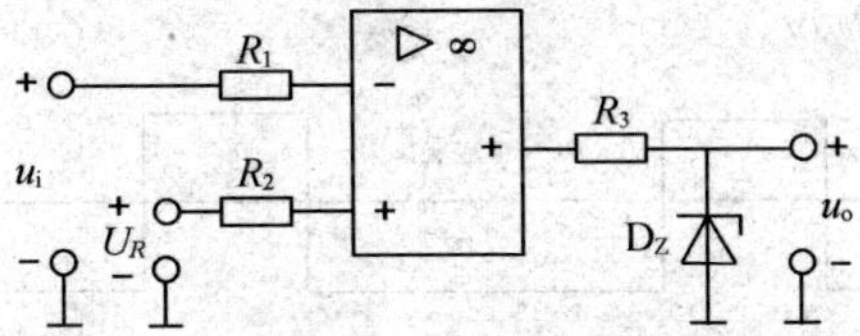

题 16.3.4 图

逻辑推理　稳压管 D_Z 的作用是限幅，本电路是带限幅的电压比较器，输出为管子上的压降，但是由于只用一个稳压二极管，反向工作时，$u_o = 6V$，正向导通时，$u_o = -0.7V$。

解题过程　由于稳压管的作用 $u_{omax} = +6V$ 和 $u_{omin} = -0.7V$。

当 $u_i > U_R$ 时，$u_o = -0.7V$；当 $u_i < U_R$ 时，$u_o = +6V$

由此可画出输入电压波形如题解 16.3.4 图(a) 所示。当 $U_R = +3V$ 时，u_o 波形如题解 16.3.4 图(b) 所示；当 $U_R = -3V$ 时，u_o 波形如题解 16.3.4 图(c) 所示，传输特性如题解 16.3.4 图(d) 所示。

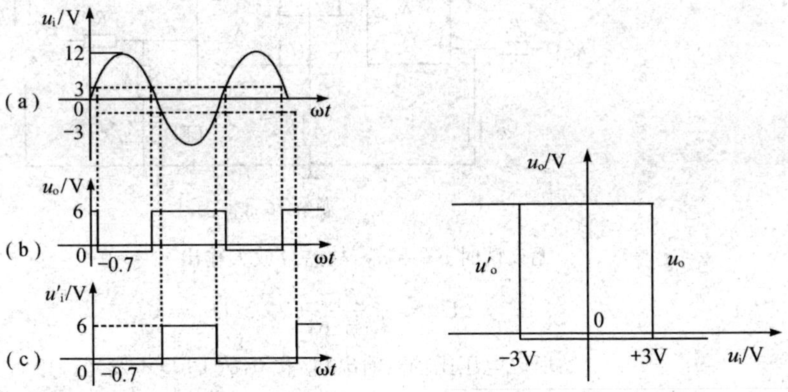

(a)　(d)

题解 16.3.4 图

注：这里将 $U_R = 3V$ 和 $U_R = -3V$ 同时标在题解 16.3.4 图(d) 上，并非滞

回比较器。

16.3.5 解题过程 $U_R = 3V$，正相输入端输入 u_o 波形如题解 16.3.5 图所示。

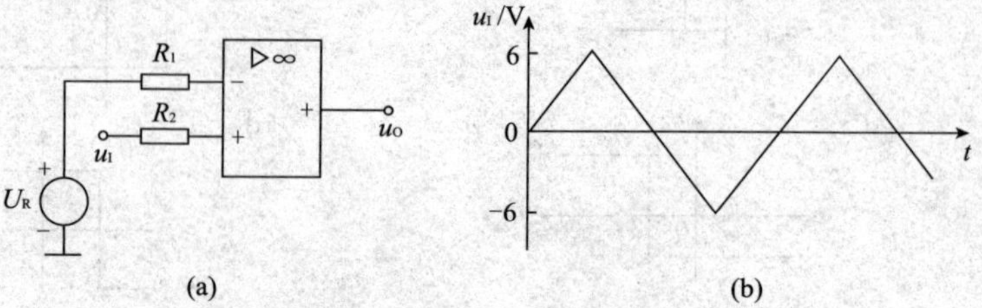

题 16.3.5 图

$u_I > 3V$ 时，$u_o = +12V$；$u_I < 3V$ 时，$u_o = -12V$。

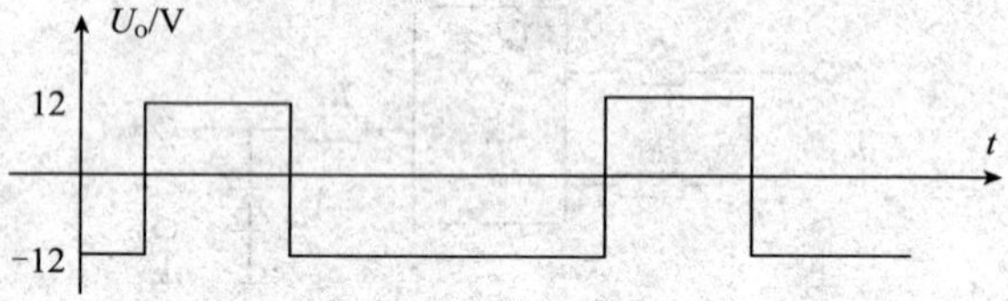

题解 16.3.5 图

16.3.6 解题过程 所设计的火灾报警电路如题解 16.3.6 图所示。

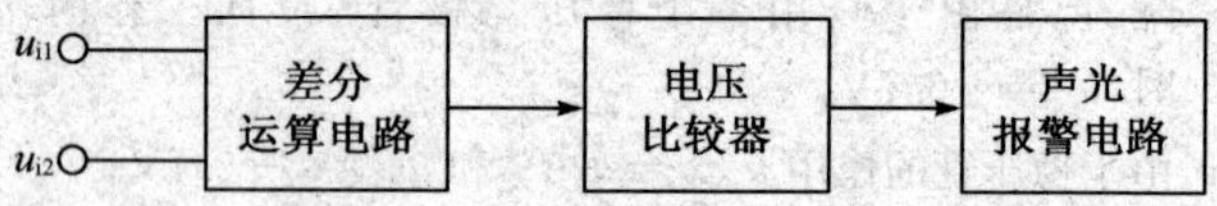

题 16.3.6 图

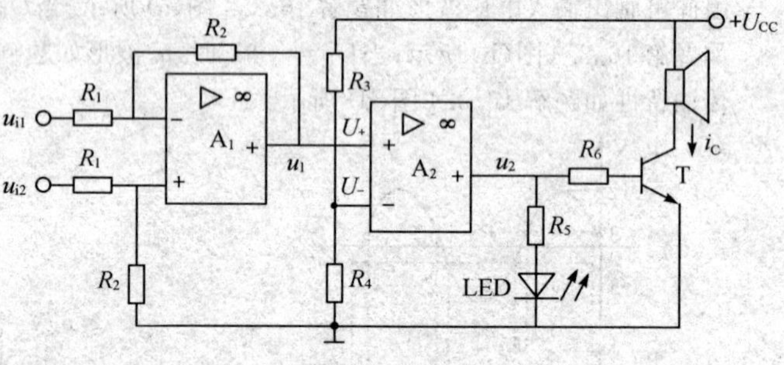

题解 16.3.6 图

无火情时 $u_{i1} = u_{i2}$，故差分放大输出 $u_1 = 0$

$$U_- = \frac{R_4}{R_3 + R_4}U_{CC} > U_+ = 0$$

所以电压比较器输出 $U_2 < 0$，故 LED 不发光。

同时 T 不导通，$I_C = 0$，故蜂鸣器不响。发生火情时，u_{I1} 与 u_{I2} 必不等，当差值大到使 $u_+ = u_1 > U_- = \frac{R_4}{R_3 + R_4}U_{CC}$ 时，$U_2 > 0$，使得 LED 发光，蜂鸣器开始

报警。

C 拓宽题

16.2.28 解题过程

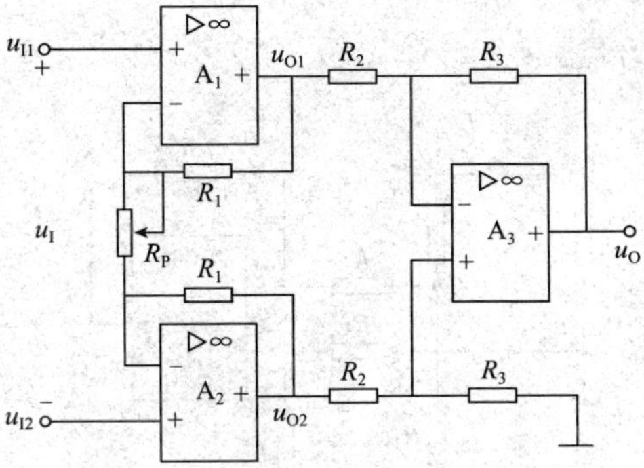

题 16.2.28 图

由题解 16.2.28 图分析可得知：

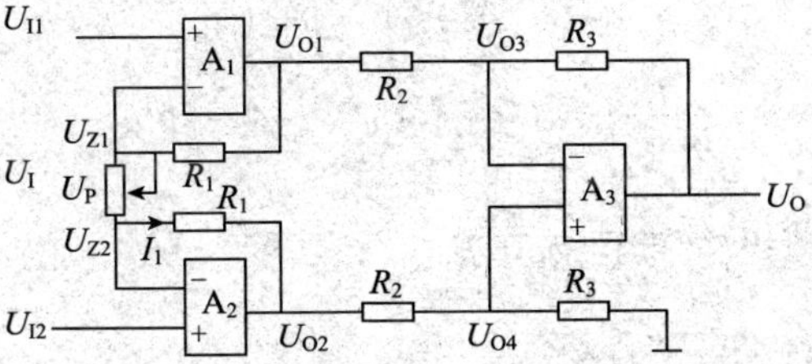

题解 16.2.28 图

$$I_1 = \frac{u_{21} - u_{22}}{R_P} = \frac{u_I}{R_P}$$

$$\therefore u_{O2} = u_{I2} - I_1 \cdot R_1 = u_{I2} - \frac{u_I}{R_P} \cdot R_1$$

$$u_{O4} = u_{O3} = \frac{R_3}{R_2 + R_3} u_{O2}$$

$$\frac{u_{O1} - u_{I1}}{R_1} = \frac{u_{I1} - u_{I2}}{R_P} = I_1$$

$$\therefore u_{O1} = I_1 R_1 + u_{I1} = \frac{R_1}{R_P} u_I + u_{I1}$$

由虚断：$\frac{u_{O1} - u_{O3}}{R_2} = \frac{u_{O3} - u_O}{R_3}$

$$\therefore u_O = \frac{R_2 + R_3}{R_2} u_{O3} - \frac{R_3}{R_2} u_{O1} = \frac{R_3}{R_2}\left(u_{I2} - \frac{R_1}{R_P} u_I\right) - \frac{R_3}{R_2}\left(\frac{R_1}{R_P} u_I + u_{I1}\right)$$

$$= \frac{R_3}{R_2}u_{I2} - \left(\frac{R_1R_3}{R_PR_2} + \frac{R_1R_3}{R_P}\right)u_I - \frac{R_3}{R_2}u_{I1} = \frac{R_3}{R_2}\left(1 + \frac{2R_1}{R_P}\right)(u_{I2} - u_{I1})$$

$$A_d = \frac{u_O}{u_I}$$

16.3.7 解题过程 (1) 环境温度为 25℃

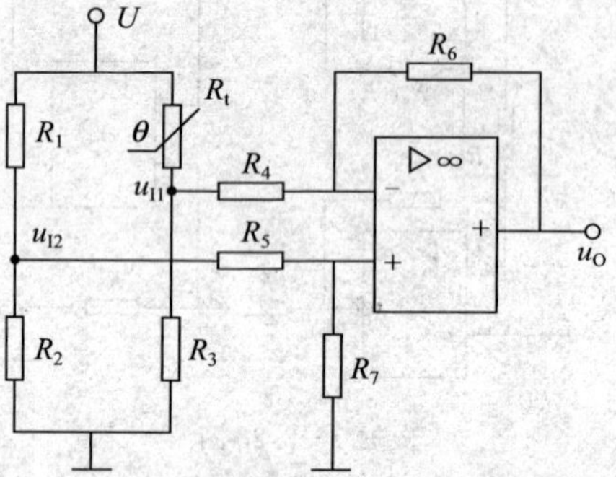

题 16.3.7 图

$R_t = 51(4 \times 10^{-3} \times 25 + 1) = 56.1\Omega$

$\therefore u_{I1} = \frac{R_3}{R_3 + R_t} \quad U = 4.762V \quad u_{I2} = 5V$

虚断：$u_+ = u_- = \frac{R_7}{R_5 + R_7} \cdot u_{I2} = 4.545V$

虚断：$\frac{u_{I1} - u_-}{R_4} = \frac{u_- - u_O}{R_6} \Rightarrow u_O = 2.28V$

(2) 环境温度为 -5℃

$R_t = 51(1 - 4 \times 10^{-3} \times 5) = 49.98\Omega$

$u_{I1} = \frac{R_3}{R_3 + R_t} \quad U = 5.05V$

$u_{I2} = 5V \quad u_1 = u_- = 4.545V$

$\frac{u_{I1} - u_1}{R_4} = \frac{u_1 - u_O}{R_6} \Rightarrow u_O = -0.51V$

16.3.8 解题过程 工作原理：热敏电阻 R_t 随温度变化阻值发生变化。

由图知：$u_{I2} = 6V \quad u_{I1} = \frac{R_t}{R_t + 2.2} \cdot 12V$

虚短 ：$u_{1+} = \frac{100}{100 + 20} \times u_{I2} = 5V = u_{1-}$

虚断：$\frac{u_{I1} - u_{1-}}{20k\Omega} = \frac{u_1 - u_{O1}}{100k\Omega} \Rightarrow u_{O1} = 30 - 5u_{I1}$

$u_{O1} = u_{2-} \quad u_{2+} = \frac{R_p}{10 + R_p} \cdot 12V$

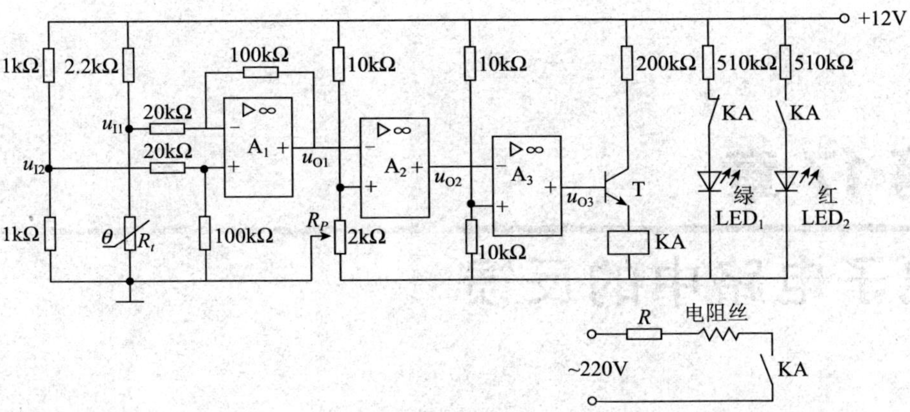

题 16.3.8 图

$u_{O1} = u_{2-} > u_{2+}$ 时，$u_{O2} = -U_{O(sat)}$

$u_{O1} = u_{2-} < u_{2+}$ 时，$u_{O2} = U_{O(sat)}$

$u_{3+} = \dfrac{10}{10+10} \cdot 12 = 5V$

$u_{O2} < u_{3+}$ 时，$u_{O3} = +U_{O(sat)}$

当温度低于设置值时，$u_{O3} = +U_{O(sat)}$

三极管导通，KA 吸合，红灯亮处于加热状态；

当温度在设定范围内时，$u_{O2} > u_{3+}$

$u_{O3} = -U_{O(sat)}$，三极管截止，KA 无法吸合绿灯亮，处于保温状态。

第 17 章 电子电路中的反馈

本章重点是能判别电子电路中的直流反馈和交流反馈、正反馈、负反馈以及负反馈的类型，负反馈对放大电路工作性能的影响及正弦波振荡电路自激振荡的条件等内容只需了解即可。

17.1 重点内容提要

一、反馈的基本概念

1. 反馈

将输出端的信号一部分（或全部）通过一个网络送回到输入端称为反馈。

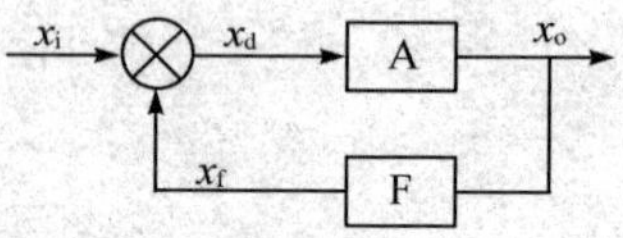

图 17.1

2. 正反馈和负反馈

在图 17.1 所示电路中，用 x 表示信号。信号的传递方向如图中箭头所示，x_i、x_o 和 x_f 分别为输入、输出和反馈信号。x_f 和 x_i 在输入端比较（⊗ 是比较环节的等号），得出净输入信号 x_d。

若引回的反馈信号和输入信号比较使净输入信号减小，因而输出信号也减小，则称这种反馈为负反馈。若反馈信号使净输入信号增大，因而输出信号也增大的，则称这种反馈为正反馈。

判别正反馈还是负反馈通常采用瞬时极性法。其判别原则为：对单级运算放大器电路而言；同相（反相）输入端电位的瞬时极性和输出端电路的瞬时极性相同（相反），因此，凡是反馈电路从输出端引回到同相输入端的为正反馈，引回到反相输入端的则为负反馈。对发射极带有电阻 R_e 而无旁路电容的分立元件电子电路而言，基极电位的瞬时极性与集电极电位的瞬时极性相反，而与发射极电位的瞬时极性相同，如图 17.2 所示，因此对 NPN 型晶体管，凡是反馈降低了基极或提高了发射极电位的为负反馈，反之则为正反馈。

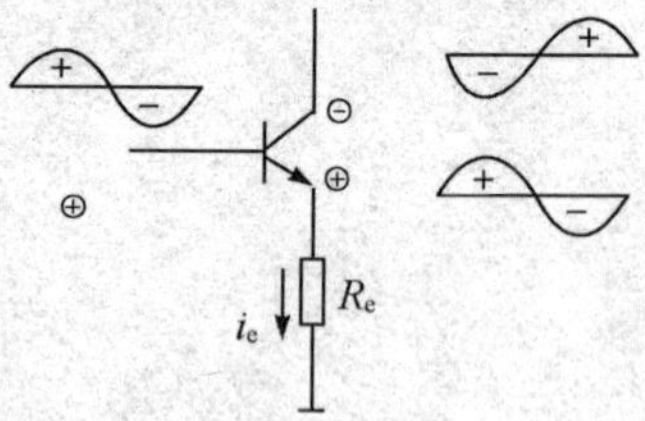

图 17.2

3. 直流反馈和交流反馈

直流反馈存在于直流电路中，交流反馈存在于交流电路中。很多电子电路中两种反馈同时存在。

在图 17.3(a) 所示电路中，设 T_2 发射极的旁路电容 C_e 足够大，可认为电路两端的交流信号基本为零，则从 T_2 的发射极通过 R_F 引回到 T_1 基极的反馈信号中将只有直流成分，因此电路中引入的是直流反馈。在图 17.3(b) 所示电路中，从输出端通过 C_F 和 R_F 将反馈引回到 T_1 的发射极，由于电容的隔直作用，反馈信号中将只有交流成分，所以这个反馈是交流反馈。

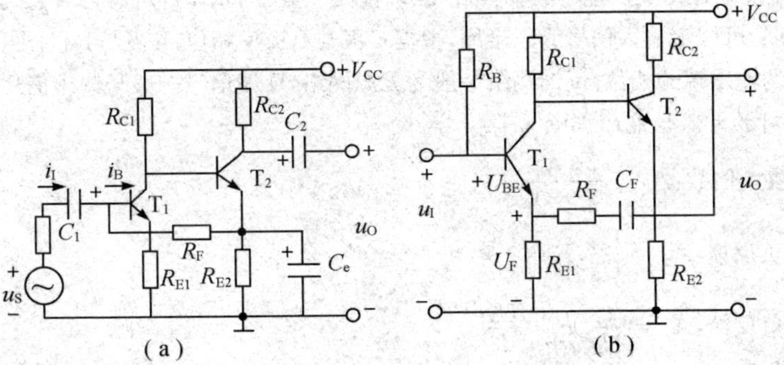

图 17.3

二、放大电路中负反馈

1. 定义

(1) 负反馈：送回输入端的反馈信号削弱了原来的输入信号，使放大倍数降低，称为负反馈。

(2) 开环放大器：不带反馈的放大器称为开环放大器，如图 17.4 所示，其放大倍数称开环放大倍数。

即 $\dot{A}_o = \dfrac{\dot{X}_o}{\dot{X}_d}$

(3) 闭环放大器：带有反馈的放大器称为闭环放大器，如图 17.4 所示，其放大倍数称为闭环放大倍数，即

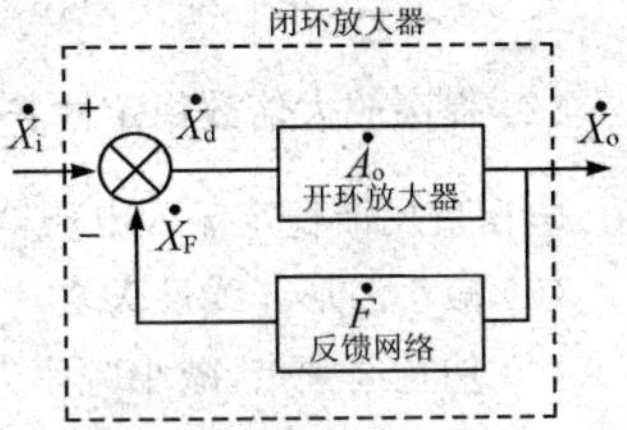

图 17.4

反馈系数 $\dot{A}_F = \dfrac{\dot{X}_o}{\dot{X}_i} = \dfrac{\dot{A}_o}{1+\dot{A}_o\dot{F}}$，其中 $\dot{F} = \dfrac{\dot{X}_F}{\dot{X}_o}$，净输入（或开环输入）信号 $\dot{X}_d = \dot{X}_i - \dot{X}_F$，反馈网络一般是无源网络。

2. 负反馈电路类型及判别方法

负反馈电路分类为：电压串联、电压并联、电流串联、电流并联。

(1) 判别电压反馈还是电流反馈。

方法一：将输出端负载电阻 R_L 短接，看反馈信号是否存在，若不存在则为电压反馈。若继续存在则为电流反馈。

方法二：除公共地线外，若输出线和反馈线接在同一点上，则有电压反馈；若接在不同点上则为

电流反馈。

(2) 判别串联反馈还是并联反馈。

方法一：将输入信号连同其内阻一起短接，若反馈信号仍能输入开环放大器，则为串联反馈；若不能再影响开环放大器的工作，则为并联反馈。

方法二：除公共地线外，若反馈信号与输入信号线接在同一点，则为并联反馈；接在不同点（一个接基极，一个接发射极）或两个不同输入端（如差动放大器和运算放大器），则为串联反馈。

(3) 判别正反馈还是负反馈：用瞬时极性法确定反馈信号的瞬时极性，再看它与输入信号的关系，是加强还是减弱。可假定输入信号为正半周，根据C极与B极反相位，E极与B极同相位，逐极分析找到取出反馈信号的输出端的相位。反馈网络一般为无源网络，反馈信号一般与输出信号同相位。

3. 负反馈对放大器性能的影响

(1) 降低放大倍数：$A_F = \dfrac{A_o}{1 + A_o F}$

电压串联负反馈：$A_o = \dfrac{U_o}{U_d}, F = \dfrac{U_F}{U_o}$

电流串联负反馈：$A_o = \dfrac{I_o}{U_d}, F = \dfrac{U_F}{I_o}$

电压并联负反馈：$A_o = \dfrac{U_o}{I_d}, F = \dfrac{I_F}{U_o}$

电流并联负反馈：$A_o = \dfrac{I_o}{I_d}, F = \dfrac{I_F}{I_o}$

其中，U_d，I_d—— 净输入电压和电流；

U_F，I_F—— 反馈电压和电流；

U_o，I_o—— 输出电压和电流。

(2) 提高放大倍数稳定性：$\dfrac{dA_F}{A_F} = \dfrac{1}{1 + A_o F} \dfrac{dA_o}{A_o}$

电压负反馈稳定输入电压，电流负反馈稳定输出电流。

(3) 减小波形非线性失真。

(4) 加宽通频带，减小频率失真。

(5) 影响输入、输出电阻：

1) 串联负反馈增大输入电阻：$r_{iF} = (1 + A_o F) r_i$

2) 并联负反馈减小输入电阻：$r_{iF} = \dfrac{1}{1 + A_o F} r_i$

3) 电压负反馈减小输出电阻：$r_{oF} = \dfrac{1}{1 + A_o F} r_i$

4) 电流负反馈增大输出电阻：$r_{oF} = (1 + A_o F) r_o$

4. 射极跟随器 —— 射极输出器（共集电路）

特点：(1) 具有电压串联负反馈，反馈系数 $F = 1$，是全反馈。

(2) U_o 与 U_i 是同相位。

(3) 电压放大倍数小于并接近于 1，即 $U_o \approx U_i$。

(4) 输入电阻很大,输入信号损失小。

(5) 输入电阻很小,带负载能力强。

应用:(1) 以其高输入电阻作为多级放大器的输入极。

(2) 以其低输出电阻用作多级放大器的输出极。

(3) 以其高 r_i 和低 r_o 作为多级放大器的中间级,实现阻抗变换。

三、振荡电路中的正反馈

1. 自激振荡

(1) 振荡条件　相位条件:$\dot{U}_f$ 和 $\dot{U}_i$ 同相;幅度条件:$U_f = U_i$,$|A_uF| = 1$。

(2) 振荡建立　起振时必须 $|A_uF| > 1$,从 $|A_uF| > 1$ 到 $|A_uF| = 1$ 是振荡建立过程,反馈电压和输出电压的幅度不断增大(正反馈),达到稳定。

(3) 振荡稳定　这是由于反馈元件或晶体管的非线性,使振荡幅度自动稳定下来。

2. RC 振荡电路

正弦波振荡电路一般含有放大、正反馈、选频和稳幅四个环节。

所谓选频,就是正弦波振荡器只能在某一频率产生自激振荡,输出单一频率的正弦信号。

RC 振荡器的选频电路是由 R_1,C_1,R_2,C_2 所组成的串联电路,如图 17.5 所示,当 $R_1 = R_2 = R$ 和 $C_1 = C_2 = C$ 时得出

$$\frac{\dot{U}_i}{\dot{U}_o} = \frac{1}{3 + j(\omega RC - \frac{1}{\omega RC})} = \frac{1}{\sqrt{3^2 + (\omega RC - \frac{1}{\omega RC})^2}} \times \angle -\arctan\frac{\omega RC - \frac{1}{\omega RC}}{3} = \frac{U_i}{U_o}\angle\varphi$$

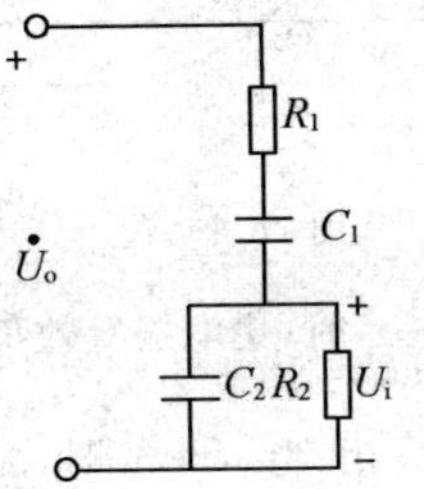

图 17.5

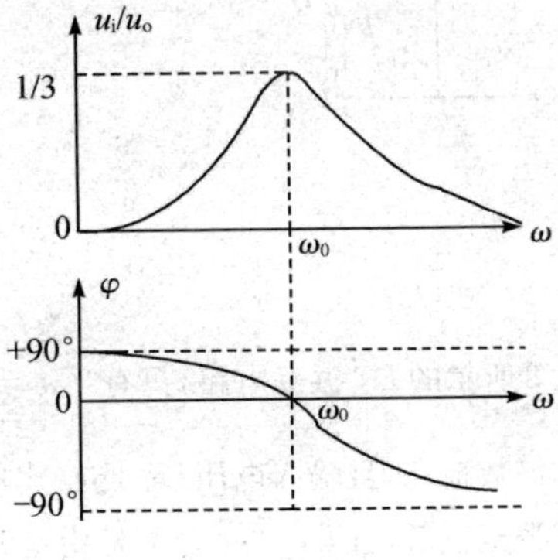

图 17.6

由上式可列出表 17.1 和图 17.6 表示的频率特性。当 $\omega = \omega_o = \frac{1}{RC}$ 时,$\frac{U_i}{U_o} = \frac{1}{3}$,其值最大,且 $\dot{U}_i$ 与 $\dot{U}_o$ 同相。这满足自激振荡的相位条件,并且只对一个频率 f_o 发生振荡。因此,RC 振荡电路具有选频性,至于幅度条件 $|A_uF| = 1$,因为 $|F| = \frac{U_i}{U_o} = \frac{1}{3}$,所以 $|A_u| = 3$ 时即可满足,但起振时要求

$|A_u|>3$。

表 17.1　频率特性

ω	0	$\omega_o=\dfrac{1}{RC}$	∞
U_i/U_o	0	$\dfrac{1}{3}$	0
φ	$\dfrac{\pi}{2}$	0	$-\dfrac{\pi}{2}$

3. *LC* 振荡电路

LC 振荡器的选频电路接在集电极的 *LC* 并联谐振电路,图 17.7 所示是 *LC* 并联谐振电路,其中 R 是等效损耗电阻。当信号频率很低时,电容支路可视作开路,R 一般很小,常可忽略不计,这时 $\dot{U}\approx j\omega L\dot{I}$,$\dot{I}$ 较 $\dot{U}$ 滞后,相位差 φ 接近 $+90°$,$|Z|\approx X_L=\omega L$ 和 U 都很小。当信号频率很高时,电感支路可视作开路,这时 $\dot{U}\approx -j\dfrac{1}{\omega C}\dot{I}$,$\dot{I}$ 较 $\dot{U}$ 超前,相位差 φ 接近 $-90°$,$|Z|\approx X_C=\dfrac{1}{\omega C}$ 和 U 也都很小。只有在 $\omega=\omega_0$ 发生谐振时,$|Z|=\dfrac{L}{RC}$,其值最大,所以电压 U 也是最大;这时 $\dot{I}$ 与 $\dot{U}$ 同相,$\varphi=0$,而电路为电阻性的。上述是对 *LC* 并联谐振电路的定性分析,其频率特性大致如图 17.8 所示。

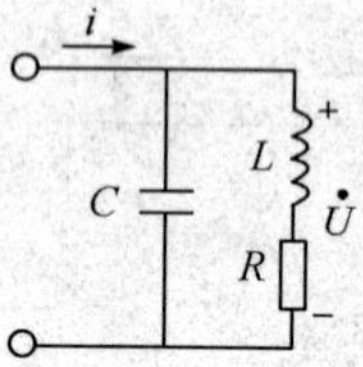

图 17.7

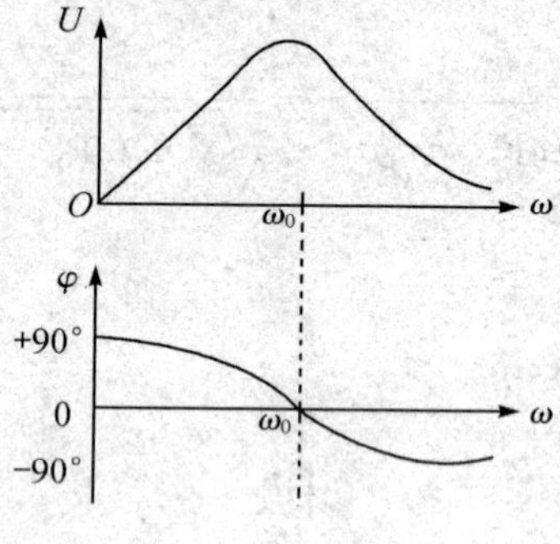

图 17.8

教材图 17.3.3 所示的 *LC* 振荡电路,只有当 $\omega=\omega_0\approx\dfrac{1}{\sqrt{LC}}$ 时,集电极等效负载阻抗(电阻性的)最大,电压放大的倍数最高,且输入电压 U_{be} 与输出电压 U_{ce} 反相。当 $\omega\neq\omega_0$ 时,由于集电极等效负载阻抗较小,放大倍数也较低,且 U_{be} 与 U_{ce} 不是相差 180° 的相位关系。因此,*LC* 振荡电路具有选频性。由于选频性,输出的才是正弦(单一频率)信号。

教材图 17.3.3 中,U_f 与 U_{be} 同相,是正反馈。反馈的判别也可采用瞬时极性法。

在图中设基极电位的瞬时极性为"⊕",集电极为"⊖",线圈 L 和 L_1 的同极性端极性相同,即反馈线圈 L_f 的下端为"⊕",于是反馈信号通过 C_1(对交流视做短路)提高了基极的电位而使 U_{be} 增加,故为正反馈。

考点:(1) 能判别电子电路中的正反馈和负反馈,直流反馈和交流反馈以及负反馈的四种类型。

（2）了解 RC 和 LC 选频网络的选频原理，能对 RC 和 LC 正弦波振荡电路进行判别及对振荡频率进行估算。

17.2 练习与思考题解答

17.2.1 解题过程 （1）“要求输出电压 U_o 基本稳定”应引入电压反馈；

“并能提高输入电阻”则应引入串联负反馈；

故若同时满足应引入电压串联负反馈。

（2）“要求输出电流 I_o 基本稳定”应引入电流反馈；

“并能减小输入电阻”应引入并联负反馈；

若同时满足应引入电流并联负反馈。

（3）要求输出电流 I_o 基本稳定应引入电流反馈；

“并能提高输入电阻”则应引入串联负反馈；

同时满足应引入串联电流串联负反馈。

17.2.2 解题过程 不可以。因为输出电压基本稳定，意味着输出电阻明显减小了。

17.2.3 解题过程 非线性失真的实质是在放大电路的输出波形中产生了输入信号原本没有的谐波成分。引入负反馈可以减小非线性失真。由题解 17.2.3 图所示可见，如果正弦波输入信号 x_i 经过放大后产生的失真波形为正半周大，负半周小。经过反馈后，在 F 为常数的条件下，反馈信号 x_f 也是正半周大，负半周小。但它和输入信号 x_i 相减后得到的净输入信号 $x'_i = x_i - x_f$ 的波形却变成正半周小，负半周大，这样就把输出信号的正半周压缩，负半周扩大，结果使正负半周的辐度趋于一致，从而改善输出波形。

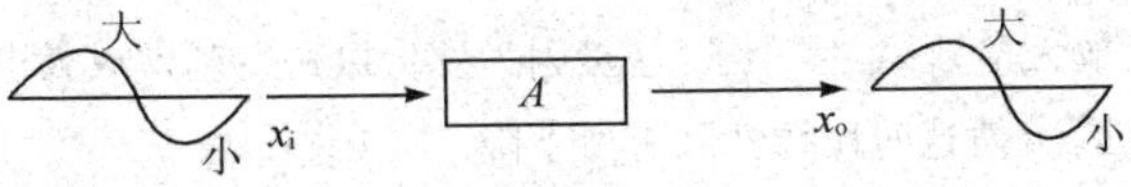

(a) 无负馈

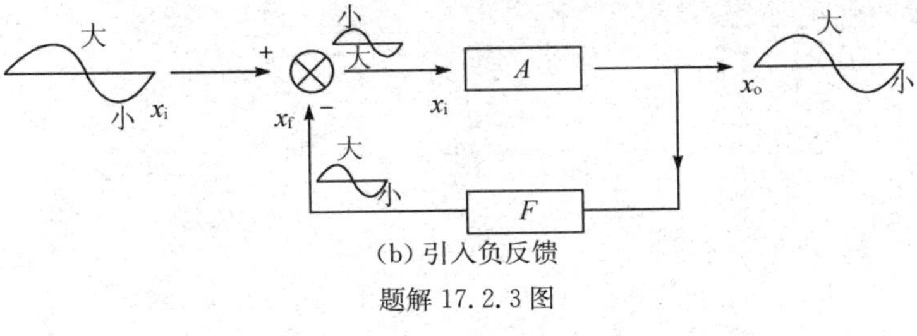

(b) 引入负反馈

题解 17.2.3 图

17.2.4 解题过程 $\dot{A}$为开环放大倍数，$\dot{F}$为反馈系数，$\dot{A}\dot{F}$称为回路增益，$1+\dot{A}\dot{F}$称为反馈深度，它表示引入反馈后放大电路的放大倍数与无反馈时相比所变化的倍数。在负反馈的情况下，如果反馈深度$|1+\dot{A}\dot{F}|\gg 1$，则称为深度负反馈。

$\dot{A}_f=\dfrac{\dot{A}}{1+\dot{A}\dot{F}}\approx\dfrac{\dot{A}}{\dot{A}\dot{F}}=\dfrac{1}{\dot{F}}$ 该式表明，在深度负反馈条件下，闭环放大倍数$\dot{A}_f$基本上等于反馈系数$\dot{F}$的倒数。也就是说，深度负反馈放大电路的放大倍数$\dot{A}_f$几乎与放大网络的放大倍数$\dot{A}$无关，而主要决定于反馈网络的反馈系数$\dot{F}$。所以说负反馈越深，放大倍数降低越多，但电路工作越稳定。

17.2.5 解题过程 在深度负反馈放大电路中，闭合电压放大倍数$\dot{A}_f\approx\dfrac{1}{\dot{F}}$，如果反馈系数$|F|$发生变化，则闭合电压放大倍数会随之波动。

17.2.6 解题过程 除去C_E的情况下，交流通路中通过R_E引入了负反馈从而减小了非线性失真，但放大倍数下降为原来的$(1+\dot{A}\dot{F})$分之一，即幅度上有所减小，但稳定性更好了。

17.3.1 解题过程 振荡条件：$A_uF=1$，即幅值条件$|A_uF|=1$，相位条件$\varphi_A+\varphi_F=2n\pi(n=0,\pm1,\pm2,\cdots)$即具有正反馈。

振荡建立：首先在放大器输入端应产生一个干扰输入信号，经放大器放大后再反馈到输入端的反馈信号应大于原有干扰输入信号，这样信号愈来愈大，即需要建立振荡，开始时应满足$A_uF>1$。

振荡稳定：振荡建立后，由于放大器中元件的非线性特性，最后达到饱和，u_o和u_F不再增大，电路便稳定了。

17.3.2 解题过程 放大倍数A_u减小了。这是因为发生振荡后基本放大电路中三极管工作在饱和区，β值这时比线性区有所下降。

17.3.3 解题过程 为了获得单一频率的正弦波，必须要有选频电路。若没有选频电路也能产生振荡，但输出波形是非正弦，含有多次谐波。

17.3 课后习题全解

A 选择题

17.1.1 分析 放大电路正负反馈的判别方法，故选(3)。

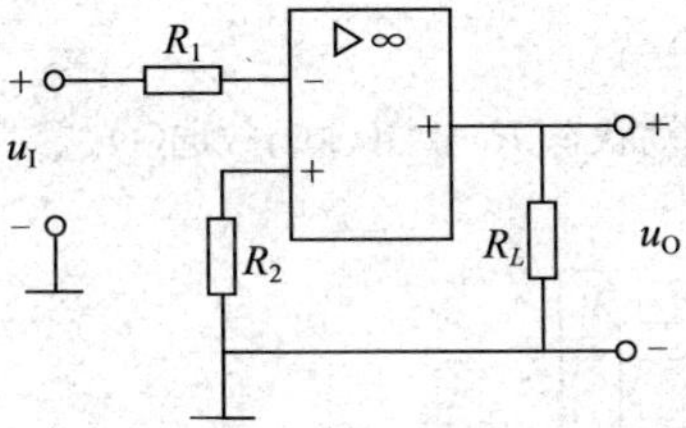

题 17.1.1 图

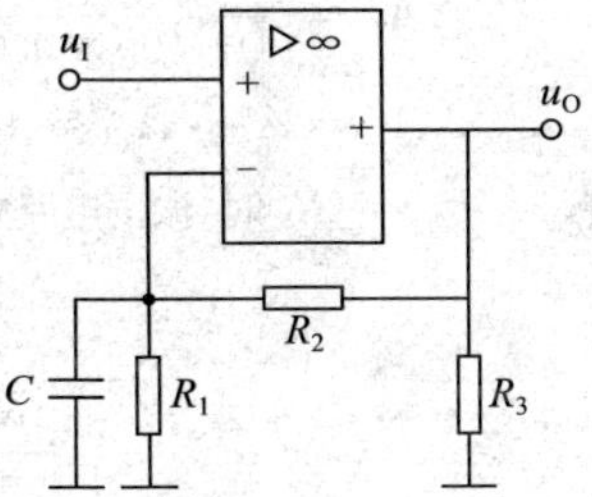

题 17.1.2 图

17.1.2 分析 放大电路正负反馈的判别方法，故选(2)。

17.1.3 分析 放大电路正负反馈的判别方法，旁路电容使 u_I 恒等于 0，从而净输入电压保持不变，故选(3)。

17.2.1 分析 从题 17.2.1 图中可以看出，反馈电路是从输出端引出，故为电压反馈；

输入信号和反馈信号是加在同一个输入端上，故为并联反馈；

综上，故选(3)。

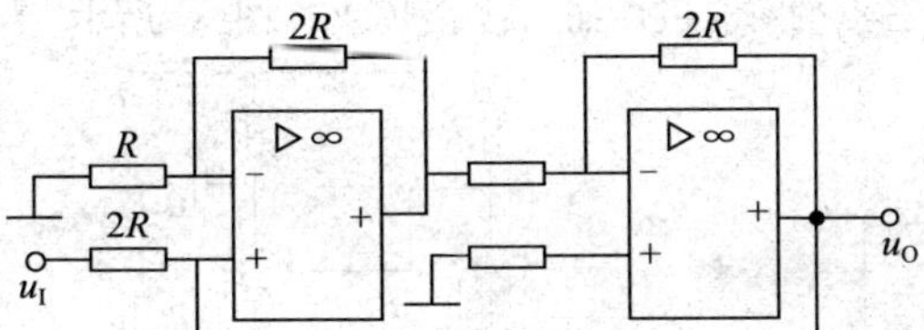

题 17.2.1 图

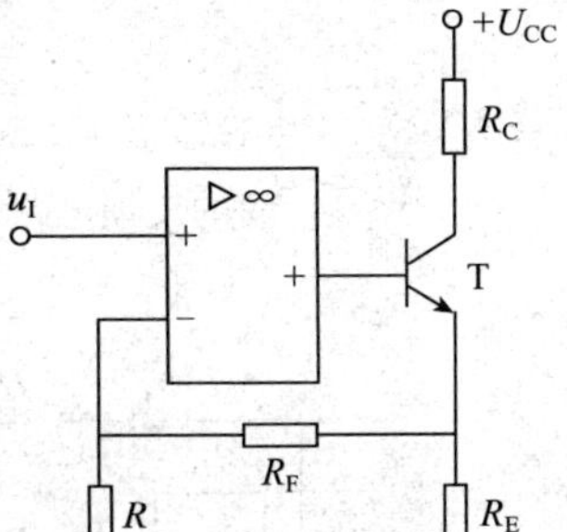

题 17.2.2 图

17.2.2 分析 运算放大电路负反馈类型的判别。

R_E 接地，其电流影响 R_F 的电位，故 R_E 为电流反馈

R_F 选(1)，R_E 选(2)。

17.2.3 分析 增大输入电阻应引入串联反馈。要使输出电流稳定，应引入电流反馈，故选(2)。

17.2.4 分析 提高带负载能力应引入电流反馈，提高输入电阻应引入串联反馈，故选(2)。

17.2.5 分析 负反馈对放大电路的影响。加入负反馈后 $A_f=\dfrac{A}{1+A\cdot F}$

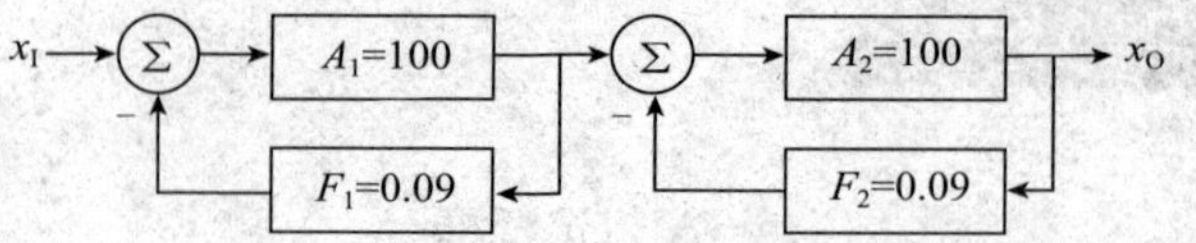

题 17.2.5 图

$\therefore A_{f1}=\dfrac{100}{1+100\times0.09}=10=A_{f2}$

$\therefore A_F=A_{f1}\cdot A_{f2}=100$，故选(3)。

17.3.1 分析 $R_F=2R_1$ 时，振荡电路处于稳定振荡状态，$R_1=100\text{k}\Omega$，故选(1)。

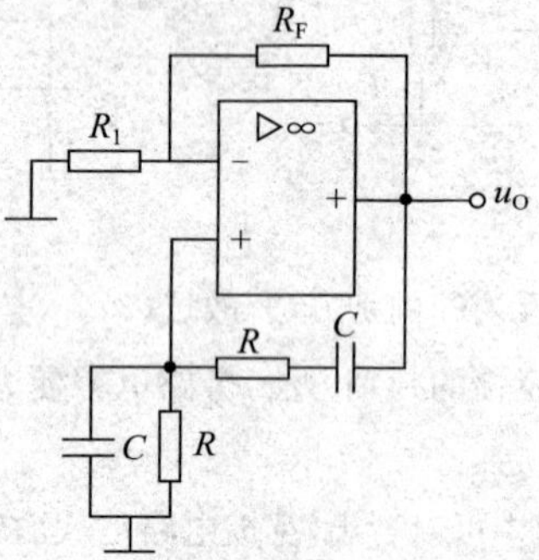

题 17.3.1 图

B　基本题

17.2.6 解题过程 (1) 在题 17.2.6 图(a) 所示电路中，由 R_4 和 C 组成串联电路构成两级放大电路间的反馈电路。标出各点的瞬时极性如下题解 17.2.6 图(a) 所示。

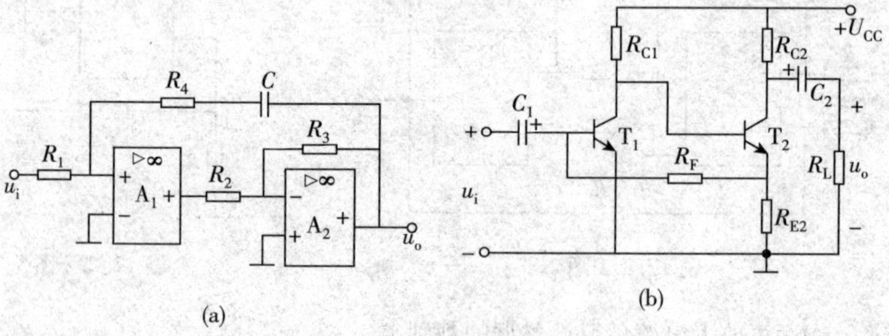

题 17.2.6 图

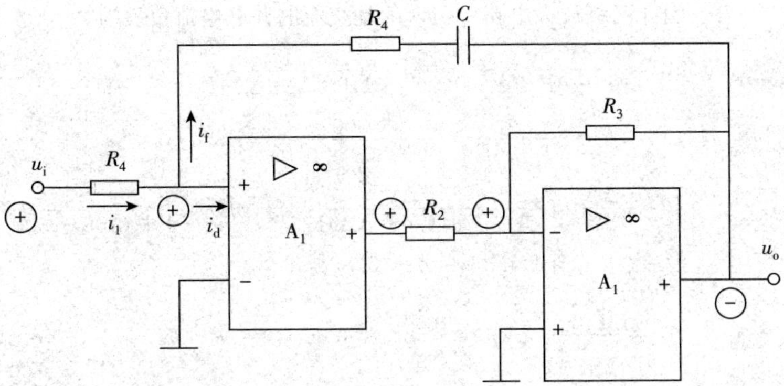

题解 17.2.6 图(a)

① 因为反馈量是输出电压，所以是电压反馈。

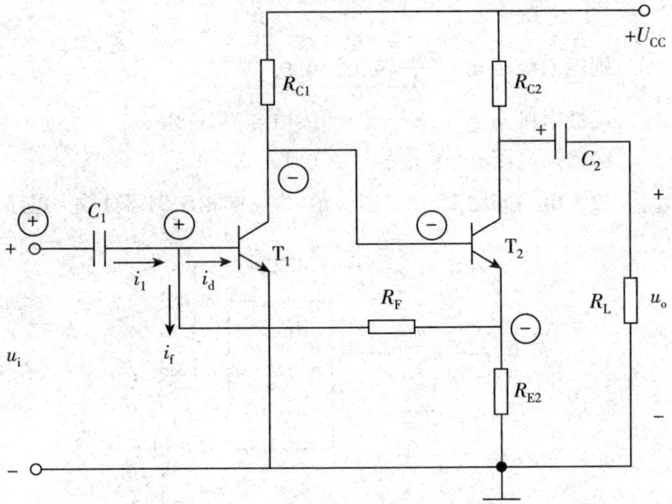

题解 17.2.6 图(b)

② 放大电路 A_2 的输出电压低于放大电路 A_1 的同相输入端电压，反馈电流 i_f 为正，净输入电流 i_d 是减小的，因此是负反馈。

③ 反馈电流 i_f 与输入电流 i_1 相比较，电路是并联的，因此是并联反馈。

因此两级放大电路中引入的是交流的并联电压负反馈。

(2) 在图(b) 所示电路中，电阻 R_F 是反馈元件。标出各点的瞬时极性如下题解 17.2.6 图(b) 所示。

① 反射信号来自晶体管 T_2 的发射极电压 u_{e2}，反馈量是输出电流 i_{e2}，因此是电流反馈。

② 反馈电流 i_f 与输入电流 i_1 相比较，电路是并联的，因此是并联反馈。

③ 晶体管 T_2 的发射极电压低于 T_1 的基极电压，反馈电流 i_f 为正，净输入电流 i_d 是减小的，因此是负反馈。

因此两级放大电路中引入的是交流的并联电流负反馈。

17.2.7 逻辑推理 $A_f = \dfrac{A}{1+AF}, \dfrac{\Delta A_f}{A_f} = \dfrac{\Delta A}{A} \cdot \dfrac{1}{1+(A+\Delta A)F}$

解题过程 (1) $A_f = \dfrac{A}{1+AF} = \dfrac{300}{1+300\times 0.01} = 75$

(2) $\dfrac{\Delta A_f}{A_f} = \dfrac{\Delta A}{A} \cdot \dfrac{1}{1+(A+\Delta A)F} = \pm 20\% \times \dfrac{1}{1+(300\pm 300\times 20\%)\times 0.01}$

$= +4.35\%$ 或 -5.88%

17.2.8 逻辑推理 $A_f = \dfrac{\dot{A}}{1+\dot{A}\dot{F}}, A_{uf} = \dfrac{u_o}{u_i}, u_f = u_o F, u_d = u_i - u_f$

解题过程 对于同相比例运算电路，有：

$$A_{uf} = \frac{A_{uo}}{1+A_{uo}F} = \frac{1000}{1+1000\times 0.049} = 20$$

则输入电压 $u_i = \dfrac{u_o}{A_{uf}} = \dfrac{2}{20} = 0.1\text{V}$

反馈电压 $u_f = u_o F = 2\times 0.049 = 0.098\text{V}$

净输入电压 $u_d = u_i - u_f = 0.1 - 0.098 = 0.002\text{V}$

17.2.9 解题过程 放大电路如题 17.2.9 图所示，为一同相比例运算放大电路，知：

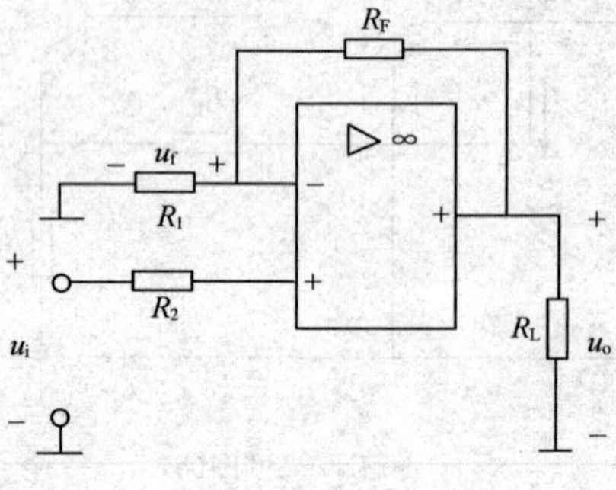

题 17.2.9 图

(1) 电压放大倍数 $A_{uf} = 1 + \dfrac{R_F}{R_1} = 1 + \dfrac{100}{10} = 11$

反馈系数 $F = \dfrac{u_F}{u_o} = \dfrac{R_1}{R_1+R_F} = \dfrac{10}{100+10} \approx 0.091$

(2) 当 $u_i = 1\text{V}$ 时，$u_o = A_{uf}u_i = 11\times 1\text{V} = 11\text{V}$

(3)① R_1 开路时，电路图如题解 17.2.9 图(a) 所示。

此时，运算放大电路成为电压跟随电路，则 $u_0 = u_i = 1\text{V}$。

②R_1 短路时，电路图如题解 17.2.9 图(b) 所示。

此时，电路没有负反馈，开环状态下输出电压 $u_o = +13\text{V}$。

③R_F 开路时，电路图如题解 17.2.9 图(c) 所示。

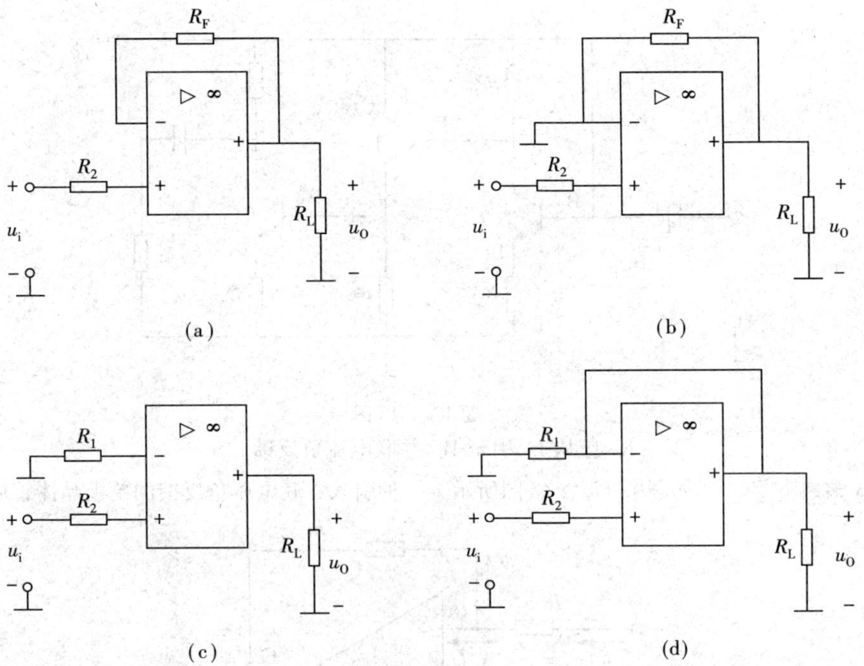

题解 17.2.9 图

此时的电路没有负反馈，开环状态下输出电压 $u_o = +13V$。

④R_F 短路时，电路图如题解 17.2.9 图(d) 所示。

此时，运算放大电路为电压跟随电路，则 $u_o = u_i = 1V$。

17.2.10 解题过程　根据基本放大电路的放大倍数 A_{uo} 与串联电压负反馈放大电路的电压放大倍数 A_{uf} 的关系有
$$A_{uf} = \frac{A_{uo}}{1 + A_{uo}F}$$

由题知：
$$A_{uf}(1 + 0.1\%) = \frac{A_{uo}(1 + 10\%)}{1 + A_{uo}(1 + 10\%)F}$$

而
$$A_{uf} = 20$$

联立以上三式，解得：
$$\begin{cases} A_{uo} = 1.82 \\ F \approx 0.50 \end{cases}$$

17.2.11 解题过程　由瞬时极性法分析可得 R_E 上引入的是电压串联负反馈，因其反馈深度$(1 + \dot{A}\dot{F})$ 很大，故其负反馈很深。

17.2.12 逻辑推理　串联负反馈使输入电阻增大，并联负反馈使输入电阻减小，电压负反馈使输出电阻减小，电流负反馈使输出电阻增大，电压负反馈使输出电压更加稳定，电流负反馈使负载电流更加稳定。

解题过程　(1)　R_F 应从 E_3 引至 B_1，并联电流负反馈。

(2)　R_F 应从 C_3 引至 E_1，串联电压负反馈，此时输入电阻增大。

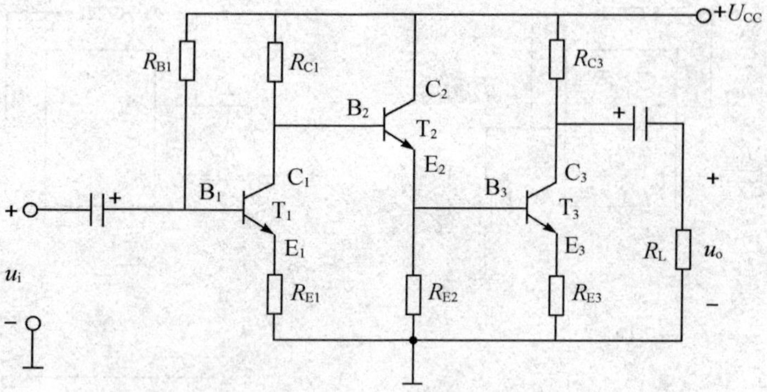

题 17.2.12 图

(3) R_F 应从 E_3 引至 B_1，并联电流负反馈。

17.2.13 解题过程 如题解 17.2.13 图所示为一种引入并联电压负反馈的单极晶体管放大电路。

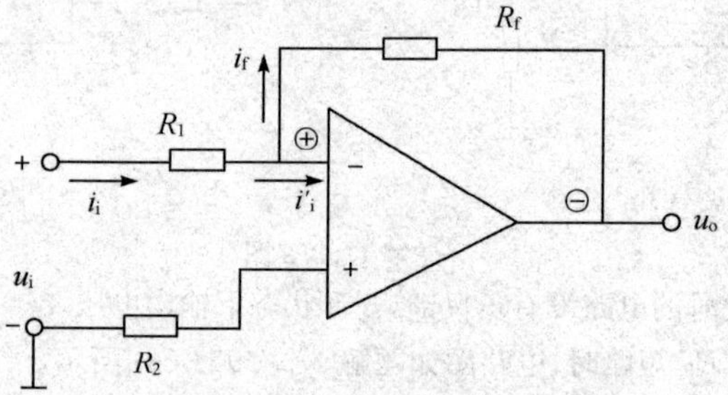

题解 17.2.13 图

反馈信号 i_f 从放大电路的输出电压 u_o 采样，属于电压反馈，而在输入回路中，净输入电流 $i'_i = i_i - i_f$，说明二者以电流形式求和，并联连接，故为电压并联负反馈。

17.2.14 解题过程 当在收音机的放大电路中引入负反馈后，对外来正常信号和干扰信号的放大倍数同时降低，故不能保持音量不变时引入负反馈来减小干扰信号的影响，但对于放大电路内部出现的干扰，可以通过引入适当的负反馈来抑制。

17.3.2 解题过程 (1) 本题中的音频信号发生器电路为 RC 正弦波振荡电路。当放大电路的电压放大倍数 $|A_u|$ 大于 3 时，RC 正弦波振荡电路能起振，且刚起振时，与电阻 R_{F1} 并联的两个二极管未导通。

$$|A_u| = 1 + \frac{R_{F1} + R_{F2}}{R_1} > 3 \Rightarrow R_1 < \frac{R_{F1} + R_{F2}}{2} = \frac{1+2}{2}\text{k}\Omega = 1.5\text{k}\Omega$$

因此电阻 R_1 调到 1.5kΩ 以下才能起振。

(2) 求振荡频率的调节范围。

RC 正弦波振荡电路的上限频率为

$$f_H = \frac{1}{2\pi(R+R_P)C} = \frac{1}{2\pi(1.6+0)\times 10^3 \times 0.1 \times 10^{-6}}\text{HZ} \approx 995.2\text{HZ}$$

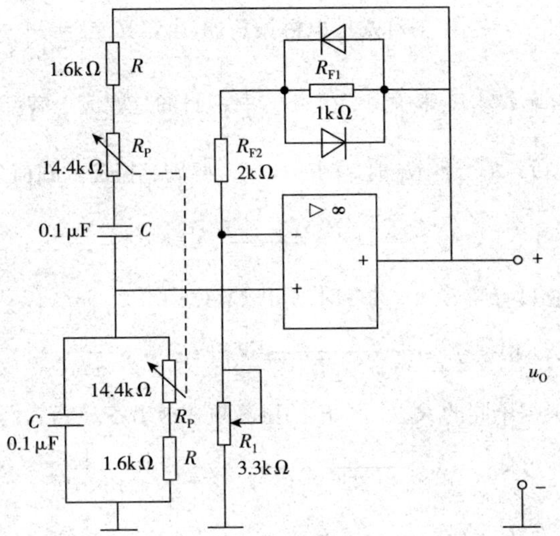

题 17.3.2 图

下限频率为

$$f_L=\frac{1}{2\pi(R+R_P)C}=\frac{1}{2\pi(1.6+14.4)\times10^3\times0.1\times10^{-6}}\text{HZ}\approx99.52\text{HZ}$$

所以振荡频率的调节范围是(99.52,995.2)HZ,大约(100,1000)HZ。

17.3.3 知识点窍 正弦振荡电路的应用。

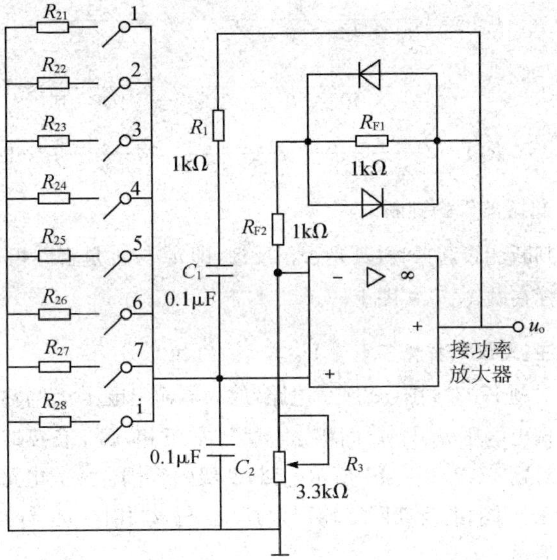

题 17.3.3 图

逻辑推理 $R_1 \neq R_2$,不对称文氏电桥振荡器,由定义 $f_0=\dfrac{1}{2\pi C\sqrt{R_1R_2}}$ 进行选频。同样,R_{F1},R_{F2},R_3 构成 $|A_u|>\dfrac{1}{|F|}$,目的是幅度上满足振荡条件。

解题过程 (1) $R_2 \gg R_1$ 时,$|F| \approx \dfrac{1}{2}$,要满足振荡的幅值条件 $|A_uF| \geqslant 1$(起振时)

$$A_u \geqslant 2 = 1+\frac{R_{F1}+R_{F2}}{R_3}=1+\frac{1+1}{R_3}$$

故只有当 $R_3 \leqslant 2\text{k}\Omega$ 时才可以起振。

(2) 根据 $f_0=\dfrac{1}{2\pi C\sqrt{R_1R_2}}$ 可得 $R_2=(\dfrac{1}{2\pi f_0 C})^2 \cdot \dfrac{1}{R_1}$

根据不同的 R_{2x} 条件 F 的振荡频率求出各 R_{2x},它们分别为

$$R_{21}=(\frac{1}{2\pi\times 264\times 0.1\times 10^{-6}})^2\times\frac{1}{1\times 10^3}\approx 36.4\text{k}\Omega$$

$$R_{22}=(\frac{1}{2\pi\times 297\times 0.1\times 10^{-6}})^2\times\frac{1}{1\times 10^3}\approx 28.7\text{k}\Omega$$

$$R_{23}=(\frac{1}{2\pi\times 330\times 0.1\times 10^{-6}})^2\times\frac{1}{1\times 10^3}\approx 23.3\text{k}\Omega$$

$$R_{24}=(\frac{1}{2\pi\times 352\times 0.1\times 10^{-6}})^2\times\frac{1}{1\times 10^3}\approx 20.5\text{k}\Omega$$

$$R_{25}=(\frac{1}{2\pi\times 396\times 0.1\times 10^{-6}})^2\times\frac{1}{1\times 10^3}\approx 16.2\text{k}\Omega$$

$$R_{26}=(\frac{1}{2\pi\times 440\times 0.1\times 10^{-6}})^2\times\frac{1}{1\times 10^3}\approx 13.1\text{k}\Omega$$

$$R_{27}=(\frac{1}{2\pi\times 495\times 0.1\times 10^{-6}})^2\times\frac{1}{1\times 10^3}\approx 10.3\text{k}\Omega$$

$$R_{28}=(\frac{1}{2\pi\times 528\times 0.1\times 10^{-6}})^2\times\frac{1}{1\times 10^3}\approx 9.1\text{k}\Omega$$

17.3.4 知识点窍 起振条件的判断。

逻辑推理 判断能否起振,看其是否正反馈,即 u_F 与 u_i 是否同相,否则是负反馈,判断结果标在题 17.3.4 图上。

注:文氏电桥振荡电量 $\dot{U}_o$ 与 $\dot{U}_F$ 同相。

解题过程 对题 17.3.4 图(a) 所示电路,放大器输出电压 u_o 与输入电压 u_i 反相,反馈网络输出电压 u_F 与 u_o 同相,故 u_F 与 u_i 反相,属于负反馈,不能产生振荡。

对题 17.3.4 图(b) 所示电路,两级阻容耦合放大电路的输出电压 u_o 与输入电压 u_i 同相,反馈网络输出电压 u_F 与 u_o 相同,u_F 与 u_i 同相为正反馈,能产生振荡。

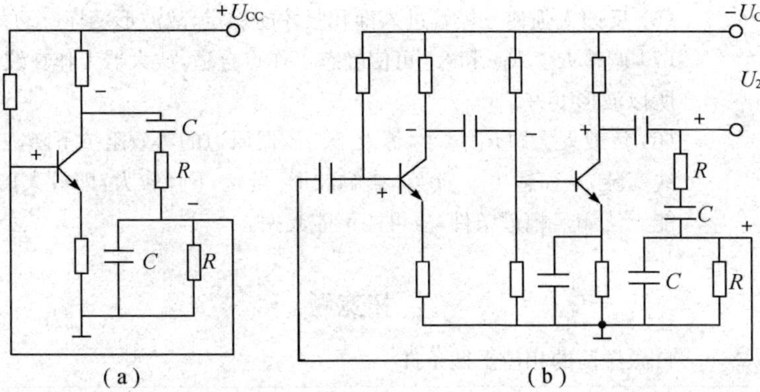

题 17.3.4 图

17.3.5 **知识点窍** 变压器耦合振荡电路。

逻辑推理 利用本题深入了解变压器耦合振荡电路各参数的作用。

解题过程 重画教材图 17.3.3 如题解 17.3.5 图所示。

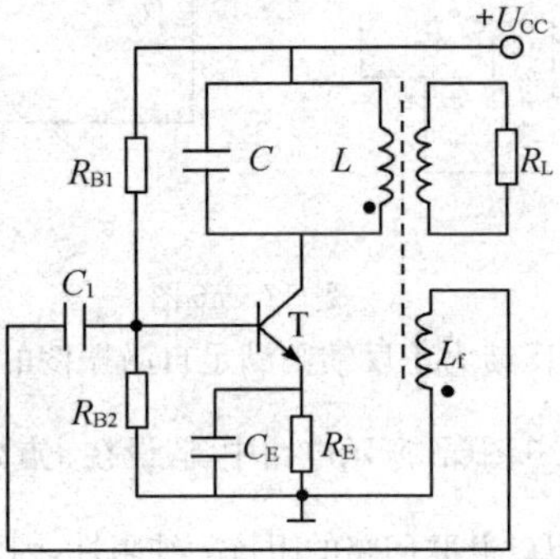

题解 17.3.5 图

(1) 说明原电路中反馈线圈极性接反了，形成负反馈，调换接头后构成正反馈，因而能起振。

(2) 原电路中工作点偏低，电压放大倍数较小，故不能起振。调节 R_{B1}，R_{B2} 或 R_E 可改变三极管静态工作点，可以使放大倍数提高，满足起振的幅值条件就可起振。

(3) 原电路中三极管 β 太小，使电压放大倍数不满足自激振荡条件。改用 β 较大的管子可使 A_u 提高，易于起振。

(4) 原电路中反馈强度不够(F 太小)，不能满足起振的幅值条件 $|A_uF|\geqslant 1$，故不能起振。增加反馈线圈圈数可增大 F 值，易于起振。

(5) 谐振阻抗 $Z_0=\dfrac{L}{RC}$，增大 L 或减小 C 均使 Z_0 增大，从而增大电压放大倍数 A_u，使之易于起振。

(6) 反馈太强使三极管进入饱和区才能稳定，故波形变坏。

(7) 调整 R_{B1}，R_{B2} 和 R_E 可使静态工作点合适，放大器工作在线性区稳定振荡，所以波形变好。

(8) 负载太大即 R_L 过小，等效于变压器原边的等效阻抗下降，三极管交流负载线变陡，从而输出 u_o 下降，影响波形。当 u_o 下降较大，即放大倍数 A_u 减小，可能无法满足幅值条件，故可能不能起振。

C　拓宽题

17.3.6 知识点窍　自激振荡的相位平衡条件。

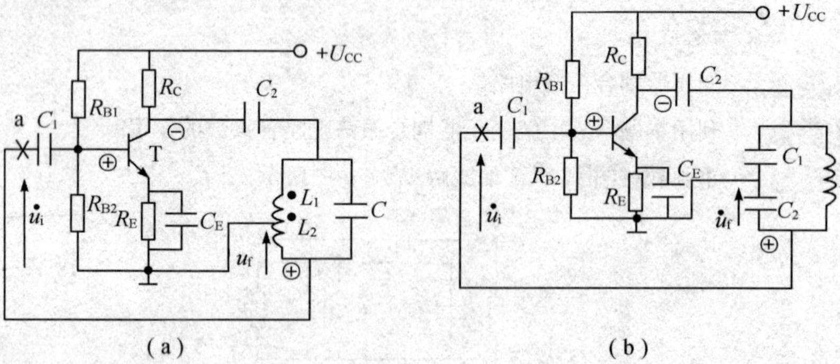

题 17.3.6 图

逻辑推理　电路中的反馈为正反馈则满足自激振荡的相位平衡条件。

解题过程　如题 17.3.6 图(a) 所示电路中，假设在 a 点处将电路断开，并加上输入信号 $\dot{u}_i$，由于谐振时 LC 并联回路的阻抗为纯阻性，因此集电极电压 $\dot{u}_C$ 与 $\dot{u}_i$ 反相，即 $\varphi_A = 180°$，而 L_2 上的反馈电压 $\dot{u}_f$ 与 $\dot{u}_C$ 也反相，即 $\varphi_F = 180°$，所以电路满足相位平衡条件。

在题 17.3.6 图(b) 所示电路中，假设将电路从 a 点处断开，并加输入信号 $\dot{u}_i$，由于谐振时 LC 并联回路的阻抗为纯阻性，因此集电极电压 $\dot{u}_C$ 与 $\dot{u}_i$ 反相，即 $\varphi_A = 180°$，而 C_2 上的反馈电压 $\dot{u}_f$ 与 $\dot{u}_C$ 也反相，即 $\varphi_F = 180°$，所以电路满足相位平衡条件。

第 18 章

直流稳压电源

直流稳压电源由四个环节组成：整流变压器、整流电路、滤波器及稳压电路。本章主要介绍在小功率直流电路中常用的单相半波、桥式整流电路的工作原理；电容滤波的性能；硅稳压二极管稳压和串联型稳压电路。

半导体直流电源的原理如图 18.1 所示，表示把交流电变为直流电的过程。

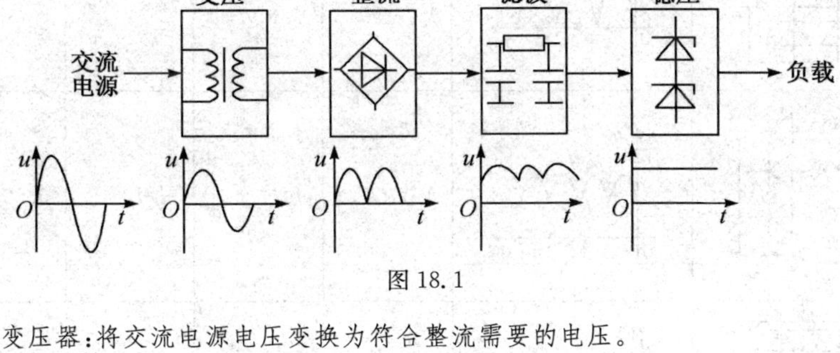

图 18.1

(1) 整流变压器：将交流电源电压变换为符合整流需要的电压。

(2) 整流电路：将交流电压变换为单向脉动电压。其中的整流元件(晶体二极管、电子二极管或晶闸管)之所以能整流，是因它们都有单向导电的共同特性。

(3) 滤波器：减小整流电压的脉动程度，以适合负载的需要。

(4) 稳压环节：在交流电源电压波动或负载变动时，使直流输出电压稳定。在对直流电压的稳定程度要求较低的电路中，稳压环节可以不要。

18.1 重点内容提要

一、整流电路

整流电路的功能是将交流电(正弦或非正弦)变成单方向脉动的直流电。常用整流电路的类型见表 18.1 所示。

表 18.1　常用整流电路

类型	电路	整流电压 u_o 的波形	电压平均值 U_o	每管最高反向电压 U_{DRM}	整流管电流平均值 I_D	变压器副边电流有效值 I_2
单相半波	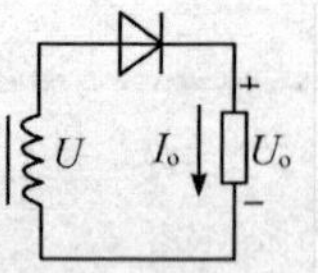	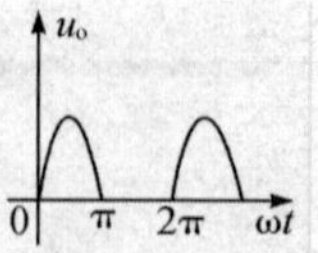	$\frac{\sqrt{2}}{\pi}U=0.45U$	$\sqrt{2}U$	$I_o=0.45\frac{U}{R_L}$ $I_D=I_o$	$\sqrt{\frac{1}{T}\int_0^T i^2 dt}=1.57I_o$
单相全波	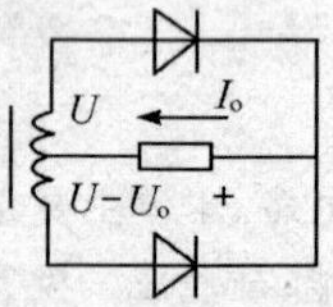	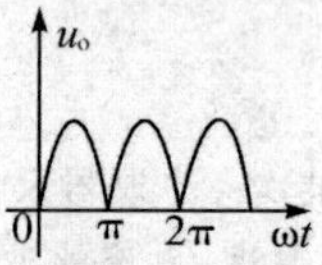	$0.9U$	$2\sqrt{2}U$	$\frac{1}{2}I_o$	$0.79I_o$
单相桥式	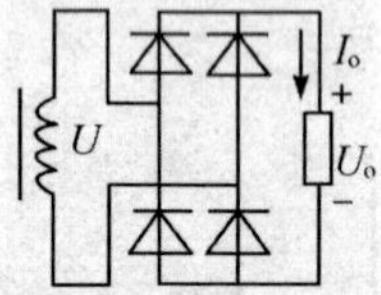	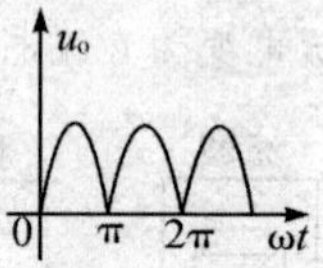	$0.9U$	$\sqrt{2}U$	$\frac{1}{2}I_o$	$1.11I_o$
三相半波	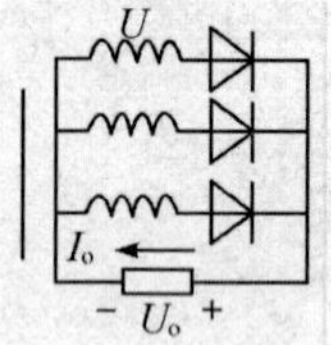	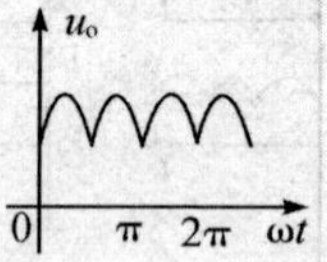	$1.17U$	$\sqrt{6}U$	$\frac{1}{3}I_o$	$0.59I_o$
三相桥式	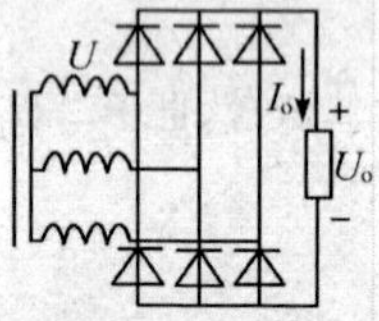	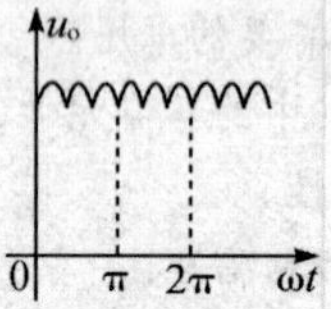	$2.34U$	$\sqrt{6}U$	$\frac{1}{3}I_o$	$0.82I_o$

二、滤波器

作用：减小整流输出电压的脉动程度。

分类：电容滤波器，电感滤波器，LC 型滤波器和 π 型滤波器等。

1. 电容滤波器

电路如图 18.2(a) 所示，图 18.2(b) 画出了半波（虚线）和全波（实线）整流的输出曲线。

电路特点：

(1) 平均电压高：半波 $U_o\approx U$，桥式 $U_o\approx 1.2U$。

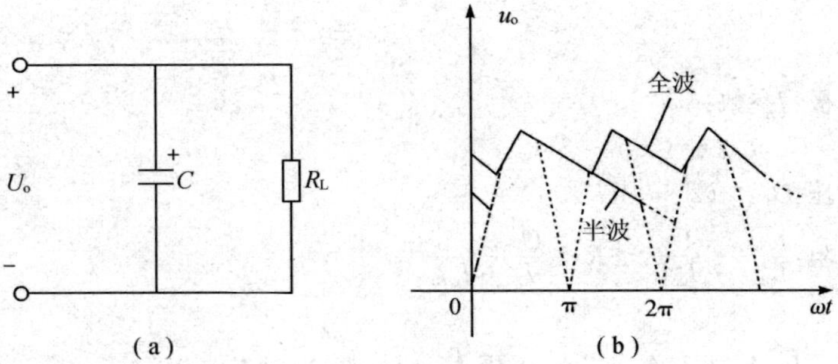

(a)　　　　(b)

图 18.2

(2) 外特性软：U_o 受负载影响大，通常要求时间常数 $\tau = R_L C \geqslant (3 \sim 5)\dfrac{T}{2}$。

(3) 二极管导电时间短，电流峰值大，易损坏二极管。

(4) 半波整流时二极管上反向峰值电压增大一倍，$U_{DRM} = 2\sqrt{2}U$。

(5) 适合于高电压，小电流，负载变化小的场合。

2. 电感滤波器

电感滤波器电路如图 18.3(a) 所示，图 18.3(b) 所示为负载电压波形图。

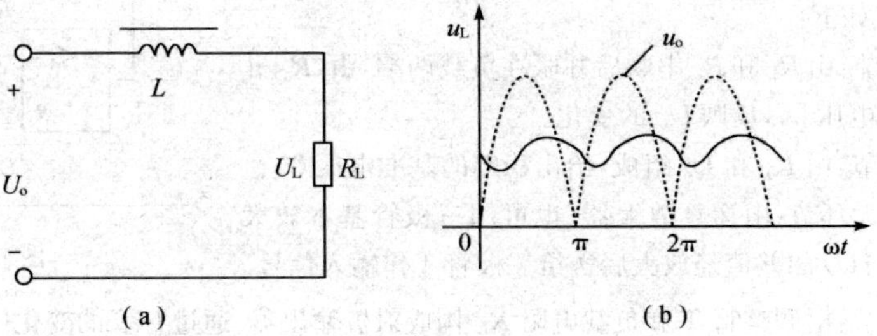

(a)　　　　(b)

图 18.3

电路特点：

(1) 电压平均值低，一般 $U_o \approx 0.9U$。

(2) 电压 U_o 受负载变化影响小，外特性较硬。

(3) 二极管中电流平衡。

(4) 电感体积大，质量大。

(5) 适合于大电流，负载变化大的场合。

3. π 型滤波器

有 LC 型和 RC 型两种，前者适用于大电流负载，后者用于小电流场合。滤波效果均比前两种滤波器好得多。

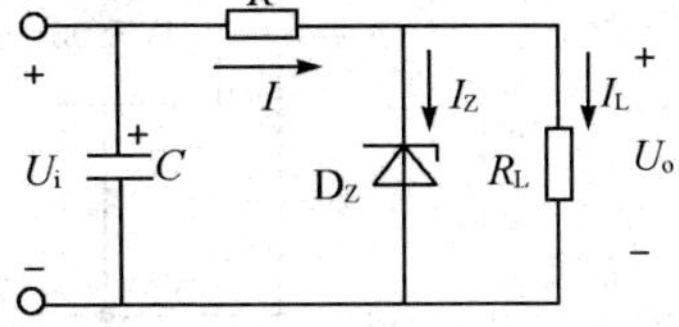

图 18.4

三、直流稳压电源

作用：使直流电源输出电压进一步稳定。

1. 稳压二极管稳压电路

电路如图 18.4 所示。

工作条件：

(1) 稳压二极管参数：

$$U_Z = U_o, I_{ZM} = (1.5 \sim 3) I_{omax}$$

(2) 电源电压：$U_i = (2 \sim 3) U_o$。

(3) 限流电阻：$\frac{U_{imax} - U_Z}{I_{zmax} + I_{omin}} < R < \frac{U_{imin} - U_Z}{I_Z + I_{omax}}$。

稳压过程：

(1) $U_i \uparrow \to U_o \uparrow \to I_Z \uparrow \to I \uparrow \to IR \uparrow \to U_o \downarrow$。

(2) $R_L \uparrow \to I_L \uparrow \to U_o \uparrow \to I_Z \uparrow \to I \uparrow \to IR \downarrow \to U_o \downarrow$。

2. 恒压源

(1) 稳压二极管电路加反相比例运算电路：$U_o = -\frac{R_F}{R_1} U_Z$。

(2) 稳压二极管电路加同相比例运算电路：$U_o = (1 + \frac{R_F}{R_1}) U_Z$。

3. 串联型稳压电路(串联调整稳压电路)

电路如图 18.5 所示。

电路的组成如下：

(1) 采样环节：由 R_1 和 R_2 串联后并联在负载两端，由($R''_1 + R_2$)上给出反馈电压 U_f，反映 U_o 的变化。

(2) 基准环节：由 R_3 和 D_Z 组成，给出稳定的基准电压 U_Z。

(3) 比较放大环节：由运算放大器(也可用三极管基本放大电路)实现。U_f 与 U_Z 的差值经放大后送给三极管 T 作输入信号。

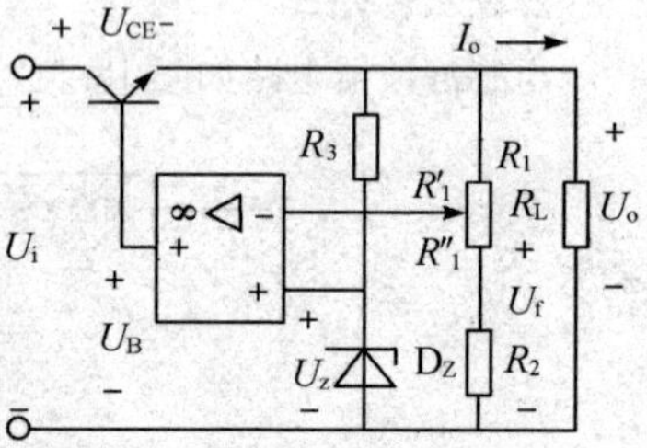

图 18.5

(4) 调整环节：由调整管 T 和负载电阻 R_L 构成射极输出器。通过 U_{CE} 的变化保持 U_o 稳定。

输出电压：$U_o \approx \frac{R_1 + R_2}{R''_1 + R_2} U_Z$

稳定过程：$U_o \uparrow\downarrow \to U_f \uparrow\downarrow \to U_B \uparrow\downarrow \to I_C \uparrow\downarrow \to U_{CE} \uparrow\downarrow \to U_o \uparrow\downarrow$ (补偿)

4. 集成稳压器(三端稳压器)

集成稳压器是一种集成化的串联型稳压器，类型较多。电路如图 18.6 所示。常用类型：

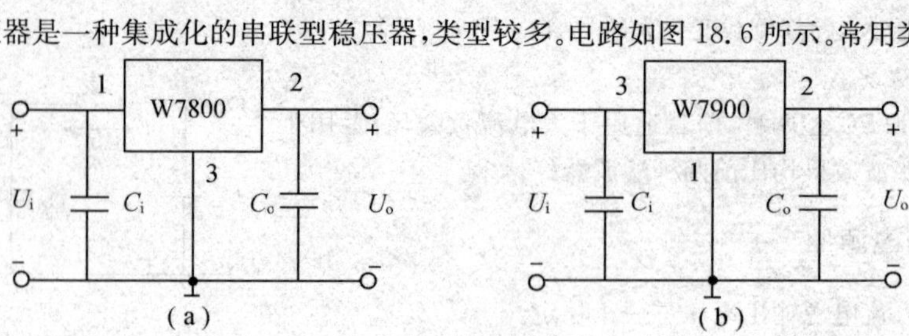

图 18.6

(1) 三端固定输出正集成稳压器 W78 ×× 系列。

(2) 三端固定输出负集成稳压器 W79 ×× 系列。

常用的电路如图 18.7 所示。

图 18.7(a) 所示电路可将输出电压提高到 $U_o = U_{××} + U_Z$。

图 18.7(b) 所示电路可将输出电流增大到 $I_o = (1+\beta)I_2 + \frac{\beta U_{BE}}{R}$。

图 18.7(c) 所示电路是由一只 W7805 和一只 W7905 组成一个将单电源变换成±5V 的双电源电路，但注意输入和输出不能共“地”。

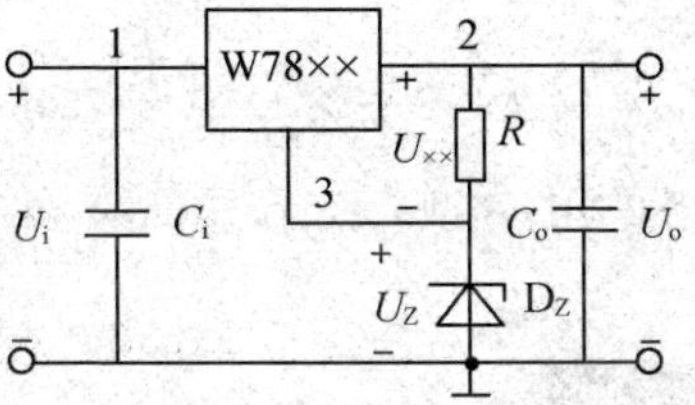

(a)

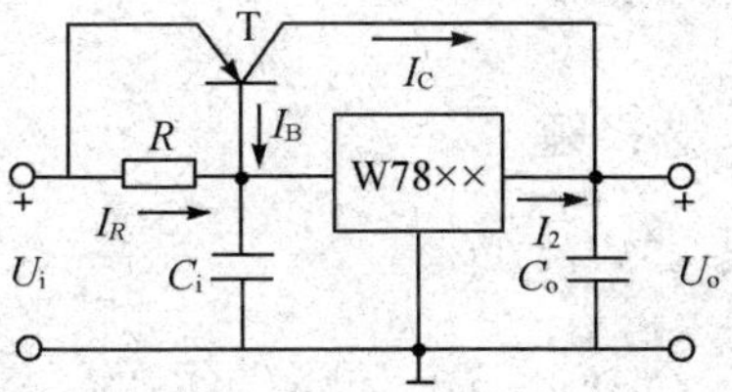

(b)

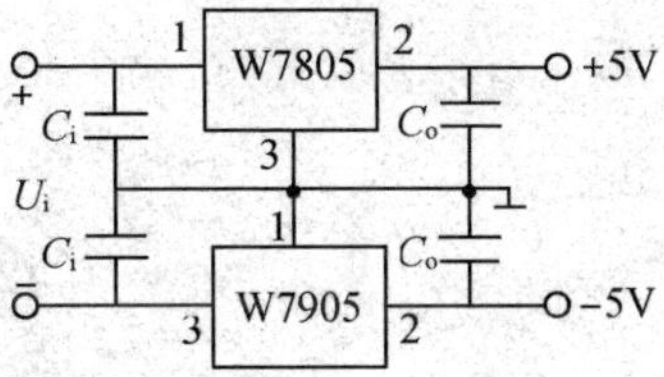

(c)

图 18.7

考点：单相整流电路，带电容滤波器及稳压二极管电路的分析计算与元件选择，串联稳压电路的分析及输出电压的调节范围，集成稳压器的应用。

18.2 练习与思考题解答

18.1.1 解题过程 (1) 如题 18.1.1 图所示，D_3 接反则正半周电路不通，负半周电源被 D_3 和 D_4 短路，烧坏 D_3 和 D_4 两只二极管及变压器二次绕组。

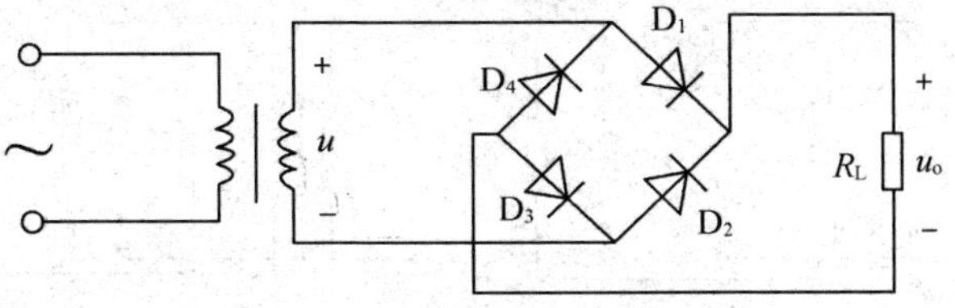

题 18.1.1 图

(2)D_3 被击穿短路，则正半周经 D_1 半波整流，负半周电源被短路，D_4 烧坏及变压器二次绕组。

(3)D_3 断开正半周电路不通，负半周 D_2 和 D_4 构成半波整流。

(4) 四个二极管都接反，则 u 正半周时，D_4、D_2 导通，可进行半波整流，负半周时，D_3、D_1 导通，可进行半波整流。但应将负载的正、负极性交换。

18.1.2 解题过程 根据 $U_O = 0.9U_2$，可得 $U_2 = \frac{36}{0.9} = 40\text{V}$

$$U_{DRM} = \sqrt{2}U_2 = 56.6\text{V}$$

又因

$$I_D = \frac{1}{2}I_O = \frac{1}{2}\times 1.5\text{A} = 750\text{mA}$$

可选用 2CZ11A 型二极管，其 $U_{DRM} = 100\text{V}, I_D = 1\text{A}$。

18.3 课后习题全解

A 选择题

18.1.1 分析 $U_o = 0.45V = 0.45\times\frac{141}{\sqrt{2}} \approx 45\text{V}$，故选(2)。

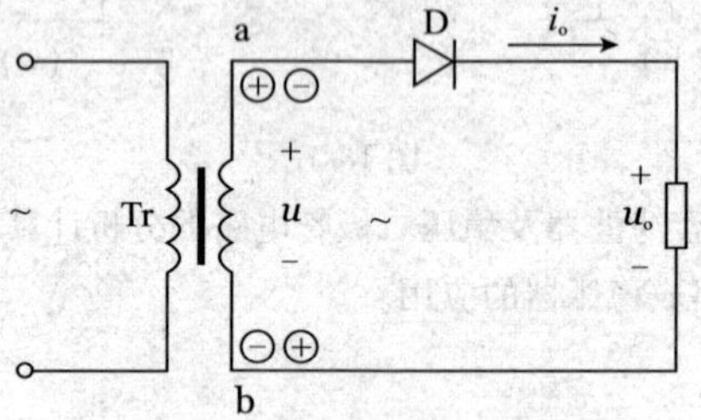

题 18.1.1 图

18.1.2 分析 二极管断开后，原单相桥式整流电路退化为单相半波整流电路，故 $U_o = 0.45V = 0.45\times\frac{141}{\sqrt{2}} \approx 45\text{V}$，故选(2)。

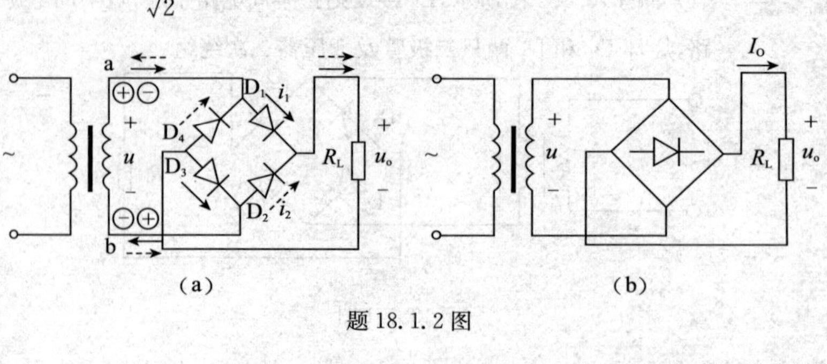

题 18.1.2 图

18.1.3 分析　单相全波整流电路中 $u_o = 0.9u = 0.9 \times 20 = 18\text{V}$，故选(2)。

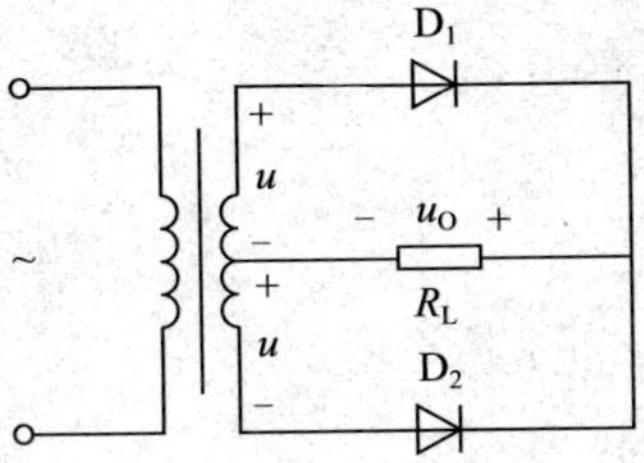

题 18.1.3 图

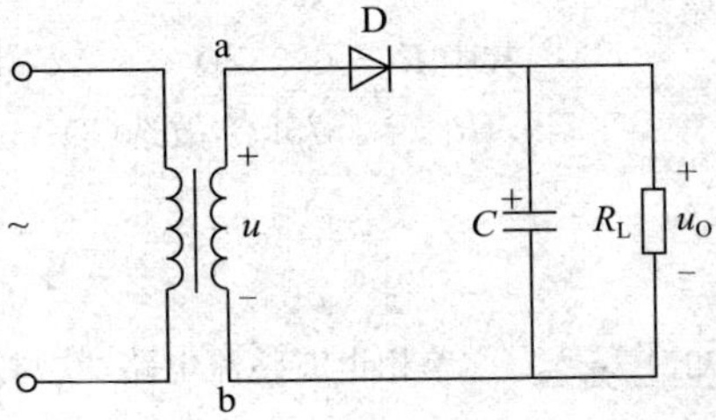

题 18.2.1 图

18.1.4 分析　整流电路中二极管最高反相电压 U_{Rm} 的计算。

$U_{\text{Rm}} = 2u_m = 2 \times 20\sqrt{2} = 40\sqrt{2}\,\text{V}$，故选(2)。

18.2.1 分析　电容滤波器在整流电路中的作用。$U_{Rm} = U_c + U_m \approx U_m + U_m = 2U_m = 20\sqrt{2}\,\text{V}$。故选(2)。

18.2.2 分析　输出端开路时，u_o 为电容器 C 两端的电压，$u_o = u_c = u_m = 10\sqrt{2}\,\text{V}$，故选(1)。

18.3.1 分析　稳压二极管稳压电路计算。

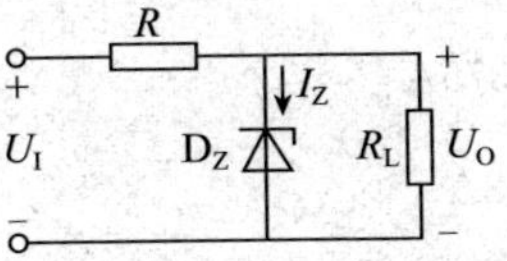

题 18.3.1 图

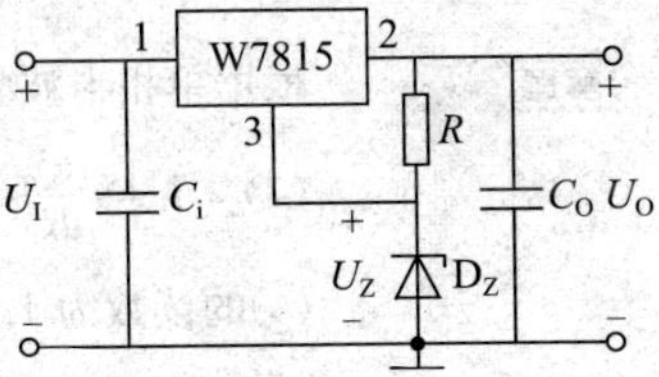

题 18.3.2 图

$$I_L = \frac{U_o}{R_L} = \frac{5\text{V}}{500\Omega} = 10\text{mA}$$

$$\therefore I_R = I_Z + I_L = 20\text{mA}$$

$$\therefore R = \frac{U_I - U_o}{I_R} = \frac{(10-5)\text{V}}{20\text{mA}} = 250\Omega$$，故选(3)。

18.3.2 分析　集成稳压电源 W7815 稳定输出电压 15V，$U_o = 15 + U_Z = 21\text{V}$，故选(3)。

18.3.3 分析　集成稳压电源电路的计算。

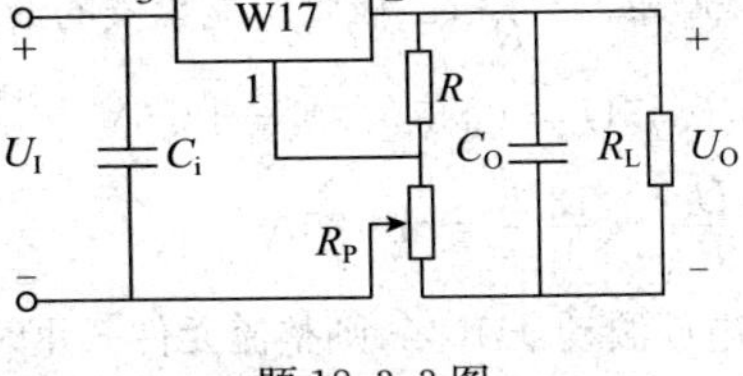

题 18.3.3 图

$U_o = (1+\frac{R_P}{R})\times 1.25\text{V} = 10\text{V}$，

其中 $R = 0.25\text{k}\Omega$

$\therefore R_P = 1.75\text{k}\Omega$，故选(3)。

B 基本题

18.1.5 知识点窍 单相半波整流电路；欧姆定律。

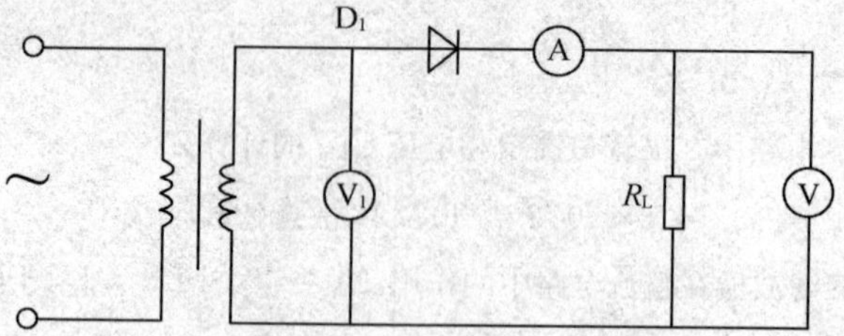

题 18.1.5 图

逻辑推理 本题是标准的单相半波整流电路 $U_o = 0.45U$，$U_{DRM} = U_{om} = \sqrt{2}U$，$I_D = I_o = 0.45\frac{U}{R_L}$，$I_2 = 1.57I$。

解题过程 根据单相半波整流公式：

(1) $I_o = \frac{U_o}{R_L} = \frac{110}{80} = 1.375\text{A}$

Ⓐ的读数为 1.375A ≈ 1.38A。

(2) $I_m = \frac{U_m}{R_L} = \frac{\sqrt{2}\times 110}{80} \approx 1.94\text{A}$

整流电流最大值为 4.32A。

(3) $U_2 = \frac{U_o}{0.45} = \frac{110}{0.45} \approx 244\text{V}$

即 V_1 的读数为 244V。

(4) $I_2 = 1.57I_o = 1.57\times 1.375 \approx 2.16\text{A}$

变压器副边电流有效值为 2.16A。

18.1.6 知识点窍 半波整流相关计算公式及整流二极管的反向电压最高的承受能力。

逻辑推理 $U_o = 0.45U$，$I_o = \frac{U_o}{R_L}$；二极管所能承受的最高反向电压 $U_{RM} = \sqrt{2}U$。

解题过程 (1) $U_o = 0.45\text{U} = 0.45\times 30 = 13.5\text{V}$

$I_o = \frac{U_o}{R_L} = \frac{13.5}{100} = 0.135\text{A}$

(2) 电源电压波动 ±10%，则整流元件截止时所承受的最高反向电压

$$U_{RM} = \sqrt{2}U(1+10\%) = 46.662\text{V} = 46.7\text{V}$$

18.1.7 知识点窍 单相全波整流相关计算公式及整流二极管的最高承受反向电压能力。

逻辑推理 $U_o = 0.9U, I_o = \frac{U_o}{R_L}$，二极管所能承受的最高反向电压 $U_{RM} = \sqrt{2}U$。

解题过程 (1) $U_o = 0.9U = 0.9 \times 30 = 27\text{V}$

$$I_o = \frac{U_o}{R_L} = \frac{27}{100} = 0.27\text{A}$$

(2) $U_{RM} = \sqrt{2}U(1 + 10\%) = 46.7\text{V}$

18.1.8 知识点窍 单相桥式整流电路；欧姆定律。

逻辑推理 单相桥式整流电路有：输出电压 $U_o = 0.9U$，副边电流 $I_2 = 1.11I_o$，整流电流平均值 $I_D = \frac{1}{2}I_o$，最高反向电压 $U_{DRM} = \sqrt{2}U$

解题过程 由题意：$U_o = 110\text{V}$

$$I_o = \frac{U_o}{R_L} = \frac{110}{55} = 2\text{A}$$

副绕组电流为

$$I_2 = 1.11 \times I_o = 1.11 \times 2 = 2.22\text{A}$$

二极管中平均电流为

$$I_D = \frac{1}{2}I_o = \frac{1}{2} \times 2 = 1\text{A}$$

变压器副边电压为

$$U = \frac{U_o}{0.9} = \frac{110}{0.9} = 122.2\text{V}$$

故二极管上最高反向电压为

$$U_{DRM} = \sqrt{2}U = \sqrt{2} \times 122.2 \approx 172.3\text{V}$$

可选 2CZ55E。

18.1.9 知识点窍 桥式整流电路。

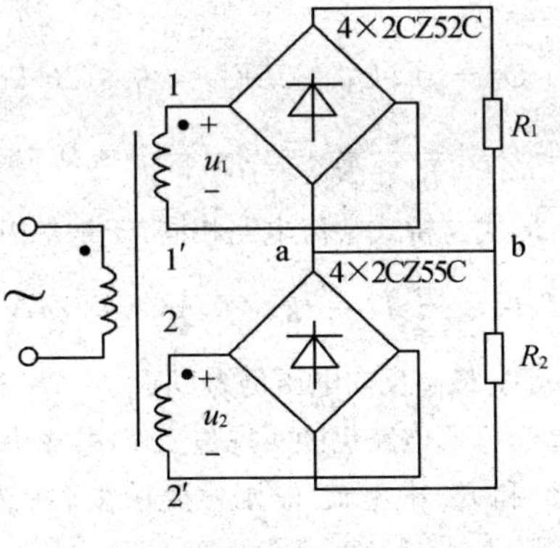

题 18.1.9 图

逻辑推理 ab 相连时,1－1′,2－2′是分别独立的单相桥整流电路,可分开计算。

ab 断开时,可重画电路,再由二极管截止、导通判断后,可知 u_1 和 u_2 是串联电源,R_1,R_2 是串联电阻。

解题过程 (1) 对 1－1′桥式整流电路,由参数定义有:

$$U_{o1}=0.9U_1=0.9\times 20=18\text{V}$$

$$I_{o1}=\frac{U_{o1}}{R_1}=\frac{18}{100}=0.18\text{A}$$

$$I_{D1}=\frac{1}{2}I_{o1}=\frac{1}{2}\times 0.18=0.09\text{A}$$

$$U_{DRM1}=\sqrt{2}U_1=\sqrt{2}\times 20=28.3\text{V}$$

故所用二极管 2CZ52C 的 I_{OM} 值及 U_{RWM} 值合适。

对 2－2′桥式整流电路,由参数定义有:

$$U_{o2}=0.9U_2=0.9\times 50=45\text{V}$$

$$I_{o2}=\frac{U_{o2}}{R_2}=\frac{45}{30}=1.5\text{A}$$

$$I_{D2}=\frac{1}{2}I_{o2}=\frac{1}{2}\times 1.5=0.75\text{A}$$

$$U_{DRM2}=\sqrt{2}U_2=\sqrt{2}\times 50=70.7\text{V}$$

知所用二极管 2CZ55C 的最大整流电流和反向工作峰值电压均满足要求。

(2) 若绕组 2－2′极性反接,则仍为桥式整流电路,且输出电压极性不变,故对整流电路毫无影响。

(3) 若将 ab 间连线去掉,则电路如题解 18.1.9 图所示。

电源正半周时,u_1,u_2 也是正半周,可由图见 D_{11},D_{21},D_{23} 导通,D_{12},D_{22},D_{14},D_{24} 截止,而 R_1,R_2 串联,u_1,u_2 也是同向串联。

电源负半周时 u_1,u_2 也是负半周,D_{12},D_{22},D_{14},D_{24} 导通,D_{11},D_{21},D_{13},D_{23} 截止,u_1,u_2 串联,R_1,R_2 串联。

于是,

$$U_o=0.9U_1+0.9U_2=0.9(20+50)=63\text{V}$$

$$I_o=\frac{U_o}{R_1+R_2}=\frac{63}{100+30}\approx 0.48\text{A}$$

半周时,形式与桥式整流电路相同,于是二极管中平均电流

$$I_D=\frac{1}{2}I_o=\frac{1}{2}\times 0.48\approx 0.24\text{A}$$

$D_{11}\sim D_{14}$ 的最高反向电压仍为 $U_{DRM1}=28.3\text{V}$;$D_{21}\sim D_{24}$ 的最高反向电压仍为 $U_{DRM2}=70.7\text{V}$。电路仍能实现整流作用,输出直流总电压 $U_o=18+45=63\text{V}$ 不变,但 R_1 和 R_2 中电流 I_o 则发生改变。所选二极管中 2CZ55C 尚能使用,而 2CZ52C 则已大大超载,可能烧坏。

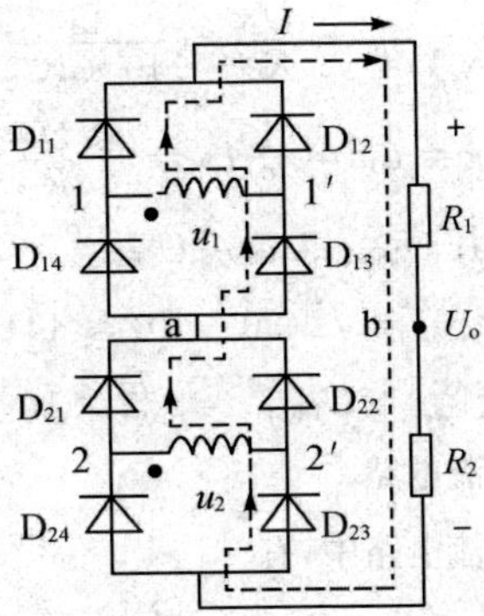

题解 18.1.9 图

18.1.10 知识点窍　单相半波整流电路；单相全波整流电路。

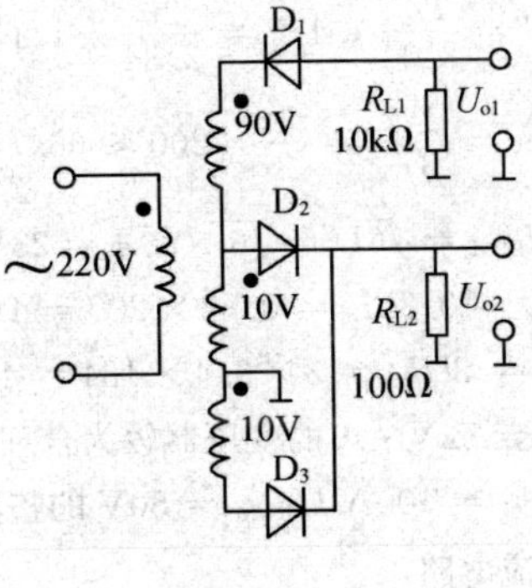

题 18.1.10 图

逻辑推理　D_1，R_{L1} 构成单相半波整流：

$$U_o = 0.45U, I_D = 0.45\frac{U}{R_L} = I_o$$

R_{L2}，D_2，D_3 构成单相全波整流：

$$U_o = 0.9U, I_D = \frac{1}{2}I_o$$

解题过程　(1) 因为 D_1 和 R_{L1} 组成半波整流电路，电路中

$$U_2 = 90 + 10 = 100\text{V}$$

故

$$U_{o1} = \frac{1}{2\pi}\int_0^{\pi}\sqrt{2}(90+10)\sin\omega t\,d(\omega t)$$

$$= 0.45\times(90+10) = 45\text{V}$$ 极性为下"+"上"−"。

D_2、D_3 与 R_{L2} 构成全波整流

所以

$$U_{o2} = \frac{1}{\pi}\int_0^{\pi}\sqrt{2}\times 10\sin\omega t\,d(\omega t) = 0.9\times 10 = 9\text{V}$$

极性为上"+"下"−"。

(2) 通过 D_1、D_2、D_3 的平均电流 I_{D1}、I_{D2}、I_{D3}。

$$I_{D1}=I_{o1}=\frac{U_{o1}}{R_{L1}}=\frac{45}{10\times10^3}=4.5\text{mA}$$

$$I_{D2}=I_{D3}=\frac{1}{2}I_{o2}=\frac{1}{2}\frac{U_{o2}}{R_{L2}}=\frac{1}{2}\frac{9}{100}=45\text{mA}$$

最大反向电压 U_{DRM1}、U_{DRM2}、U_{DRM3}

$$U_{DRM1}=\sqrt{2}(90+10)\approx141\text{V}$$

$$U_{DRM2}=U_{DRM3}=2\sqrt{2}\times10=28.3\text{V}$$

18.1.11 知识点窍　三相桥式整流电路。

逻辑推理　三相桥式整流电路中，有

$$U_o=2.34U,I_D=\frac{1}{3}I_o,U_{DRM}=\sqrt{6}U,I_2=0.82I_o$$

解题过程　由表 18.1 可知，$U_o=2.34U$，由于变压器副边电压要加大 10%，故

$$U=\frac{U_o}{2.34}\times1.1=\frac{20}{2.34}\times1.1=9.4\text{V}$$

$$I_D=\frac{1}{3}I_o=\frac{1}{3}\times200\approx66.7\text{A}$$

$$U_{DRM}=\sqrt{6}U=\sqrt{6}\times9.4=23\text{V}$$

$$I_2=0.82I_o=0.82\times200=164\text{A}$$

(1) 容量 $S=3UI_2=3\times9.4\times164=4.62\text{kV}\cdot\text{A}$

则选用 $S_N=5\text{kV}\cdot\text{A}$ 的变压器较为合理。

(2) 选用 $I_{OM}=100\text{A}$，$U_{RWM}=50\text{V}$ 的整流管。

18.2.3 知识点窍　单相半波整流电路。

逻辑推理　$I_2=\sqrt{\frac{1}{T}\int_0^T i^2\,dt}=1.57I_o$（不带电容时），电容有滤波作用，波形变化，如题解 18.2.3 图所示，$I_2\neq1.57I_o$。

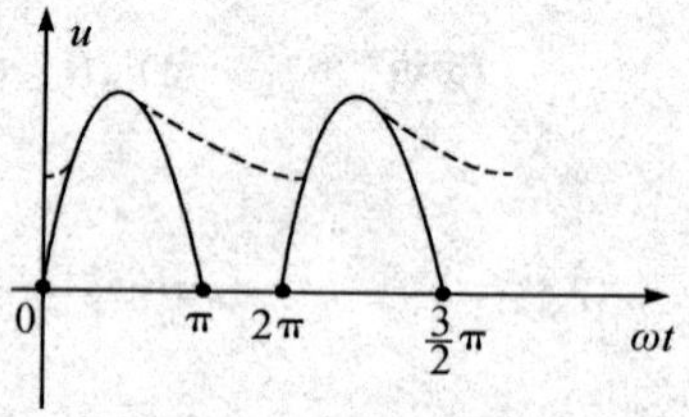

题解 18.2.3 图

解题过程　根据有效值的定义，有

$$I=\sqrt{\frac{1}{T}\int_0^T i^2\,dt}$$

因为 $$i=\begin{cases}\frac{U_m}{R_L}\sin\omega t, & 0\leqslant t\leqslant\frac{T}{2}\\ 0, & \frac{T}{2}\leqslant t\leqslant T\end{cases}$$

所以 $$I=\sqrt{\frac{1}{T}\int_0^{\frac{T}{2}}\frac{U_m}{R_L}(\sin\omega t)^2\,dt}$$

$$=\frac{U_m}{R_L}\sqrt{\frac{1}{2\pi}\int_0^{\pi}\sin^2\omega t\,d\omega t}=\frac{U_m}{2R_L}=\frac{\pi}{2}I_o\approx1.57I_o$$

其中 $I_o=\dfrac{U_m}{\pi R_L}$

在带有电容滤波器后，二极管导通时间大大缩短，峰值电流增大。因此变压器副绕组电流有效值不再具有上述关系。

18.2.4 知识点窍 单相整流电路。

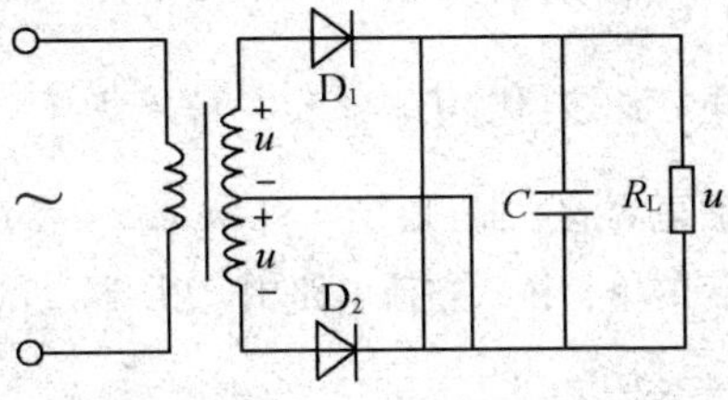

题 18.2.4 图

逻辑推理 单相全波整流器(无电容时)，电容的作用是滤波，使输出电压变大。半波电容滤波器 $u_o\approx u_1$ 桥式(如本题)则 $u_o\approx 1.2$V。

解题过程 (1)u_o 极性为上“+”下“－”，电容器极性上端为“+”。

(2) 波形如题解 18.2.4 图所示，其中(a)为无滤波电容器情况下负载电压 u_o，(b)为有滤波电容器情况下负载电压 u_o，是全波整流，正半周 D_1 导通，D_2 截止；负半周 D_2 导通，D_1 截止。

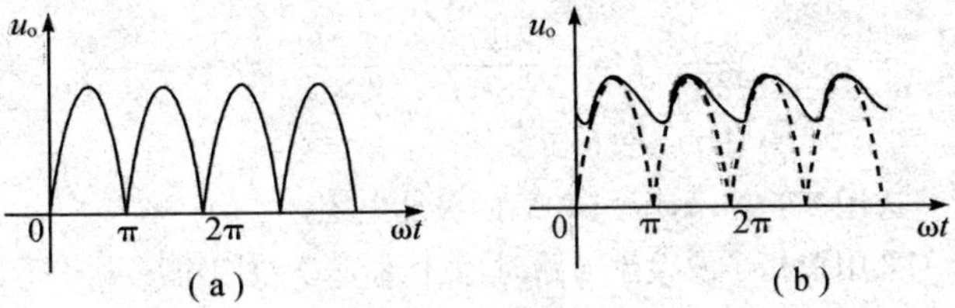

题解 18.2.4 图

(3) 无滤波电容器，$U_o=0.9U$，有滤波电容器时，$U_o\approx 1.2U$(在 $R_LC\geqslant(3\sim5)\dfrac{T}{2}$ 时)。

(4) 当 D_1 导通时，D_2 承受反向电压有效值为 $U+U=2U$；反之 D_2 导通时，D_1 承受反向电压也是 $2U$，故两管截止时承受的最高反向电压 U_{DRM} 均为 $2\sqrt{2}U$，且与有无电容无关。

(5) 若 D_2 虚焊即 D_2 断路，则电路为半波整流，若无滤波电容器，则 U_o 为正常值的一半，若有滤波电容器，则 $U_o\approx U\neq\dfrac{1}{2}\times1.2U$，即不是正常值的一半。若变压器二次边中心抽头虚焊(不通)，则负载被开路，输出电压为 0。

(6) 若 D_2 极性反接，则正半周电源被 D_1 和 D_2 短接，将烧坏两只二极管。负半周则两管均截止，故不能正常工作。

(7) 若 D_2 损坏而短路，则正半周变压器被 D_1 短路，将烧坏 D_1。

(8) 若输出端短路，则正半周烧坏 D_1，负半周烧坏 D_2。

(9) 若 D_1 和 D_2 均接反，仍为全波整流电路，但输出电压极性相反。

18.2.5 知识点窍　单相桥式整流电路。

逻辑推理　单相桥式整流电路有 $U_o = 0.9U$，$U_{DRM} = \sqrt{2}U$，$I_D = \frac{1}{2}I_o$，$I_2 = 1.1I_o$

当带有电容滤波器时，$U_o \approx 1.2U$〔$\tau = R_L C \geqslant (3 \sim 5)\frac{T}{2}$ 时〕

单相半波电容滤波器，则 $U_o = U$，$U_{DRM} = 2\sqrt{2}U$，$I_D = I_o$

解题过程　带有电容的单相桥式整流电路中，变压器二次侧电压为

$$U = \frac{U_o}{1.2} = \frac{30}{1.2} = 25\text{V}$$

最高反向电压为

$$U_{DRM} = \sqrt{2}U = \sqrt{2} \times 25 = 35.25\text{V}$$

二极管中平均电流为

$$I_D = \frac{1}{2}I_o = \frac{1}{2} \times 150 = 75\text{mA}$$

可选 2CZ52C。

由 $$\tau = R_L C \geqslant (3 \sim 5)\frac{T}{2}$$

$$C = \frac{3 \sim 5}{2R_L}T = \frac{3 \sim 5}{2R_L \cdot f} = \frac{3 \sim 5}{2 \times 50} \times \frac{I_o}{U_o} = \frac{3 \sim 5}{100} \times \frac{150}{30} \times 10^{-3}\text{F}$$
$$= 150 \sim 250\mu\text{F}$$

选用 250μF，耐压为 50V 的极性电容。

采用单相半波整流电路时，变压器二次绕组电压为

$$U = U_o = 30\text{V}$$

在电容滤波条件下，管子上承受的最高反向电压为

$$U_{DRM} = 2\sqrt{2} \times 30 \approx 84.6\text{V}$$

远大于桥式整流电路，管子中直流平均电流为

$$I_D = I_o = 150\text{mA}$$

也远大于单相桥式整流电路。

18.2.6 知识点窍　π 型 RC 滤波器；基尔霍夫电压定律。

逻辑推理　π 型 RC 滤波器：$U_o = 1.2U$，再由 KVL 定律可知 R。

解题过程　重画教材图 18.2.7 如题解 18.2.6 图所示，整流电路输出直流电压为

$U_i = 1.2U = 1.2 \times 6 = 7.2\text{V}$（π 型电容滤波器电压增益）

因为 $U_i = U_o + I_o R$

故 $R = \dfrac{U_i - U_o}{I_o} = \dfrac{7.2 - 6}{100 \times 10^{-3}} = 12\Omega$。

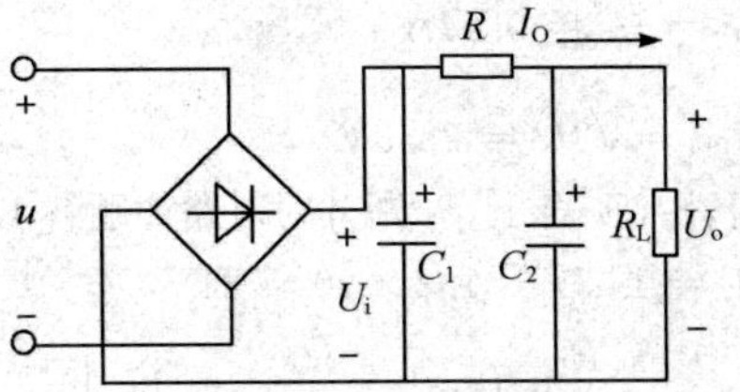

题解 18.2.6 图

18.2.7 知识点窍 加滤波与不加滤波对负载电压的影响。

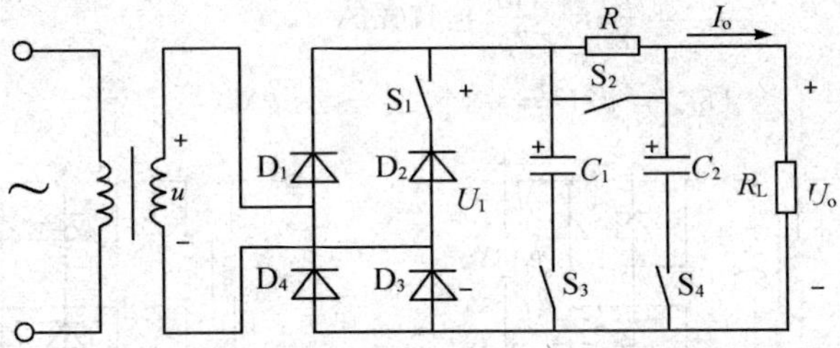

题 18.2.7 图

逻辑推理 无滤波时整流电压 $U'_o = 0.9U$；有电容 C 滤波时 $U'_o = 1.2U$。

解题过程 (1) S_1 和 S_2 合上，其余断开的电路如题解 18.2.7 图(a) 所示。

$U_o = 0.9U = 0.9 \times 20 = 18\text{V}$

$I_o = \dfrac{U_o}{R_L} = \dfrac{18}{50} = 0.36\text{A}$

$I_D = \dfrac{I_o}{2} = \dfrac{0.36}{2} = 0.18\text{A}$

$U_{RM} = \sqrt{2}U = 20 \times \sqrt{2} = 28.3\text{V}$

(2) S_1 合上，S_2、S_3、S_4 断开时电路如题解 18.2.7 图(b) 所示。

$U'_o = 0.9U = 0.9 \times 20 = 18\text{V}$

$I_o = \dfrac{U_o}{R_L} = \dfrac{12.86}{50} = 260\text{mA}$

$I_D = \dfrac{I_o}{2} = \dfrac{260}{2} = 130\text{mA}$

$U_{RM} = \sqrt{2}U = 28.3\text{V}$

$U_o = \dfrac{R_L}{R_L + R}U'_o = \dfrac{50}{50 + R} \times 18 = \dfrac{900}{50 + R}\text{V} = 12.86\text{V}$

(3) $S_1 \sim S_4$ 均合上时电路如题解 18.2.7 图(c) 所示。

$C = C_1 + C_2$

$U_o = 1.2U = 1.2 \times 20 = 24\text{V}$

$I_o = \dfrac{U_o}{R_L} = \dfrac{24}{50} = 0.48\text{A}$

$$I_D = \frac{I_o}{2} = 0.24\text{A}$$

$$U_{RM} = \sqrt{2}U = 28.3\text{V}$$

(4) S_1, S_3, S_4 合上，S_2 断开时电路如题解 18.2.7 图(d) 所示。

$$U_i = 1.2U = 1.2 \times 20 = 24\text{V}$$

$$U_o = \frac{R_L}{R + R_L}U_i = \frac{50}{20 + 50} = 17.1\text{V}$$

$$I_o = \frac{U_o}{R_L} = \frac{17.1}{50} = 340\text{mA}$$

$$I_D = \frac{I_o}{2} = \frac{340}{2} = 170\text{mA}$$

$$U_{RM} = \sqrt{2}U = \sqrt{2} \times 20 = 28.3\text{V}$$

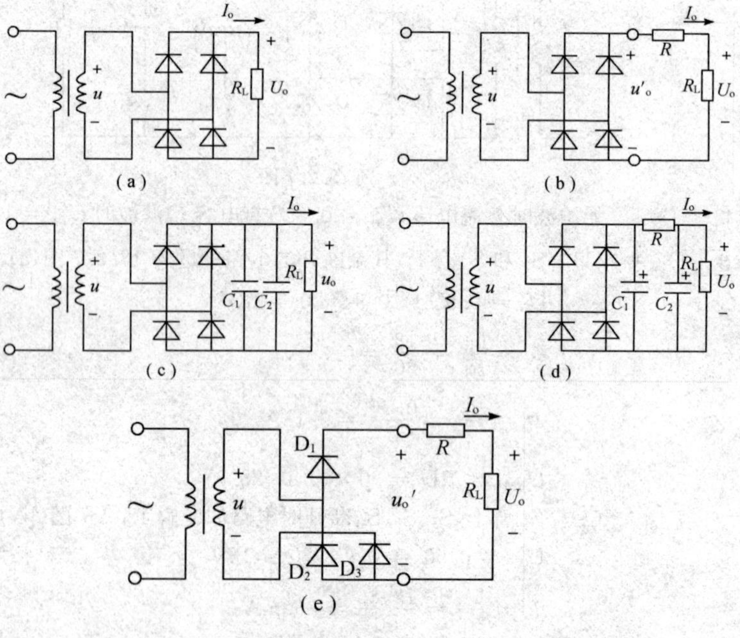

题解 18.2.7 图

(5) $S_1 \sim S_4$ 均断开时电路如题解 18.2.7 图(e) 所示。

$$U_i = 0.45U = 0.45 \times 20 = 9\text{V}$$

$$U_o = \frac{R_L}{R + R_L}U_i = \frac{50}{20 + 50} \times 9 = 6.43\text{V}$$

$$I_o = \frac{U_o}{R_L} = \frac{6.43}{50} = 129\text{mA}$$

$$I_D = I_o = 129\text{mA}$$

$$U_{RM} = \sqrt{2}U = \sqrt{2} \times 20 = 28.3\text{V}$$

18.3.4 知识点窍　稳压管的特性及滤波后负载电压近似公式。

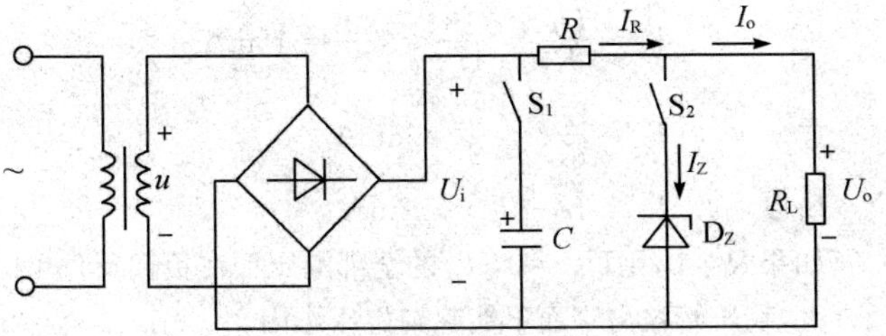

题 18.3.4 图

逻辑推理 稳压管两端的电压不变，电流随外电路而改变经电容滤波后 $U'_o = 1.2U$。

解题过程 (1) S_1 断开，S_2 合上后电路如题解 18.3.4 图(a) 所示。

已知 $u = 28.28\sin\omega t$

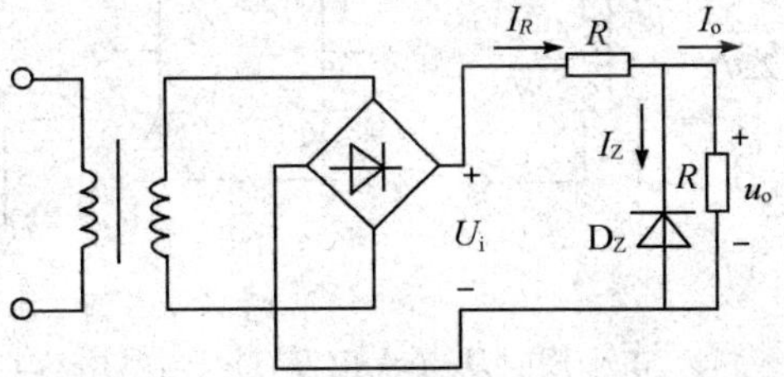

(a)

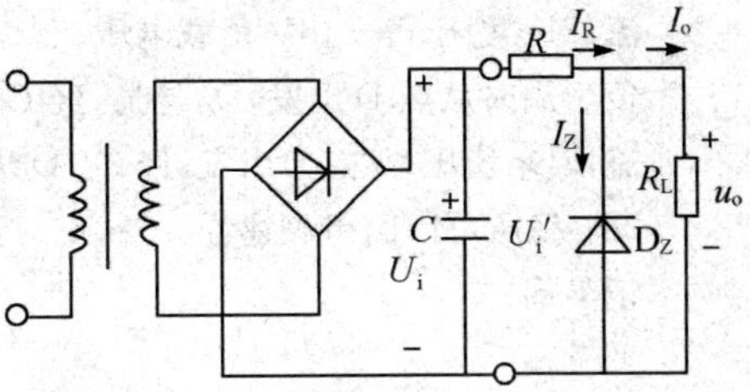

(b)

题解 18.3.4 图

所以有效值 $U = \dfrac{28.28}{\sqrt{2}} = 20\text{V}$

因为 $U_i = 0.9U = 18\text{V}, U_o = U_Z = 6\text{V}$

所以 $$U_R = U_i - U_o = 12\text{V}, I_R = \frac{U_R}{R} = \frac{12}{1.2} = 10\text{mA}$$

$$I_o = \frac{U_o}{R_L} = \frac{6}{2} = 3\text{mA}, I_Z = I_R - I_o = 7\text{mA}$$

(2) S_1、S_2 均合上，则电路如题解 18.3.4 图(b) 所示，S_1 合上则电容 C 参与滤波，因为

$$U'_i = 1.2U = 24\text{V}$$
$$U_R = U'_i - U_Z = 18\text{V}$$

$$I_R = \frac{U_R}{R} = \frac{18}{1.2} = \frac{30}{2} = 15\text{mA}$$

$$I_o = \frac{U_o}{R_L} = \frac{6}{2} = 3\text{mA}$$

所以 $$I_Z = I_R - I_o = 12\text{mA}$$

如果 $R=0$，则 $U_R=0$，U'_i 的全部电压加在负载及 D_Z 两端，流过稳压管电流太大，稳压管被击穿而不能起到稳压作用。

如果 D_Z 接反，同样也不能稳压，D_Z 只有工作在反向击穿区才有稳压作用。

18.3.5 解题过程 连线如题解 18.3.5 图所示，导通路径为：

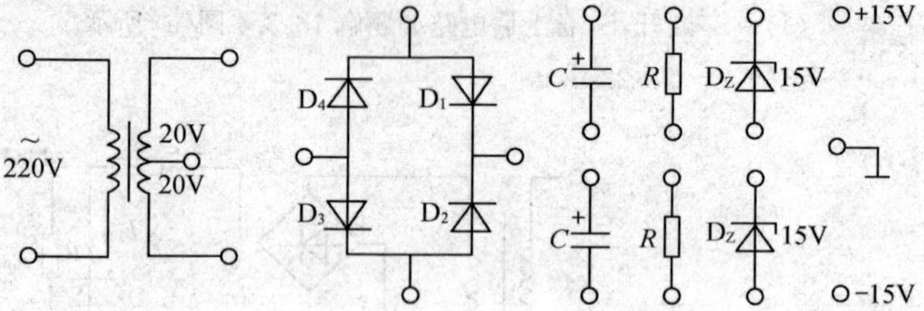

题 18.3.5 图

正半周时从点 A 出发，D_1 导通，电容 C_1 滤波后返回，B 点滤波后，电压 U_{i1} 经 R 限流，$1D_Z$ 稳压；从点 B 出发，经过电容 C_2，D_3 导通，回到 D 点，电压 U_{i2} 经 R 限流、$2D_Z$ 稳压得 -15V 负载电压。

负半周时从点 D 出发，D_2 导通，经 C_1 滤波，返回 B 点，滤波后电压 U_{i1} 经 R 限流，$1D_Z$ 稳压；从点 B 出发，经 C_2，D_4 导通回到 A 点，滤波后电压 U_{i2} 经 R 限流，$2D_Z$ 稳压可以简单表述为：

正半周：

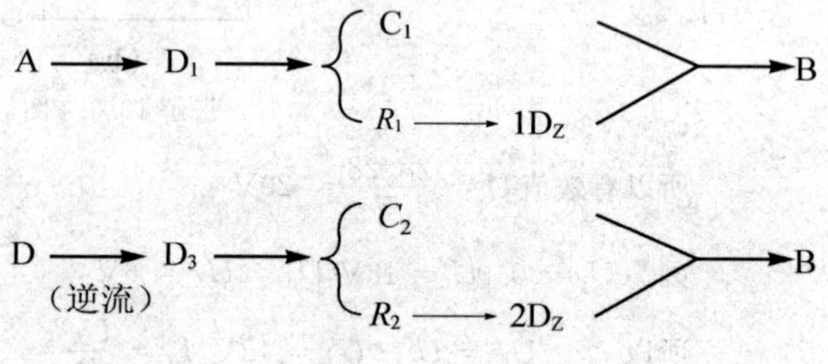

负半周：

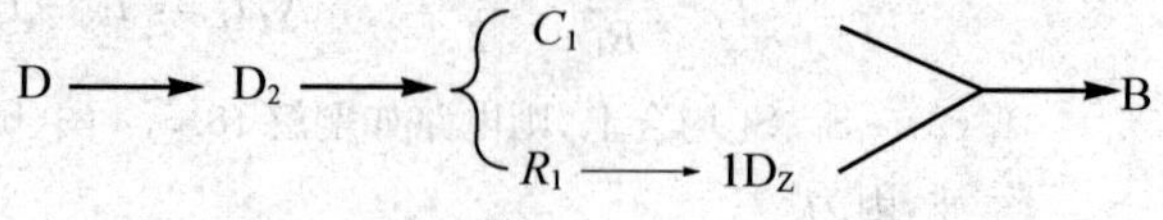

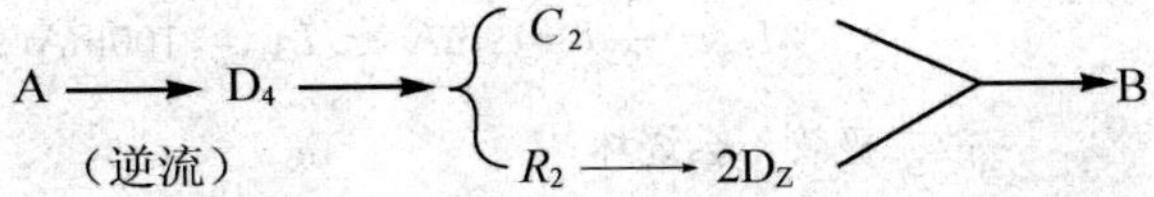

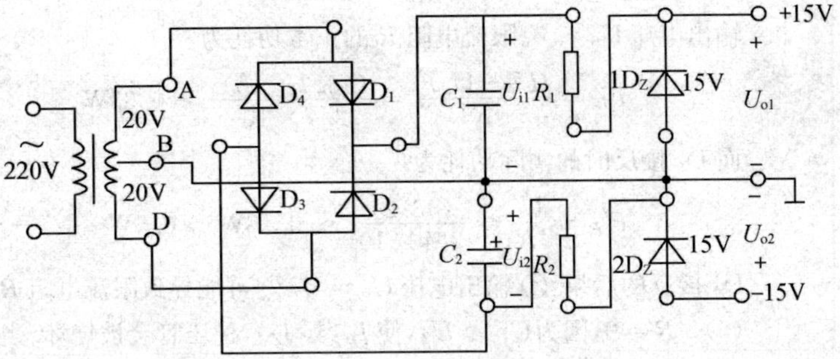

题解 18.3.5 图

18.3.6 知识点窍 稳压电路分析，基尔霍夫电流定律，欧姆定律。

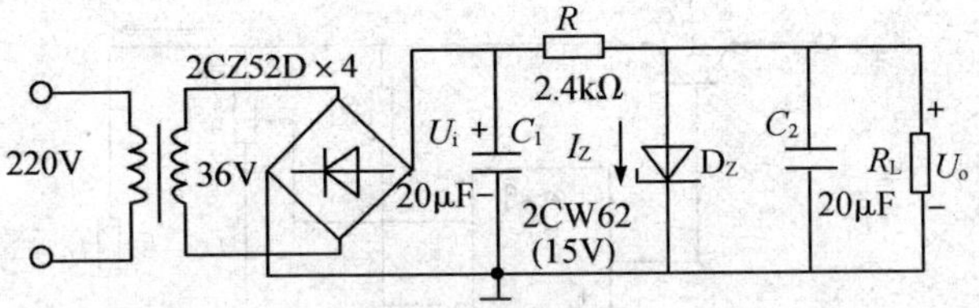

题 18.3.6 图

逻辑推理 稳压管的工作是稳定输出电压，但稳压管正常工作时，应反向截止，故 U_o 极性应下“+”上“−”，因而 C_1、C_2 也是下“+”上“−”。

解题过程 (1) $U_o = 15V$，极性为上“−”下“+”。

(2) C_1 和 C_2 的极性均应为上“−”下“+”。

(3) 查原教材附录 $I_Z = 3mA$，所以整流输出电压

$$U_i = 1.2U = 1.2 \times 36 = 43.2V$$

$$I_{Lmax} + I_Z = \frac{U_i - U_o}{R}$$

故最大负载电流为

$$I_{Lmax} = \frac{U_i - U_o}{R} - I_Z = \frac{43.2 - 15}{2.4 \times 10^3} - 3 \times 10^{-3} = 8.75mA$$

于是可知最小负载电阻为

$$R_{Lmin} = \frac{U_o}{I_{Lmax}} = \frac{15}{8.75 \times 10^{-3}} = 1.7k\Omega$$

(4) 如将 D_Z 接反，则该稳压管为二极管，负载被短路，整流电路输出电流为

$$I = \frac{U_i}{R} = \frac{43.2}{2.4 \times 10^3} = 18mA$$

所以，稳压管中电流为

$$I_D = \frac{1}{2}I = 9\text{mA} \ll I_{oM} = 100\text{mA}(2CZ52D)$$

故二极管不会烧坏。

2CW62 的 $I_{ZM} = 15\text{mA}, P_{CM} = 250\text{mW}$

输出电压 $U_o \approx 0$。限流电阻 R 的正常功耗为

$$P_R = \frac{(U_i - U_o)^2}{R} = \frac{(43.2 - 15)^2}{2.4 \times 10^3} \approx 0.33\text{W}$$

而 D_Z 接反时的实际功耗为

$$P'_R = \frac{U_i^2}{R} = \frac{(43.2)^2}{2.4 \times 10^3} \approx 0.78\text{W} > 0.5\text{W}$$

D_Z 接反的后果：① 输出电压 $U_o = 0$，② 可能导致限流电阻 R 被烧坏。

(5)　$R = 0$，因为 $U_i \gg U_Z$，使 $I_Z \gg I_{ZM}$，稳压管会被烧坏。当稳压二极管烧坏造成短路时，二极管电流过大，也会被烧坏。

18.3.7 知识点窍　稳压电路分析，欧姆定律，基尔霍夫电压定律。

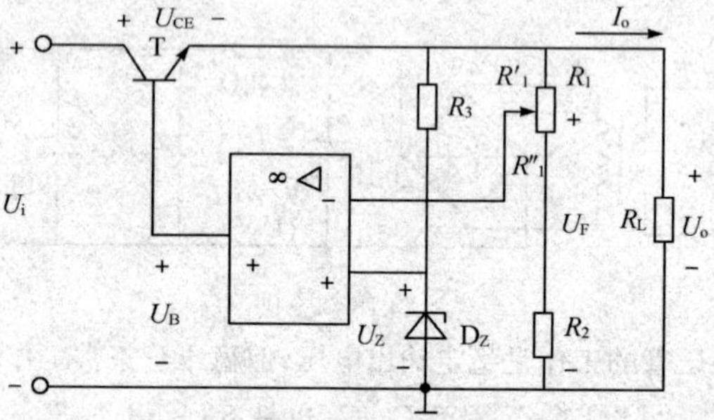

题 18.3.7 图

逻辑推理　串联型稳压电路，输出电压随 R''_1 的调整而调整，运放起比较作用，稳定 U_o 输出。

解题过程　(1) 由串联型稳压电路输出电压公式，可得 $U_o = \dfrac{R_1 + R_2}{R_2 + R''_1}U_Z$

当 $R''_1 = R_1$ 时，$U_o = U_Z = 6\text{V}$

当 $R''_1 = 0$ 时，$U_o = \dfrac{2+1}{1} \times 6 = 18\text{V}$

因此，电压输出范围为 6 ～ 18V。

(2)　$$I_o = \frac{U_o}{R_L} = \frac{15}{150} = 0.1\text{A}$$

由三极管　$I_C = \beta I_B, I_E = (1+\beta)I_B$，又由于 KCL 定律：

$$I_E = I_o + \frac{U_o}{R_1 + R_2} + \frac{U_o - U_Z}{R_3}$$

所以

$$I_B = \frac{I_E}{1+\beta} = \frac{1}{1+\beta}\left(\frac{U_o - U_Z}{R_3} + \frac{U_o}{R_1 + R_2} + I_o\right)$$

$$= \frac{1}{50+1}\left[\frac{15-6}{2 \times 10^3} + \frac{15}{(2+1) \times 10^3} + 0.1\right]\text{A} = 2.15\text{mA}$$

$$U_{CE} = U_i - U_o = 30 - 15 = 15V$$

因此 $$P_C = U_{CE} \cdot I_C = 15 \times 2.15 \times 10^{-3} \times 50 = 1.61W$$

即调整管功耗为 1.61W，运算放大器输出电流为 2.15mA。

18.3.8 知识点窍 运算放大器的性质，整流电路分析。

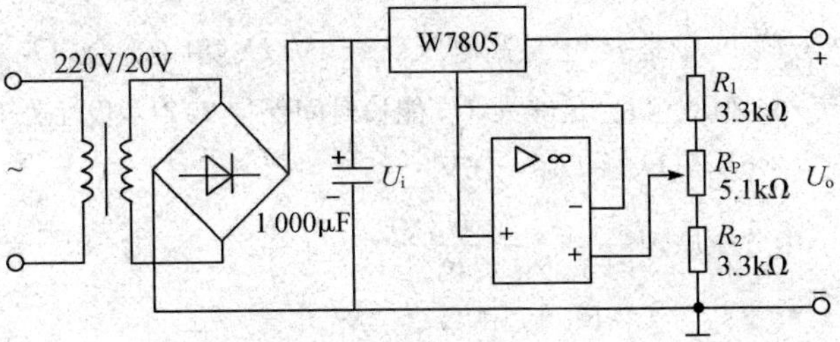

题 18.3.8 图

逻辑推理 W7805 的输入电压用单相桥式整流电路输出，并已经经过电容 1000μF 的滤波，整形，通过 R_P 来调节输出范围。

解题过程 根据运算放大器 $u_+ = u_-$ 的原理，有

$$\frac{R_1 + R'_P}{R_1 + R_P + R_2} U_o = U_{XX}$$

即 $U_o = \dfrac{R_1 + R_P + R_2}{R_1 + R'_P} U_{XX}$，当 $R'_P = R_P$ 时，$U_{XX} = 5V$，于是输出电压为最小值。

$$U_{omin} = \frac{3.3 + 5.1 + 3.3}{3.3 + 5.1} \times 5 \approx 6.96V$$

当 $R'_P = 0$ 时，输出电压达到最大值，为

$$U_{omax} = \frac{3.3 + 5.1 + 3.3}{3.3} \times 5 \approx 17.73V$$

所以 U_o 的可调范围为 6.96 ～ 17.73V。

C 拓宽题

18.1.12 知识点窍 二倍电压整流电路。

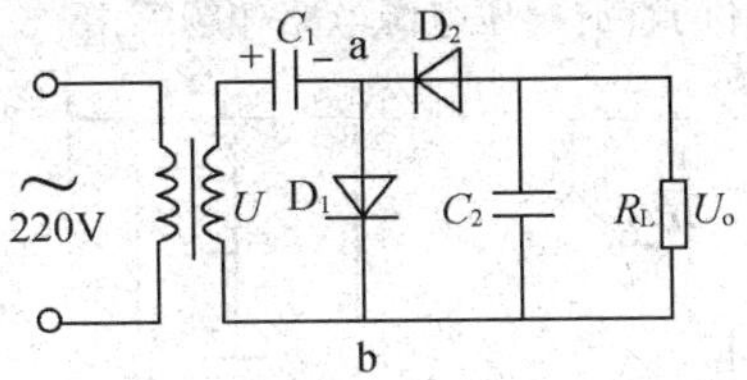

题 18.1.12 图

逻辑推理 对 C_1 充电，即 D_1 导通，D_2 截止，然后 D_2 导通，D_1 截止，电源和 C_1 共同对 C_2 充电，使 C_2 的电压为原来单相半波整流电路输出电压的 2 倍。

解题过程　电源正半周时，二极管 D_1 导电，给电容器 C_1 充电到 $U_{C_1}=\sqrt{2}U$(单相半波整流输出电压)。然后 D_1 截止，D_2 也截止，C_1 没有通路，故 C_1 中电荷不能释放，$U_{C_1}=\sqrt{2}U$。

负半周 D_2 在 $(U+U_{C_1})$ 作用下导电，给电容器 C_2 充电，到 $U_{C_2}=2\sqrt{2}U$ 时 D_2 截止，于是 R_L 上最高电压 $U_o=2\sqrt{2}U$。随后 C_2 会向 R_L 放电，U_o 有所下降，但只要 $R_L\cdot R_C$ 足够大，U_o 能长时间保持 $2\sqrt{2}U$，极性为下"+"上"−"。

18.3.9 解题过程　(1)$U_F=U_Z+U_{BE}=6V$

由分压原理 $\dfrac{6}{R_2}=\dfrac{U_O}{R_2+R_1+R_P}$

$\Rightarrow R_P=100\Omega$

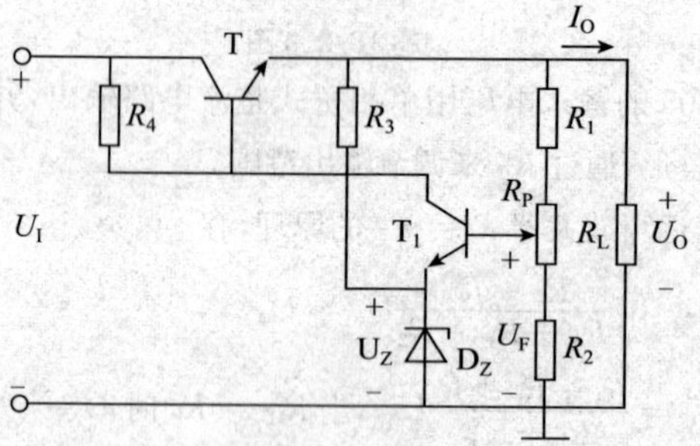

题 18.3.9 图

(2)R_P 的滑动触头在最上端时

$$\frac{6}{R_2+R_P}=\frac{U_O}{R_2+R_1+R_P}$$

$$\frac{6}{300}=\frac{U_O}{500}\Rightarrow U_O=10V$$

故 U_O 输出范围是 $10\sim15V$。

(3) 稳压过程

$U_O\uparrow\rightarrow U_{B1}\uparrow\rightarrow I_{C1}\uparrow\rightarrow U_{R4}\uparrow\rightarrow U_{TB}\downarrow\rightarrow I_{TC}\downarrow\rightarrow U_{TCE}\uparrow\rightarrow U_O\downarrow$

18.3.10 解题过程　(1) 设计的直流稳压电源电路如题解 18.3.10 图所示。

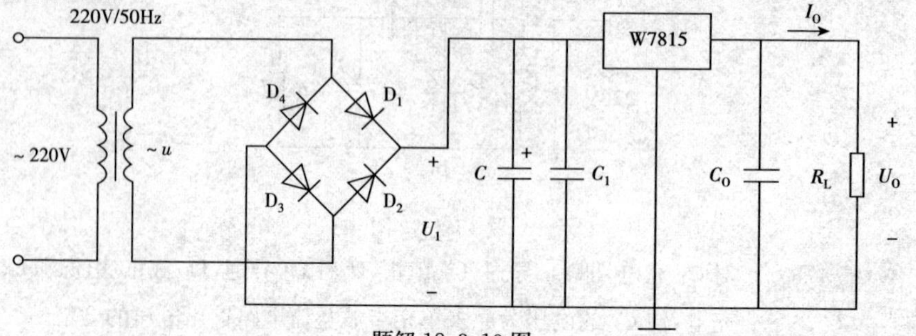

题解 18.3.10 图

(2) 因为 $U_1 = 1.2U$

所以 $U = \frac{U_1}{1.2} = \frac{15+5}{1.2}\text{V} = 17\text{V}$

电源变压器的变压比为 $k = \frac{220}{17} = 13$

(3) 整流二极管:电流 $I_D = \frac{I_{OM}}{2} = \frac{500}{2}\text{mA} = 250\text{mA}$

$U_{RM} = \sqrt{2}U = \sqrt{2} \times 17\text{V} = 23.8\text{V}$

因此选用四只 2CZ55B 型二极管,$I_{OM} = 100\text{mA}$,$U_{DRM} = 50\text{V}$。

滤波电容:选用 $C = 1000\mu\text{F}$,耐压 50V 的电解电容。

三端集成稳压器:选用 W7815 型集成稳压器,输出电压为 15V,输出电流为 1.5A。W7815 的输入输出电容为:$C_1 = 0.33\mu\text{F}$,$C_0 = 1\mu\text{F}$。

第19章 电力电子技术

晶体闸流管，简称晶闸管，又称可控硅，是一种实现可控整流的单向导电元件，本章主要介绍可控整流电路及元件和触发电路以及逆变电路、变频电路、交流调压电路及直斩波电路的工作原理和应用。

19.1 重点内容提要

一、电力电子器件

1. 晶闸管

原理结构和电路符号如图19.1所示，有阳极A、阴极K和控制极(或门极)G三个电极。

(1) 晶闸管的导通条件：

1) 阳极和阴极之间加正向电压。

2) 控制极与阴极之间加正向触发脉冲。

(2) 晶闸管由导通变截止称为关断。

关断条件：

1) 当阳极电压减小使阳极电流小于特定的维持电流时，晶闸管即自行关断。

2) 或当阳极电压突降为零，或阳极与阴极间加反向电压时晶闸管也立即关断。

一旦导通后控制级信号即失去作用而维持阳极与阴极间导通，管压降约为1V左右。

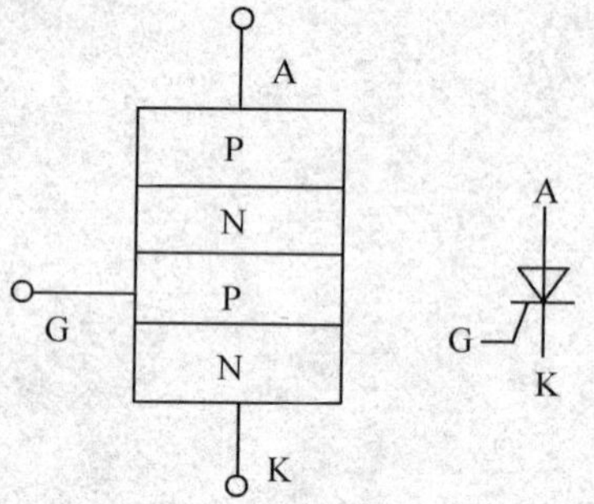

图19.1

(3) 主要参数。

U_{FRM}—— 正向重复峰值电压；

U_{RRM}—— 反向重复峰值电压；

I_F—— 正向平均电流；

I_H—— 维持电流。

2. 功率晶体管、功率场效晶体管和绝缘栅双极晶体管

(1) 功率晶体管。

主要用途是放大小功率信号,作为功率开关使用。

(2) 功率场效应晶体管。

N 沟道增强型场效应管的特点:

1) 可获得较大漏极电流。

2) 漏源电压很高达几千伏。

3) 工作效率及开关速度得以提高。

(3) 绝缘栅双极晶体管。

它综合了以上两种的优点,具有较高的电压和工作频率。

二、可控整流电路

1. 单相半波可控整流电路

(1) 电阻性负载:电路如图 19.2 所示。各元件上电压与电流波形如图 19.3 所示。直流平均电压为

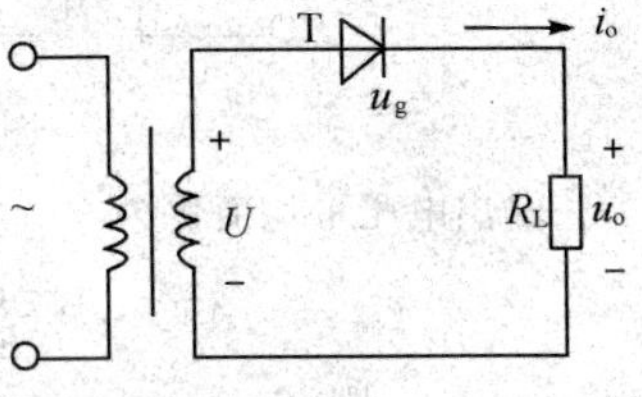

图 19.2

$$U_o = 0.45U \cdot \frac{1+\cos\alpha}{2}$$

直流平均电流为

$$I_o = \frac{U_o}{R_L} = 0.45\frac{U}{R_L} \cdot \frac{1+\cos\alpha}{2}$$

最高正向电压为:$U_{FM} = \sqrt{2}U$

最高反向电压为:$U_{RM} = \sqrt{2}U$

晶闸管中平均电流为:$I_T = I_o$

控制角 α 调整范围 $0 \sim \pi$

导通角 $\theta = \pi - \alpha$

变压器副边电流有效值:

$$I_2 = \frac{U}{R_L}\sqrt{\frac{1}{4\pi}\sin 2\alpha + \frac{\pi-\alpha}{2\pi}}$$

元件选择:

$$I_F \geqslant I_T, U_{FRM} \geqslant (2 \sim 3)U_{FM}$$

$$U_{RRM} \geqslant (2 \sim 3)U_{RM}$$

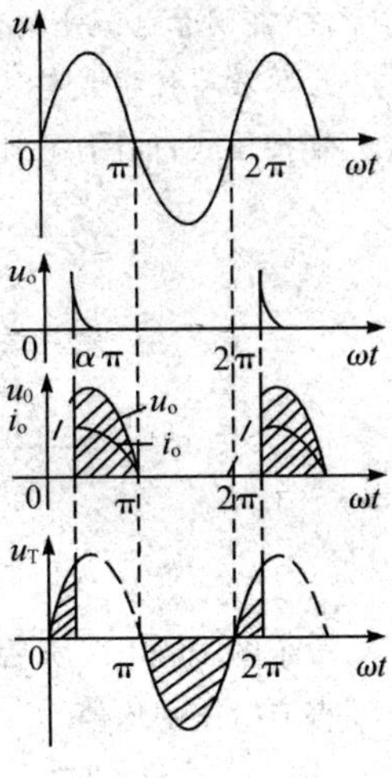

图 19.3

(2) 电感性负载。

1) 电路如图 19.4 所示,各元件上电流、电压波形如图 19.5 所示。

电压平均值

$$U_o < 0.45U \cdot \frac{1+\cos\alpha}{2}$$

导通角 $\theta > \pi - \alpha$

注：电压是交变的。

2) 负载上并联反向二极管，如图 19.4(虚线) 所示，波形如图 19.5(c) 所示。

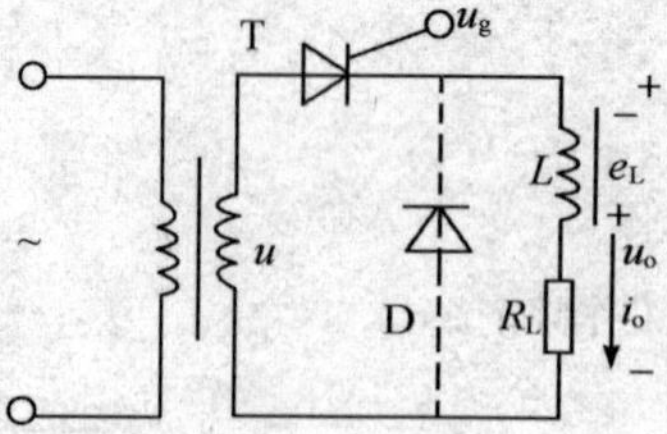

图 19.4

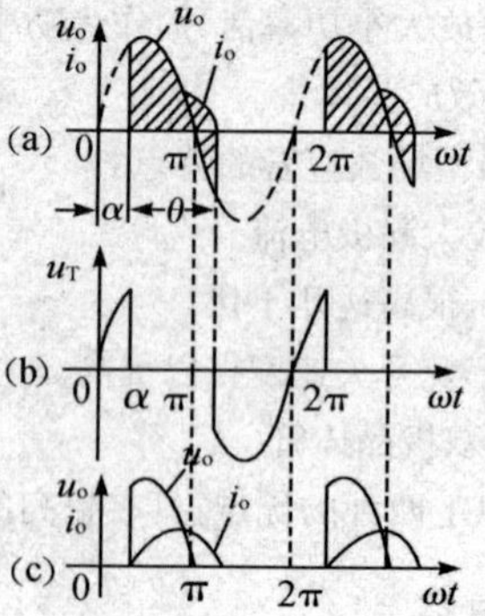

图 19.5

输出电压平均值仍为

$$U_o = 0.45U \cdot \frac{1+\cos\alpha}{2}$$

则电流平均值为

$$I_o = 0.45\frac{U}{R_L} \cdot \frac{1+\cos\alpha}{2}$$

晶闸管的导通角也与电阻性负载相同，即

$$\theta = \pi - \alpha$$

注：晶闸管电流平均值 $I_T < I_o$，因为一部分负载电流经续流二极管形成回路。

2. 单相半控桥式整流电路

半控桥式，如图 19.6(a) 和(b) 所示。

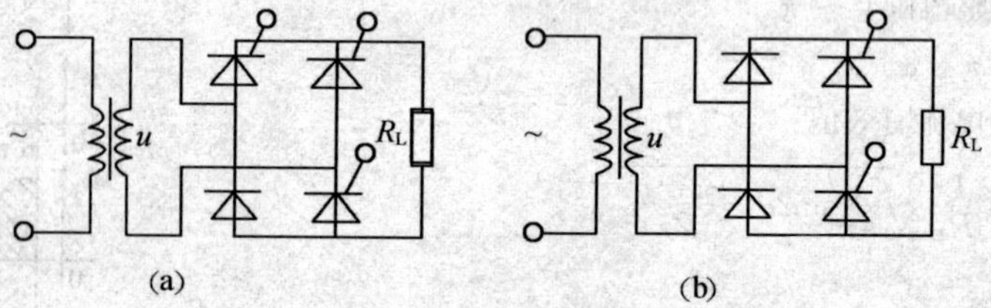

图 19.6

对于图 19.6(a) 所示半控桥式单相可控整流电路：

直流电压平均值

$$U_o = 0.9U \cdot \frac{1+\cos\alpha}{2}$$

输出直流电流平均值为

$$I_o = 0.9\frac{U}{R_L} \cdot \frac{1+\cos\alpha}{2}$$

3. 晶闸管的保护

(1) 过电流保护方法有：

1) 用快速熔断器。　2) 用过电流继电器。

3) 自动保护：利用过电流信号使触发信号相位后移，减小导通角甚至停止触发。

(2) 过电压保护方法有：

1) 阻容吸收电路。　2) 压敏电阻。　3) 硒堆。

注：接入方式有三种：交流侧、直流侧和元件侧。

4. 单结晶体管触发电路

(1) 单结晶体管。

图 19.7(a) 所示是结构示意图，(b) 所示是电路符号，(c) 所示是等效电路。

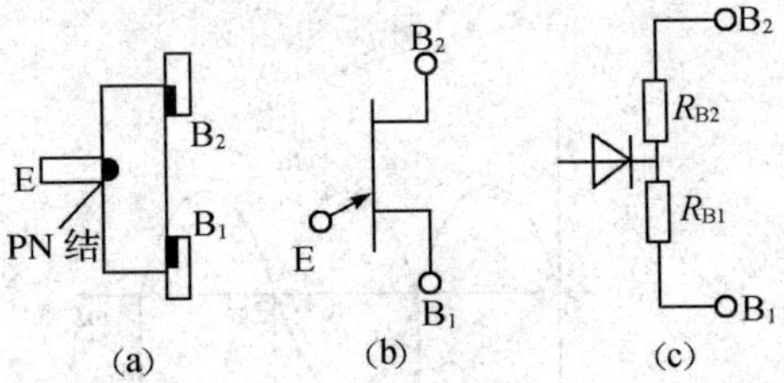

图 19.7

两基极间总电阻 $R_{BB}=R_{B1}+R_{B2}=2\sim15\text{k}\Omega$

分压比

$$\eta=\frac{R_{B1}}{R_{BB}}=0.5\sim0.9$$

单结晶体管的伏安特性如图 19.8 所示。

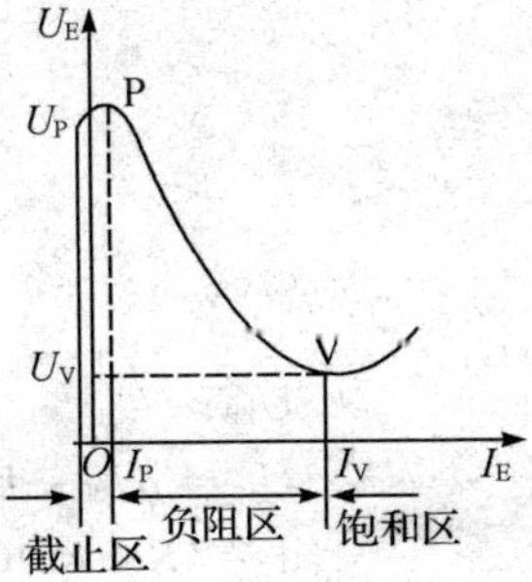

图 19.8

特点：

1) 当 $U_E<U_P=\eta U_{BB}+U_D$ 时，为截止区。P 点称为峰点，U_P 为峰点电压，I_P 为峰点电流。

2) 当 $U_E\geqslant U_P$ 时，单结晶体管导通，I_E 快速增大，U_E 下降，为负阻区。

3) 当 U_E 减小到 $U_E\leqslant U_V$ 时，管子恢复截止。若使 $I_E>I_V$，则 U_E 随之升高，进入饱和区。V 点称谷点，U_V 为谷点电压，I_V 为谷点电流。

注：峰点 P 和谷点 V 是单结晶体管的特殊点，$U_E>U_P$ 导通，$U_E<U_V$ 截止。

(2) 具有单结晶体管触发电路的单相半控桥式整流电流。

电路如图 19.9 所示，电路中 u_2，u_i，u_Z，u_C，u_g 及 u_L 的波形如图19.10 所示。

$$u_C=U_S(1-e^{-t/\tau})=U_P$$

$$t=\tau\ln\frac{U_S}{U_S-U_P}$$

$R_2\ll R_{BB}$，$R_g\ll R_{BB}$，故

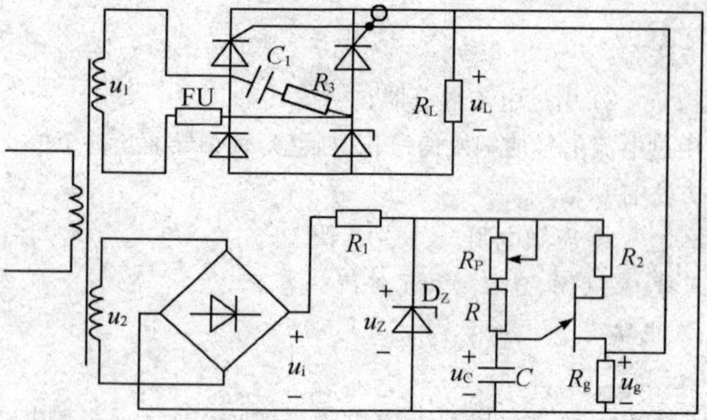

图 19.9

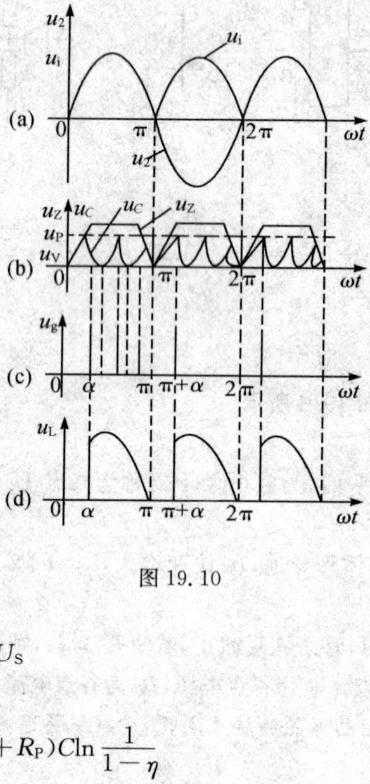

图 19.10

$$U_{BB} \approx U_S$$

$$U_P = \eta U_{BB} + U_D \approx \eta U_S$$

$$\tau = (R + R_P)C$$

$$\alpha = \frac{360^\circ}{T} t \approx \frac{360^\circ}{T}(R + R_P)C\ln\frac{1}{1-\eta}$$

三、晶闸管的应用

晶闸管除用于可控整流外,本章还介绍了在交流调压及逆变和斩波等方面的应用。

考点:晶闸管的控制作用及单相整流电路的分析计算。

19.2 练习与思考题解答

19.1.1 解题过程 晶闸管是一种整流元件，正反馈作用下，其阳极电流大小取决于外电路的电阻及电源电压大小。而控制极电流仅使晶闸管导通，一旦晶闸管导通后便失去作用。晶体管则是一种放大元件，在线性区集电极电流与基极电流成正比（β倍），即使在饱和区或截止区，基极电流与集电极电流仍存在一定关系。仍可用基极电流去控制集电极电流的大小。所以晶闸管和晶体管是不同的两种器件。故不能用晶闸管放大电流。

19.1.2 解题过程 晶闸管导通条件：

(1) 阳极和阴极之间加正电压。

(2) 控制极与阴极之间加正向触发脉冲。

晶闸管一旦导通后，控制信号即失去作用，阳极电流大小决定电源电压和串联负载大小。

晶闸管一旦导通后，管压降维持在 1V 左右。

晶闸管阻断分正向阻断和反向阻断两种情况，正向阻断时所能承受的正向电压由正向转折电压 U_{BO} 决定，超过此值，晶闸管被击穿而损坏。反向阻断时所能承受的反向电压由反向转折电压 U_{BR} 决定，超过此值晶闸管被反向击穿。阻断时承受电压的大小决定于电源电压及储能元件所产生的感应电压。

19.1.3 解题过程 在触发信号使晶闸管导通后，强正反馈维持了晶闸管的饱和导通状态，使控制极失去了控制作用。只有降低阳极电压或加反向阳极电压，使阳极电流减小到维持电流以下，才能使晶闸管恢复，重新截止。

19.1.4 解题过程 要使晶闸管导通所需加的最小触发电压和触发电流即为控制极触发电压和控制极触发电流。

19.1.5 解题过程 K—— 晶闸管；P—— 普通型；200—— 正向平均电流额定值为 200A；18—— 正向和反向重复阻断峰值电压为 1800V；F—— 导通时正向平均压降为 0.9V。

19.2.1 解题过程 单相半控桥式整电路的输出电压峰值为

$$U_{FM}=U_{RM}=\sqrt{2}U=\sqrt{2}\times 300\approx 424\text{V}$$

于是应选用晶闸管，其满足条件

$$U_{FRM}=U_{RRM}=(2\sim 3)U_{FM}=(2\sim 3)\times 424\approx(848\sim 1\,272)\text{V}$$

所以 400V 的晶闸管是不能用的。

19.2.2 解题过程 电源进入负半周要使电流中晶闸管关断时，由楞次定理可知，由电感中产生的感应电动势对于晶闸管正向的电压，来维持晶闸管导通，直到感应电动势与电源电压互相抵消时晶闸管才关断。这样在负载上便出现了负电压。而接入续流二极管后,负载电流经续流二极管构成回路,感应电势加在该二极管上,其管压降仅 0.7V,不足以使晶闸管产生足够的维持电流,因而进入电源负半周时晶闸管立即关断,负载上也就没有负电压了。

19.2.3 解题过程 当 $U_{BB}=20V$ 时,发射极电压

$$U_P=\eta U_{BB}+U_D=0.6\times20\times0.7=12.7V$$

所以,发射极电压升高到 12.7V 时晶闸管导通。

当 $U_{BB}=15V$ 时,发射极电压

$$U_P=0.6\times15+0.7=9.7V$$

故发射极电压升高到 9.7V 时管子导通。

19.2.4 解题过程 触发电路要与主电路同步的原因:只有当触发信号与主电路电源电压间的相位差在每个半周期中均保持一致时,输出电压才是有规律的可控电压。

本书中,触发电器与主电路的交流电源由同一变压器的两个二次绕组供电,于是两个电源的电压同相位,过零点相同,实现同步。

19.2.5 解题过程 $\alpha=\dfrac{360^\circ}{T}(R+R_P)C\ln\dfrac{1}{1-\eta}$ 是触发脉冲的相移,可通过调节 R_P 来实现移相。

19.2.6 解题过程 当稳压管通过限流电阻加上单向脉动电压时,电源电压 $u_i<U_Z$,稳压管截止,$u_Z=u_i$,当 $u_i\geqslant U_Z$ 时,稳压管导通,$u_Z=U_Z$。因而稳压管起削波作用。稳压管的削波作用的目的是保证主电路输出电压的稳定。在单结晶体管触发电路中,利用削波电压作为单结晶体管的电源 U_{BB},使电容器充电电源和单结晶体管的峰点电压 U_P 均保持稳定,又因为每个半周期中的每一次充电均由电源电压零点开始,这样所产生的第一个触发脉冲的相位角 α 也保持恒定,保证触发电路与主电路同步。

19.2.7 解题过程 (1) 晶闸管由阻断到完全导通约需 10μs 时间,所以要求触发脉冲宽度应大于 10μs。如果电容 C 太小,则放电太快,触发脉冲宽度太小,不足以使晶闸管触发导通。如果 C 太大,则充电时间常数大,要使充电电阻 R 很小才能使控制角很小,导通角很大。但是充电电阻太小则可能产生单结晶体管的"直通"现象(详见 19.2.8 题)。

(2) 若 R_1 太小,则放电过快,触发脉冲宽度过小,不易产生触发。若 R_1 过大,则单结晶体管中的漏电流产生的压降可能使晶闸管产生误触发。

19.2.8 解题过程 当触发电路中电容器放电至过程结束时,若此时流过单结晶体管的电流大于谷点电流,则单结晶体管不能截止,称为"直通"。

充电回路电阻($R+R_P$)过小,电容器电容量选得过大或选用的单结晶体管谷点电压及谷点电流过小,均可能产生"直通"现象。

19.3 课后习题全解

19.2.1 知识点窍 单相半波可控整流电路,欧姆定律。

逻辑推理 在单相半波可控整流电路中，由公式可得直流平均电压和直流平均电流分别为

$$U_o = 0.45U \cdot \frac{1+\cos\alpha}{2}, I_o = \frac{U_o}{R_2} = 0.45\frac{U}{R_2} \cdot \frac{1+\cos\alpha}{2}$$

导通角 $\theta = \pi - \alpha$，α 是相位控制角。

解题过程 导通角为

$$\theta = \pi - \alpha = \pi - \arccos\left[\frac{2U_o}{0.45U} - 1\right] \approx 102.2°$$

则相位控制角 $\alpha = \arccos\left[\frac{\alpha U_o}{0.45U} - 1\right] \approx 77.8°$

因为 $R_L = \frac{U_o}{I_o} = \frac{60}{30} = 2\Omega$

$$U_m = \sqrt{2}U = \sqrt{2} \times 220 \approx 311\text{V}$$

由定义，电流有效值为

$$I = \sqrt{\frac{1}{T}\int_0^T i^2 \mathrm{d}t} = \sqrt{\frac{1}{2\pi}\int_0^\pi \left(\frac{U_m}{R_L}\sin\omega t\right)^2 \mathrm{d}\omega t}$$

所以 $I = \frac{U}{R_1}\sqrt{\frac{1}{4\pi}\sin 2\alpha + \frac{\pi-\alpha}{2\pi}} = \frac{220}{2}\sqrt{\frac{1}{4\pi}\sin 155.6° + \frac{102.2°}{360°}} \approx 61.9\text{A}$

晶闸管中平均电流 $I_T = I_o = 30\text{A}$

最高正向、负向电压 $U_{FM} = U_{RM} = U_m = 311\text{V}$

$$U_{FRM} = U_{RRM} = (2 \sim 3)U_{RM} = (2 \sim 3) \times 311 \approx (622 \sim 933)\text{V}$$

因此可选 KP50－6 型晶闸管，其 $I_F = 50\text{A}$，$U_{RRM} = 700\text{V}$，管压降为 1V。

19.2.2 知识点窍 单相半波可控整流电路。

逻辑推理 同上题类似，可求晶闸管的主要技术参数。

解题过程 直流平均电压为

$$U_o = 0.45U\frac{1+\cos\alpha}{2} = 0.45 \times 220\frac{1+\cos 60°}{2} = 74.25\text{V}$$

因此，直流平均电流

$$I_o = \frac{U_o}{R_L} = \frac{74.25}{10} = 7.43\text{A}$$

由上题可知电流有效值

$$I = \frac{U}{R_L}\sqrt{\frac{1}{4\pi}\sin^2\alpha + \frac{\pi-\alpha}{2\pi}} = \frac{220}{10}\sqrt{\frac{1}{4\pi}\sin 20° + \frac{\pi - \frac{\pi}{3}}{2\pi}} \approx 14\text{A}$$

所以平均电流 $I_T = I_o = 7.43\text{A}$

最高反向、正向电压 $U_{FM} = U_{RM} = U_m = 311\text{V}$

故可选用 KP50－6 型晶闸管，$I_F = 10\text{A}$，$U_{RRM} = 700\text{V}$，管压降为 1V。

19.2.3 知识点窍 单相桥式可控整流电路。

$$U_o = 0.9U \cdot \frac{1+\cos\alpha}{2}$$

$$I_o = 0.9\frac{U}{R_L} \cdot \frac{1+\cos\alpha}{2}$$

解题过程 输出电压最大值 $U_o = 60\text{V}$ 时应该有 $\cos\alpha = 1$，为最大。此时控制角 $\alpha = 0°$，$\theta = 180°$，变压器二次侧电压为

$$U = \frac{\alpha U_o}{0.9(1+\cos\alpha)} = \frac{U_o}{0.9} = \frac{60}{0.9} \approx 66.7\text{V}$$

由于一般情况下，α 不可能完全为 $0°$，以及整流元件和变压器绕组压降将 U 加大 10% 计算，选用变压器二次边电压为 70V。

晶闸管和二极管中最大平均电流为

$$I_T = I_D = \frac{1}{2}I_o = \frac{1}{2}\times 10 = 5\text{A}$$

晶闸管和二极管上的最高反向电压为

$$U_{RM} = U_{FM} = U_{DRM} = \sqrt{2}U = 94.3\text{V}$$

于是，可选用 10A，200V 的晶闸管和 10A，100V 的二极管。

19.2.4 知识点窍 单相半控桥式整流电路。

逻辑推理 此时有电压关系式 $U_o = 0.9U\frac{1+\cos\alpha}{2}$，电流有效值 $I = \sqrt{\frac{1}{T}\int_0^T i^2 \mathrm{d}t}$。

解题过程 直流电压输出为 60V 时，有

$$\alpha = \arccos\left(\frac{2U_o}{0.9\text{U}} - 1\right) = \arccos\left(\frac{2\times 60}{0.9\times 220} - 1\right) \approx 113.2°$$

于是，电流有效值为

$$I = \sqrt{\frac{1}{2\pi}\int_\alpha^\pi i^2\,\mathrm{d}\omega t + \frac{1}{2\pi}\int_{\pi-\alpha}^{2\pi} i^2\,\mathrm{d}\omega t}$$

$$= \sqrt{\frac{1}{\pi}\int_\alpha^\pi i^2\,\mathrm{d}\omega t} = \sqrt{\frac{1}{\pi}\int_\alpha^\pi \left(\frac{U_m}{R_L}\sin\omega t\right)^2 \mathrm{d}\omega t}$$

$$= \frac{U}{R_L}\sqrt{\frac{1}{2\pi}\sin 2\alpha + \frac{\pi-\alpha}{\pi}}$$

由上题可知 U_o 为 U_{omax} 时，I_o 为最大即 I_{omax}，$R_L = \frac{U_{omax}}{I_{omax}} = \frac{60}{10} = 6\Omega$，由欧姆定律，得到

$$I = \frac{U}{R_L}\sqrt{\frac{1}{2\pi}\sin(2\times 113.2°) + \frac{180° - 113.2°}{180°}} \approx 18.5\text{A}$$

晶闸管和极管中最大平均电流为

$$I_T = I_D = \frac{1}{2}I_o = \frac{1}{2}\times 10 = 5\text{A}$$

晶闸管和二极管上的最高反向电压为

$$U_{RM} = U_{FM} = U_{DRM} = \sqrt{2}U = \sqrt{2}\times 220\text{V} = 311\text{V}$$

故可选用 KP10－4E 型晶闸管和 10A，400V 的二极管。

19.2.5 知识点窍 桥式可控整流电路。

逻辑推理 先由桥式整流得到单相输出电压，再由晶闸管来调压，整个流程与半控桥式整流效果相同，只是 U_o 上的压降减小了 U_D，U_D 是二极管管压降，可忽略不计。

解题过程 题 19.2.5 图所示电路是将交流电压先经桥式整流，电压整流成单向脉动的电压后得到电压 $U_{ab}=0.9U$，再用晶闸管进行调压的电路，输出直流电压平均值也为

$$U_o = 0.9U\frac{1+\cos\alpha}{2}$$

其输出波形完全与半控桥式整流电路相同，电路中晶闸管不承受反向电压，始终承受正向电压。

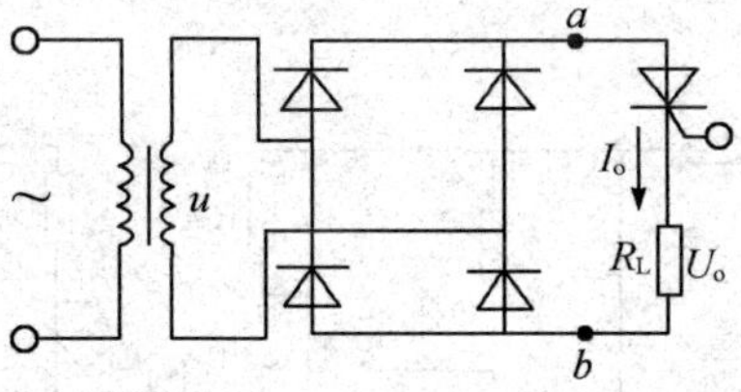

题 19.2.5 图

19.3.1 知识点窍 晶闸管导通条件。

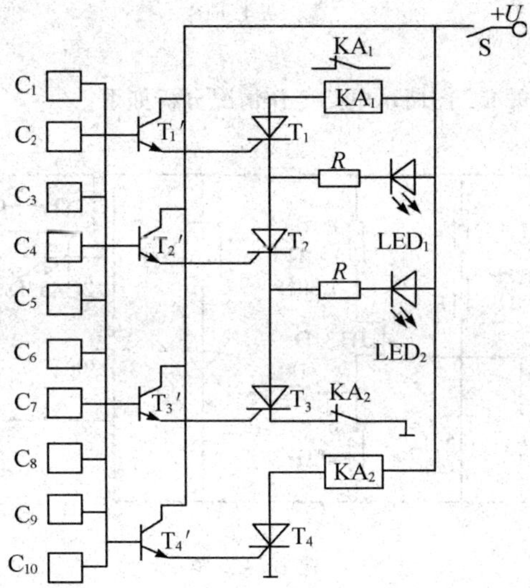

题 19.3.1 图

逻辑推理 只有 T_3 导通，T_2 才可能有通路，只要 T_2 导通，T_1 就有可能导通。

解题过程 (1) 开锁时应触摸 C_7、C_4、C_2。触摸顺序为 $C_7 \rightarrow C_4 \rightarrow C_2$。当触摸 C_7 键时，人体

感应信号被 T'_3 放大，晶闸管 T_3 被导通，再摸 C_4 时，T_2 得到触发信号，T_2 导通，摸 C_2 时，T_1 得到触发信号，T_1 导通，致使 KA_1 得电，锁被打开。

(2) 如误摸上述三个以外的触摸键，则晶体管 T'_4 导通而使晶闸管 T_4 导通，KA_2 线圈通电，其动断触点断开，开锁无效。断开开关 S，恢复正常。

19.4.1 解题过程 题 19.4.1 图所示是由单结晶体管构成的触发电路。从电阻 R_1 上经二极管输出触发脉冲，先将 5A 小晶闸管触发导通。然后在 50Ω 电阻上产生的压降形成 100A 晶闸管的触发信号。从而使 100A 晶闸管导通，其管压降仅 1V 左右，已不足以维持 5A 晶闸管导通，于是 5A 晶闸管关闭，直到 100A 晶闸管关闭后，5A 晶闸管的下一个触发信号才起触发作用。触发信号的相位，即 100A 晶闸管的控制角由单结晶体管电路充电时间常数 $\tau = RC$ 决定，改变 R 值可实现移相。5A 晶闸管的阳极电源电压取决于控制角 α 大小，控制角的范围为 $0° < \alpha < 180°$。

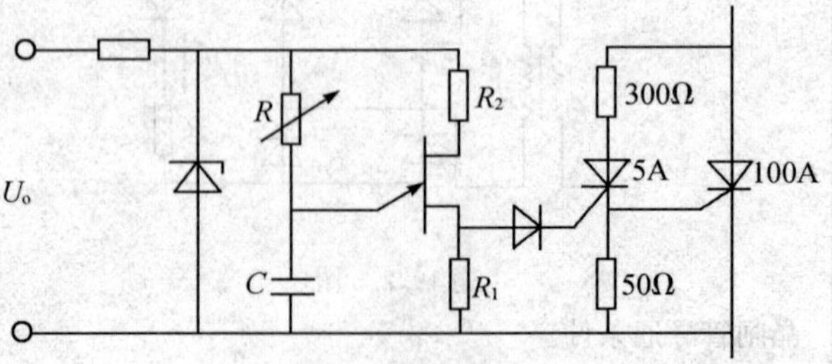

题 19.4.1 图

19.4.2 解题过程 题 19.4.2 图所示电路工作情况分析如下：

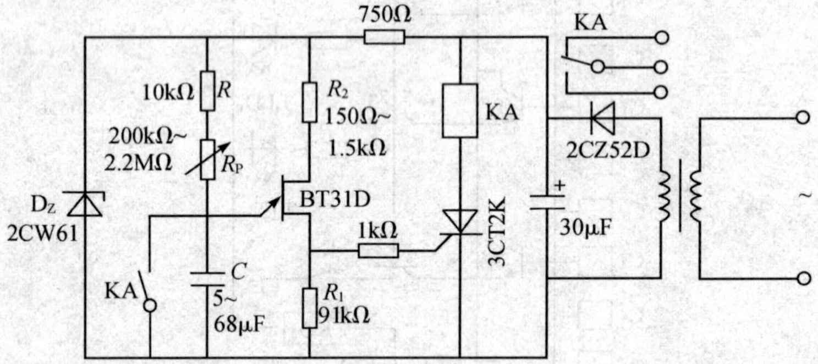

题 19.4.2 图

(1) 交流电通过变压器耦合到电路中，经过半波整流、电容滤波、稳压管稳压后，电路得到一个直流电压。

(2) 继电器要翕合的条件是晶闸管导通，这样继电器线圈中才有电流流过。对于图中所示的电路，晶闸管导通后不能关断，要想关断，只有切断电源。

(3) 当电源接通后，由于继电器线圈中没有电流，所以和电容 C 并联的常开触点是断开的，电源通过 R、R_P 对 C 充电。当 $u_C = U_P$ 时，单结晶体管导通，在 R_1 上产生一个触发脉冲，通过 1kΩ 电阻加到晶闸管的控制极，晶闸管导通，继电器线圈因得电而翕合。与此同时，和电容 C 并联的常开触点闭合，这样使电容上电压 $u_C = 0$。只要不断电，电容电压 u_C 一直保持为零，以后不会再有触发脉冲产生。只有切断电源，继电器失电而释放，与电容 C 并联的常开触点才会断开。

(4) 当调节 R_P 时，产生触发脉冲的时间就会改变，晶闸管何时导通也会改变，即电源接通后，通过改变 R_P 就可以改变继电器动作时间，这与时间继电器的效果是相同的。

第 20 章

门电路和组合逻辑电路

本章是全书重点内容之一，主要应掌握各种门电路的逻辑功能和分析组合逻辑电路的基本方法；掌握逻辑函数的表示方法，并能应用逻辑代数运算法则和卡诺图化简逻辑函数；理解加法器、编码器、译码器、数据分配器和数据选择器的工作原理；能设计简单的组合逻辑电路。

20.1 重点内容提要

一、几个基本概念

1. 数字信号与模拟信号

(1) 模拟信号：在数值上和时间上均连续变化的信号。

(2) 数字信号：在数值上和时间上均不连续的信号。

2. 数字电路的特点

(1) 输入和输出信号均为脉冲信号。

(2) 电子元件工作在开关状态，即要么饱和，要么截止。

3. 脉冲波形及其参数

图 20.1(a) 所示是理想脉冲信号；图 20.1(b) 所示是实际波形。

A：幅度　t_p：宽度　T：周期　t_r：上升时间（上升沿）　t_f：下降时间（下降沿）

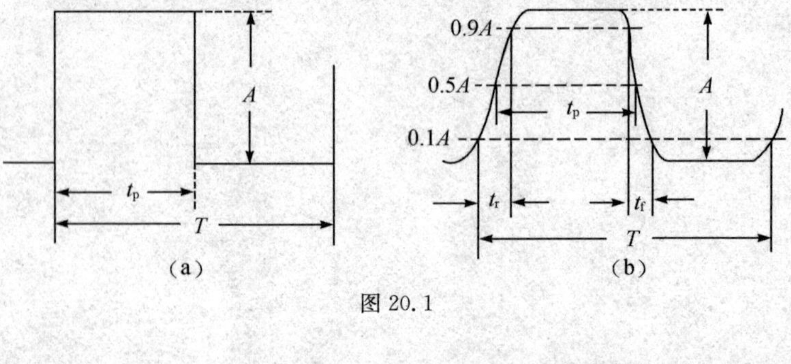

图 20.1

4. 晶体管的开关特性

工作在数字电路中的晶体三极管是以开关形式出现的，即工作在饱和状态或截止状态。它们的状态特征和条件如下：

(1) 饱和状态特征。

① 饱和条件：$I_B > \frac{I_{C(sat)}}{\beta}$；② 发射结和集电结均为正向偏置；③ 饱和集电极电流 $I_{C(sat)} \approx \frac{U_{CC}}{R_C}$；④ 饱和管压降 $U_{CE(sat)} \approx 0$。

(2) 截止状态特征。

① 截止条件：$I_B \leqslant 0$；② 发射结和集电结均为反向偏置；③$I_C \leqslant I_{CEO} \approx 0$；④$U_{CE} \approx U_{CC}$。

二、基本门电路及其组合

1. 定义

数字电路也称逻辑电路或开关电路。

(1) 逻辑电平：数字电路中输入、输出信号大小均以逻辑值表示，电路某点电位高于某值(如 2.4V) 称为高电平 **1**，低于某值(如 0.4V) 称为低电平 **0**。

(2) 逻辑约定：两种逻辑约定，如图 20.2 所示。

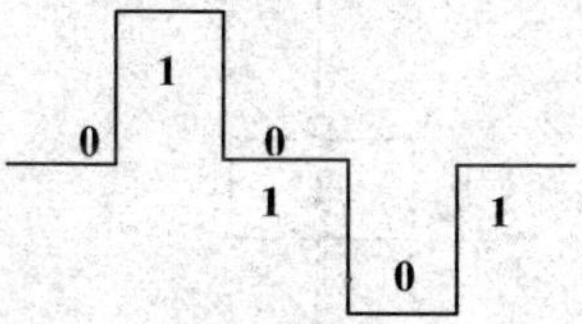

(a)负逻辑

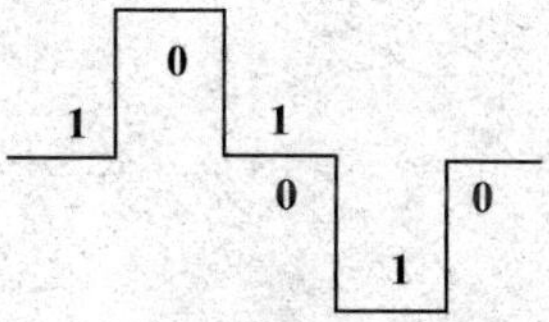

(b)正逻辑

图 20.2

1) 正逻辑：约定高电平为 **1**，低电平为 **0**。

2) 负逻辑：约定低电平为 **1**，高电平为 **0**。

大多数系统中均采用正逻辑，有些复杂系统为分析方便使用混合逻辑，即将正、负逻辑混合使用。

2. 分立元件基本逻辑门电路

(1) 二极管**与**门　　$Y = A \cdot B \cdot \cdots$

实现**与**运算的最简电子电路及**与**逻辑符号如图 20.3 所示，称为**与**门。

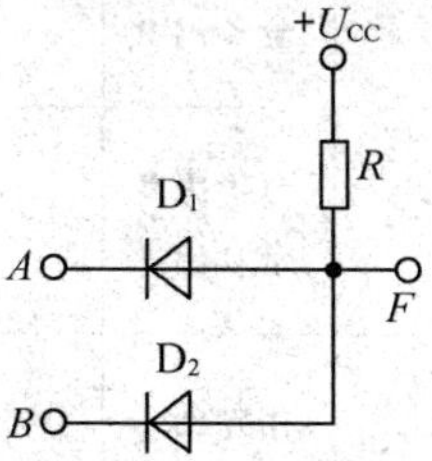

(a)

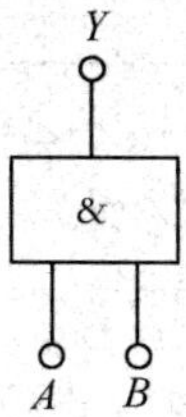

(b)

图 20.3

(2) 二极管或门　　$Y=A+B+\cdots$

如图 20.4 所示,称为或门。

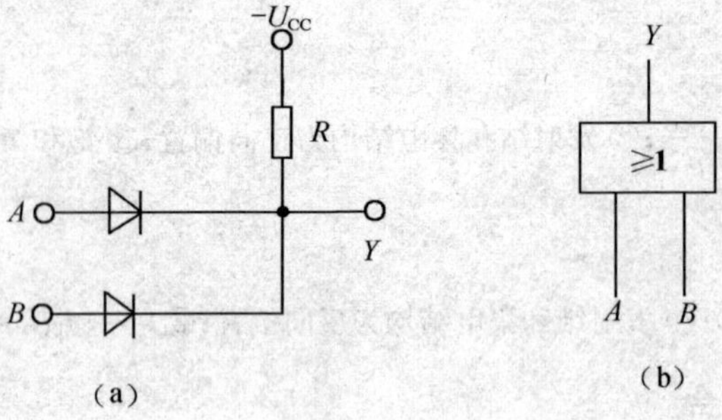

图 20.4

(3) 晶体管非门　　$Y=\overline{A}$

如图 20.5 所示,称为非门。

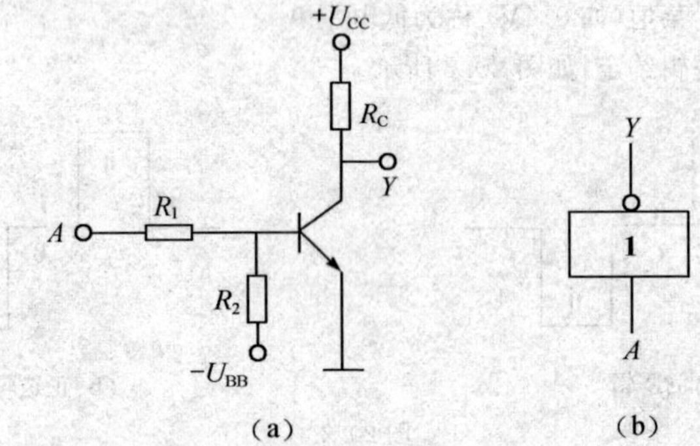

图 20.5

3. 基本逻辑门电路的组合(见表 20.1)

表 20.1　基本逻辑门电路组合

逻辑关系	含义	逻辑表达式	记忆口诀	逻辑符号
与非	若条件 A,B 均成立,则事件 F 不成立	$Y=\overline{A\cdot B}$	有 0 出 1 全 1 出 0	
或非	若条件 A,B 中有一个成立,则事件 F 不成立	$Y=\overline{A+B}$	有 1 出 0 全 0 出 1	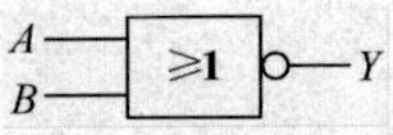
与或非	若条件 A、B、C、D 中有任意两个同时不成立,则事件成立	$Y=\overline{A\cdot B+C\cdot D}$	相异出 1 相同出 0	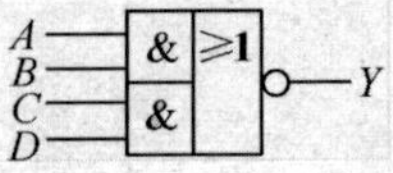

三、TTL 门电路

1. TTL 与非门

电路及其逻辑符号如图 20.6 所示。

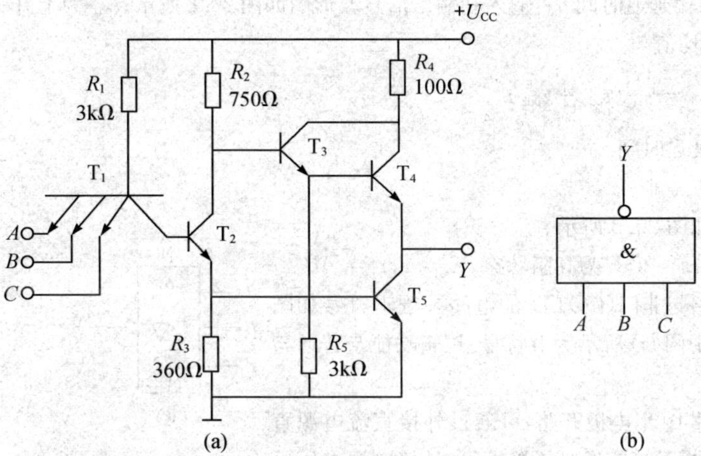

图 20.6

逻辑功能为:“有 **0** 出 **1**,全 **1** 出 **0**”。

电压传输特性如图 20.7 所示,主要技术参数有:

(1) 输出高电平 U_{OH} 和输出低电平 U_{OL}:$U_{OH} \geqslant 2.4V$,$U_{OL} \leqslant 0.4V$。

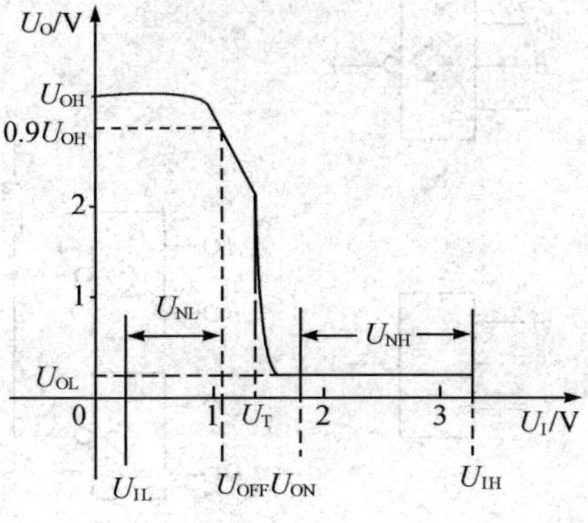

图 20.7

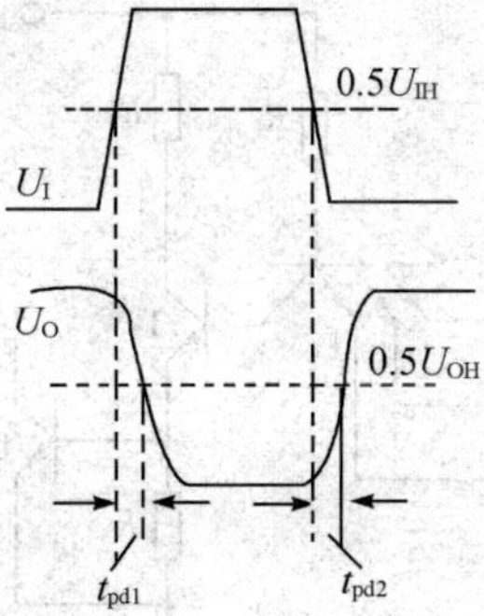

图 20.8

(2) 关门电平 U_{OFF} 和开门电平 U_{ON}:

U_{OFF}:$U_O = 0.9U_{OH}$ 时的输入电平 U_I

U_{ON}:额定负载下,保持输出为低电平 U_{OL} 所需输入的最低电平 U_{IL}。

(3) 输入电流:当某一输入端接高电平,其余输入端接低电平时,流入该输入端的电流输入高电平电流 I_{IH}。

当某一输入端接低电平，其余接高电平时，由该输入端流出的电流称输入低电平电流 I_{IL}。

(4) 扇出系数 N_O：一个**与非**门能带同类门的个数称为扇出系数。

$$N_O = \frac{I_{OLmax}}{I_{IL}} \geqslant 8$$

(5) 平均传输延迟时间 t_{pd}：输入和输出信号波形图如图 20.8 所示。t_{pd1} 为上升延迟时间，t_{pd2} 为下降延迟时间，平均值

$$t_{pd} = \frac{1}{2}(t_{pd1} + t_{pd2})$$

称为平均传输延迟时间。

2. 三态输出与非门

逻辑符号如图 20.9 所示。

逻辑功能：$E = \mathbf{0}$，F 为高阻状态；$E = \mathbf{1}$，$Y = \overline{AB}$。

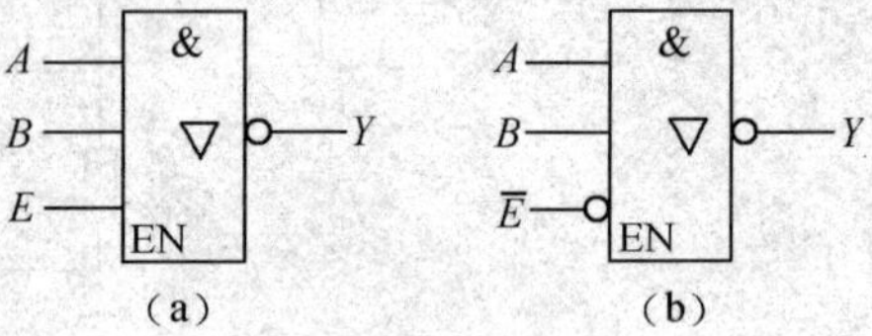

图 20.9

集电极开路与非门(OC 门)的电路及逻辑符号如图 20.10所示，其中图(c)所示为旧符号。逻辑功能与普通**与非**门相同。

(1) 输出端 T_3 集电极开路，可通过外接直流电源直接驱动继电器、指示灯或发光二极管等，外接电源电压可高达 30V。

(2) 电路本身的电源电压 +5V，不超过 +10%。

(3) 可实现“线与”：将几个 OC 门端接在一起，通过同一负载输出，如图 20.11 所示。

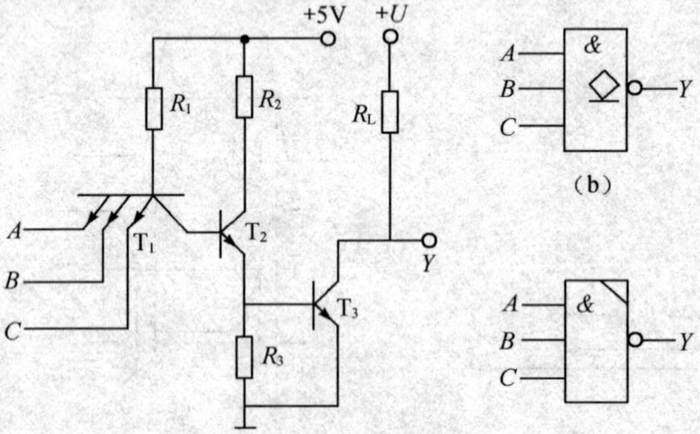

图 20.10

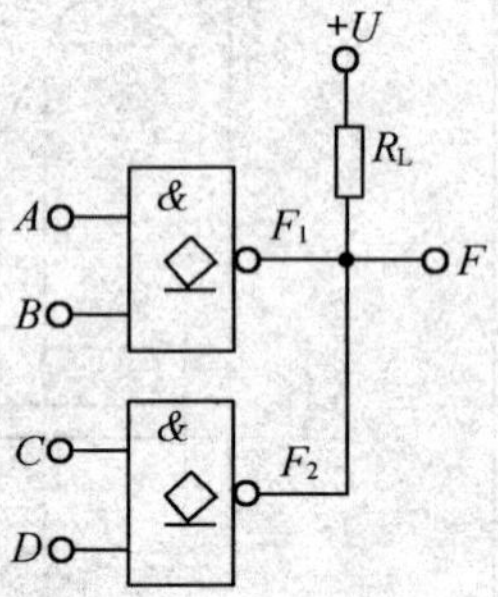

图 20.11

四、CMOS 门电路

MOS 门电路是由绝缘栅增强型场效应管组成，特点是制造工艺简单，集成度高，功耗低，抗干扰能力强等。

1. CMOS 非门、与非门和或非门电路

由 N 沟道增强型绝缘栅场效应管作驱动管，P 沟道增强型绝栅场效应管作负载管。CMOS **非**门、

与非门和**或非**门电路及逻辑符号如图 20.12 所示。

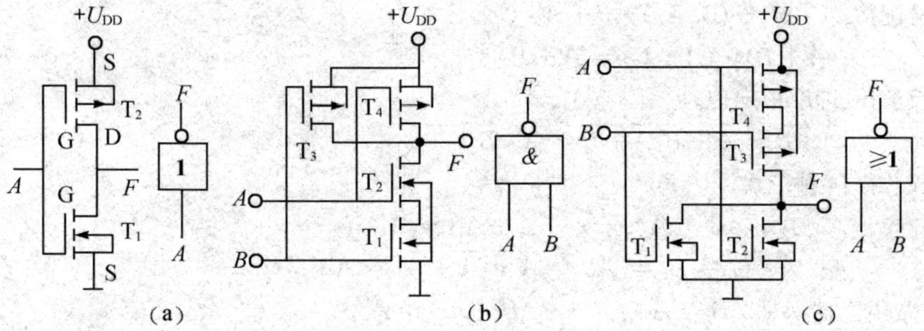

图 20.12

2. CMOS 传输门

也称模拟开关或采样开关，其电路及逻辑符号如图 20.13 所示。

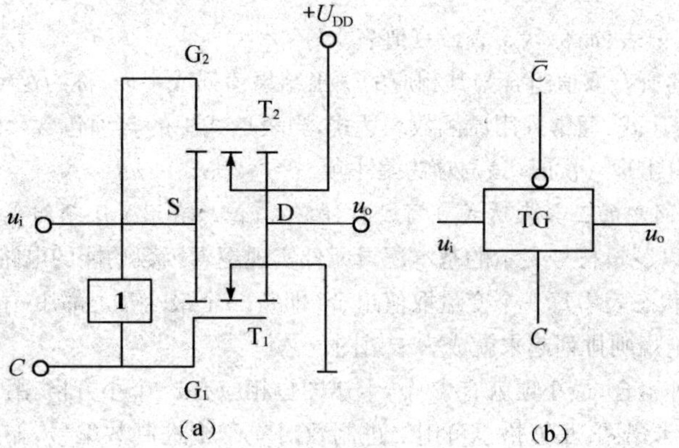

图 20.13

C为采样脉冲输入端。当$C=\mathbf{1}$时，开关接通，模拟电压 u_i 被送到输出端 u_o；当$C=\mathbf{0}$时，开关断开。

五、逻辑代数

1. 逻辑代数运算法则

(1) 基本定理。

$$A+\mathbf{0}=A \qquad A+\mathbf{1}=\mathbf{1} \qquad A+A=A$$

$$A\cdot\mathbf{0}=\mathbf{0} \qquad A\cdot\mathbf{1}=A \qquad A\cdot A=A$$

$$A+\overline{A}=\mathbf{1} \qquad A\cdot\overline{A}=\mathbf{0} \qquad \overline{\overline{A}}=A$$

(2) 基本定律。

1) 交换律：$A+B=B+A$

$A\cdot B=B\cdot A$

2) 结合律：$A+(B+C)=(A+B)+C=(A+C)+B$

$A\cdot(B\cdot C)=(A\cdot B)\cdot C=(A\cdot C)\cdot B$

3) 分配律：$A\cdot(B+C)=A\cdot B+A\cdot C$

$(A+B)\cdot(A+C)=A+B\cdot C$

4) 反演律：即摩根定理。

$\overline{A\cdot B}=\overline{A}+\overline{B}, \overline{A+B}=\overline{A}\cdot\overline{B}$

5) 吸收律：4 种形式。

$A+AB=A$ $\qquad$ $A+\overline{A}B=A+B$

$A\cdot(A+B)=A$ $\qquad$ $A\cdot(\overline{A}+B)=AB$

(3) 常用公式：$A+AB=A$ $\qquad$ $AB+A\overline{B}=A$

$A+\overline{A}B=A+B$ $\qquad$ $AB+\overline{A}C+BC=AB+\overline{A}C$

2. 逻辑函数的表示方法

一个复杂的逻辑问题可用由**与**、**或**、**非**三种基本逻辑运算组合而成的逻辑函数来表达。有 4 种表示方法。

(1) 逻辑状态真值表：简称状态表或真值表。

将全部自变量的所有取值组合与其相应的输出结果值列成一表，称为逻辑状态真值表。

(2) 逻辑代数表达式：通常采用原函数表达式，当表达式中的**与**项包含函数的全部自变量，且每个自变量在**与**项中只出现一次时，该与项为最小项。

注意：同一逻辑问题的函数表达式可写成多种形式，但只有用最小项组成的表达式才是唯一的。

(3) 逻辑图：用以逻辑符号表示的基本逻辑元件实现逻辑函数功能的电路图称为逻辑图。

(4) 卡诺图：将状态表中每一个变量取值组合（即每一个最小项）都用一个小方块表示，然后再将所有小方块按一定规则排列起来就成为卡诺图。

n 个变量有 2^n 种组合，最小项就有 2^n 个，卡诺图也相应有 2^n 个小方格。图 20.14 所示分别为二变量、三变量和四变量卡诺图。小方格也可用二进制数对应于十进制数编号，如图中的四变量卡诺图，也就是变量的最小项可用 $m_0, m_1, m_2, \cdots$ 来编号。

$A \backslash B$	0	1
0	$\overline{A}\,\overline{B}$	$\overline{A}B$
1	$A\overline{B}$	AB

(a)二变量

$A \backslash BC$	00	01	11	10
0	$\overline{A}\overline{B}\overline{C}$	$\overline{A}\overline{B}C$	$\overline{A}BC$	$\overline{A}B\overline{C}$
1	$A\overline{B}\overline{C}$	$A\overline{B}C$	ABC	$AB\overline{C}$

(b)三变量

$AB \backslash CD$	00	01	11	10
00	m_0	m_1	m_3	m_2
01	m_4	m_5	m_7	m_6
11	m_{12}	m_{13}	m_{15}	m_{14}
10	m_8	m_9	m_{11}	m_{10}

(c)四变量

图 20.14 卡诺图

3. 逻辑函数的化简

逻辑函数化简的目标是使函数表达式中**与**项最少，每个**与**项中所含变量个数最少，并命名其运算关系符合现有逻辑器件能够实现的形式。化简的方法有：

(1) 代数化简法：用逻辑代数的基本定理和定律进行化简。

1) 并项法：利用公式 $AB+A\overline{B}=A$ 将两项合并，消去一个变量。

2) 吸收法：利用公式 $A+AB=A$，吸收掉多余项 AB。

3) 消去法：利用公式 $A+\overline{A}B=A+B$，消去与项 $\overline{A}B$ 中的多余因子 $\overline{A}$。

4) 取消法：利用公式 $AB+\overline{A}C+BC=AB+\overline{A}C$，取消多余与项 BC。

5) 配项法：利用公式 $A+\overline{A}=\mathbf{1}$ 先将某些项乘以 $(A+\overline{A})$，展开后再消去更多的项。

(2) 卡诺图化简法。

应用卡诺图化简逻辑函数时，先将逻辑式中的最小项分别用 **1** 填入相应的小方格内。如果逻辑式中的最小项不全，则填写 **0** 或空着不填。如果逻辑式不是由最小项构成，一般应先化为最小项。

应用卡诺图化简逻辑函数时，应注意下列几点：

1) 将取值为 **1** 的相邻小方格圈成矩形或方形，相邻小方格包括最上行与最下行及最左列与最右列同列或同行两端的两个小方格。所圈取值为 **1** 的相邻小方格的个数应为 $2^n(n=0,1,2,3,\cdots)$。

2) 圈的个数应最少，圈内小方格个数应尽可能多。每圈一个新的圈时，必须包含至少一个在圈过的圈中未出现过的最小项，否则重复而得不到最简式。每一个取值为 **1** 的小方格可被圈多次，但不能遗漏。

3) 相邻的两项可合并为一项，并消去一个因子；相邻的四项可合并为一项，并消去两个因子；类推，相邻的 2^n 项可合并为一项，并消去 n 个因子。

将合并的结果相加，即为所求的最简**与或**式。

六、组合逻辑电路的分析与设计

由若干个基本门电路组合而成，其输出状态仅仅取决于当时的输入状态，与输出端过去时刻的状态无关的复杂逻辑电路称为组合逻辑电路。

1. 组合逻辑电路的分析

分析的任务是研究给定的组合逻辑电路中输出与输入之间的逻辑关系，确定其逻辑功能。分析步骤大致如下：

已知逻辑图 → 写出逻辑表达式 → 运用逻辑代数或卡诺图进行化简或变换 → 列出逻辑状态真值表 → 判断逻辑功能。

2. 组合逻辑电路的设计

设计的任务是根据实际问题要求的逻辑功能，画出现有逻辑元件能够实现的逻辑电路。设计步骤大致如下：

根据实际问题抽象化所确定的逻辑要求，找出输入条件（自变量）和输出结果（因变量）的逻辑关系 → 列出逻辑状态真值表 → 写出逻辑表达式 → 用逻辑代数或卡诺图进行化简 → 根据现有逻辑元件进行变换 → 画出逻辑图 → 检验逻辑功能。

七、常用组合逻辑电路

1. 加法器

(1) 二进制。

通用公式：

$$S_B=\sum_{-\infty}^{+\infty}k_i\cdot 2^i=\cdots+k_n\cdot 2^n+k_{n-1}\cdot 2^{n-1}+\cdots+k_i\cdot 2^i+\cdots+k_1\cdot 2^1+k_0\cdot 2^0$$
$$+k_{-1}\cdot 2^{-1}+\cdots+k_{-m}\cdot 2^{-m}+\cdots$$

式中,k_i 的取值中有 0 和 1 两个。

将十进制整数转换为二进制的方法是"除 2 取余数",其中第一次余数为二进制最低位,最后一次余数为二进制最高位。

将十进制小数转换为二进制的方法是"乘 2 取整数",其中第一次整数为小数的最高位。

(2) 半加器:实现 1 位二进制加法的组合逻辑电路。逻辑符号如图 20.15(a) 所示,逻辑表达式如下:

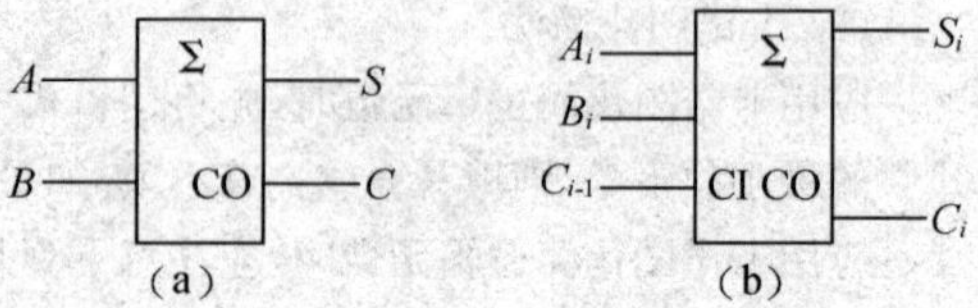

图 20.15

本位和数:$S=A\overline{B}+\overline{A}B=A\oplus B$

向高位进位数:$C=AB=\overline{\overline{AB}}$

(3) 全加器:考虑低位来的进位数的二进制加法组合逻辑电路。逻辑符号如图 20.15(b) 所示,逻辑表达式如下:

本位和数:$S_i=(A_iB_i+\overline{A}_i\overline{B}_i)C_{i-1}+(A_i\overline{B}_i+\overline{A}_iB_i)\overline{C}_{i-1}=A_i\oplus B_i\oplus C_{i-1}=S\oplus C_{i-1}$

向高位的进位数:$C_i=(A_i\overline{B}_i+\overline{A}_iB)C_{i-1}+A_iB_i=SC_{i-1}+C$

式中,S 和 C 是半加器的本位和及进位数。

2. 编码器

用数字或文字和符号对一组事件进行编号排队的过程称为编码。

(1) 二进制编码器:实现用二进制数进行编码的电子电路称二进制编码器。

(2) 二一十进制编码器:用 4 位二进制数对十进制的 10 个数码 0 ~ 9 进行编码的电路称二一十进制编码器。

3. 译码器

译码是编码的反过程。译码器输入的是二进制或二一十进制代码,输出的是对应事件的单元码。

8 线—3 线(8/3) 编码器:8 个事件用 3 位二进制数编码,故有 8 条输入线和 3 条输出线。

3 线—8 线(3/8) 译码器:输入 3 位二进制数的全部代码,可译码 8 个事件的单元码,故有 3 条输入线和 8 条输出线。

4. 数据分配器

将一个输入数据在不同时刻(分时地) 分别送到多个不同的输出端的部件称为数据分配器,也称多路分配器。

5. 数据选择器

在多个输入数据中选择其中一个作为输出,称为数据选择器或多路选择器。

考点:各种门电路的逻辑功能及其应用,逻辑函数的化简与变换,逻辑函数各种表示方法之间的相互转换,组合逻辑电路的分析和简单组合逻辑电路的设计。

20.2 练习与思考题解答

20.1.1 知识点窍　十进制与二进制、八进制、十六进制之间的转换。

解题过程　$(215)_{10}=(11010111)_2=(327)_8=(D7)_{16}$

20.1.2 知识点窍　十进制与二进制、八进制、十六进制之间的转换。

解题过程　$(3E.4)_{16}=(111110.0100)=(62.25)_{10}$

20.1.3 知识点窍　十进制与二进制、八进制、十六进制之间的转换。

解题过程　(1)$(45.34)_8=(\mathbf{100101.0111000})_2$

(2)$(4.A6)_{16}=(\mathbf{10.10100110})_2$

(3)$(\mathbf{11101.11})_2=(35.6)_8$

(4)$(\mathbf{11011011.01})_2=(DB.4)_{16}$

20.2.1 解题过程　逻辑运算中的**1**和**0**不是算术运算中的两个数字，而表示两个相反的逻辑状态。逻辑加法运算是**"或"**逻辑关系，即为"全**0**为**0**，有**1**为**1**"的逻辑运算。

20.2.2 解题过程　如题20.2.2图(a)所示。

若先断开D点，则$V_C=3+0.7=3.7V$

若合上D，断开C点，则$V_D=0.3+0.7=1V$

$V_D<V_C$，故D_B优先导通。D_B导通后，$V_D=1V<V_A=3V$，所以D_A截止。

所以$V_Y=V_D=1V$

A、B端均为3V时，　$V_C=V_D=3.7V$　　$V_Y=3.7V$。

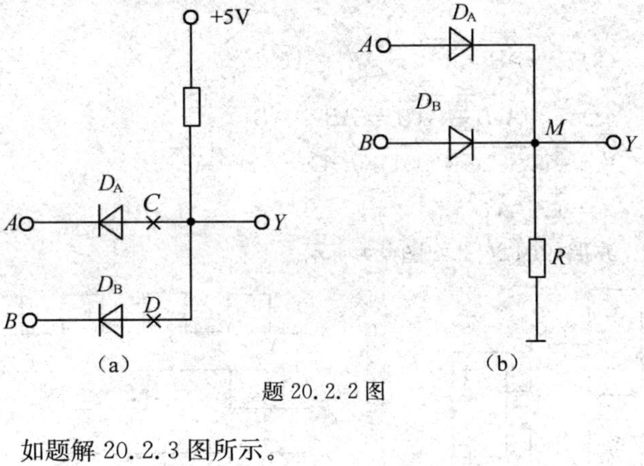

题20.2.2图

20.2.3 解题过程　如题解20.2.3图所示。

(1)A接3V，B接0.3V时，D_A导通，D_B截止

则$V_C=3-0.7=2.3V$

$\therefore V_Y=V_M=V_C=2.3V$

(2)A、B均为0.3V，D_A、D_B截止

$V_C = V_M = 0$，所以 $V_Y = 0\text{V}$

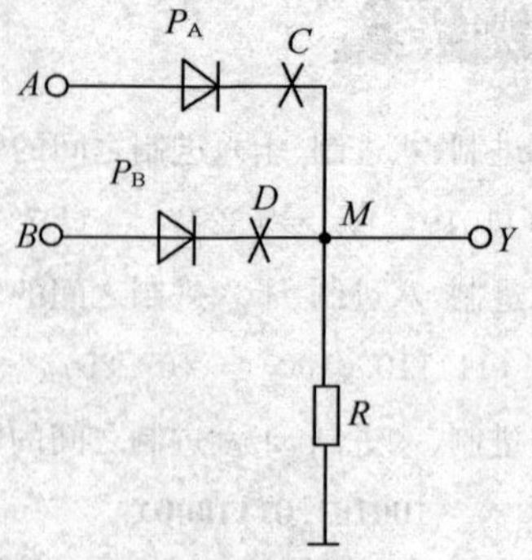

题解 20.2.3 图

20.2.4 知识点窍　基本门、逻辑门电路的组合。

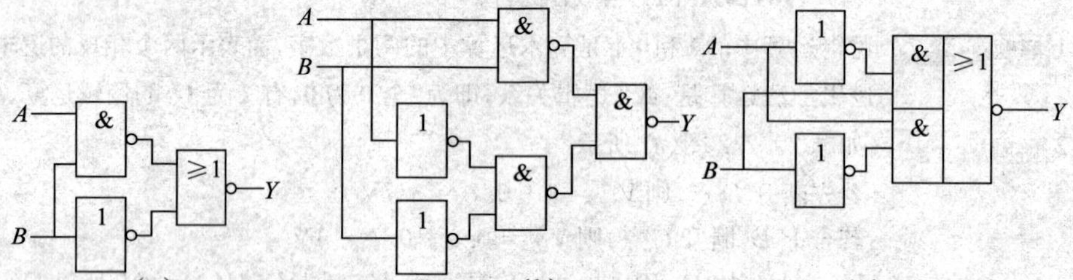

题 20.2.4 图

解题过程　(1)$Y = \overline{\overline{AB} + \overline{B}} = AB$

(2)$Y = \overline{\overline{AB} \cdot \overline{\overline{A}\,\overline{B}}} = AB + \overline{A}\,\overline{B}$

(3)$Y = \overline{\overline{A} \cdot B + A \cdot \overline{B}} = AB + \overline{A}\,\overline{B}$

20.2.5 解题过程　$Y = \overline{AC + BC} = \overline{(A+B)C} = \overline{C} + \overline{(A+B)}$

$= \overline{C} + \overline{A}\,\overline{B}$

波形如题 20.2.5 图(b) 所示。

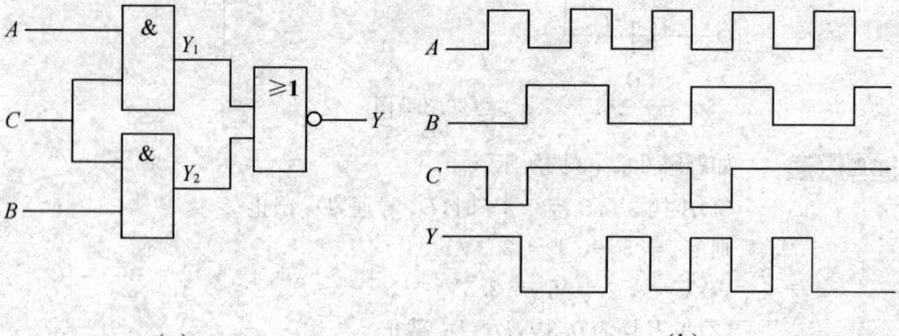

(a)　　　　(b)

题 20.2.5 图

20.2.6 解题过程 初始状态如题解 20.2.6 图所示。

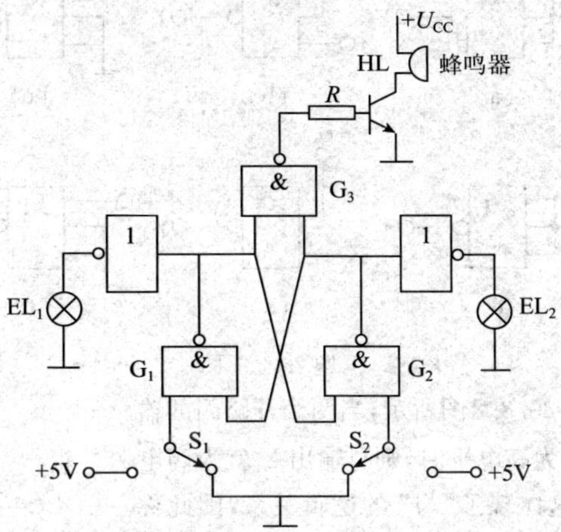

题 20.2.6 图

三极管不导通。

EL_1,EL_2 两端无电压,不亮。

若 S_1 先抢答,状态如右图括号内所示。

由于 S_2 未抢答。所以 G_1 的两个输入端均为 1,并输出 0。

可见 EL_1 两端有电压,EL_1 亮。同时三极管导通,蜂鸣器响。

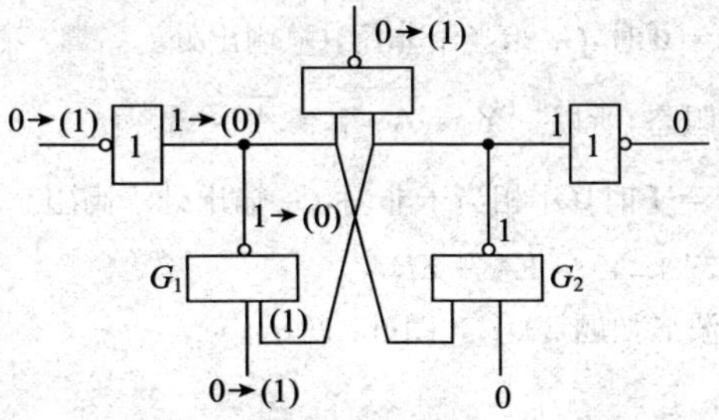

题解 20.2.6 图

20.3.1 解题过程 (a),(b),(d) 和(f) 能实现 $Y=\overline{A}$,(c) 和(e) 不能实现 $Y=\overline{A}$。

(a)$Y=\overline{A\cdot A\cdot A}=\overline{A}$

(b)$Y=\overline{\mathbf{1}\cdot\mathbf{1}\cdot A}=\overline{A}$

(c)$Y=\overline{\mathbf{0}\cdot\mathbf{0}\cdot A}=\mathbf{1}$

(d)$Y=\overline{A+A+A}=\overline{A}$

(e)$Y=\overline{\mathbf{1}+\mathbf{1}+A}=\mathbf{0}$

(f)$Y=\overline{A+\mathbf{0}+\mathbf{0}}=\overline{A}$

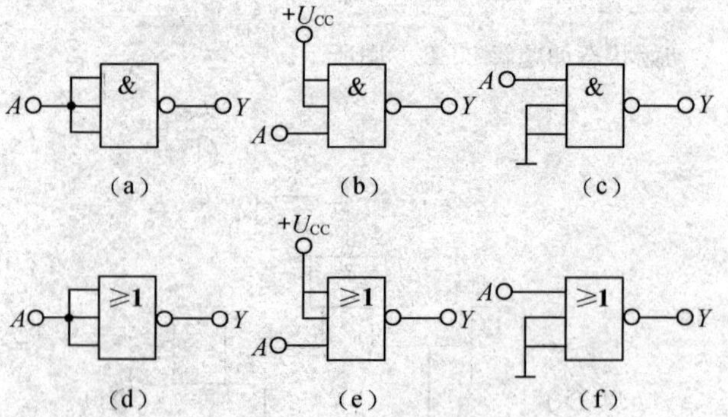

题 20.3.1 图

20.3.2 解题过程　如题 20.3.2 图所示，当两个开路门的输出均为高电平时，则总输出 Y 就为高电平，这体现了“与”的逻辑关系，因此称之为“线与”，即用线连接成“与”。

$$
\begin{aligned}
Y &= Y_1 \cdot Y_2 = \overline{A_1 \cdot B_1} \cdot \overline{A_2 \cdot B_2} \\
&= (\overline{A}_1 + \overline{B}_1) \cdot (\overline{A}_2 + \overline{B}_2) \\
&= \overline{A}_1\overline{A}_2 + \overline{B}_1\overline{B}_2 + \overline{A}_1\overline{B}_2 + \overline{A}_2\overline{B}_1 \\
&= \overline{A_1 + A_2} + \overline{B_1 + B_2} + \overline{A_1 + B_2} \\
&\quad + \overline{A_2 + B_1}
\end{aligned}
$$

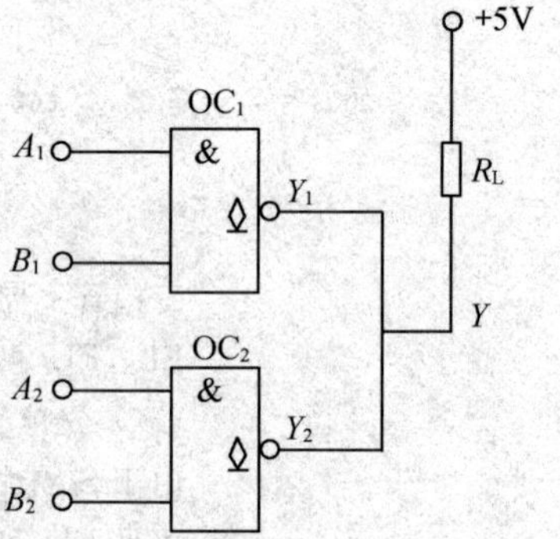

题 20.3.2 图

20.3.3 解题过程　当 $E = \mathbf{0}$ 时，G_1 相当于**非门**，G_2 输出处于高阻态，所以　$Y = \overline{\overline{A} \cdot \mathbf{1}} = \overline{A} = A$

当 $E = \mathbf{1}$ 时，G_2 相当于**非门**，G_1 输出处于高阻态，所以　$Y = \overline{\overline{A} \cdot \mathbf{1}} = \overline{\overline{B}} = B$

综合起来，$Y = \overline{E}A + EB$

Y 的波形如题 20.3.3 图(b) 所示。

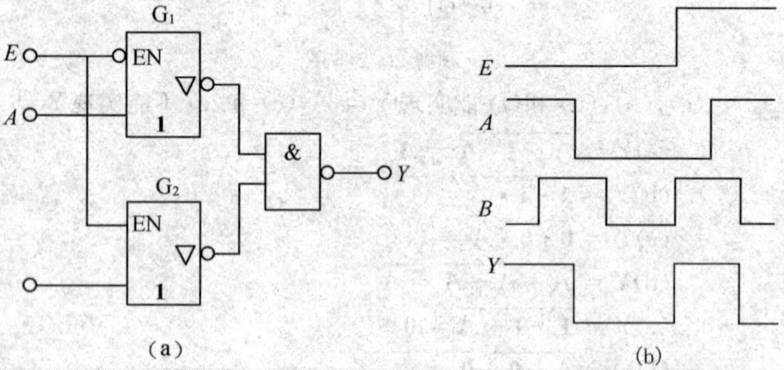

题 20.3.3 图

20.5.1 解题过程 逻辑代数和普通代数的主要区别有：

(1) 逻辑变量的取值只有 **0** 和 **1** 两个，而普通代数中变量可取任意值。

(2) 逻辑代数中的各种运算都是逻辑运算，而不是普通代数中的数值运算。

(3) 逻辑代数中的基本运算只有“**与**”或“**非**”两种，不像普通代数中有加、减、乘、除四种。

20.5.2 解题过程 不能。因为若 $A=\mathbf{1}, B=\mathbf{1}, C=\mathbf{0}$，则 $AB=AC, A+B=A+C$，若 $A=\mathbf{0}$，$B=\mathbf{1}$，$C=\mathbf{0}$，则 $A+AB=A+AC$，但 $B\neq C$。

20.5.3 解题过程 (1) 已知逻辑状态表，转换成另三种表示法。

转换成逻辑表达式：将状态表中，对任一个输出为 **1** 的行中，取值为 **0** 的用反变量表示，取值为 **1** 的用原变量表示，然后相“**与**”之后，得所有“**与**”式并将此式进行“**或**”运算便得逻辑函数表达式。

画逻辑图：由状态表先写出逻辑式，然后化简和变换，用基本逻辑元件表示各运算关系，便可画出逻辑图。

画卡诺图：将状态表中输出变量为 **1** 的各组输入变量所确定的小方格，用 **1** 填入，便得函数的卡诺图。

(2) 已知逻辑式转换成另三种表示法。

列状态表：将各种输入变量组态代入逻辑式，计算可得。

画逻辑图：用基本逻辑元件表示逻辑式中各种运算关系。

画卡诺图：将这种输入变量组态进行计算，将输出为 **1** 的状态找出，并在卡诺图中的相应小方块中填入 **1**，便可得函数的卡诺图。

(3) 已知逻辑图转换成另三种表示法：先写出逻辑表达式；将表达式化简和变换成最小项形式，便可列出状态表；由状态表可画出卡诺图。

(4) 已知卡诺图转换成另三种表示法。

由卡诺图可直接列出状态表。

由卡诺图可写出函数的最小项形式，也可由卡诺图合并相邻小方块后写出最简**与或**表达式，即得到逻辑表达式。

由卡诺图化简后的最简**与或**表达式，再进行变换，用相应的逻辑元件表示函数的各运算关系，从而画出逻辑图。

(5) 逻辑状态表中包含了所有输入变量的全部取值组合及其对应的输出变量的取值，因此对一个逻辑问题来说它是唯一的表示方法。

卡诺图和逻辑状态表一一对应，也是唯一的。

20.5.4 解题过程 由全部输入变量以原变量或反变量形式(但只出现 1 次) 组成的“**与**”项称为最小项。

20.5.5 解题过程 卡诺图如题解 20.5.5 图所示。由图中可知，各小方块之间没有相邻的，因此不能合并以消去变量，所以该“**与或**”表达式已是最简的。

A \ BC	00	01	11	10
0		1		1
1	1		1	

题解 20.5.5 图

20.5.6 知识点窍　用逻辑状态表判断组合逻辑，如题 20.5.6 表所示。

题 20.5.6 表

A	B	$\overline{A}$	$\overline{B}$	$\overline{A}\cdot\overline{B}$	$\overline{A\cdot B}$	$A\cdot B$
0	0	1	1	1	1	0
1	0	0	1	0	1	0
0	1	1	0	0	1	0
1	1	0	0	0	0	1

解题过程　由逻辑状态表分析可得 $\overline{A}\cdot\overline{B}\neq\overline{A\cdot B}$。

20.6.1 解题过程　逻辑状态表如题 20.6.1 表所示。由表可看出，当 A,B,C 三个变量中有偶数个取 **1** 时，Y 也取 **1**，所以可判定电路具有“判偶”逻辑功能。

题 20.6.1 表

A	B	C	Y
0	0	0	0
0	0	1	0
0	1	0	0
0	1	1	1
1	0	0	0
1	0	1	1
1	1	0	1
1	1	1	0

20.6.2 解题过程　(1)　$Y=1\oplus1\oplus0\oplus1\oplus0=0\oplus0\oplus1\oplus0=0\oplus1\oplus0=1\oplus0=1$

(2)　$Y=1\oplus1\oplus1\oplus1=1\oplus1\oplus0=1\oplus1=0$

(3) $Y = 1 \oplus 1 \oplus 1 \oplus 1 \oplus 1 = 1 \oplus 1 \oplus 0 = 1 \oplus 1 \oplus 1 = 1 \oplus 0 = 1$

20.6.3 解题过程 假定开关闭合为 **1**，断开为 **0**；电动机转动为 **1**，停转为 **0**。则有“全 **1** 出 **1**，有 **0** 出 **0**”的逻辑关系，故为“**与**”逻辑。用 D 表示电动机状态，则有 $D = S_1 \cdot S_2 \cdot S_3$。逻辑图如题解 20.6.3 图(a) 所示，其控制电路如题解 20.6.3 图(b) 所示。

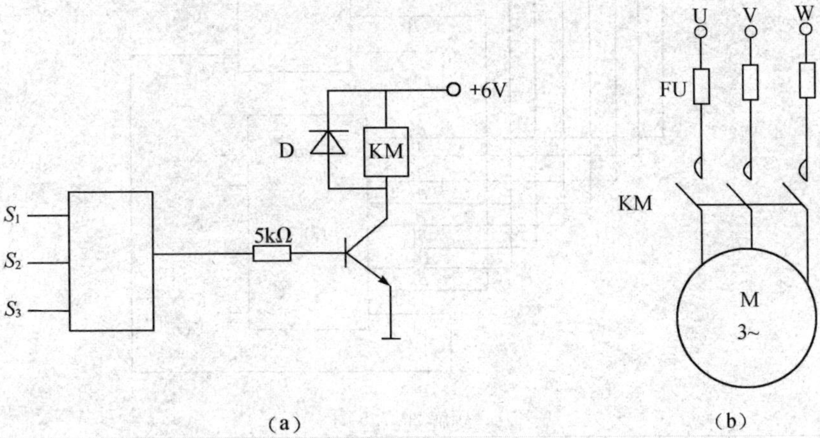

题解 20.6.3 图

20.6.4 证明 $\overline{A\overline{B} + \overline{A}B} = \overline{A\overline{B}} \cdot \overline{\overline{A}B} = (\overline{A} + B) \cdot (A + \overline{B})$

$= \overline{A}A + AB + \overline{A}\,\overline{B} + B\overline{B}$

$= AB + \overline{A}\,\overline{B}$

20.7.1 解题过程 二进制加法是一种算数运算，只是采用逢 2 进位法。逻辑加法是一种“或”运算，不存在进位问题。

20.7.2 解题过程 $(13)_D = (\mathbf{1101})_B$，$(43)_D = (\mathbf{101011})_B$

$(121)_D = (\mathbf{1111001})_B$，$(\mathbf{10101})_B = (21)_D$

$(\mathbf{11111})_B = (31)_D$，$(\mathbf{000011})_B = (3)_D$

20.7.3 解题过程 半加器是实现 1 位二进制数加法，不考虑低位的进位数的加法运算器。

全加器不仅实现本位求和，还要考虑与低位的进位数求和以及向高位进位的二进制加法运算器。

20.7.4 解题过程 $1+1=2$ 是十进制加法运算，$1+1=10$ 是二进制加法运算，$1+1=1$ 是逻辑加法运算。

20.7.5 解题过程 两片 T 692 型全加器实现 8 位二进制加法运算的连接如题解 20.7.5 图所示。运算结果为

$$S = S_3'S_2'S_1'S_0'S_3S_2S_1S_0，进位是\ C_O'$$

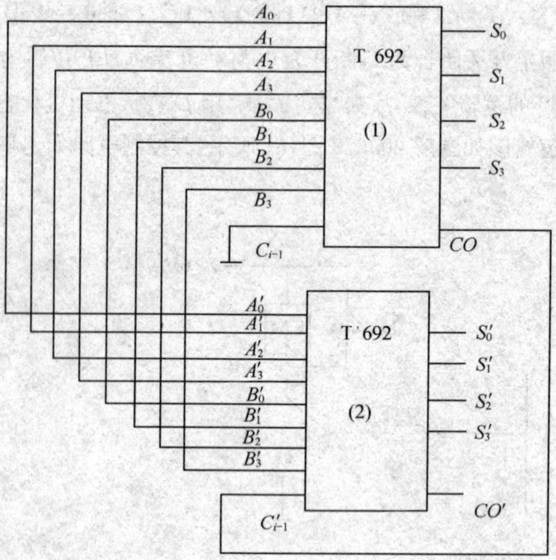

题解 20.7.5 图

20.9.1 解题过程　编码是用数字或文字符号对一组事件或信息进行编号排序的过程。译码是编码的反过程，将编好的数字或文字符号代码按原意翻译成对应的事件和信息。

20.9.2 解题过程　两种编码或译码在本质上是相同的，不同的只是二进制代码全部逢 2 进位，而二一十进制(简称 BCD 码) 则在 10 以内逢 2 进位，在 10 以上则逢 10 进位。

20.9.3 解题过程　输出高电平有效，当输入 $A_3A_2A_1A_0 = 0101$ 时，输出 $abcdefg = 1011011$，显示十进制数为 5。

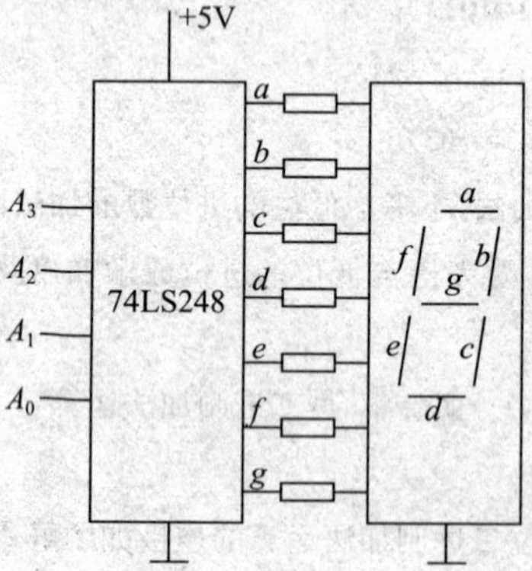

题 20.9.3 图

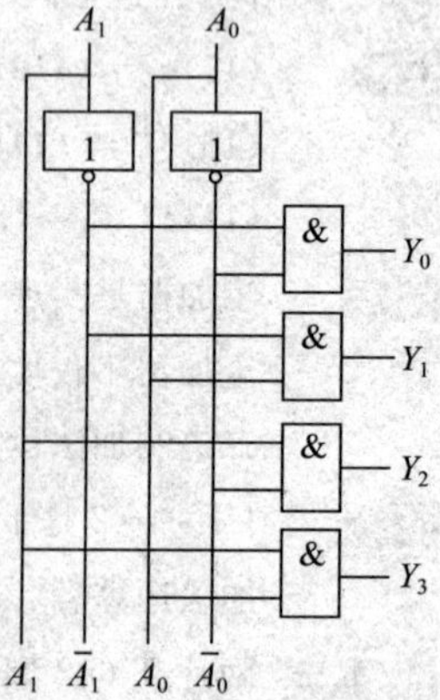

题 20.9.4 图

20.9.4 知识点窍　逻辑判断。

解题过程　$Y_0 = \overline{A_1} \cdot \overline{A_0}$　$Y_1 = \overline{A_1} \cdot A_0$

$Y_2 = A_1 \cdot \overline{A_0} \quad Y_3 = A_1 A_0$

逻辑状态表如题 20.9.4 表所示。

题 20.9.4 表

A_1	A_0	$\overline{A_1}$	$\overline{A_0}$	Y_0	Y_1	Y_2	Y_3
0	0	1	1	1	0	0	0
0	1	1	0	0	1	0	0
1	0	0	1	0	0	1	0
1	1	0	0	0	0	0	1

20.3 课后习题全解

A 选择题

20.1.1 分析 $(101010)_2 = 1\times 2^5 + 1\times 2^3 + 1\times 2^1 = 42$

故选(1)。

20.1.2 分析 $(123)_{10} = (1111011)_2 = (7B)_{16}$

故选(2)。

20.2.1 分析 (a)$Y = \overline{0 \cdot A \cdot B} = 1$

(b)$Y = \overline{0 + A + B} = \overline{A + B}$

(c)$Y = \overline{1 + A + B} = 0$

故选(c)。

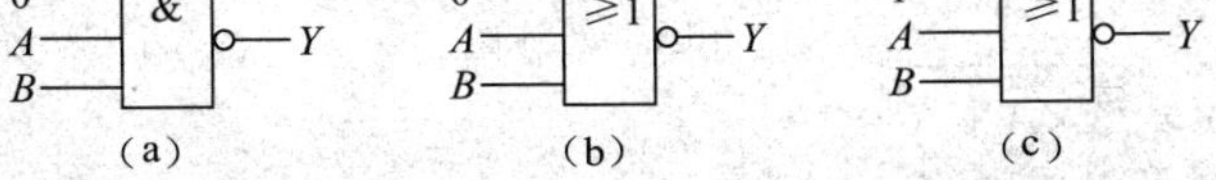

题 20.2.1 图

20.2.2 分析 $Y = \overline{A \cdot 0} = 1$,故选(2)。

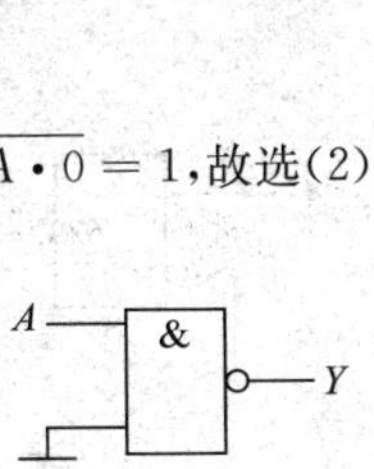

题 20.2.2 图

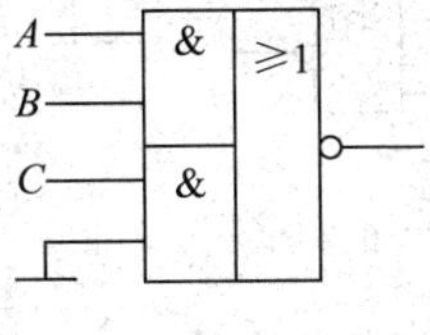

题 20.2.3 图

20.2.3 分析 $Y = \overline{A \cdot B + C \cdot 0} = \overline{AB}$。故选(3)。

20.5.1 分析 $\overline{A+B+C}=\overline{(A+B)+C}=\overline{A+B}\cdot\overline{C}=\overline{A}\cdot\overline{B}\cdot\overline{C}$

故选(1)。

20.5.2 分析 $\overline{A\cdot B\cdot C\cdot D}=\overline{A\cdot B}+\overline{C\cdot D}=\overline{A}+\overline{B}+\overline{C}+\overline{D}$。故选(3)。

20.5.3 分析 $\overline{A}+ABC=(A+\overline{A})+(\overline{A}+BC)=\overline{A}+BC$。故选(2)。

20.5.4 分析 $A\overline{B}+AC=A(\overline{B}+C)=1$

$\therefore A=1,\overline{B}+C=1$。故选(3)。

20.5.5 分析 由输入量写逻辑状态表，如题 20.5.5 表所示。

故选(2)。

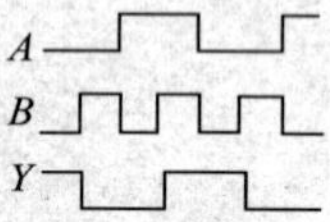

题 20.5.5 图

题 **20.5.5** 表

A	B	Y
0	0	1
0	1	0
1	0	0
1	1	1

20.5.6 分析 $Y=AB+\overline{A}C+\overline{B}C=AB+(\overline{A}+\overline{B})C=AB+\overline{AB}\cdot C=AB+C$

故选(3)。

20.5.7 分析 $\overline{AB}=\overline{A}+\overline{B}$，(1) 与(3) 等价。故选(2)。

20.6.1 分析 异或门逻辑输出表，$A\oplus\overline{A}=1$。故选(c)。

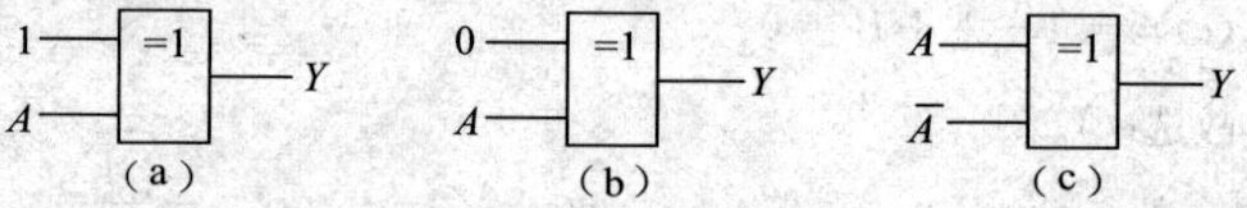

题 20.6.1 图

20.6.2 分析 $Y=\overline{\overline{A}\cdot\overline{\overline{A}+A}}=1$

故选(3)。

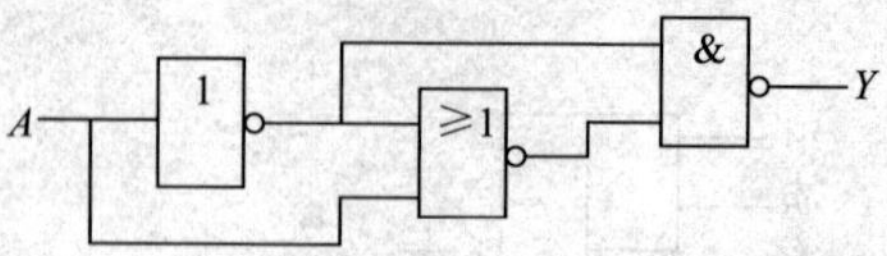

题 20.6.2 图

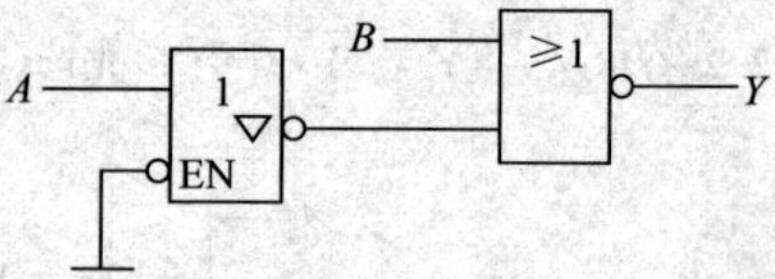

题 20.6.3 图

20.6.3 分析 三态输出非门。$Y=\overline{\overline{A}+B}=A\overline{B}$

故选(3)。

20.6.4 分析 $Y=\overline{\overline{A\cdot B}\cdot\overline{\overline{B}\cdot C}}=A\cdot B+\overline{B}C$

故选(3)。

20.6.5 分析 $Y=\overline{\overline{A\cdot B}\cdot\overline{A\cdot C}\cdot\overline{B\cdot C}}=AB+AC+BC$

故选(2)。

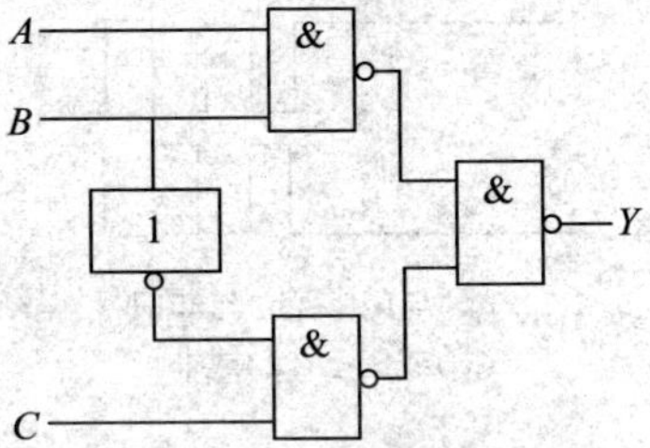

题 20.6.4 图

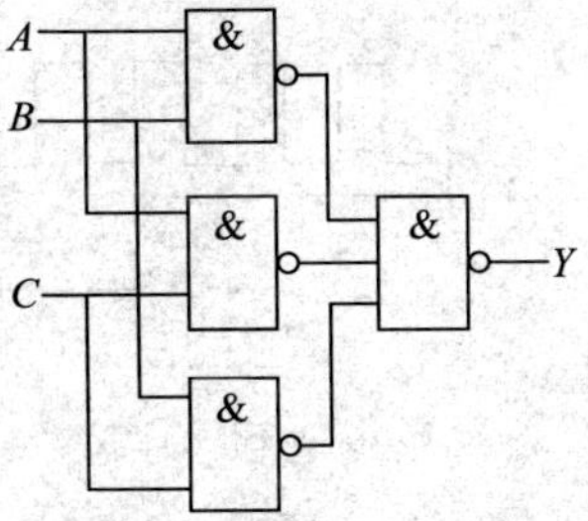

题 20.6.5 图

20.6.6 分析 (a)$Y=\overline{\overline{A\cdot B}\cdot\overline{C\cdot D}}=AB+CD$

(b)$Y=\overline{\overline{A+B}+\overline{C+D}}=(A+B)(C+D)$

(c)$Y=\overline{(A+B)+(C+D)}=\overline{A+B}\cdot\overline{(C+D)}$

故选(b)。

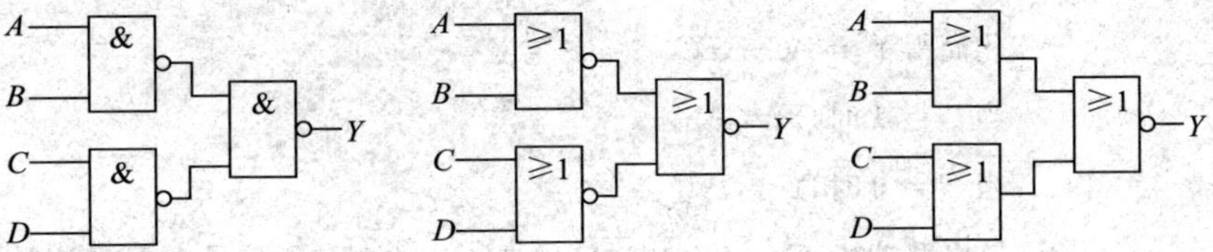

(a) (b) (c)

题 20.6.6 图

20.6.7 分析 将 $A=0,B=0,C=0,Y=1$ 代入排除(1);

将 $A=0,B=1,C=1,Y=1$ 代入排除(3);

故选(2)。

B 基本题

20.2.4 知识点窍 基本逻辑门。

逻辑推理 **与**:$Y=A\cdot B$ **与非**:$Y=\overline{A\cdot B}$ **或**:$Y=A+B$

或非:$Y=\overline{A+B}$

解题过程 对**与**门和**与非**门其控制端皆为高电平有效，利用**与**、**或**、**与非**、**或非**定义和逻辑表达式，可以作出输出波形图。输出波形如题解 20.2.4 图所示。

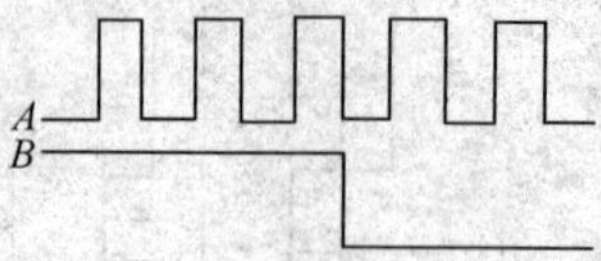

题 20.2.4 图

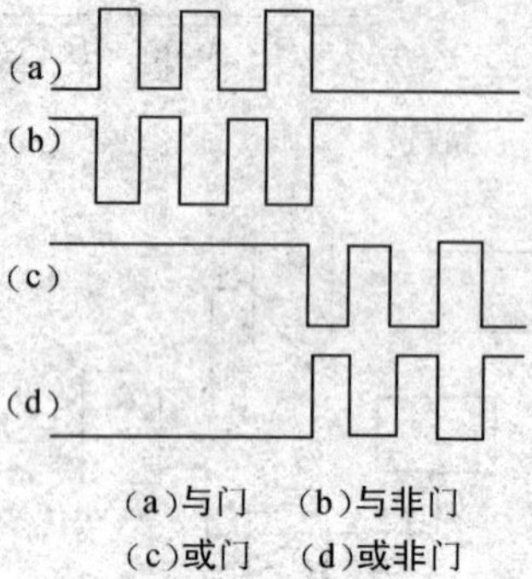

题解 20.2.4 图

20.2.5 **知识点窍** 由逻辑图写逻辑表达式并化简。

逻辑推理 由左至右顺序推导。

解题过程 A、C 组成**与非**门的输出 $Y_1 = \overline{A \cdot C}$

C、B 组成**与非**门的输出 $Y_2 = \overline{\overline{C} \cdot B}$

$Y_1 \cdot Y_2$ 组成**与非**门输出 $Y = \overline{Y_1 \cdot Y_2} = \overline{\overline{A \cdot C} \cdot \overline{\overline{C}B}}$

化简得 $Y = AC + B\overline{C}$

当 $C = \mathbf{1}$ 时，$Y = A$

当 $C = \mathbf{0}$ 时，$Y = B$

该电路功能：$C = \mathbf{1}$ 时传送信号 A；$C = \mathbf{0}$ 时传送信号 B。Y 的波形如题 20.2.5 图(b) 所示。

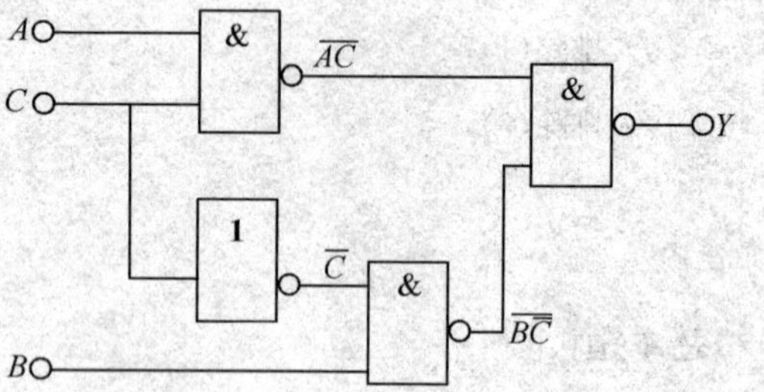

(a)

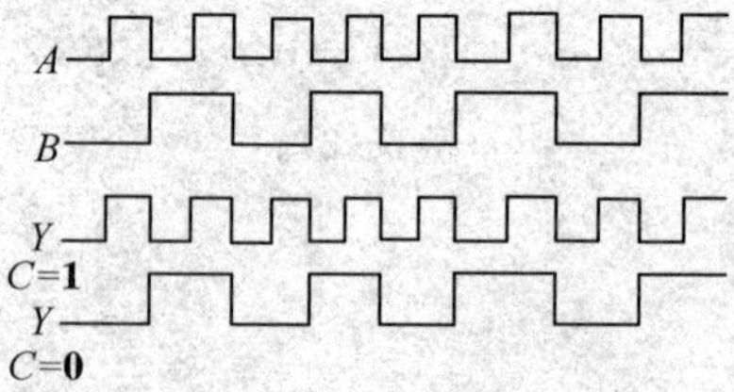

(b)

题 20.2.5 图

20.3.1 解题过程 用 74LS00 与非门实现 $Y=\overline{\overline{AB}\cdot\overline{\overline{C}D}}$

接线图如题解 20.3.1 图所示。

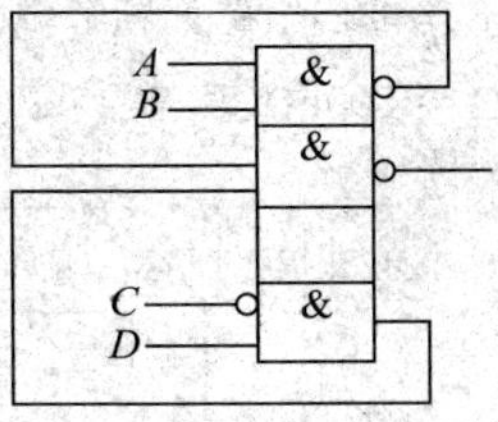

题解 20.3.1 图

20.3.2 解题过程 对(a)

当 $\overline{E}=\mathbf{1}$ 时，$Y=B$；当 $\overline{E}=\mathbf{0}$ 时，$Y=A$

对(b)

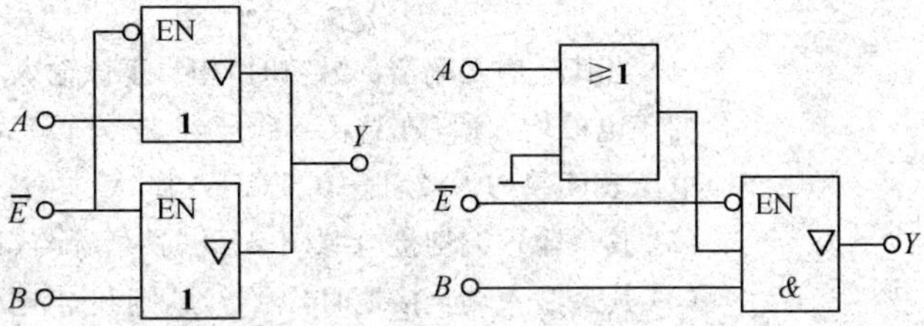

(a) (b)

题 20.3.2 图

当 $\overline{E}=\mathbf{1}$ 时，Y 高阻态；当 $\overline{E}=\mathbf{0}$ 时，$Y=(A+\mathbf{0})\cdot B=A\cdot B$

画出 Y 的波形如题解 20.3.2 图所示。

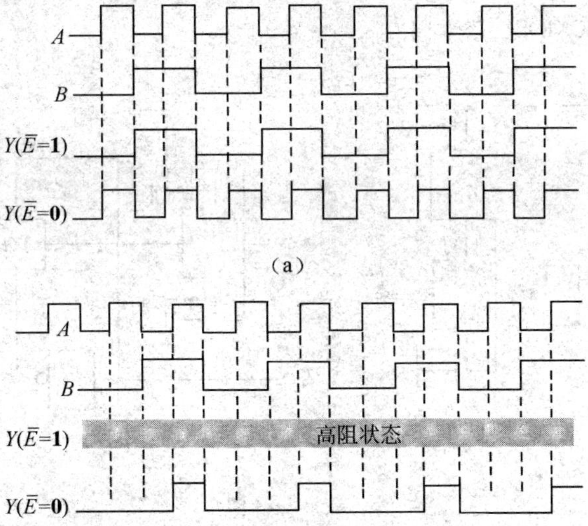

(a)

(b)

题解 20.3.2 图

20.3.3 知识点窍　TTL 与非门。

逻辑推理　先画出与非门电路，对输入端的不同状态进行分析。

解题过程　由题意画出 TTL 与非门电路如题解 20.3.3 图所示，其中电压表Ⓥ的总内阻 $R_V = 10 \times 50\text{k}\Omega = 500\text{k}\Omega \gg 1.45\text{k}\Omega$，使电压表上压降 $V_R > 1.4\text{V}$。因此：

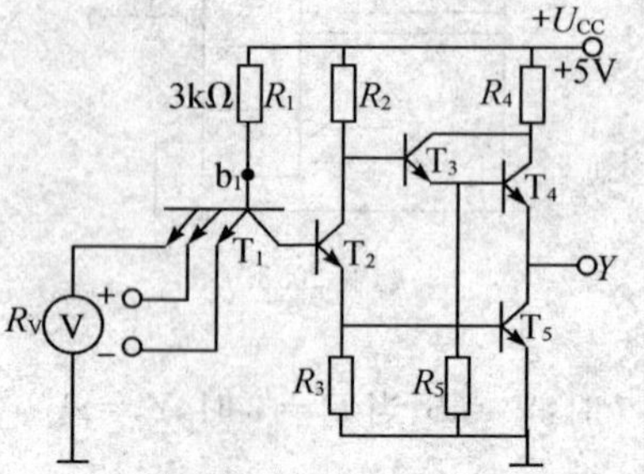

题解 20.3.3 图

(1) 当其余输入端全部悬空时，相当于该输入端输入高电平导通，T_2、T_5 和 T_1 的集电极均导通，故 $V_{b1} = (0.7 \times 3) \approx 2.1\text{V}$，$b_1$ 点电位被钳制在 2.1V，所以电压表读数约为 $(2.1 - 0.7)\text{V} = 1.4\text{V}$ 左右。

(2) 其余输入端均接电源(+5V) 时，情况与(1) 相同。

(3) 其余输入端全接地时，T_1 导通，则 b_1 点电位即为 T_1 的 BE 结压降，b_1 点电位被钳制在 0.7V，电压表读数为 0。

(4) 其余输入端中有一个接地时，情况和(3) 相似，电压表读数为 0。

(5) 其余输入端全接 0.3V 时，则 b_1 点电位被钳制在 $(0.3 + 0.7)\text{V} = 1\text{V}$，电压表读数应为 0.3V 左右。

20.4.1 知识点窍　CMOS 三态非门。

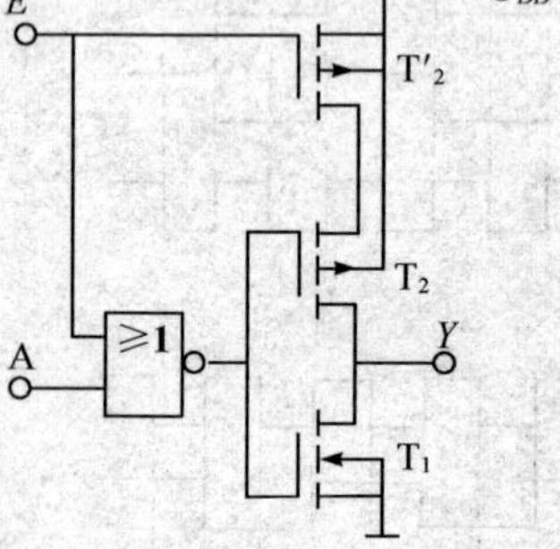

(a)

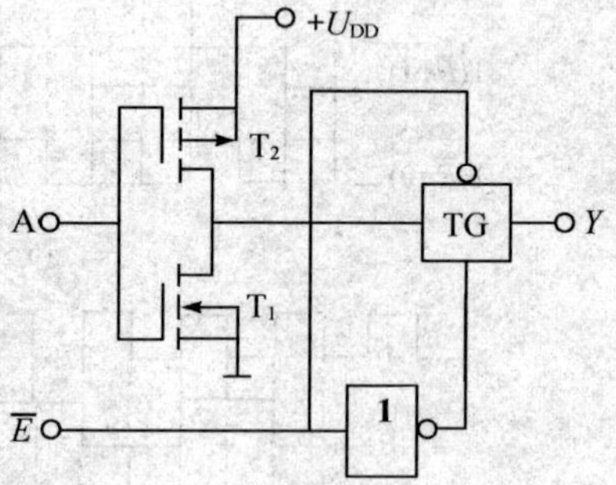

(b)

题 20.4.1 图

解题过程　$\overline{E} = \mathbf{0}$，则 T_1 和 T_2 均导通。

若 $A = \mathbf{0}$，则 T_1 截止，T_2 导通，于是 $Y = \mathbf{1}$；若 $A = \mathbf{1}$，则 T_1 导通，T_2 截止，于是 $Y = \mathbf{0}$。即 $Y = \overline{A}$。

$\overline{E} = \mathbf{1}$，$T_1$ 和 T_2 均截止，不论 $A = \mathbf{0}$ 或 $\mathbf{1}$，Y 均为高阻状态。逻辑符号略。

20.5.8 知识点窍 逻辑表达式与逻辑图的转化。

逻辑推理 画逻辑图时，也如运算一样，由“(　)”内先画，进而画出全部逻辑图。

解题过程 各逻辑式的逻辑图如题解 20.5.8 图(a)，(b)，(c)，(d)，(e) 所示。

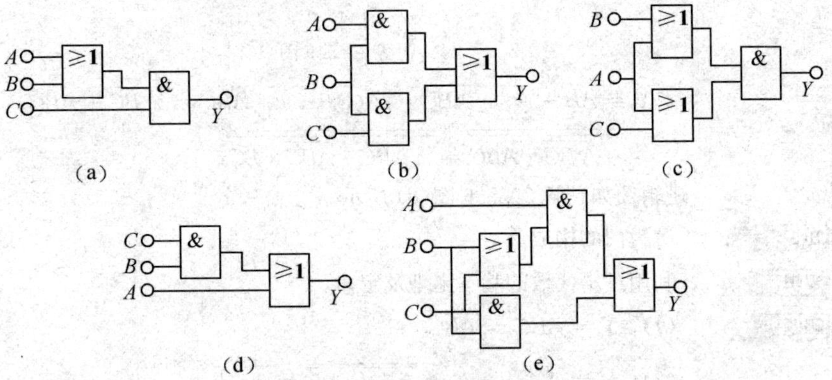

题解 20.5.8 图

20.5.9 知识点窍 逻辑表达式与逻辑图。

逻辑推理 用与非门来实现，则先将非 — 或用与 — 非来代替，把或关系用与和非来实现，即利用 $Y = \overline{\overline{Y}}$ 和摩根定理变换实现。

解题过程 (1)　$Y = AB + \overline{A}C = \overline{\overline{AB} \cdot \overline{\overline{A}C}}$，逻辑图如题解 20.5.9 图(a) 所示。

(2)　$Y = A + B + \overline{C} = \overline{\overline{A} \cdot \overline{B} \cdot C}$，逻辑图如题解 20.5.9 图(b) 所示。

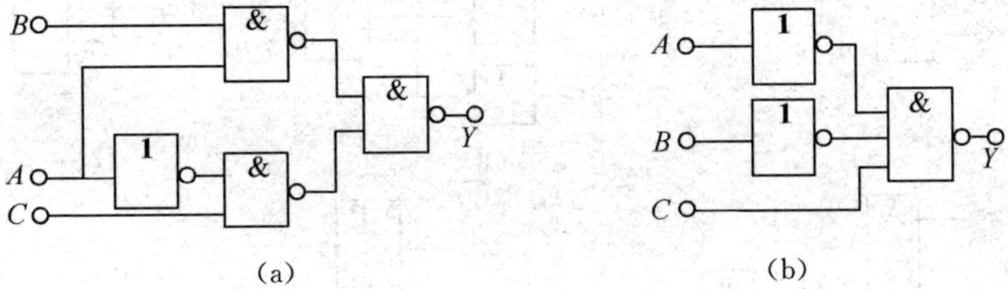

题解 20.5.9 图

(3)　$Y = \overline{A}\,\overline{B} + (\overline{A} + B) \cdot \overline{C} = \overline{A}\,\overline{B} + \overline{A}\,\overline{C} + B\overline{C}$

$= \overline{A}\,\overline{B} + \overline{A}\,\overline{C}(B + \overline{B}) + B\overline{C}$

$= \overline{A}\,\overline{B} + B\overline{C} = \overline{\overline{\overline{A}\,\overline{B}} \cdot \overline{B\overline{C}}}$

逻辑图如题解 20.5.9 图(c) 所示。

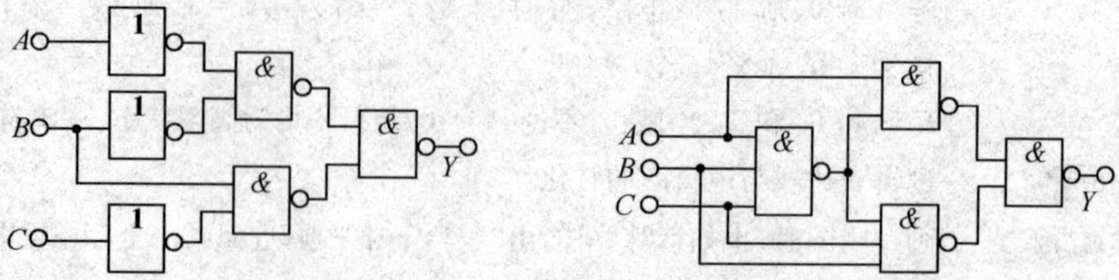

（c）　　　　　　　　　　　　（d）

题解 20.5.9 图

(4) $Y = A\bar{B} + A\bar{C} + \bar{A}BC = A(\bar{B}+\bar{C}) + \bar{A}BC = A\,\overline{BC} + \bar{A}BC$

$= \overline{\overline{A\,\overline{BC}} \cdot \overline{\bar{A}BC}} = \overline{\overline{A\,\overline{ABC}} \cdot \overline{\overline{ABC} \cdot BC}}$

逻辑图如题解 20.5.9 图(d) 所示。

20.5.10 知识点窍　逻辑门的构成。

逻辑推理　利用逻辑代数的基本定理及定律。

解题过程　(1)　$Y = ABC = \overline{\overline{ABC}}$

(2)　$Y = A + B + C = \overline{\overline{A+B+C}} = \overline{\bar{A} \cdot \bar{B} \cdot \bar{C}}$

(3)　$Y = \bar{A}$

(4)　$Y = \overline{\overline{ABC} \cdot \overline{DEF}}$

(5)　$Y = \overline{A+B+C} = \overline{\overline{\bar{A} \cdot \bar{B} \cdot \bar{C}}}$

逻辑图如题解 20.5.10 图所示。

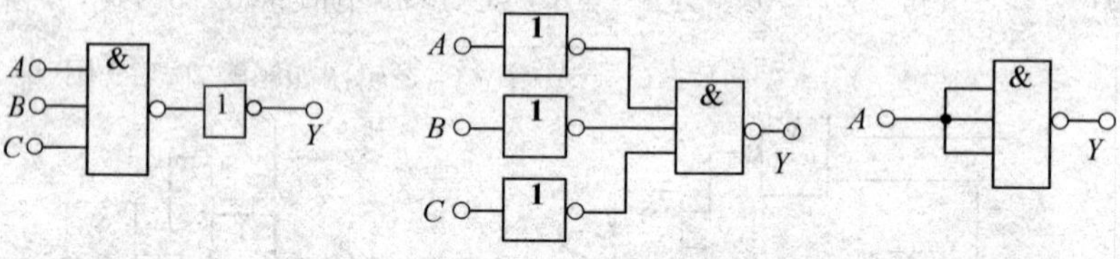

（a）　　　　　（b）　　　　　（c）

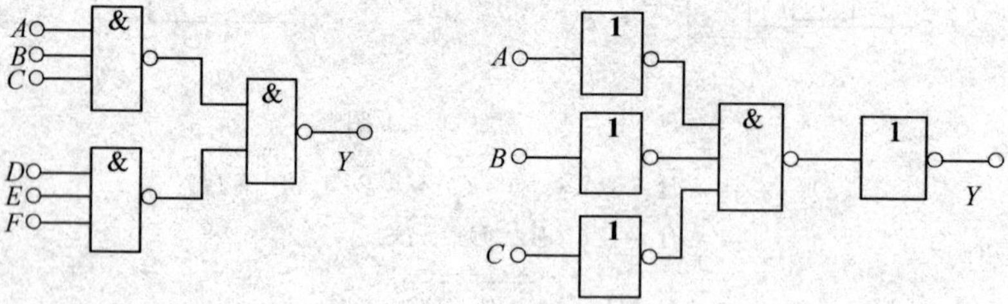

（d）　　　　　（e）

题解 20.5.10 图

20.5.11 **知识点窍** 逻辑图与逻辑式的转化。

逻辑推理 可以由左至右写出逻辑式，并进一步化简。

解题过程 对题解 20.5.11 图(a) 所示电路：由逻辑图得逻辑表达式

$$Y=\overline{\overline{\overline{A\cdot B}\cdot\overline{\overline{A}\cdot\overline{B}}}}=\overline{AB}\cdot\overline{\overline{A}\cdot\overline{B}}=(\overline{A}+\overline{B})(A+B)$$
$$=\overline{A}B+A\overline{B}=A\oplus B$$

对题解 20.5.11 图(b) 所示电路：由逻辑图可得逻辑表达式

$$Y=\overline{\overline{AC}\cdot\overline{BC}}=AC+BC=(A+B)\cdot C$$

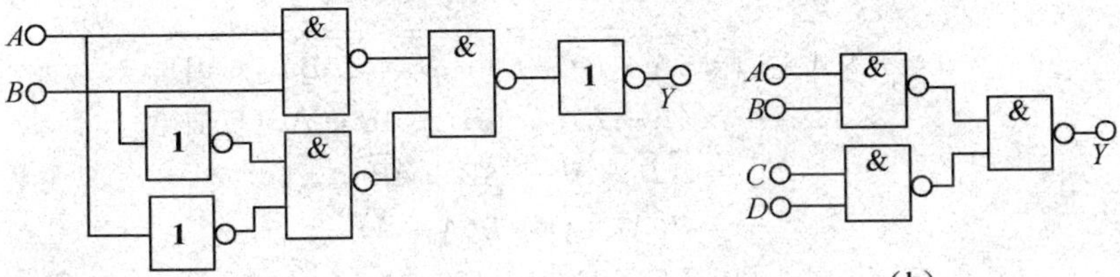

(a) (b)

题解 20.5.11 图

20.5.12 **知识点窍** 逻辑式的化简。

逻辑推理 化简可由两种方法实现：逻辑代数运算法和卡诺图法，前者可用吸收律、反演律等方式来得到最简形式。

解题过程 (1) $Y=AB+\overline{A}\,\overline{B}+A\overline{B}=A(B+\overline{B})+\overline{A}\,\overline{B}$ $(B+\overline{B}=\mathbf{1})$

$=A+\overline{A}\,\overline{B}=A+\overline{B}$

(2) $Y=ABC+\overline{A}B+AB\overline{C}=B(AC+\overline{A}+A\overline{C})$

$=B(\overline{A}+AC+\overline{C})=B(\overline{A}+A+\overline{C})=B$

(3) $Y=\overline{\overline{(A+B)}+AB}=(A+B)\cdot\overline{AB}=(A+B)(\overline{A}+\overline{B})$

$=A\overline{A}+\overline{A}B+B\overline{B}+A\overline{B}=A\overline{B}+\overline{A}B$

(4) $Y=(AB+A\overline{B}+\overline{A}B)(A+B+D+\overline{A}\,\overline{B}\,\overline{D})$

$=(B+A\overline{B})(A+B+D+\overline{BD})$

$=(A+B)(A+B+D+\overline{B}+\overline{D})$

$=A+B$

(5) $Y=ABC+\overline{A}+\overline{B}+\overline{C}+D$

$=\overline{A}+BC+\overline{B}+\overline{C}+D$

$=\overline{A}+\overline{B}+C+\overline{C}+D$

$=\mathbf{1}+\overline{A}+\overline{B}+D=\mathbf{1}$

20.5.13 **知识点窍** 逻辑代数的基本定理定律。

逻辑推理 利用逻辑代数的基本定理定律进行转化求证。

解题过程 (1) 等式左边 $=ABC+\overline{A}+\overline{B}+\overline{C}=\overline{A}+BC+\overline{B}+\overline{C}=\overline{A}+\overline{B}+C+\overline{C}=\mathbf{1}$ $+\overline{A}+\overline{B}=\mathbf{1}$(反演律)，得证。或等式左边 $=ABC+\overline{A\cdot B\cdot C}=1$，得证。

(2) 等式左边 $=\overline{A}\,\overline{B}+A\overline{B}+\overline{A}B=\overline{A}(\overline{B}+B)+A\overline{B}=\overline{A}+A\overline{B}=\overline{A}+\overline{B}=$ 等式右边(吸收律),得证。

(3) 等式右边 $=\overline{\overline{\overline{A}B+A\overline{B}}}$(反演律)

$=\overline{\overline{A}B}\cdot\overline{A\overline{B}}=(A+\overline{B})(\overline{A}+B)$

$=AB+\overline{A}\,\overline{B}=$ 等式左边,得证。

(4) 等式左边 $=A(\overline{A}+B)+B(B+C)+B$

$=AB+B+BC=B$

$=$ 等式右边(吸收律),得证。

(5) 等式左边 $=\overline{\overline{(\overline{A}+B)}+\overline{(A+\overline{B})}}+\overline{\overline{(\overline{A}B)}\cdot\overline{(A\overline{B})}}$

$=(\overline{A}+B)(A+\overline{B})+\overline{A}B+A\overline{B}$(反演律)

$=\overline{A}\,\overline{B}+AB+\overline{A}B+A\overline{B}$

$=\overline{B}(A+\overline{A})+B(A+\overline{A})$

$=(A+\overline{A})(B+\overline{B})=\mathbf{1}\cdot\mathbf{1}$

$=\mathbf{1}=$ 等式右边,得证。

20.5.14 知识点窍 卡诺图化简。

逻辑推理 用卡诺图法化简:把两个相邻低维块合并成一个高维块,依此类推,合并的维块数愈多,表达式中的项个数愈少,达到化简的目的。

解题过程 由函数数式(1)$Y=AB+\overline{A}BC+\overline{A}B\overline{C}$ 可画出三变量卡诺图如题解 20.5.14 图(a) 所示。图中函数 Y 所占有的 4 个小方块全部相邻,可合并成一个 2 维块,故可得最简式为

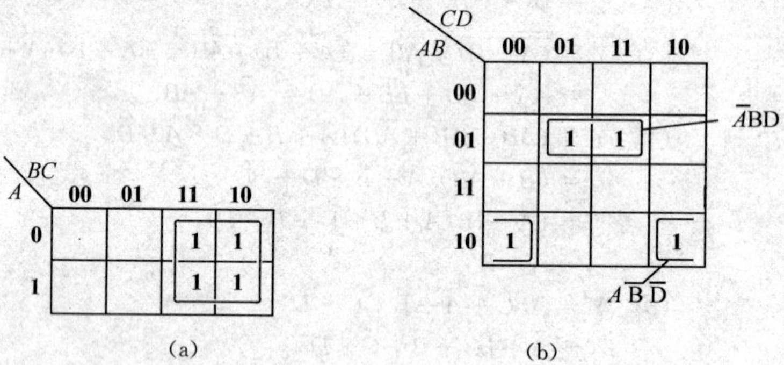

(a) (b)

题解 20.5.14 图

(1) $Y=B$。

(2) $Y=A\overline{B}\,\overline{C}\,\overline{D}+\overline{A}B\overline{C}D+\overline{A}BCD+A\overline{B}C\overline{D}=\sum m(5,7,8,10)$

由函数式可画出四变量卡诺图如题解 20.5.14 图(b) 所示。

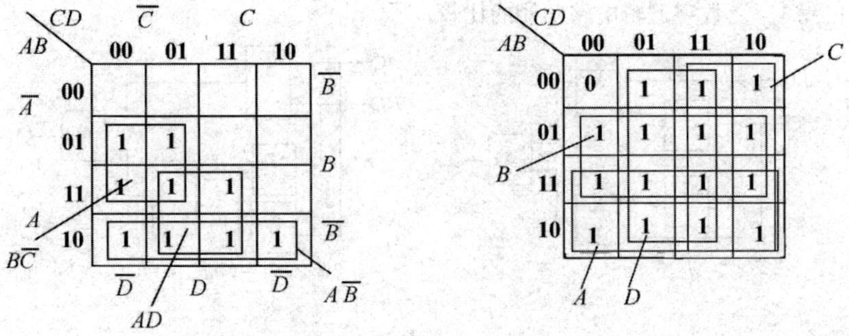

(c)　　　　　　　　　　　　(d)

题解 20.5.14 图

$Y = A\overline{B}\,\overline{D} + \overline{A}BD$

(3) 由函数式

$$Y = A\overline{B} + B\overline{C}\,\overline{D} + ABD + \overline{A}B\overline{C}D = \sum m(8,9,10,11,4,12,13,15,5)$$

可画出四变量卡诺图如题解 20.5.14 图(c) 所示。

$$Y = A\overline{B} + AD + B\overline{C}$$

(4) 由函数式 $Y = A + \overline{A}B + \overline{A}\,\overline{B}C + \overline{A}\,\overline{B}\,\overline{C}D$

可画出四变量卡诺图如题解 20.5.14 图(d) 所示，函数在图中占有除 0 号小方块以外的全部区域。

$$Y = A + B + C + D$$

20.6.8 知识点窍　逻辑式、逻辑状态表及逻辑图之间的转化。

逻辑推理　已知逻辑式，先用逻辑代数公式变换成最小项式，每个最小项便是状态表中输出状态为 **1** 的取值组合，其余的皆为输出变量取 **0**。用基本逻辑元件表示逻辑式中各种运算关系即得到逻辑图。

解题过程　(1) 逻辑状态表如题 20.6.8 表所示。由表可知，函数具有“**同或**”逻辑功能。逻辑图如题解 20.6.8 图所示，因为　$Y = AB + \overline{A}\,\overline{B} = \overline{\overline{AB}\cdot\overline{\overline{A}\,\overline{B}}}$

题 20.6.8 表

A	B	Y
0	0	1
0	1	0
1	0	0
1	1	1

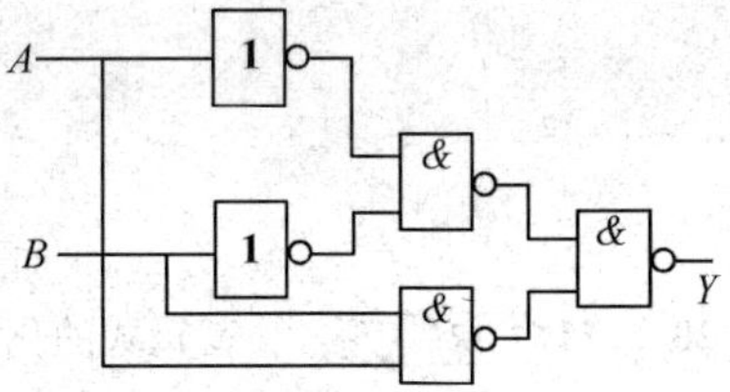

题解 20.6.8 图

(2) $\overline{Y} = \overline{AB + \overline{A}\,\overline{B}} = \overline{AB}\cdot\overline{\overline{A}\,\overline{B}} = (\overline{A}+\overline{B})(A+B) = \overline{A}B + A\overline{B} = A \oplus B$，由逻辑式和状态表均可看出 $\overline{Y}$ 具有“**异或**”逻辑功能。

20.6.9 知识点窍　数字逻辑电路功能的比较。

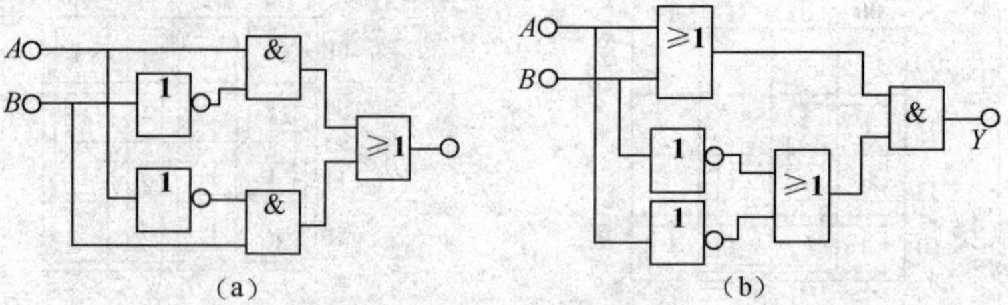

题 20.6.9 图

逻辑推理　可以通过比较(a),(b) 的逻辑式或真值表进行比较。

解题过程　对题 20.6.9 图(a) 所示电路，可写出逻辑式为

$$Y = A\overline{B} + \overline{A}B = A \oplus B$$

对题 20.6.9 图(b) 所示电路，可写出逻辑式为

$$Y = (A + B)(\overline{A} + \overline{B}) = A\overline{B} + \overline{A}B = A \oplus B$$

两电路的逻辑表达式完全相同，均为相同逻辑电路，所以具有相同的逻辑功能。

20.6.10 知识点窍　数字逻辑电路分析。

逻辑推理　由**异或**门组成的电路。

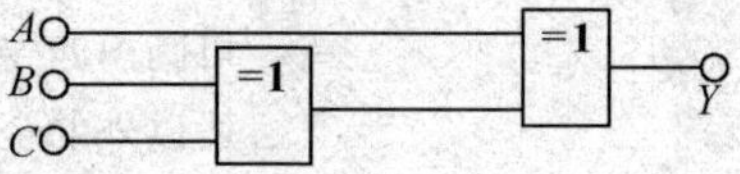

题 20.6.10 图

解题过程　电路的逻辑表达式为 $Y = A \oplus (B \oplus C)$，逻辑状态表如题 20.6.10 表所示。由状态表可看出，当 A,B,C 三个输入变量中有奇数个 **1** 时，电路输出为 **1**，否则为 **0**。所以该电路的逻辑功能是奇偶校验电路。

题 20.6.10 表

A	*B*	*C*	*D*
0	0	0	0
0	0	1	1
0	1	0	1
0	1	1	0
1	0	0	1
1	0	1	0
1	1	0	0
1	1	1	1

20.6.11 知识点窍　逻辑式的化简与逻辑电路的实现。

逻辑推理　74LS20 是**与非**门组成的电路，因此选用**与非**关系来实现逻辑，然后可用 74LS20 来实现。

解题过程　$Y = AD + (\overline{D} + \overline{A} + \overline{B} + D)\overline{C} = AD + \overline{C} = \overline{\overline{AD} \cdot C}$

74LS20 型双四输入“与非”门的管脚排列图及实现函数 $Y = \overline{\overline{AD} \cdot C}$ 的实际接

线图如题解 20.6.11 图所示。

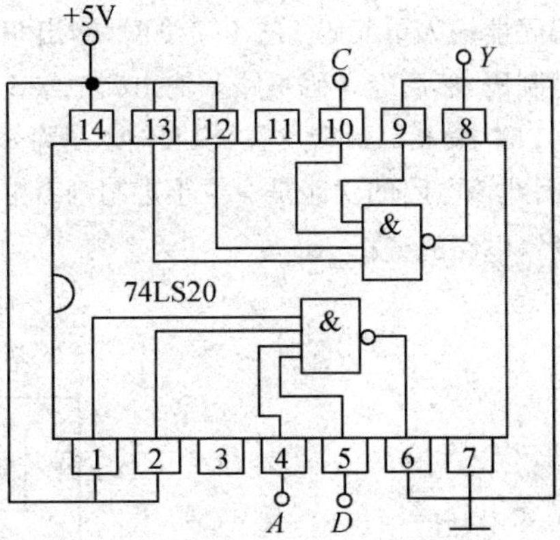

题解 20.6.11 图

20.6.12 知识点窍 组合逻辑电路分析。

逻辑推理 本题的主要分析是 $Y = f(D,C,B,A)$，8421 编码器输出为**与非**逻辑的输入，Y 驱动发光二极管。

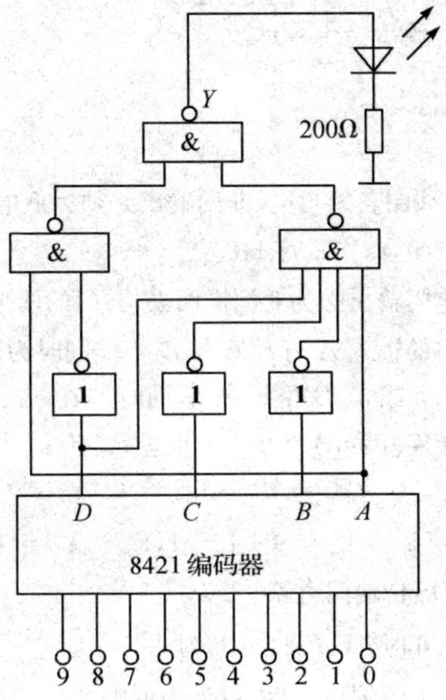

题 20.6.12 图

解题过程 电路可分为三大部分：第一部分是 8421 编码器。

$$Y = \overline{\overline{A\overline{B}\,\overline{C}D} \cdot \overline{A\overline{D}}} = A\overline{B}\,\overline{C}D + A\overline{D}$$

若以 A 为低位，最小项为

$$Y = \overline{D}\,\overline{C}\,\overline{B}A + \overline{D}\,\overline{C}BA + \overline{D}CBA + D\overline{C}\,\overline{B}A$$

$$= \sum m(1,3,5,7,9)$$

即当编码器输入单元码 1,3,5,7,9 时，输出 **0001**,**0011**,**0101**,**0111**,**1001** 共五个二进制码，然后经译码电路 Y 输出高电平 **1**。第三部分，用发光二极管实现。当 $Y=\mathbf{1}$ 时，发光二极管发亮，说明输入了奇数。而当输入偶数时，发光二极管不亮。因此该电路的功能是一位十进制判奇电路。

20.6.13 知识点窍　组合逻辑电路的分析。

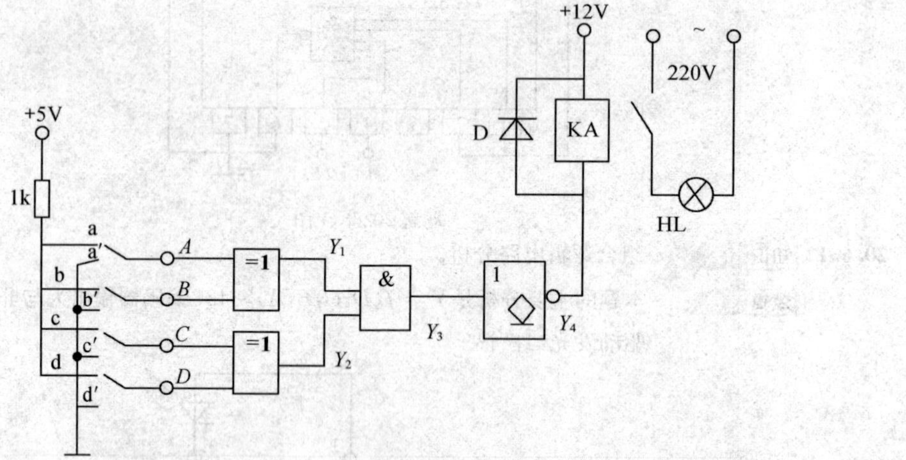

题 20.6.13 图

逻辑推理　KA 线圈若想得电，非门输出必须为低电平才能使线圈有通路，线圈得电常开触点闭合，指示灯 HL 亮。

解题过程　由非门输出必为 **0** 倒推回去，与门的两个输入 Y_1，Y_2 必须同时为 **1**，故两个异或门的输入 A 与 B，C 与 D 不能同时为高或同时为低，故如图 20.62 所示。

A 在 a 或 a′，B 在 b′ 或 b，同时 C 在 c 或 c′，D 在 d′ 或 d。

这样连好后，$A=\mathbf{1}\quad B=\mathbf{0}\quad C=\mathbf{1}\quad D=\mathbf{0}$

$Y_1=A\oplus B=\overline{A}B+A\overline{B}=\mathbf{1}\quad Y_2=C\oplus D=C\overline{D}+\overline{C}D=\mathbf{1}$

$Y_3=Y_1\cdot Y_2=\mathbf{1}\cdot\mathbf{1}=\mathbf{1}$，$Y_4=\overline{Y}_3=\mathbf{0}$。

20.6.14 知识点窍　CMOS 传输门电路。

逻辑推理　$\overline{C}=\mathbf{0}$ 时 TG 门将 A 传过去，

$\overline{C}=\mathbf{1}$ 时，TG 关断，D 处为低电平。

解题过程　由题 20.6.14 图所示可知

$Y=B\oplus D$，而 $B=\mathbf{1}$

当 $\overline{C}=\mathbf{0}$ 时，$D=A$

$\overline{C}=\mathbf{1}$ 时，$D=\mathbf{0}$

所以 $Y=\mathbf{1}\oplus D=\mathbf{1}\cdot\overline{D}+\overline{\mathbf{1}}\cdot D=\overline{D}$

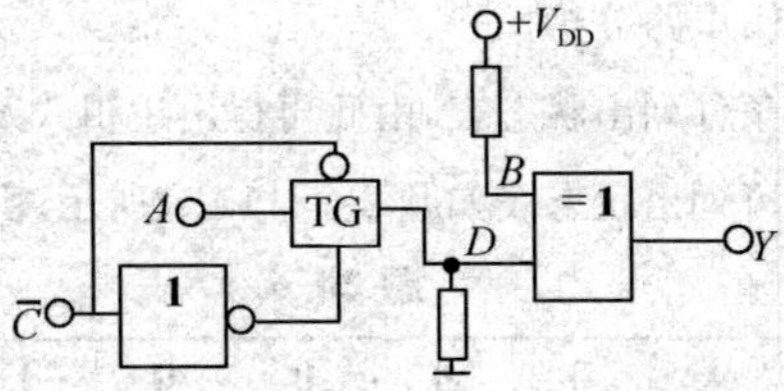

题 20.6.14 图

当 $\overline{C}=\mathbf{0}$ 时，$Y=\overline{D}=\overline{A}$

当 $\overline{C}=\mathbf{1}$ 时，$Y=\overline{D}=\mathbf{1}$。

20.6.15 解题过程　柜门打开时开关断开，两层门开关分别为 A 和 B，由题解 20.6.15 图所示可知 A、B 闭合时，**与非门输为 0**，断开为 **1**，报警灯为 Y，灯亮时 $Y=\mathbf{1}$，灯灭时 $Y=\mathbf{0}$。则有

$$Y=A+B$$

用题解 20.6.15 图所示电路来实现。

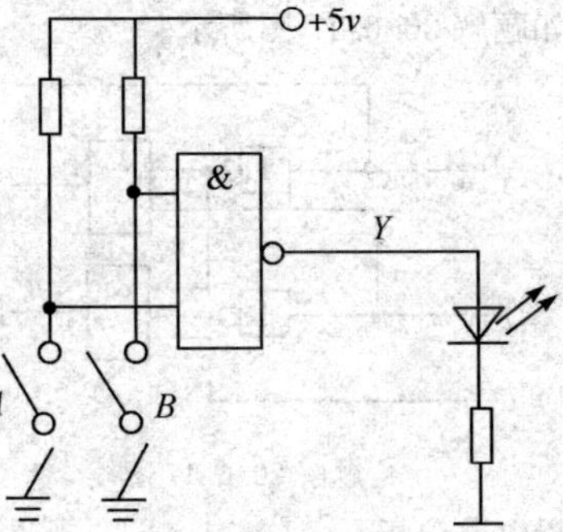

题解 20.6.15 图

20.6.16 知识点窍　由电路写逻辑式。

逻辑推理　开关 A、B 可看作两个状态，进行分析，可写逻辑式。

解题过程　由题 20.6.16 图所示可以写出状态表，如题 20.6.16 表所示，A,B 同时向上或同时向下灯亮，所以可能得到逻辑关系，其逻辑式为

$$Y=\overline{A}\,\overline{B}+AB=A\odot B \text{ 是同或关系。}$$

题 20.6.16 图

题 20.6.16 表

A	B	Y
0	0	1
0	1	0
1	0	0
1	1	1

20.6.17 知识点窍　实际逻辑电路分析。

逻辑推理　由应用条件列出状态表，由此再得出逻辑式及逻辑图。

解题过程　由题意可列出状态表如题 20.6.17 表所示。由此表可写出逻辑式分别为：

题 20.6.17 表

A	0	0	0	0	1	1	1	1
B	0	0	1	1	0	0	1	1
C	0	1	0	1	0	1	0	1
Y_A	0	0	0	0	1	1	1	1
Y_B	0	0	1	1	0	0	0	0
Y_C	0	1	0	0	0	0	0	0

$$Y_A = A\bar{B}\bar{C} + A\bar{B}C + AB\bar{C} + ABC = A(\bar{B}\bar{C} + \bar{B}C + B\bar{C} + BC) = A$$

$$Y_B = \bar{A}B\bar{C} + \bar{A}BC = \bar{A}B$$

$$Y_C = \bar{A}\bar{B}C$$

逻辑图如题解 20.6.17 图所示。

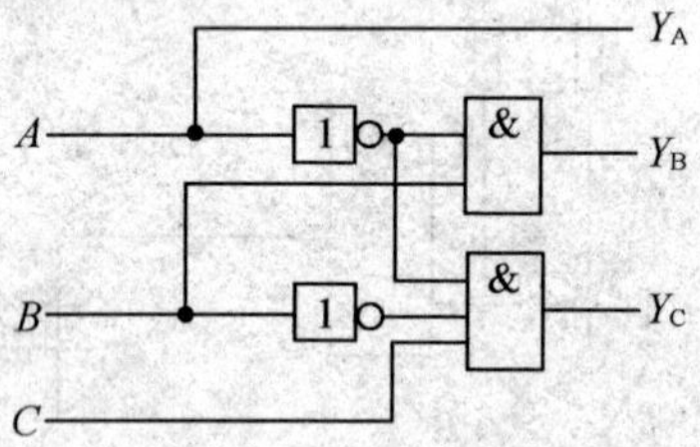

题解 20.6.17 图

20.6.18 知识点窍　实际逻辑电路分析。

逻辑推理　由逻辑电路写出逻辑式，得出逻辑式为真时的条件即可。

解题过程　令开锁信号为 Y，由逻辑图可能写出逻辑关系式为

$$Y = S \cdot \overline{\overline{A\bar{B}\bar{C}D}} = S \cdot (A\bar{B}\bar{C}D)$$

当 $ABCD = \mathbf{1001}$，$S = \mathbf{1}$ 时，$Y = \mathbf{1}$，锁打开。所以开锁密码为 **1001**。

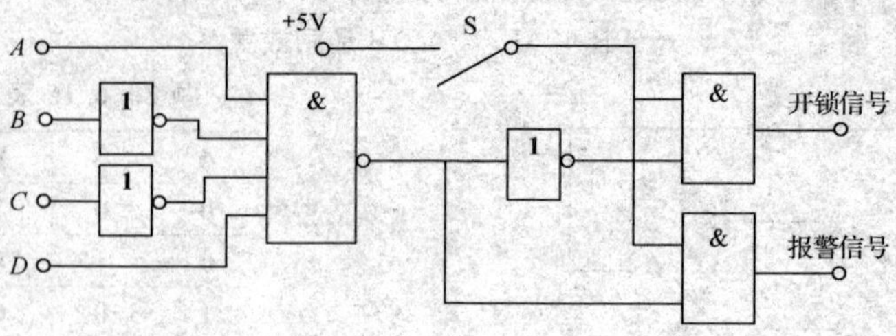

题 20.6.18 图

20.6.19 知识点窍　实际逻辑电路分析。

逻辑推理　本题难点是逻辑状态的分配。本题有 3 个变量。学生$\left[\begin{array}{l}\text{甲校}\\\text{乙校}\end{array}\right.$红票$\left[\begin{array}{l}\text{有}\\\text{无}\end{array}\right.$黄票$\left[\begin{array}{l}\text{有}\\\text{无}\end{array}\right.$，可分配变量(两种状态)后，可写出逻辑式。

解题过程　令甲校学生为 $A=\mathbf{1}$，乙校学生为 $\overline{A}$，即 $A=\mathbf{0}$；红票为 B，有红票则 $B=\mathbf{1}$；令黄票为 C，有黄票则 $C=\mathbf{1}$。不符合红票或黄票者 $B=\mathbf{0}$，$C=\mathbf{0}$。由此可写出逻辑式为

$$Y=AB+\overline{A}C=\overline{\overline{AB}\cdot\overline{\overline{A}C}}$$

可画出逻辑电路如题解 20.6.19 图所示。

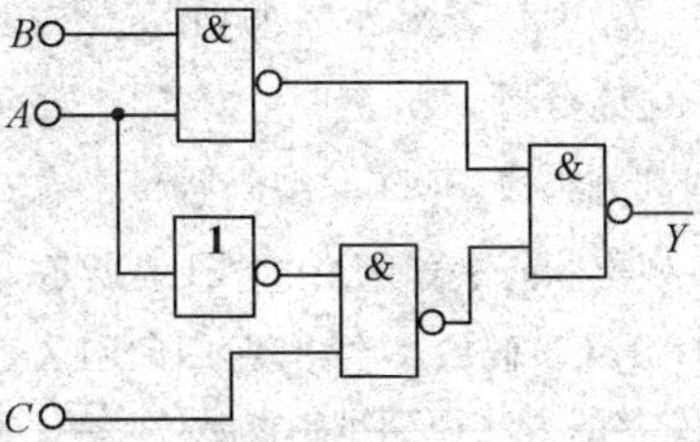

题解 20.6.19 图

20.6.20 知识点窍　实际逻辑电路分析。

逻辑推理　A、B、C、D 及格得分不同，权值不同，于是可列真值表，并有加权后 $A+2B+4C+5D\geqslant 8$；$Y=\mathbf{1}$，否则 $Y=\mathbf{0}$。

解题过程　由题意 A,B,C,D 的权值分别为 1、2、4、5。即 $DCBA$ 构成 5421 码。

$$X=A+2B+4C+5D$$

则结业与否的关系为　$Y=\begin{cases}\mathbf{1} & x\geqslant 8\\ \mathbf{0} & x<8\end{cases}$

由该 A、B、C、D，4 个变量组成二进制的 4 位，可列出状态表如题 20.6.20 表所示。

题 20.6.20 表

1	***A***	**0**	**1**	**0**	**1**	**0**	**1**	**0**	**1**	**0**	**1**	**0**	**1**	**0**	**1**	**0**	**1**
2	***B***	**0**	**0**	**1**	**1**	**0**	**0**	**1**	**1**	**0**	**0**	**1**	**1**	**0**	**0**	**1**	**1**
4	***C***	**0**	**0**	**0**	**0**	**1**	**1**	**1**	**1**	**0**	**0**	**0**	**0**	**1**	**1**	**1**	**1**
5	***D***	**0**	**0**	**0**	**0**	**0**	**0**	**0**	**0**	**1**	**1**	**1**	**1**	**1**	**1**	**1**	**1**
⩾8	***Y***	**0**	**0**	**0**	**0**	**0**	**0**	**0**	**0**	**0**	**0**	**0**	**1**	**1**	**1**	**1**	**1**

由状态表可画出卡诺图如题解 20.6.20 图(a) 所示，并由此化简函数，得最简逻辑式为

$$Y=DC+DBA=\overline{\overline{DC}\cdot\overline{DBA}}$$

由此可画出逻辑电路如题解 20.6.20 图(b) 所示。

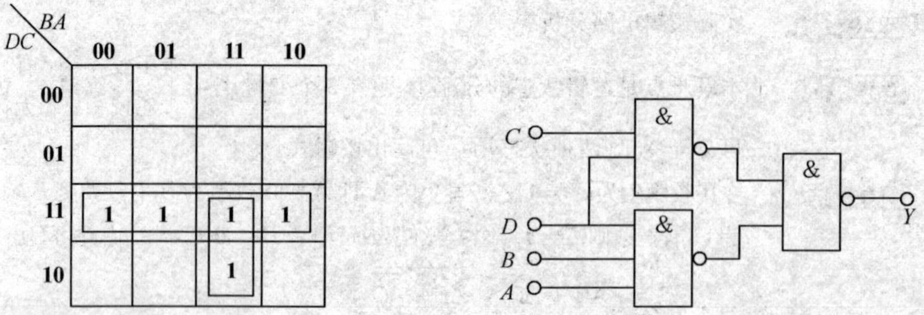

(a)　　　　　　　　　　　　(b)

题解 20.6.20 图

20.6.21 知识点窍　实际逻辑电路分析。

逻辑推理　电路由两部分组成，8421 码编码器和$Y = f(A,B,C,D)$组合电路。

解题过程　由题意可列出状态表如题 20.6.21 表所示，表中$ABCD$ =**1010**～**1111** 的 6 个代码在 8421BCD 码中不会出现，因此用 ϕ 表示。卡诺图如题解 20.6.21 图(a)所示，用圈零的方法得到逻辑函数。

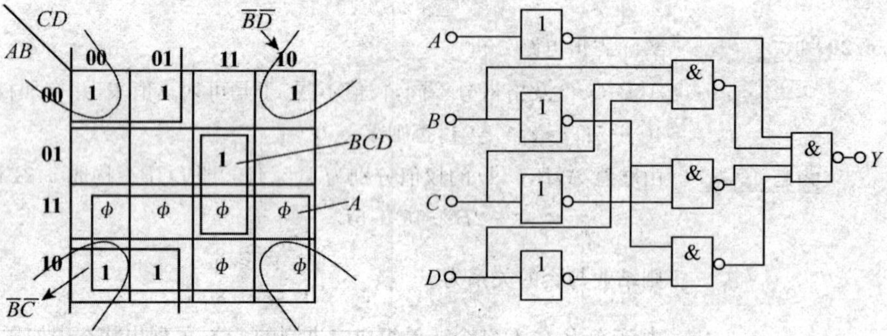

(a)　　　　　　　　　　　　(b)

题解 20.6.21 图

题 20.6.21 表

A	0	0	0	0	0	0	0	0	1	1	1	1	1	1	1	1
B	0	0	0	0	1	1	1	1	0	0	0	0	1	1	1	1
C	0	0	1	1	0	0	1	1	0	0	1	1	0	0	1	1
D	0	1	0	1	0	1	0	1	0	1	0	1	0	1	0	1
Y	1	1	1	0	0	0	0	1	1	1	ϕ	ϕ	ϕ	ϕ	ϕ	ϕ

$$Y = A + \overline{B}\,\overline{C} + \overline{B}\,\overline{D} + BCD = \overline{\overline{A}\,\overline{\overline{B}\,\overline{C}}\cdot\overline{\overline{B}\,\overline{D}}\cdot\overline{BCD}}$$

画出逻辑图如题解 20.6.21 图(b) 所示。

20.6.22 知识点窍 TTL 四输入**与非**门应用。

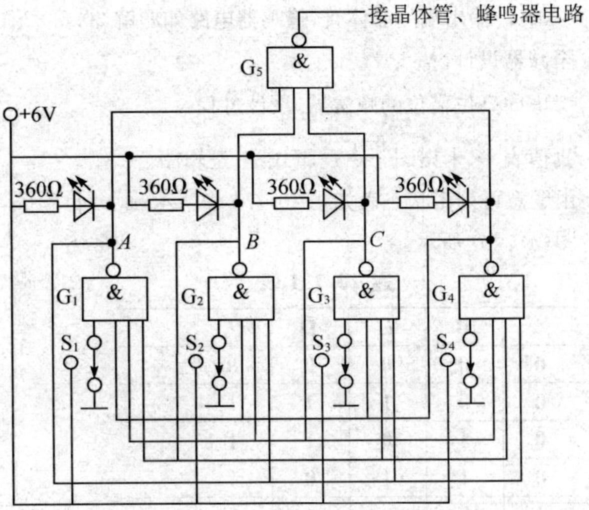

题 20.6.22 图

逻辑推理 **与非**门的特点：只要输入端中有一个为低，输出就为高；欲使蜂鸣器响，则 G_5 输出须为高电平，则 A,B,C,D 中至少有一个为低电平，即至少有一组按下；A、B、C、D 又是 4 个**与非**门的输出，故至少有一组要保持**与非**门的 4 个输入全为高电平，由此可迎刃而解。

解题过程 根据以上的逻辑推理做以下各题。

(1) 当抢答开关在如图所示位置时，$A=B=C=D=\mathbf{1}$，G_5 输出为 $\mathbf{0}$，蜂鸣器不发声，发光二极管没有通路，故都不亮。

(2) A 组扳动抢答开关 S_1 到 $+6V$ 时，G_1 门的输入全为高，则 $A=\mathbf{0}$，G_5 输出为 $\mathbf{1}$，蜂鸣器发声；所以 $A=\mathbf{0}$ 发光管 D_1（从左至右 D_1，D_2，D_3，D_4）有了通路，故 D_1 发光。

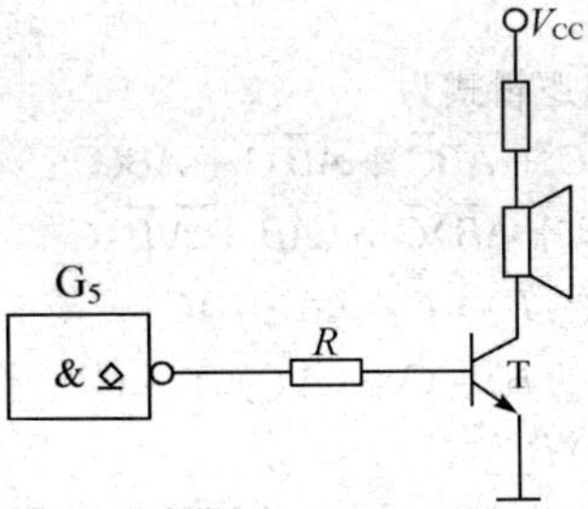

题解 20.6.22 图

假设此时第二组也把 S_2 扳到 $+6V$ 位置，发光管 D_2 也不会发光，蜂鸣器也不会响，因为 S_1 扳过去后，$A=\mathbf{0}$，A 同时又是 G_2 门的一个输入，G_2 门输出为 B

$=1$，故此失效。其他两组此时按下的结果也是一样的。

(3)G_5 输出端的晶体管，蜂鸣器电路如题解 20.6.22 图所示。

20.7.1 知识点窍　全减器设计。

逻辑推理　考虑向高位借位的减法器。设计过程：

真值表 → 卡诺图 $\xrightarrow{\text{化简}}$ 逻辑式 → 逻辑图。

解题过程　由题意可列出状态表如题 20.7.1 表所示，画出 D 和 C_1 的卡诺图，如题 20.7.1 图(a)、(b) 所示。

题 20.7.1 表

A	B	C	D	C_1	
0	0	0	0	0	
0	0	1	1	1	
0	1	0	1	1	
0	1	1	0	1	
1	0	0	1	0	
1	0	1	0	0	
1	1	0	0	0	
1	1	1	1	1	

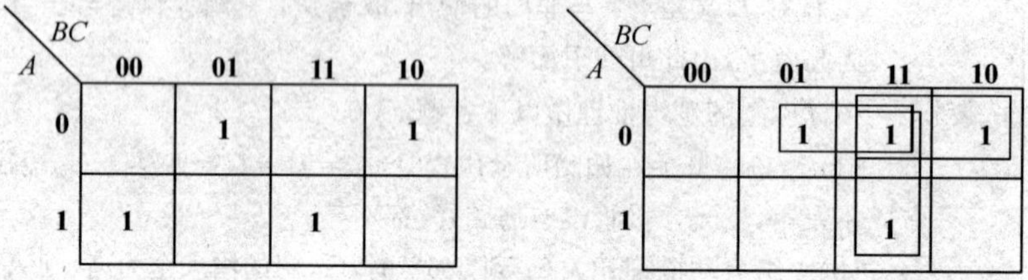

(a)　　(b)

题解 20.7.1 图

由此可写出逻辑式为

$$\begin{aligned} D &= \bar{A}\bar{B}C + \bar{A}B\bar{C} + A\bar{B}\bar{C} + ABC \\ &= (\bar{A}B + A\bar{B})\bar{C} + (AB + \bar{A}\bar{B})C \\ &= (A \oplus B)\cdot\bar{C} + (A \odot B)C \\ &= (A \oplus B)\cdot\bar{C} + \overline{(A \oplus B)}\cdot C \\ &= A \oplus B \oplus C \end{aligned}$$

$$C_1 = \bar{A}B + \bar{A}C + BC = \overline{\overline{\bar{A}(B \oplus C) + BC}} = \overline{\overline{\bar{A}(B \oplus C)}\cdot\overline{BC}}$$

用电路门实现可画出逻辑图如题解 20.7.1 图(c) 所示。

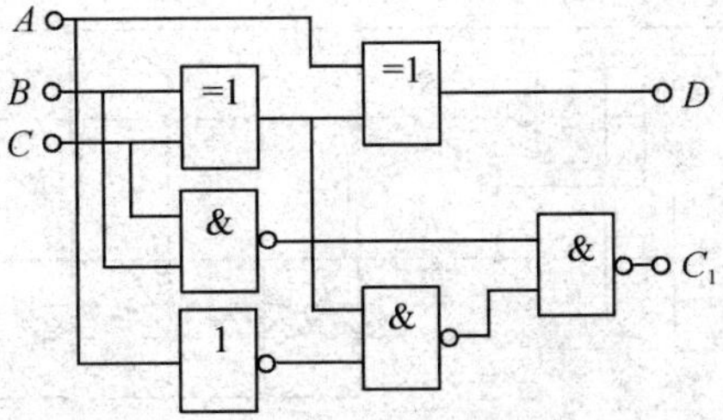

(c)

题解 20.7.1 图

20.8.1 知识点窍　二进制编码器设计。

逻辑推理　设计过程如下：确定二进制代码的位数后列编码表，再由该表写出逻辑式并化简，最后由逻辑式画出逻辑图。

解题过程　将 4 个输入信号编成对应的 4 个二进制代码输出，输出的应是 2 位（$2^n=4$，$n=2$）二进制代码 Y_1Y_0，它的 4 种组合表示 4 个输入信号，编码表如题 20.8.1 表所示。

题 20.8.1 表

$\bar{I}_3$	$\bar{I}_2$	$\bar{I}_1$	$\bar{I}_0$	$\bar{Y}_1$	$\bar{Y}_0$
1	**1**	**1**	**0**	**0**	**0**
1	**1**	**0**	**1**	**0**	**1**
1	**0**	**1**	**1**	**1**	**0**
0	**1**	**1**	**1**	**1**	**1**

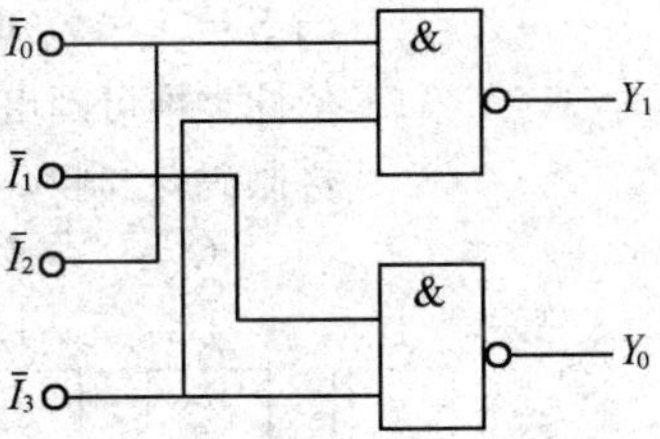

题解 20.8.1 图

由编码表写出 Y_1 和 Y_0 的逻辑式

$$Y_1=\bar{\bar{I}}_3+\bar{\bar{I}}_2=\overline{\bar{I}_3\cdot\bar{I}_2}$$

$$Y_0=\bar{\bar{I}}_3+\bar{\bar{I}}_1=\overline{\bar{I}_3\cdot\bar{I}_1}$$

由逻辑式画出逻辑电路，如题解 20.8.1 图所示。$\bar{I}_0$ 的编码是隐含的，当其他输入信号无效时，电路的输出就是 $\bar{I}_0$ 的编码。

20.9.1 解题过程　正弦电压经过电压比较器后，前 0.5 秒输出为 **1**，后 0.5 秒输出为 **0**。

当输出为 **1** 时，b、e 管亮，c、f 管灭，同时 a、d、g 接电源，也发光，显示字母“2”；当输出为 **0** 时，b、e 管灭，c、f 管亮，同时 a、d、g 也亮，显示字母为“5”。

注：数码管各段分布为 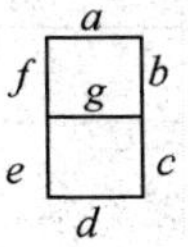

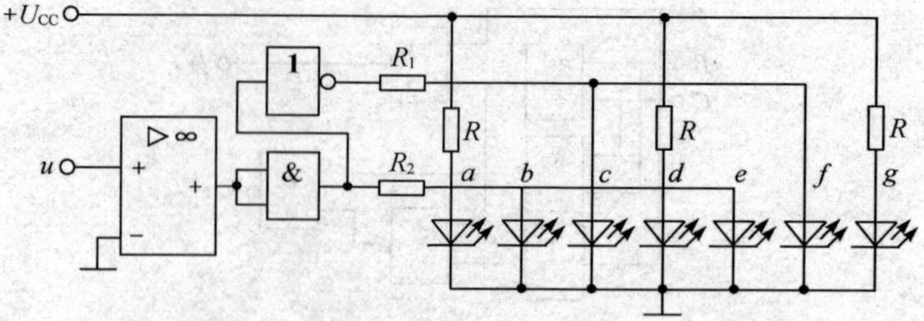

题 20.9.1 图

20.9.2 知识点窍　实际逻辑电路分析。

逻辑推理　由电路图进行逻辑关系分析，可得到逻辑表达式，由此可得到功能表。

解题过程　由题 20.9.2 图所示可见：

$$\mathbf{0}=\overline{\overline{D\cdot \mathbf{1}Y_0}}=D\cdot \mathbf{1}S\cdot \mathbf{1}A_1\cdot \mathbf{1}A_0=D\cdot S\cdot \overline{A}\cdot \overline{B}$$

当 $A=\mathbf{0}, B=\mathbf{0}, \overline{S}=\mathbf{0}$ 时，D 脉冲由 **0** 端输出

$$\text{“4”}=\overline{\overline{D\cdot 2Y_0}}=D\cdot \overline{2S\cdot 2\overline{A}_1\cdot 2\overline{A}_0}=D\cdot \overline{S}\cdot \overline{A}\cdot \overline{B}$$

当 $\overline{S}=\mathbf{1}, A=\mathbf{0}, B=\mathbf{0}$ 时，脉冲 D 由 4 端输出。

依此类推可画出功能表，如题 20.9.2 表所示。由表可见由 $\overline{S}, A, B$ 组成 3 位二进制码，控制 0 ～ 7 这 8 个输出端，分时地输出脉冲 D。

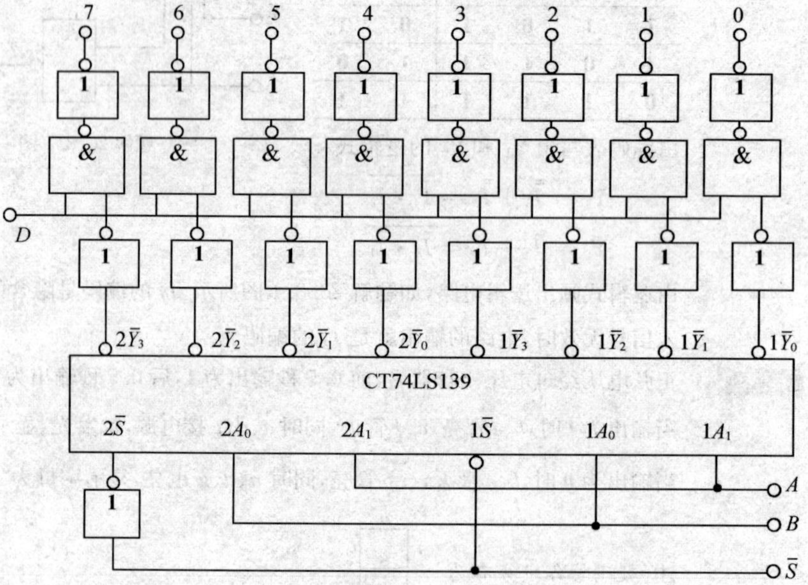

题 20.9.2 图

题 20.9.2 表

$\bar{S}$	A	B	0	1	2	3	4	5	6	7
0	0	0	D	0	0	0	0	0	0	0
0	0	1	0	D	0	0	0	0	0	0
0	1	0	0	0	D	0	0	0	0	0
0	1	1	0	0	0	D	0	0	0	0
1	0	0	0	0	0	0	D	0	0	0
1	0	1	0	0	0	0	0	D	0	0
1	1	0	0	0	0	0	0	0	D	0
1	1	1	0	0	0	0	0	0	0	D

20.9.3 知识点窍　译码器的应用。

逻辑推理　由译码器实现某一逻辑函数时，首先将逻辑函数用最小项表示，再由该译码器的状态表写出逻辑式。

解题过程　将逻辑函数用最小项表示为

$$Y=\bar{A}\,\bar{B}\,\bar{C}+\bar{A}BC+AB(C+\bar{C})=\bar{A}\,\bar{B}\,\bar{C}+\bar{A}BC+AB\bar{C}+ABC$$

$$\bar{Y}_0=\overline{\bar{A}\,\bar{B}\,\bar{C}}\qquad \bar{Y}_3=\overline{\bar{A}BC}$$

$$\bar{Y}_6=\overline{AB\bar{C}}\qquad \bar{Y}_7=\overline{ABC}$$

所以 $Y=Y_0+Y_3+Y_6+Y_7=\overline{\bar{Y}_0\cdot\bar{Y}_3\cdot\bar{Y}_6\cdot\bar{Y}_7}$

用 74LS138 译码器实现上式的逻辑图，如题解 20.9.3 图所示。

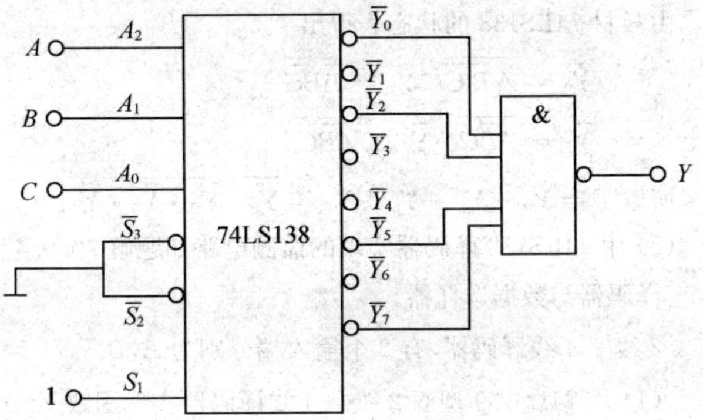

题解 20.9.3 图

20.9.4 知识点窍　译码器的应用设计。

逻辑推理　先根据题意列出状态表，并根据该表写出逻辑式，然后就与题20.9.4 的思路一样了。

解题过程　(1) 根据题意，可列出状态表，如题 20.9.4 表所示。

题 20.9.4 表

A	B	C	Y
0	0	0	1
0	0	1	0
0	1	0	1
0	1	1	0
1	0	0	0
1	0	1	1
1	1	0	0
1	1	1	1

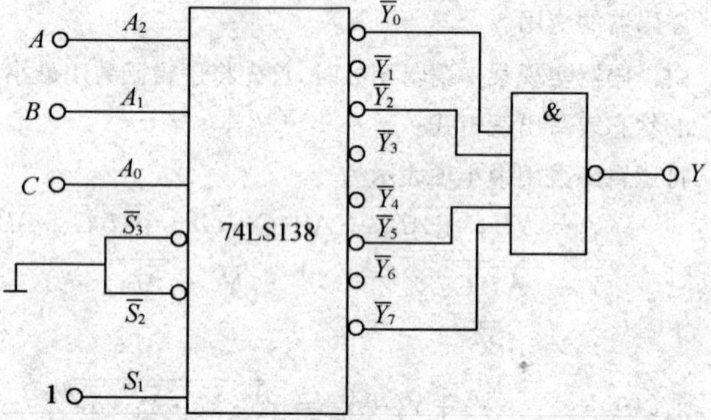

题解 20.9.4 图

由教材 74LS138 的状态表得出

$$\overline{Y}_0=\overline{\overline{A}\,\overline{B}\,\overline{C}}\quad \overline{Y}_2=\overline{\overline{A}B\overline{C}}$$

$$\overline{Y}_5=\overline{A\overline{B}C}\quad \overline{Y}_7=\overline{ABC}$$

所以 $Y=Y_0+Y_2+Y_5+Y_7=\overline{\overline{Y}_0\cdot\overline{Y}_2\cdot\overline{Y}_5\cdot\overline{Y}_7}$。

(3) 用 74LS138 译码器实现的监测电路如题解 20.9.4 图所示。

20.10.1 知识点窍　译码器与数据选择器。

逻辑推理　2 线－4 线译码器，有 2 个输入端分别为 A,B。

解题过程　(1) 用 74LS139 型双 2 线－4 线译码器实现函数 $Y=A+\overline{B}$ 有：

$$Y=A+\overline{B}=A(B+\overline{B})+(A+\overline{A})\overline{B}=A\overline{B}+AB+\overline{A}\,\overline{B}$$

$$=\overline{\overline{\overline{A}\,\overline{B}}\cdot\overline{A\overline{B}}\cdot\overline{AB}}$$

由于 $Y_0=\overline{A}\,\overline{B},Y_1=\overline{A}B,Y_2=A\overline{B},Y_3=AB$

所以，$Y=\overline{\overline{Y}_0\overline{Y}_2\overline{Y}_3}$

只用其中一只 2 线－4 线译码器即可，如题解 20.10.1 图(a) 所示。

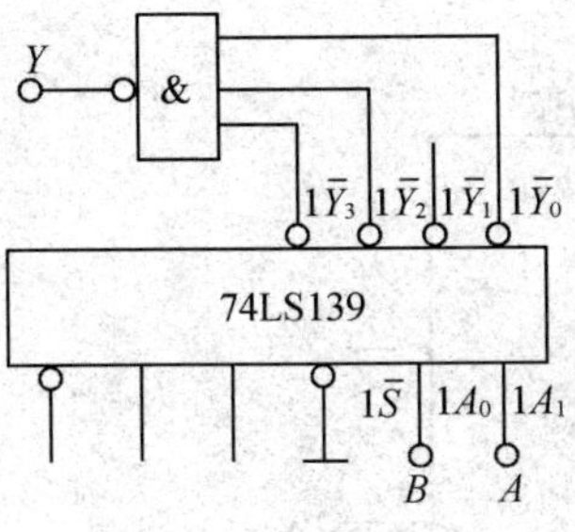

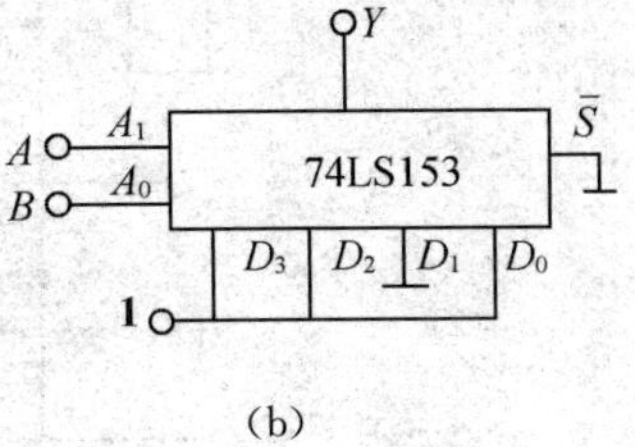

题解 20.10.1 图

(2) 用 74LS153 型 4 选 1 数据选择器实现函数 $Y = A + \overline{B}$,可令 $\overline{S} = \mathbf{0}, D_0 = \mathbf{1}, D_1 = \mathbf{0}, D_2 = \mathbf{1}, D_3 = \mathbf{1}, A_1 = A, A_0 = B$,则 $Y = A + \overline{B}$,电路如题解 20.10.1 图(b) 所示。

20.10.2 解题过程 将函数式变换成最小项形式

$$Y = A\overline{B} + AC = A\overline{B}(C + \overline{C}) + AC(B + \overline{B})$$
$$= A\overline{B}C + A\overline{B}\,\overline{C} + ABC$$

根据 74LS151 的功能及结构图,将 D_7, D_5, D_4 接高电平 **1**,其余数据输入端 D_0, D_1, D_2, D_3, D_6 及 $\overline{S}$ 端均接"地",令 $A_0 = C, A_1 = B, A_2 = A$,则输出端 $Y = A\overline{B} + AC$,电路如题解 20.10.2 图所示。

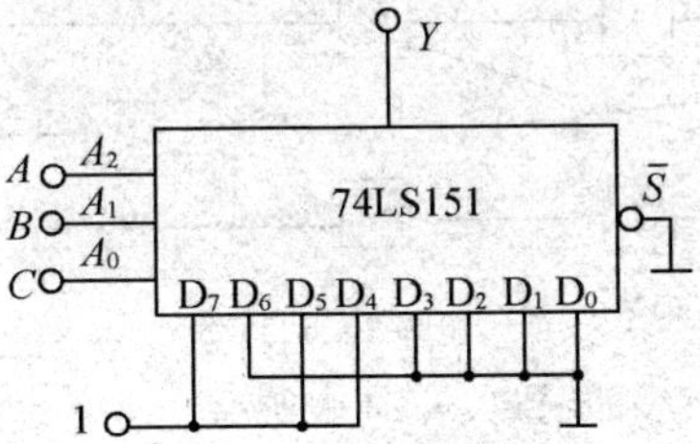

题解 20.10.2 图

20.10.3 解题过程 全加器的逻辑式为(略去下标 i,C_0 即为 C_{i-1})

$$S = \overline{A}\,\overline{B}C_0 + \overline{A}B\,\overline{C}_0 + A\overline{B}\,\overline{C}_0 + ABC_0$$
$$C = \overline{A}BC_0 + A\overline{B}C_0 + AB\overline{C}_0 + ABC_0$$

74LS153 型双 4 选 1 数据选择的逻辑函数式为

$$Y = \overline{A}_1\overline{A}_0D_0 + \overline{A}_1A_0D_1 + A_1\overline{A}_0D_2 + A_1A_0D_3$$

(1) 实现 S 可取:

$1D_0 = C_0, 1D_1 = \overline{C}_0, 1D_2 = \overline{C}_0, 1D_3 = C_0$

(2) 实现 C 可取:

$2D_0 = \mathbf{0}, 2D_1 = C_0, 2D_2 = C_0,$

$2D_3 = \overline{C}_0 + C_0 = \mathbf{1}$

用 74LS153 双 4 选 1 数据选择器实现的全加器的逻辑图如题解 20.10.3 图所

示。

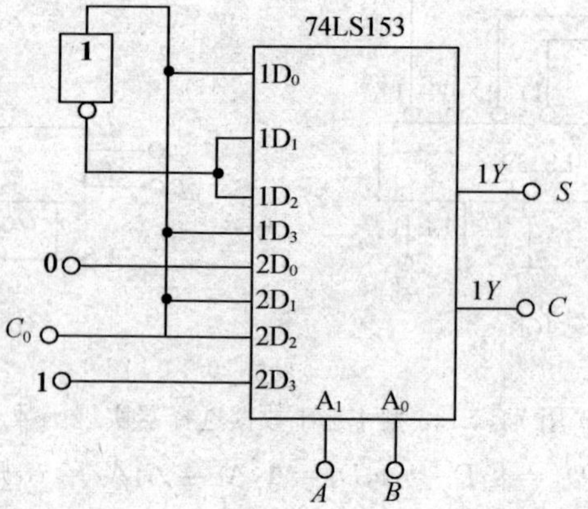

题解 20.10.3 图

C 拓宽题

20.6.23 知识点窍 数字比较器可以比较两个二进制数的大小。

解题过程 $Y_1 = A\overline{B} \quad Y_2 = \overline{A}B \quad Y_3 = \overline{A}\,\overline{B} + AB$

逻辑电路图如题解 20.6.23 图所示。

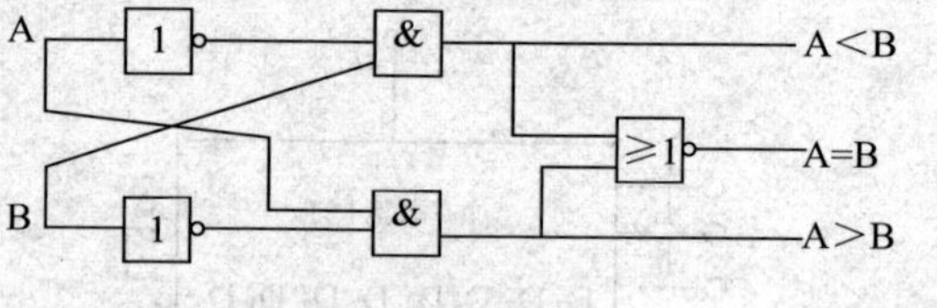

题解 20.6.23 图

20.6.24 解题过程 逻辑状态表如题 20.6.24 表所示。

题 20.6.24 表

A	B	C	Y
1	0	0	1
0	1	0	1
0	0	1	1
1	1	0	0
0	1	1	0
1	0	1	0
1	1	1	1

(1) $Y = A\overline{B}\,\overline{C} + \overline{A}B\overline{C} + \overline{A}\,\overline{B}C + ABC$

$= \overline{B}(A\overline{C} + \overline{A}C) + B(\overline{A}\,\overline{C} + AC)$

(2) $Y = (A\overline{B} + \overline{A}B)\overline{C} + C(\overline{A}\ \overline{B} + AB)$

$= A \oplus B \oplus C$

(1) 与、或、非、门如题解 20.6.24 图(a) 所示。

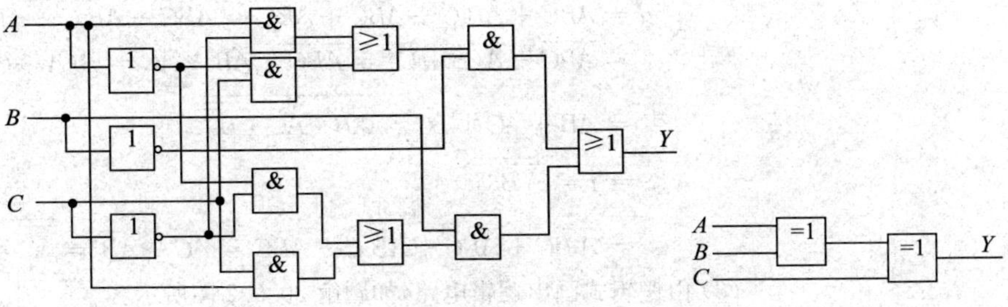

(a) (b)

题解 20.6.24 图

(2) 异或门组成的逻辑电路如题解 20.6.24 图(b) 所示。

20.7.2 解题过程 用两个半加器和一个或门组成全加器,如题解 20.7.2 图所示。

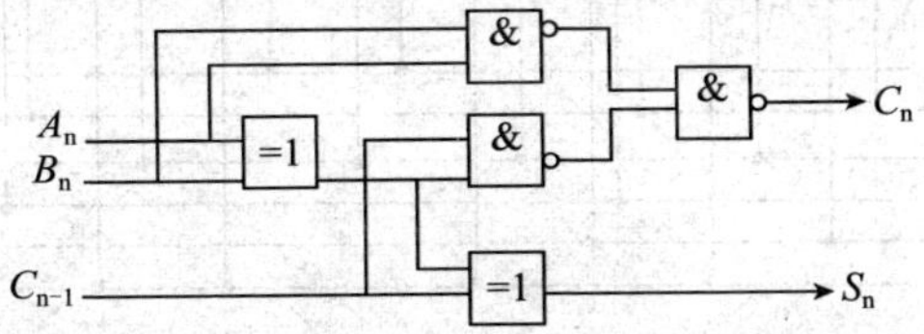

题解 20.7.2 图

20.9.2 解题过程 (1) 根据要求列出状态表,如题 20.9.2 表所示。

题 20.9.2 表

输入			输出						
A	**B**	**C**	**a**	**b**	**c**	**d**	**e**	**f**	**g**
0	0	0	0	0	0	0	0	0	0
0	0	1	0	1	1	0	1	1	1
0	1	0	1	1	1	1	1	1	0
0	1	1	1	1	0	0	1	1	1
1	0	0	1	0	0	1	1	1	1
1	0	1	1	0	0	0	1	1	1
1	1	0	0	1	1	1	1	1	0
1	1	1	0	0	0	1	1	1	0

(2) 由状态表写出各输出变量的逻辑式。

$$a=\overline{A}B\overline{C}+\overline{A}BC+A\overline{B}\,\overline{C}+A\overline{B}C=\overline{A}B+A\overline{B}=\overline{\overline{\overline{A}B}\cdot\overline{A\overline{B}}}$$

$$b=\overline{A}\,\overline{B}C+\overline{A}B\overline{C}+\overline{A}BC+AB\overline{C}=\overline{A}C+B\overline{C}=\overline{\overline{\overline{A}C}\cdot\overline{B\overline{C}}}$$

$$c=\overline{A}\,\overline{B}C+\overline{A}B\overline{C}+AB\overline{C}=\overline{A}\,\overline{B}C+B\overline{C}=\overline{\overline{\overline{A}\,\overline{B}C}\cdot\overline{B\overline{C}}}$$

$$d=\bar{A}B\bar{C}+A\bar{B}\,\bar{C}+AB\bar{C}+ABC=\bar{A}B\bar{C}+A\bar{B}\,\bar{C}+AB$$
$$=\bar{A}B\bar{C}+A(B+\bar{C})=\bar{A}B\bar{C}+AB+A\bar{C}=B(A+\bar{C})+A\bar{C}$$
$$=AB+A\bar{C}+B\bar{C}=\overline{\overline{AB}\cdot\overline{A\bar{C}}\cdot\overline{B\bar{C}}}$$
$$e=f=\overline{\overline{\bar{A}\,\bar{B}\,\bar{C}}}$$
$$g=\bar{A}\,\bar{B}C+\bar{A}BC+A\bar{B}\,\bar{C}+A\bar{B}C=\bar{A}C+A\bar{B}=\overline{\overline{\bar{A}C}\cdot\overline{A\bar{B}}}$$

(3) 由逻辑式画出逻辑电路,如题解 20.9.2 图所示。

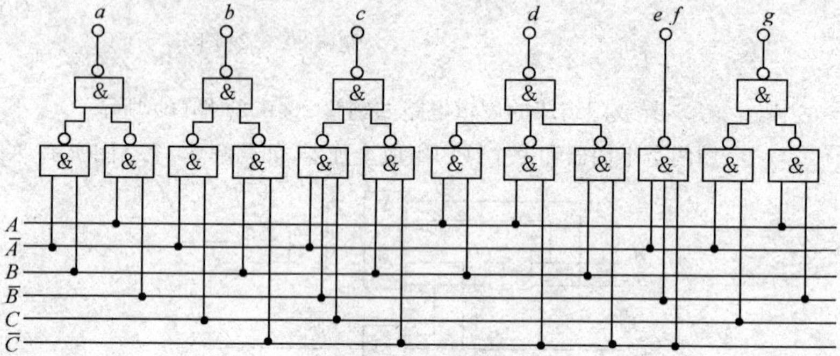

题解 20.9.2 图

20.9.6 解题过程 电路图如题解 20.9.6 图(a) 所示。

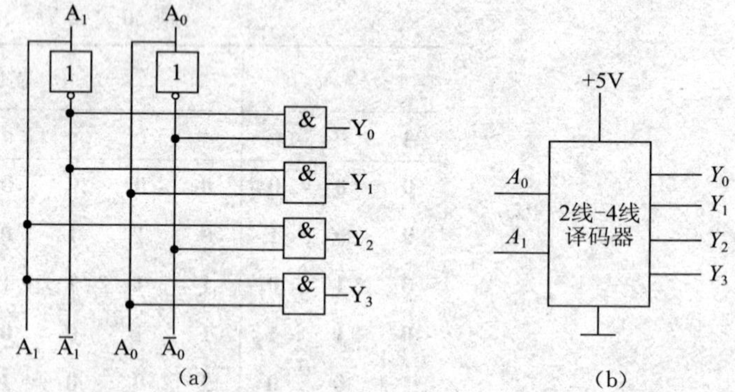

题 20.9.6 图

ABC 为放品处,物品挪动时,开关接通,输入为 1,如题 20.9.6 表所示。

题 20.9.6 表

A_0	A_1	Y_0	Y_1	Y_2	Y_3
0	0	1	0	0	0
0	1	0	1	0	0
1	0	0	0	1	0
1	1	0	0	0	1

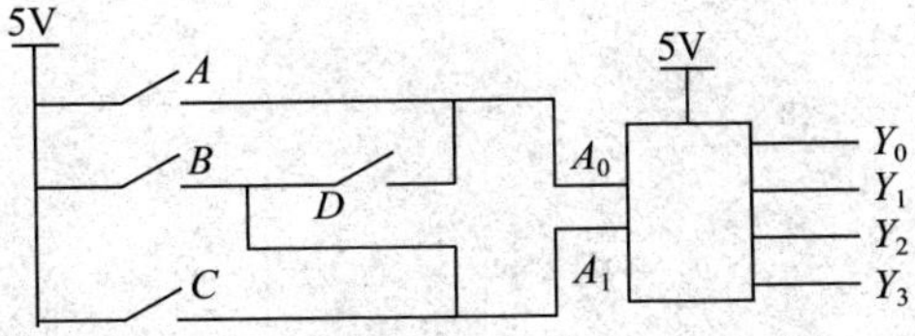

(a)

题解 20.9.6 图

物品 1 如题解 20.9.6 图(b) 所示。

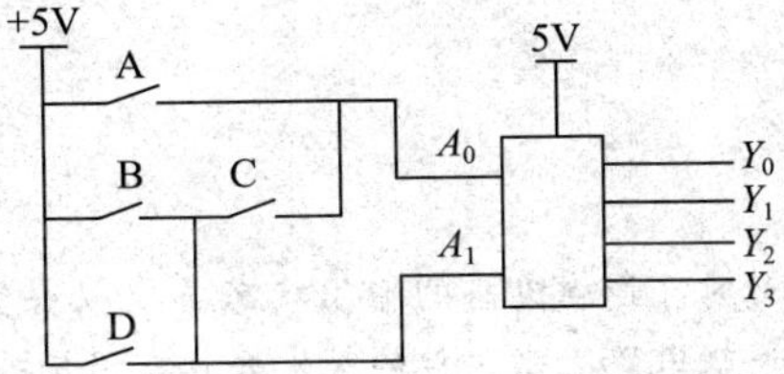

(b)

题解 20.9.6 图

A、D 开关处各放一物品，B、C 开关处各放一个物品。

当 B、C 处物品动时 B、C 开关同时闭合，A、D 处物品动时，A、D 处开关分别闭合。当相应的开关闭合时 A_0A_1 输入为 1，当正常时 $A_1A_0 = 00$。

第 21 章

触发器和时序逻辑电路

本章是课程重点内容之一。时序逻辑电路的输出状态不仅取决于当前的输入状态，还与过去时刻的输出状态有关。作为时序逻辑电路基本元件的触发器具有记忆功能。

本章重点应掌握三种基本触发器的逻辑功能，常用时序逻辑电路中寄存器和计数器的分析方法，二进制计数器、二—十进制计数器的工作原理，并且了解集成定时器的工作原理及其简单应用的分析。

21.1 重点内容提要

一、双稳态触发器

1. 双稳态触发器特点

简称触发器，其主要特点是：

(1) 具有 **0** 态和 **1** 态两个稳定状态。

(2) 在外部信号作用下能实现状况转换，即翻转。

(3) 外部信号消失时具有记忆功能。

常用双稳态触发器的逻辑电路、符号及功能如表 21.1 所示。

表 21.1　常用触发器

名称	逻辑图表符号	逻辑状态功能表				特性方程	状态转换图
基本 ***RS*** 触发器	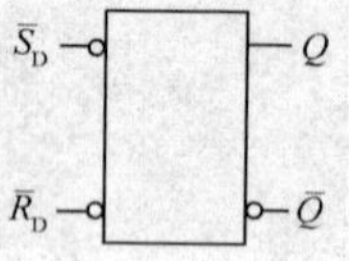	$\overline{R}_D$	$\overline{S}_D$	Q_{n+1}	功能	$\begin{cases} Q_{n+1}=\overline{\overline{S}_D}+\overline{R}_D\cdot Q_n \\ \overline{R}_D+\overline{S}_D=\mathbf{1}(\text{约束条件}) \end{cases}$	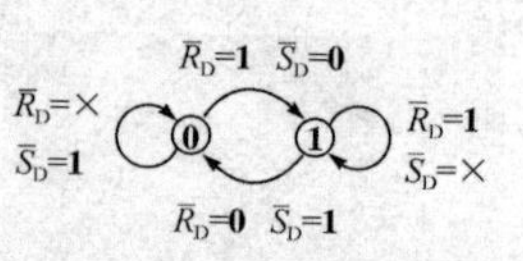
		0	**1**	**0**	置 **0**		
		1	**0**	**1**	置 **1**		
		1	**1**	Q_n	保持		
		0	**0**	不定	禁用		
可控 *RS* 触发器	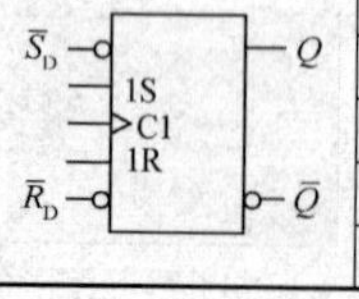	R_n	S_n	Q_{n+1}	功能	$\begin{cases} Q_{n+1}=S_n+\overline{R}_n\cdot Q_n \\ R_n\cdot S_n=\mathbf{0}(\text{约束条件}) \end{cases}$	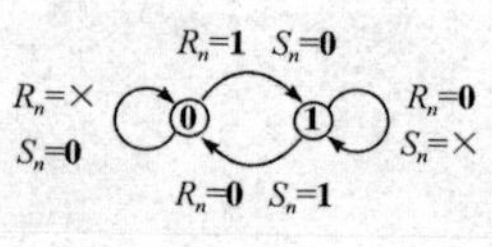
		0	**0**	Q_n	保持		
		1	**0**	**0**	置 **0**		
		0	**1**	**1**	置 **1**		
		1	**1**	不定	禁用		

续表

名称	逻辑图表符号	逻辑状态功能表				特性方程	状态转换图
JK触发器	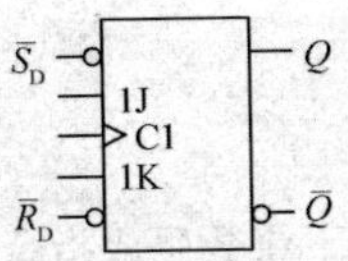	J_n	K_n	Q_{n+1}	功能	$Q_{n+1}=J_n\cdot\overline{Q}_n+\overline{K}_n\cdot Q_n$	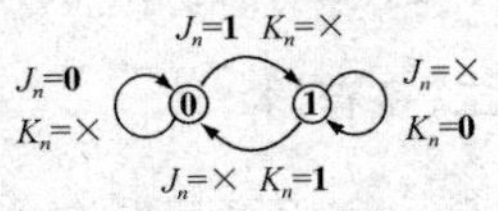
		0	**0**	Q_n	保持		
		0	**1**	**0**	置**0**		
		1	**0**	**1**	置**1**		
		1	**1**	$\overline{Q}_n$	计数		
D触发器	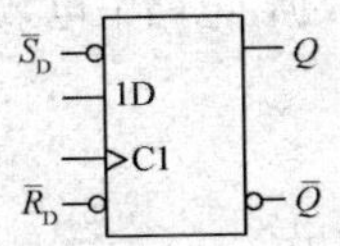	D_n		Q_{n+1}	功能	$Q_{n+1}=D_n$	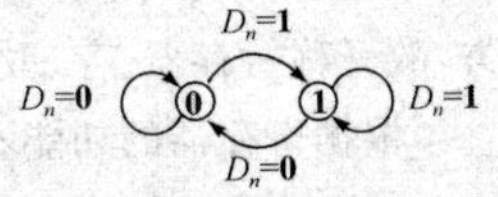
		0		**0**	置**0**		
		1		**1**	置**1**		
T触发器	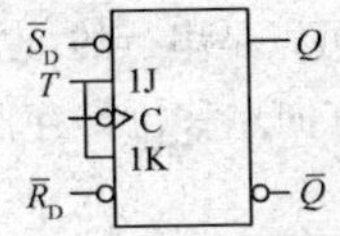	T_n		Q_{n+1}	功能	$Q_{n+1}=T_n\cdot\overline{Q}_n+\overline{T}_n\cdot Q_n$	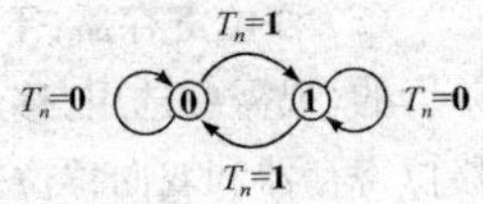
		0		Q_n	保持		
		1		$\overline{Q}_n$	计数		

2. 触发器逻辑功能的转换

(1) 将JK触发器转换为D触发器。

如图21.1所示，当$D=\mathbf{1}$，即$J=\mathbf{1}$和$K=\mathbf{0}$时，在CP的下降沿触发器翻转为(或保持)**1**态；当$D=\mathbf{0}$，即$J=\mathbf{0}$和$K=\mathbf{1}$时，在CP的下降沿触发器翻转为(或保持)**0**态。

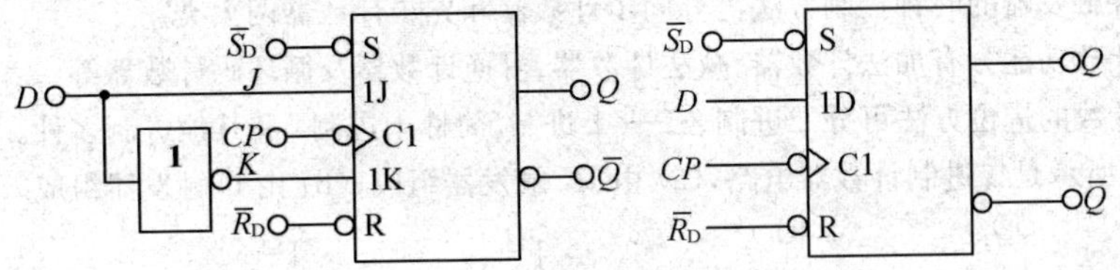

图21.1

(2) 将JK触发器转换为T触发器。

如图21.2所示，将J，K端联在一起，称为T端。当$T=\mathbf{0}$时，时钟脉冲作用后触发器状态不变；当$T=\mathbf{1}$时，触发器具有计数逻辑功能，即$Q_{n+1}=\overline{Q}_n$。

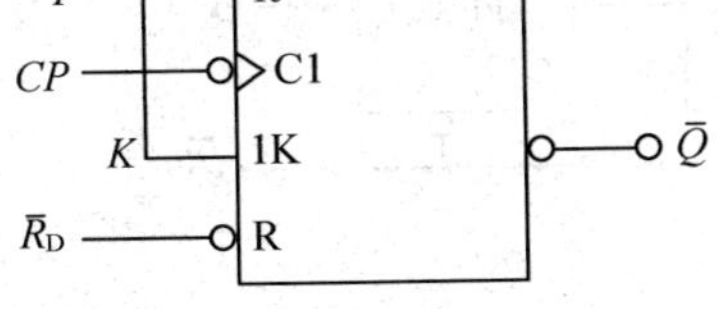

图21.2

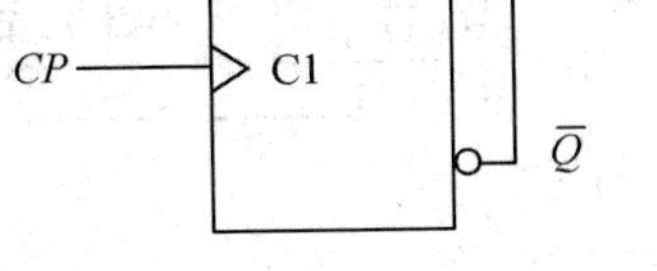

图21.3

(3) 将 D 触发器转换为 T′ 触发器。

如将 D 触发器的 D 端和 $\overline{Q}$ 端相联,如图 21.3 所示,就转换为 T′ 触发器,它的逻辑功能是每来一个时钟脉冲,翻转一次,即 $Q_{n+1}=\overline{Q}_n$,具有计数功能。

二、寄存器

寄存器是用来存放二进制数码或指令的部件。其功能是在时钟脉冲控制下将数码或指令存入寄存器(写入),或从寄存器中将数码和指令取出(读出)。寄存器只能暂时存放数据,电路失电数据便消失,故又称暂存器。存、取数据的方式有串行和并行两种。

根据寄存器的功能不同,可分为:

(1) 数码寄存器:只能存放数码而没有移位功能。只能采用并行输入和输出。

(2) 移位寄存器:不仅能存放数据而且具有移位功能。数据存、取方式既可以是串行的,也可以是并行的,视需要选用。移位方向可以向左或可以向右,也可以双向移位,因此有向左移位寄存器、向右移位寄存器和双向移位寄存器三种。

组成寄存器所用的触发器通常是 D 触发器,也可用 JK 触发器,对数码寄存器还可用基本 RS 触发器。

三、本节知识点归纳

计数器是累计数字的逻辑部件。计数器的种类很多,分类方法有:

(1) 按各触发器的时钟控制方法可分同步计数器和异步计数器两大类。

(2) 按计数功能分有加法计数器、减法计数器、可逆计数器及循环码计数器等。

(3) 按计数的进位方法可分二进制、二－十进制(简称十进制)和其他进制多种。

图 21.4 所示是二进制计数器电路,(a) 由 JK 触发器组成,(b) 由 D 触发器组成。

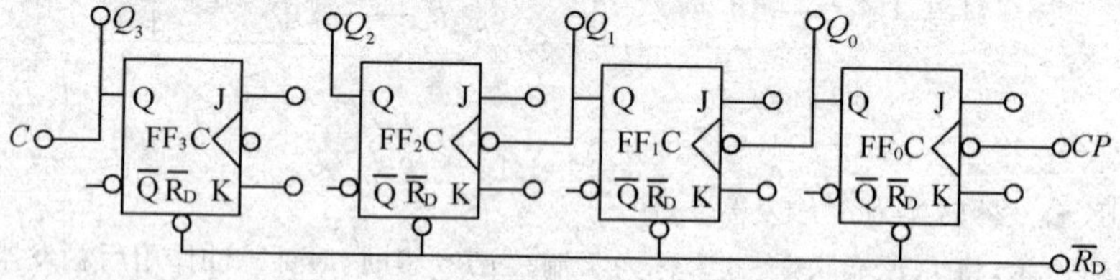

(a)

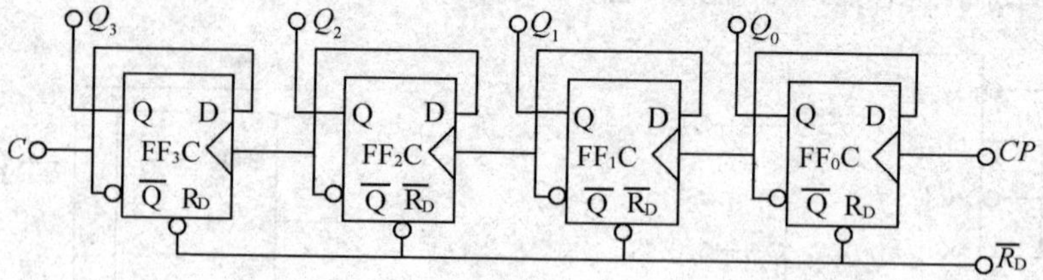

(b)

图 21.4

图 21.5 所示是 2 位异步二进制减法计数器电路,(a) 由 D 触发器组成,(b) 由 JK 触发器组成。

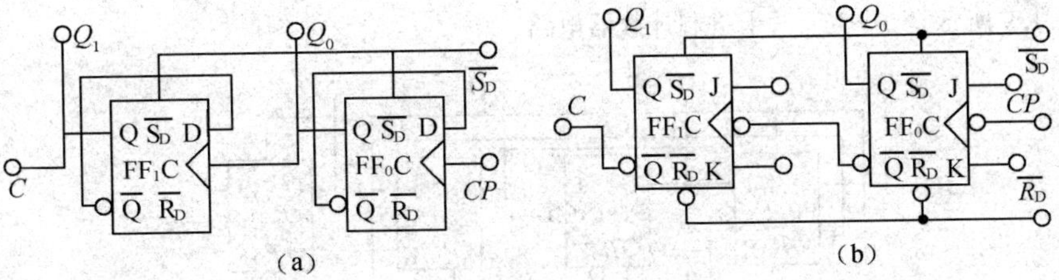

图 21.5

图 21.6 所示是同步二进制加法计数器电路。

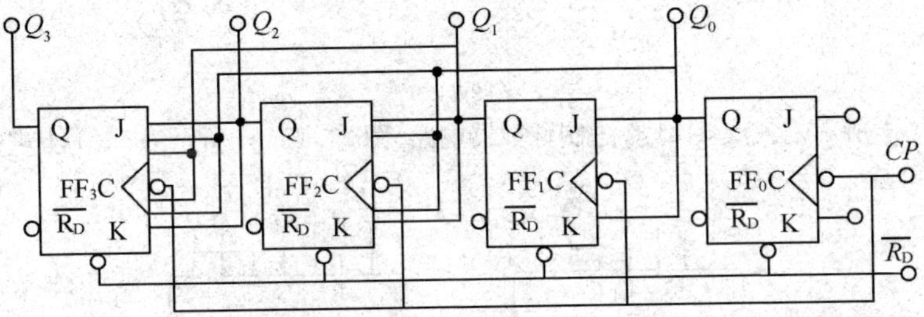

图 21.6

图 21.7 所示是同步十进制加法计数器电路。

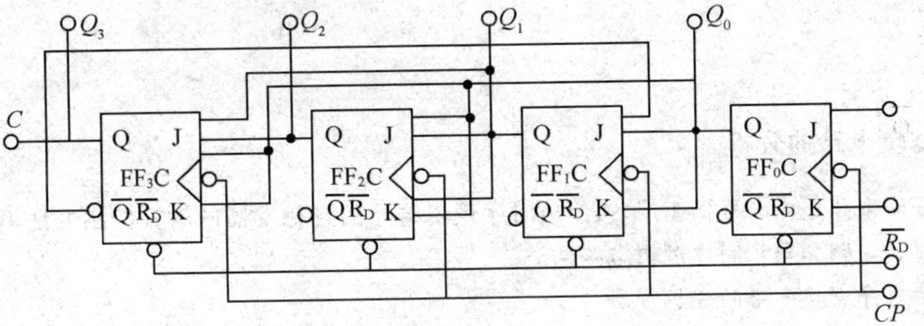

图 21.7

图 21.8 所示是异步十进制计数器电路。

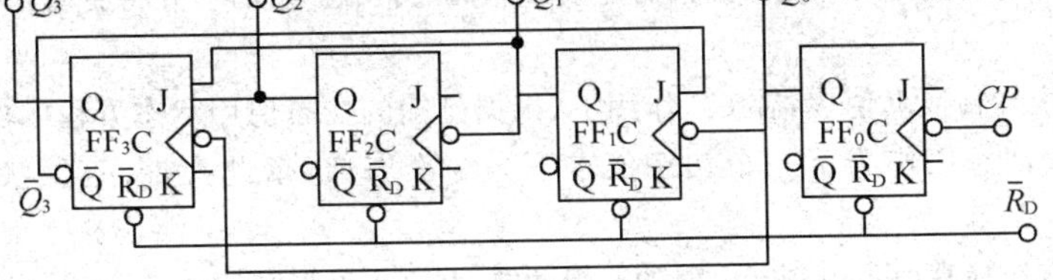

图 21.8

图 21.9 所示是二－五－十进制计数器电路。

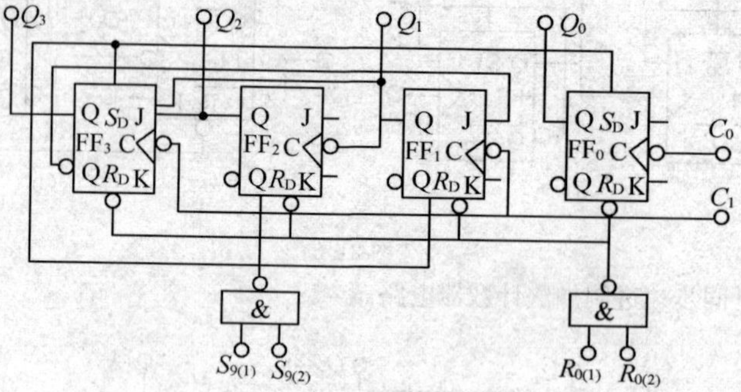

图 21.9

图 21.10(a) 所示是集成 8421 十进制计数器电路；图 21.10(b) 所示为 5421 十进制计数器电路。

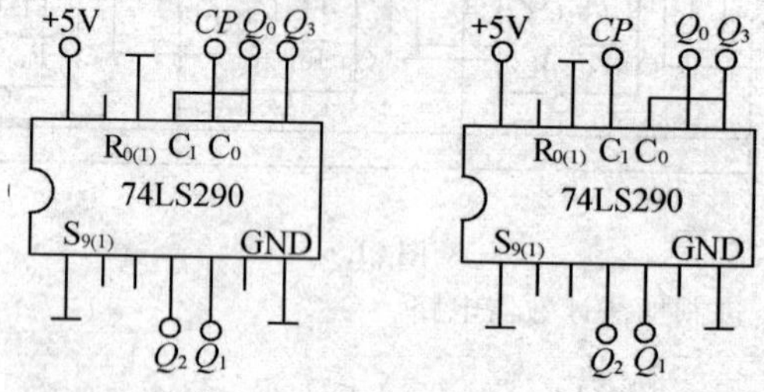

(a) (b)

图 21.10

四、时序逻辑电路的分析

时序逻辑电路是由触发器组成，按组成时序逻辑电路的各触发器的时钟控制方法不同，可分为同步时序逻辑电路和异步时序逻辑电路两类。

1. 同步时序逻辑电路的分析方法

同步时序逻辑电路中各触发器在同一个时钟脉冲控制下同时进行状态转换。其分析方法是：

(1) 写出各触发器的驱动方程：即外部激励信号输入端的逻辑表达式(J，K 或 D)。

(2) 根据置位、复位信号输入端的状态确定各触发器原始状态值(即初态值)。

(3) 根据所用触发器的种类给出其功能表，或写出其状态方程式，并将驱动方程代入时序电路的状态方程式。

(4) 列出状态转换真值表：在 CP 作用下，根据已知的初态值用状态方程或功能表求出相应的次态值，再将该次态值作为下一个初态值求下一个次态值，依此类推，直至状态回到原始状态为止。

(5) 由状态转换真值表可判断电路的逻辑功能，并画出波形图。

2. 异步时序逻辑电路的分析方法

异步时序逻辑电路中各触发器的 C 端不是由同一个 CP 脉冲控制的，因此，各触发器不在同一时刻进行状态转换（翻转），其分析方法与同步时序逻辑电路的不同点有：

(1) 列写驱动方程时不仅要列出外部激励信号输入端的逻辑式，还要列写出时钟控制端 C 的逻辑式。

(2) 列写状态转换表时不仅列出初态值、次态值，在激励函数栏内还应增加 CP 状态值。

五、由 555 定时器组成的单稳态触发器和无稳态触发器

(1)555 组成的单稳态触发器：电路如图 21.11 所示，输入 u_i 为负脉冲，输出 u_o 为正脉冲，u_o 的脉冲宽度为

$$t_p = RC\ln 3 \approx 1.1RC$$

u_i 的脉冲宽度应小于 u_o 的脉冲宽度，否则失去定时作用。

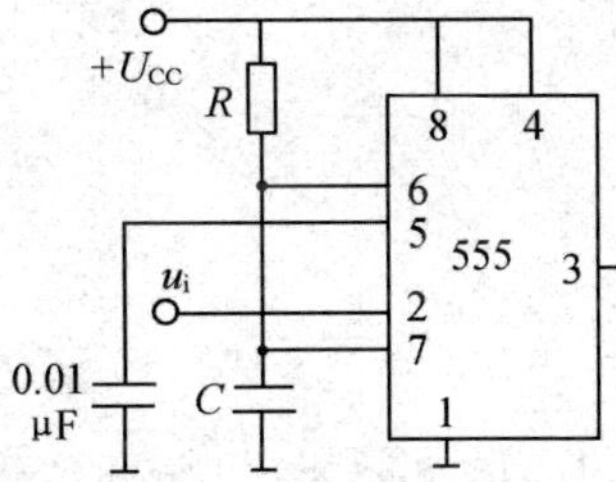

图 21.11

(2) 由 555 定时器组成的多谐振荡器（无稳态触发器）。

多谐振荡器特点：

(1) 矩形脉冲发生器，用于提供时钟脉冲信号 CP。

(2) 自激振荡，没有稳态，只有两个暂稳态。

1)RC 环形多谐振荡器：电路如图 21.12 所示，振荡周期为 $T \approx 2.2RC$。

2)555 组成的多谐振荡器：电路如图 21.13 所示，振荡周期为

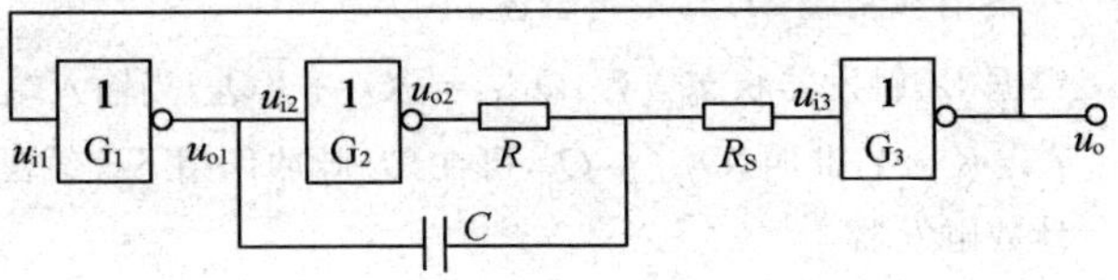

图 21.12

$$T = t_{p1} + t_{p2}$$
$$\approx 0.7(R_1 + R_2)C + 0.7R_2C$$
$$= 0.7(R_1 + 2R_2)C$$

振荡频率为

$$f = \frac{1}{T} \approx \frac{1.43}{(R_1 + 2R_2)C}$$

占空比为

$$D = \frac{t_{p1}}{t_{p1} + t_{p2}} = \frac{R_1 + R_2}{R_1 + 2R_2}。$$

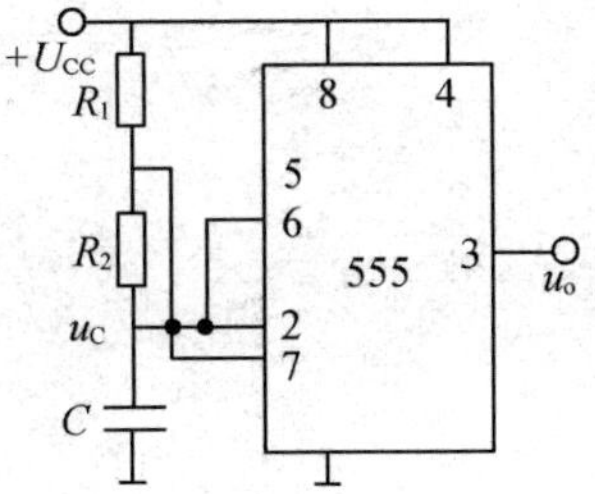

图 21.13

考点：触发器的逻辑功能应用及分析，时序逻辑电路的分析，时序逻辑电路与组合逻辑电路的综合应用，计数器与集成运算放大器的综合应用，集成计数器与 555 定时器的应用。

21.2 练习与思考题解答

21.1.1 解题过程　基本 RS 触发器电路如题解 21.1.1 图所示。门 G_1 导通时，G_2 截止，形成一个稳定状态。门 G_1 截止时，门 G_2 导通形成另一个稳定状态。当对 RS 触发器置 **1** 或置 **0** 时发生了翻转，进入另一稳定状态，此后触发信号即失去作用，依靠正反馈使该状态保持不变。

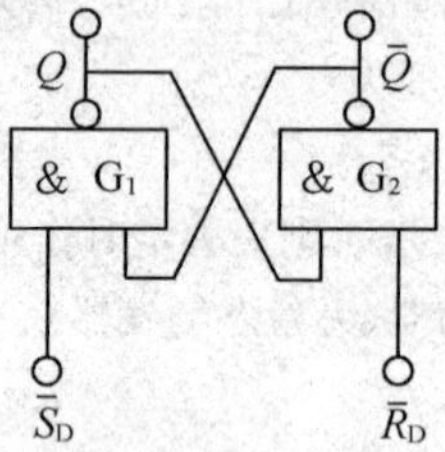

题解 21.1.1 图

21.1.2 解题过程　$\overline{S}_D$ 和 $\overline{R}_D$ 称为直接置 **1** 和置 **0** 输入端。$\overline{Q}_{n+1} = S_D + \overline{R}_D Q_n$，$\overline{S}_D + \overline{R}_D \neq 0$。当任一个输入为低电平时触发器便强迫置 **1** 或置 **0**，不论此时其他输入端（包括 CP 端）是什么状态。注意，$\overline{S}_D$ 和 $\overline{R}_D$ 不能同时作用。

21.1.3 解题过程　答案请参阅表 21.1，不再赘述。

21.1.4 解题过程　根据 JK 触发器状态方程：$Q_{n+1} = J\overline{Q}_n + \overline{K}Q_n$，当输入端 J 和 K 悬空时，相当于 $J = K = \mathbf{1}$，此时，$Q_{n+1} = \overline{Q}_n$，可在 CP 脉冲作用下连续翻转而计数，所以是一只计数触发器。

21.1.5 知识点窍　K 触发器。

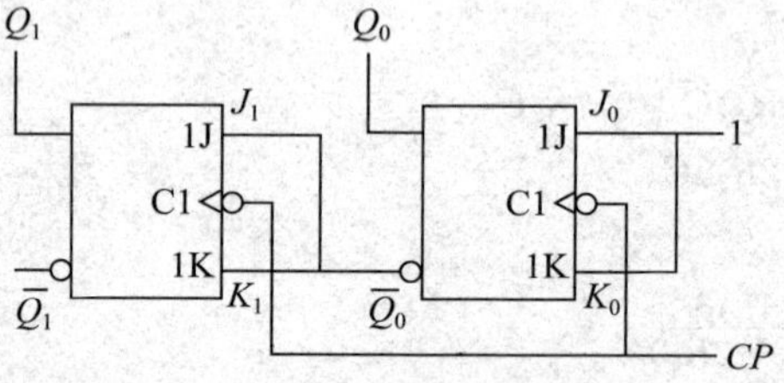

题 21.1.5 图

解题过程　$J_0 = K_0 = 1$，JK_0 处于计数状态，$Q_0 = 0$。

$Q_0 = 0 \quad \overline{Q_0} = 1 = J_1 = K_1$，$JK_1$ 计数状态 $Q_1 = 1$。

∴ 下一个 CP 作用后，$Q_1Q_0 = 10$。

21.1.6 知识点窍　智能抢答器的工作原理，基本 RS 触发器工作原理。

解题过程　(1) 初态　$Q_1 = 0$，$\overline{Q_1} = 1$，$Q_2 = 0$，$\overline{Q_2} = 0$，两个 BJT 均低位截止，小灯泡灭。

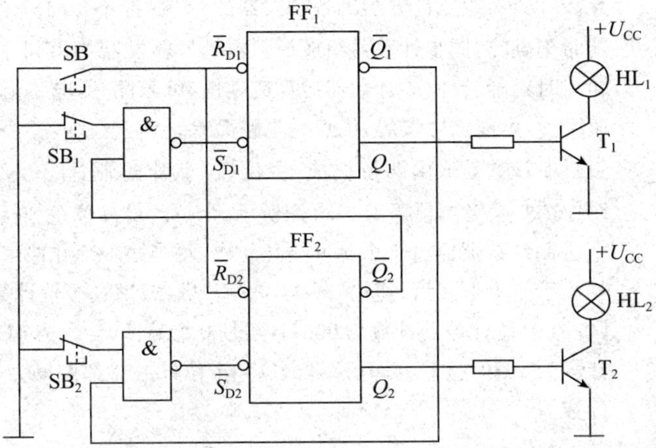

题 21.1.6 图

(2)SB 接通后，假设 SB_1 抢答成功。则$\overline{S_{D_1}}=1$，$\overline{R_{D_1}}=0$，从而 $Q_1=1$，$\overline{Q_1}=0$。T_1 导通，小灯泡 HL_1 亮，T_2 截止 HL_2 灭。SB_2 抢答成功原理同 SB_1。

21.2.1 解题过程 数码寄存器只能寄存数据，且只能并行输入和输出数据。移位寄存器不仅能寄存数据，而且能实现数据的左、右移位，其输入和输出数据不仅可并行操作，也可串行操作。

21.2.2 解题过程 (1) 并行输入是将整个数码由各位寄存器输入端同时一次输入到寄存器中。(2) 并行输出则是由寄存器各位触发器端同时输出二进制数的各位值。(3) 串行输入是由寄存器的第一位触发器输入端将二进制数码逐位输入到寄存器中，每输入一位则数码在寄存器中向左或向右移一位，直到全部各位输入完毕为止。(4) 串行输出则由寄存器末位输出端将数码通过移位的方法逐位移出寄存器。

21.2.3 解题过程 教材表 21.2.1 及其续表如题 21.2.3 表所示。

题 21.2.3 表

称　位 脉冲数	寄存器中的数码			
	Q_3	Q_2	Q_1	Q_0
0	**0**	**0**	**0**	**0**
1	**0**	**0**	**0**	**1**
2	**0**	**0**	**1**	**0**
3	**0**	**1**	**0**	**1**
4	**1**	**0**	**1**	**1**
5	**0**	**1**	**1**	**0**
6	**1**	**1**	**0**	**0**
7	**1**	**0**	**0**	**0**
8	**0**	**0**	**0**	**0**

21.3.1 解题过程 异步计数器组成计数器的各触发器的 CP 脉冲不是同一个脉冲，各触发器在不同时刻翻转，同步计数器组成计数器的各触发器均由同一个 CP 脉冲控制，在同一时刻翻转。同步计数器运算速度快，可靠性高，电路复杂，异步计数器运算速度慢，可能产生误码，优点是电路简单。

21.3.2 解题过程 百进制计数看成由两位组成，个位(1) 为十进制，十位(2) 为十进制，由两片 74LS290 连接如题解 21.3.2 图所示，个位的最高位 Q_3 连到十位的 CP 端，个位十进制计数器经过十个脉冲循环一次，每当第十个脉冲来到时，Q_3 由 **1** 变为 **0**，相当于一个下降沿，使第二片十进制计数器计数。个位计数器经过第一次十个脉冲，10 位计数器计数为 **0001**；经过 60 个脉冲，计数为 **0110**，经过 100 个脉冲，计数为 **1010**，接着立即清零，个位和十位计数器都恢复为 **0000**，这就是百进制计数器。

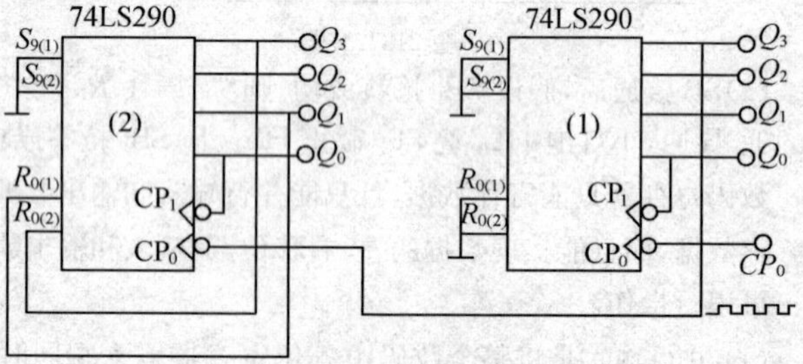

题解 21.3.2 图

21.3.3

题 21.3.3 表

输入								输出			
R_D	$\overline{LD}$	CP_+	CP_-	A_3	A_2	A_1	A_0	Q_3	Q_2	Q_1	Q_0
0	**0**	×	×	d_3	d_2	d_1	d_0	d_3	d_2	d_1	d_0
0	**1**	↑	**1**	×				加法计数			
0	**1**	**1**	↑	×				减法计数			
0	**1**	**1**	1	×				保持			
1	×	×	×	×				**0**	**0**	**0**	**0**

解题过程 分析题 21.3.3 表所示得：R_D 为清零端，即当 $R_D = \mathbf{1}$ 时，计数器清零；CP_+ 为加法计数的计数脉冲（上升沿有效），CP_- 为减法计数的脉冲（上升沿有效）。

$\overline{LD}$ 为异步置数端，当 $\overline{LD} = \mathbf{0}$ 时，各输入端的状态同时立即被置入到各触发器中，使 $Q_3Q_2Q_1Q_0 = d_3d_2d_1d_0$，即无需 CP 作用，且不受其他控制端的影响；CP_+、CP_- 同时为 **1**，则计数器工作于保持状态；$\overline{CO}$，$\overline{BO}$ 分别为进位和借位输出端。

(2) 题解 21.3.3 图所示为两片 74LS192 型计数器(1)、(2) 级联构成的百进制计数器，片(1)、(2) 均为十进制加法计数工作状态。

第(1)片的计数范围是**0110**～**1111**，计数器的模值 $M=16-6=10$

第(2)片的计数范围是**0110**～**1111**，计数器的模值 $M=16-6=10$

第(1)片每计数**1111**时，进位输出 $\overline{CO}=$ **0**，$\overline{CO}$ 连到第(2)片的 CP_+ 上，从而 CP_+ 为低电平，当第(1)片 $\overline{CO}$ 回到**1**时，其状态回到**0110**，同时使第(2)片的 CP_+ 产生一个上升沿，计一次数，因此，整个计数器的计数模值为 $10\times10=100$（计数器第一个周期除外）。

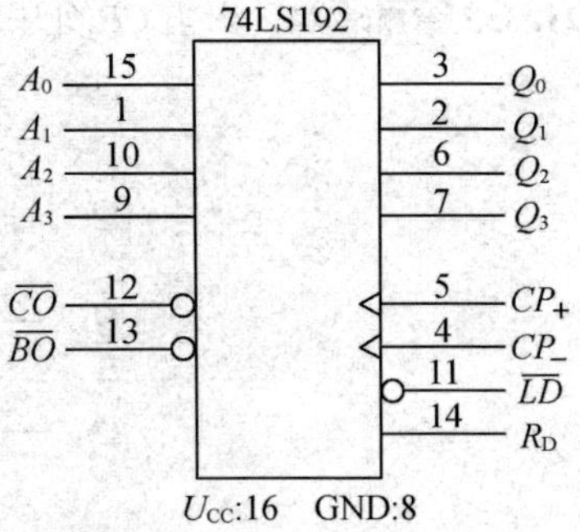

题 21.3.3 图

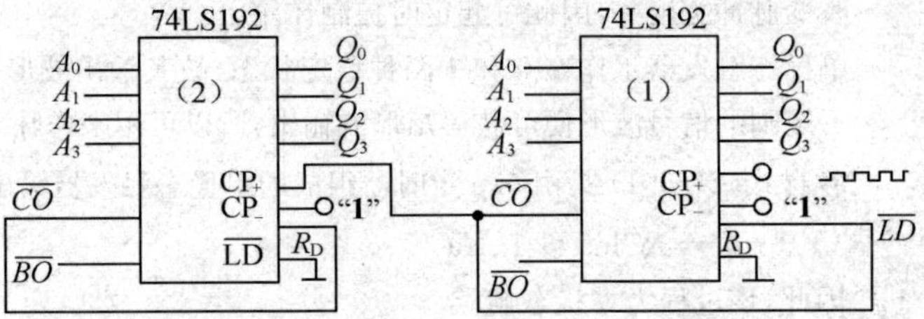

题解 21.3.3 图

21.3.4 知识点窍 任意进制计数器工作原理。

解题过程 当个位 $Q_2=1$，十位 $Q_1=1$ 时复位，重新计数。因此该图是 24 进制计数器。

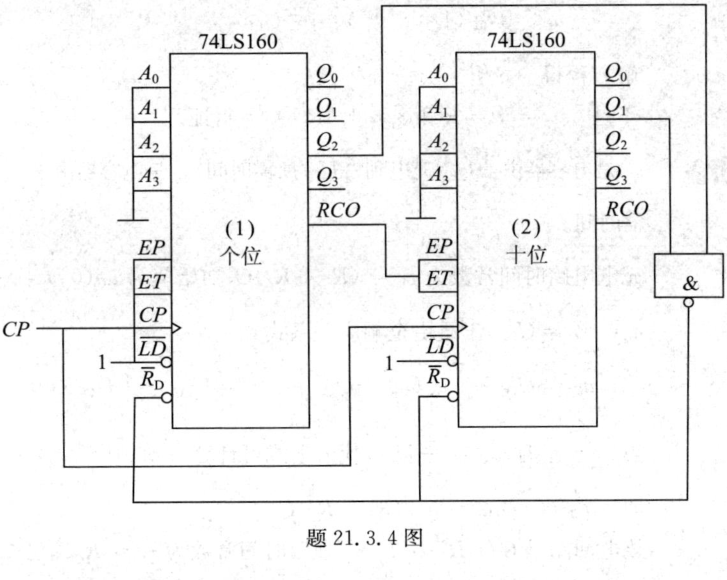

题 21.3.4 图

21.3.5 解题过程　当 CP 处于下降沿时计数，$Q_1Q_2Q_3$ 的波形图如题解 21.3.5 图所示。

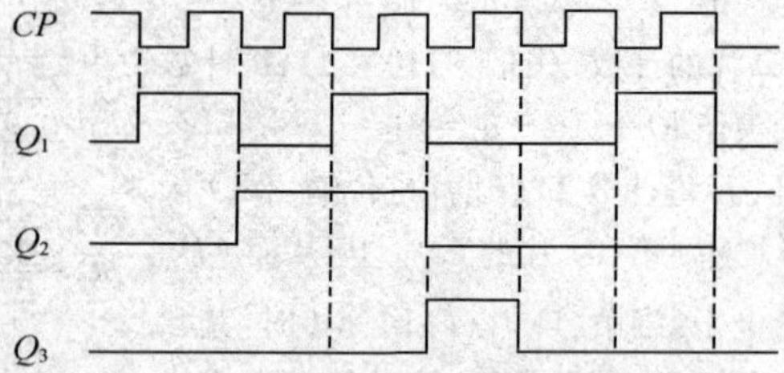

题解 21.3.5 图

21.5.1 解题过程　单稳态触发器输出脉冲宽度取决于电路中的电阻 R 和电容 C，改变 R 或 C 就能改变脉冲宽度 t_p，因此可起定时控制作用。

单稳态触发器工作在 **0** 和 **1** 两种稳定状态，故其输出波形是矩形波，因此输入不规则的信号波形便可获得矩形波输出，所以可用来作脉冲整形电路。

21.5.2 解题过程　教材式(21.5.1)是由 555 定时器组成的单稳态触发器输出脉冲宽度

$$t_p = RC\ln 3 \approx 1.1RC$$

因此，该过程为零状态响应

$$u_C = u_C(\infty)(1 - e^{\frac{t}{RC}})$$

这里，当 $t \to \infty$ 时，$u_C(\infty) \to U_{CC}$，假设电容 C 是由 0 开始充电，$u_C(0_+) = 0$，是 $u_C = \frac{2}{3}U_{CC}$ 所需时间，由零状态响应关系式可知：

$$u_C = U_{CC}(1 - e^{-t/RC}) = \frac{2}{3}U_{CC}$$

解方程得　$e^{t/RC} = 3$

于是　$t_p = t = RC\ln 3 \approx 1.1RC$　　得证。

21.5.3 解题过程　t_{p1} 是电容器由 $\frac{1}{3}U_{CC}$ 充电到 $\frac{2}{3}U_{CC}$ 所需时间，t_{p2} 是电容器由 $\frac{2}{3}U_{CC}$ 放电到 $\frac{1}{3}U_{CC}$ 所需时间。

充电电路时间常数为 $\tau_1 = (R_1 + R_2)C$，初始值为 $u_C(0_+) = \frac{1}{3}U_{CC}$，稳态值为 $u_C(\infty) = U_{CC}$，于是由全响应关系式

$$u_C = U_{CC} + \left[\frac{1}{3}U_{CC} - U_{CC}\right]e^{-t/\tau_1} = U_{CC} - \frac{2}{3}U_{CC}e^{-t/\tau_1}$$

当 $t = t_{p1}$ 时，$u_C = \frac{2}{3}U_{CC}$，代入上式可计算得到 $e^{t_{p1}/\tau_1} = 2$

即　$t_{p1} = \tau_1 \ln 2 \approx 0.7(R_1 + R_2)C$

放电回路是 $C \to R_2 \to T \to$“地”，时间常数为 $\tau_2 = R_2C$，已知在充电末状态

$u_C(t_{p_{1-}}) = \frac{2}{3}U_{CC}$，于是放电初始值：

$$u_C(t_{p_{1+}}) = u_C(t_{p_{1-}}) = \frac{2}{3}U_{CC}$$

当 $t \to \infty$ 时，电容放电结束，则稳态值 $u_C(\infty) = 0$

由零输入响应可知 $\quad u_C = \frac{2}{3}U_{CC}e^{-t/\tau_2}$

当 $t = t_{p2}$ 时，$u_C = \frac{1}{3}U_{CC}$，代入上式有

$$\frac{1}{3}U_{CC} = \frac{2}{3}U_{CC}e^{-t_{p2}/\tau_2}$$

$$e^{t_{p2}/\tau 2} = 2$$

$$t_{p2} = \tau_2 \ln 2 \approx 0.7R_2C$$

所以振荡周期为

$$T = t_{p1} + t_{p2} \approx 0.7(R_1 + R_2)C + 0.7R_2C = 0.7(R_1 + 2R_2)C$$

得证。

21.5.4 知识点窍 多谐振荡器的频率周期计算。

解题过程 $T = t_{p1} + t_{p2} = 0.7(R_1 + 2R_2) \cdot C = 1.06\text{s}$

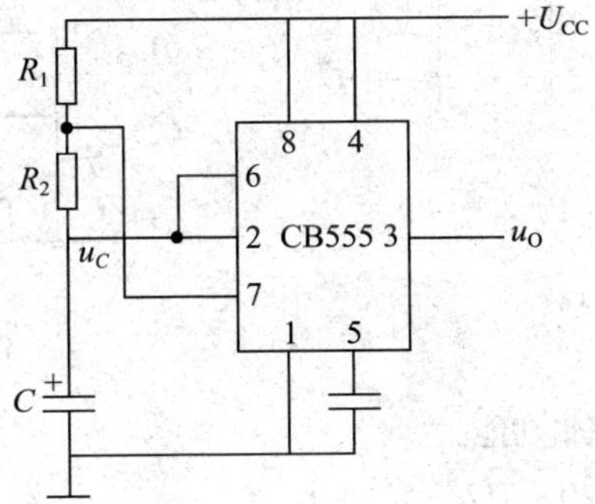

题 21.5.4 图

21.3 课后习题全解

A 选择题

21.1.1 分析 K 触发器的逻辑输出表。初始状态 $J = 1, K = Q = 0$。

时钟脉冲来到后，$Q_1 = 1$。当 $J = 1, K = 1$ 时，计数功能。故选(2)。

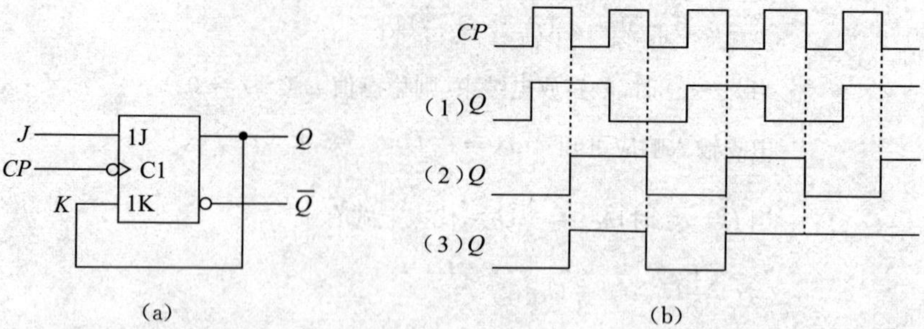

题 21.1.1 图

21.1.2 分析 D 触发器逻辑输出表。

当 $D = 1$ 时，置 1 功能。故选(1)。

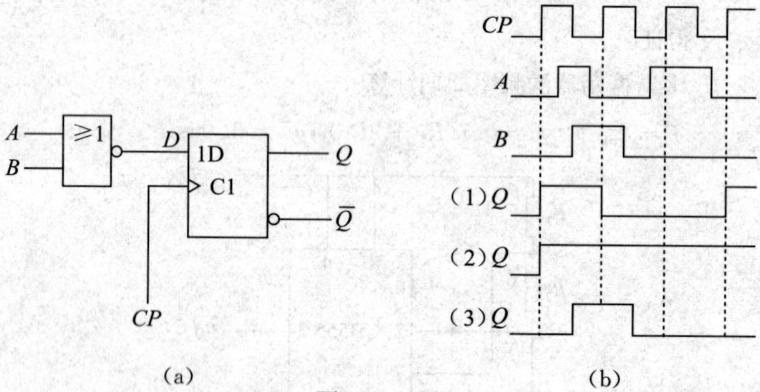

题 21.1.2 图

21.1.3 分析 JK 触发器逻辑功能。

$$\begin{cases} Q_0 = K = 0 \\ J = \overline{Q_0} \end{cases} \Rightarrow \begin{cases} Q_1 = 1 = K \\ \overline{Q_1} = 0 = J \end{cases} \Rightarrow Q_2 = 0。$$

∴ 来一个脉冲翻转一次，有计数功能。故选(2)。

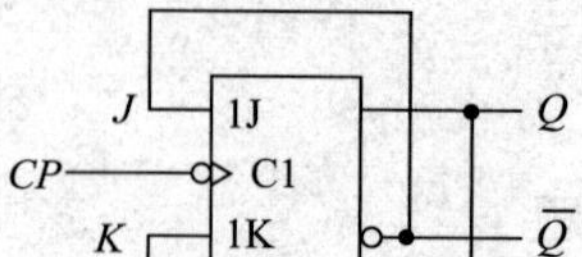

题 21.1.3 图

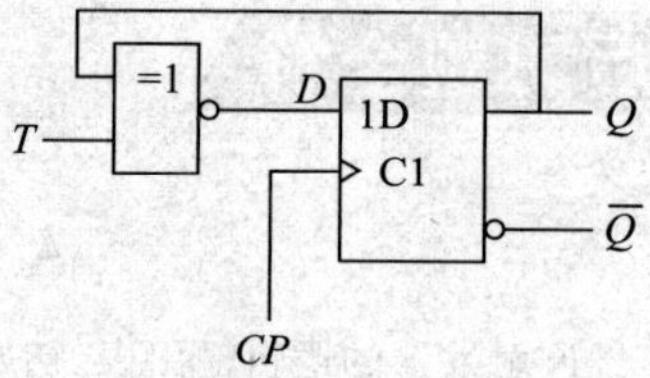

题 21.1.4 图

21.1.4 分析 T 触发器的逻辑功能。初始状态 $Q_0 = 0$ 时。$T = 0$ 输出 $D = 1, Q_1 = 1$。

$Q_0 = 1$ 时，$D = 0, Q_1 = 0$。具有计数功能。故选(2)。

21.1.5 分析 T、D 触发器的逻辑功能。

$Q_0 = 0$ 时：$D = 0, Q_1 = 0$。

$Q_0 = 1$ 时：$D = 1, Q_1 = 1$。

$T = 1$ 时有保持功能。故选(1)。

21.1.6 分析　K 触发器的逻辑功能。

初始状态$Q_1 = 0, \overline{Q_1} = 1$。

$Q_0 = 1, \overline{Q_0} = 0$。

$J_0 = 1, K_0 = 1, FF_0$ 计数功能 $Q_0 = 0 = J_1$。

$J_1 = 1, K_1 = 0, Q_{1(n+1)} = J_1\overline{Q}_1 + \overline{K}_1Q_1 = 1 + 0 = 1$。

$\therefore Q_1Q_0 = 10$。故选(3)。

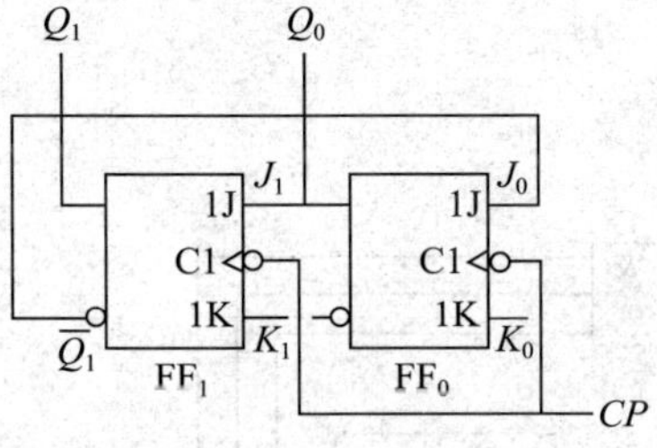

题 21.1.6 图

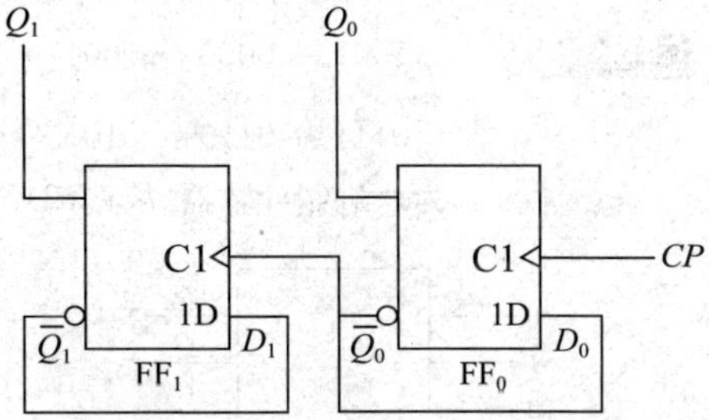

题 21.1.7 图

21.1.7 分析　D 触发器的逻辑功能。

初始状态 $Q_1Q_0 = 10$，转换为 T′ 触发器，下一个 CD 后，$Q_0 = 1, \overline{Q_0} = 1$。

触发 FF_1，$Q_1 = 0$。$\therefore Q_1Q_0 = 01$。故选(2)。

21.3.1 分析　当计数到 1000 时，$\overline{R_D}$ 低电位，计数器清零，重新开始计数。故选(2)。

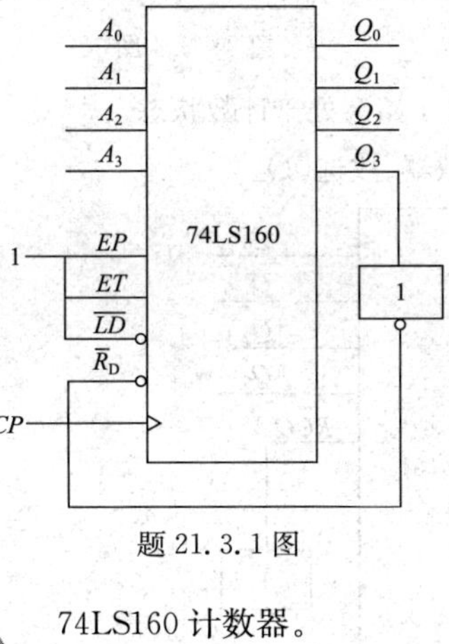

题 21.3.1 图

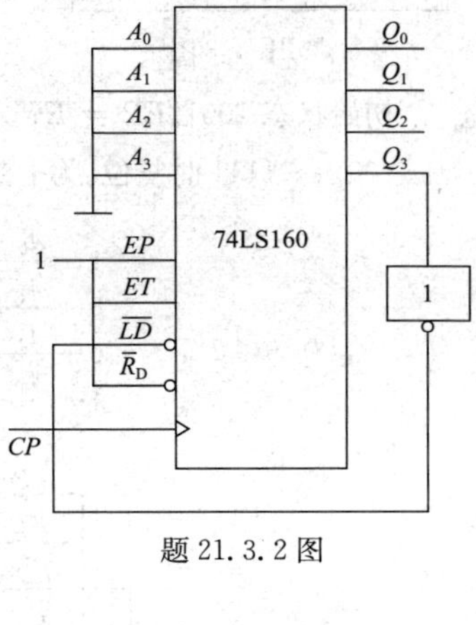

题 21.3.2 图

21.3.2 分析　74LS160 计数器。

当输出 $Q_3Q_2Q_1Q_0 = 1000$ 时，计数器回到初始状态 0000。

计数过程为0000 → 0001 → 0010 → 0011 → 0100

↑　　　　　　　　　　　　　　↓

1000 ← 0111 ← 0110 ← 0101

故为九进制计数器。故选(3)。

21.3.3 分析 初始状态 0010，输出 1000 时。归为初始状态

0010 → 0011 → 0100 → 0101 → 0110

↑ ↓

└──────── 1000 ← 0111

为七进制计数器，故选(1)。

21.3.4 分析 Q_0 与 CP_1 连接，输入计数脉 CP_0 时 74LS290 为 8421 异步十进制计数器，从初始状态 1001 开始计数，至 $Q_3Q_2Q_1Q_0 = 0111$ 时停止计数。

解题过程

1001 → 0000 → 0001 → 0010 → 0011

↗ ↙

0111 ← 0110 ← 0101 ← 0100

为八进制计数器。故选(2)。

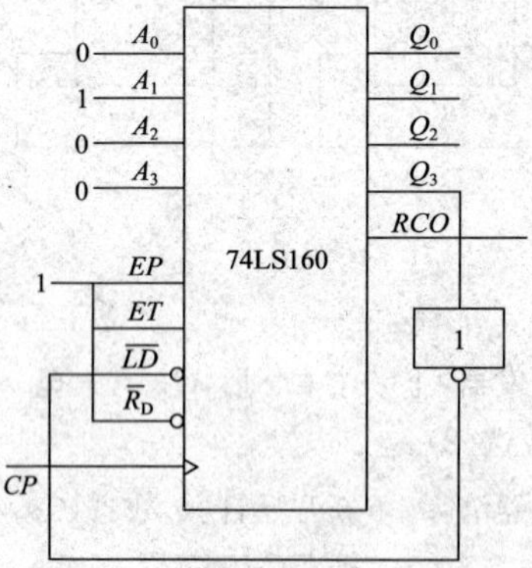

题 21.3.3 图

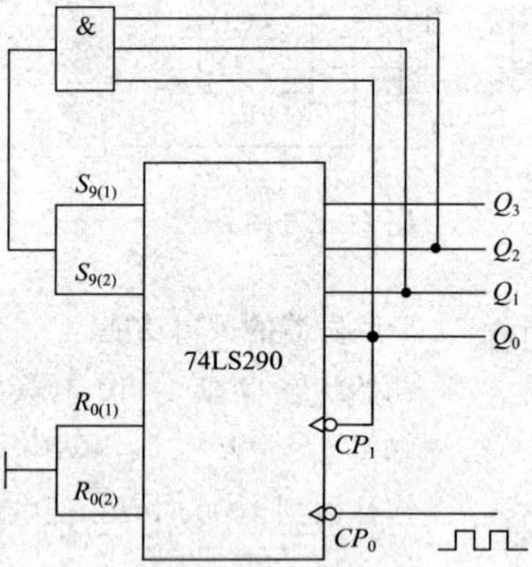

题 21.3.4 图

21.3.5 分析 初始状态 1001。$EP = ET = \overline{R_D} = 1$ 始终处于计数状态。

1001 → 1111 时复位。为七进制计数器。故选(1)。

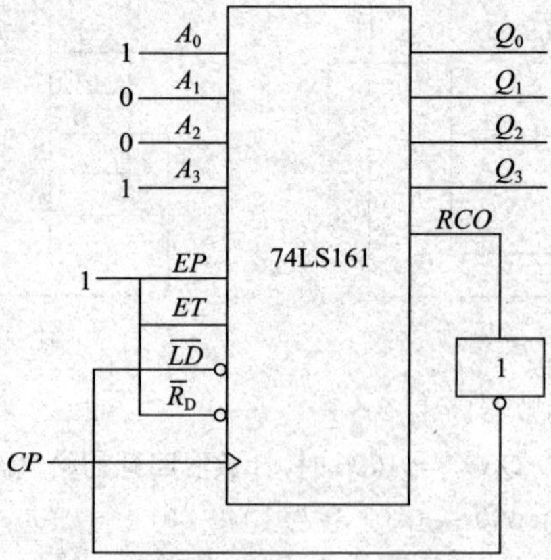

题 21.3.5 图

21.5.1 分析　输出宽度 $t_p = RC\ln 3 \approx 1.1RC$ 故 C 增大时 t_p 增大。故选(2)。

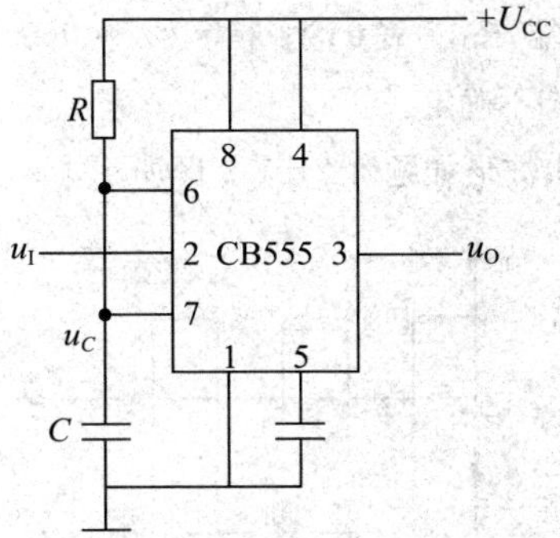

题 21.5.1 图

21.5.2 分析　输出频率 $f = \dfrac{1.43}{(R_1 + 2R_2) \cdot C}$,欲使 f 增大,可减小 R_1 或 R_2 或 C。故选(1)。

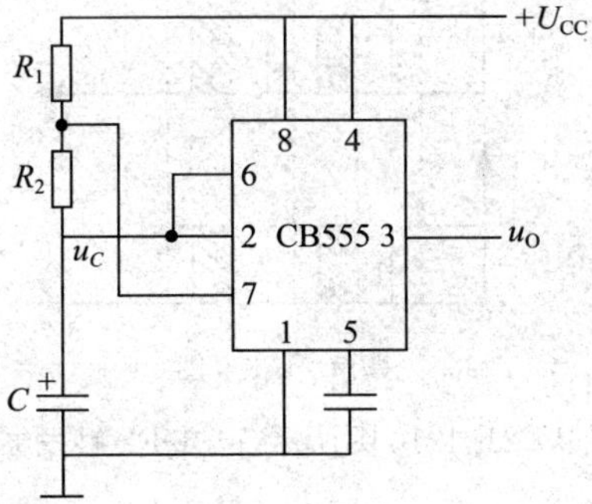

题 21.5.2 图

B　基本题

21.1.8 解题过程　由于 $Q_{n+1} = S_D + \overline{R}_D Q_n$, $S_D R_D \neq \mathbf{1}$,输出端 Q 的波形如题解 21.1.8 图所示。当初态为 **0** 时,触发器在 $\overline{S}_D$ 低电平作用下置 **1**;当初态为 **1** 时,触发器状态保持 **1** 状态不变。

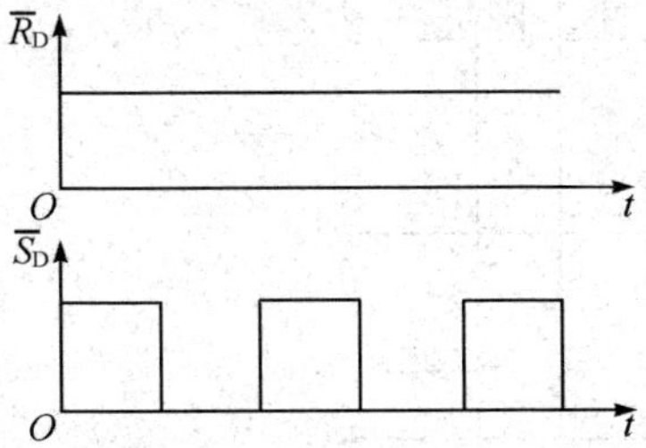

题 21.1.8 图

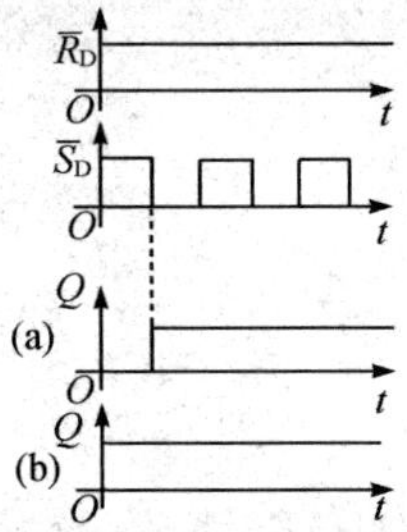

(a) 初态为 **0**; (b) 初态为 **1**

题解 21.1.8 图

21.1.9 知识点窍　**或非门组成的基本 RS 触发器的状态转换。**

逻辑推理　S_D 为置 **1** 端，R_D 为置 **0** 端；$S_D = R_D = \mathbf{0}$，触发器保持原来状态，$S_D = R_D = \mathbf{1}$，触发器状态不确定。

解题过程　Q 端的输出波形如题解 21.1.9 图所示。

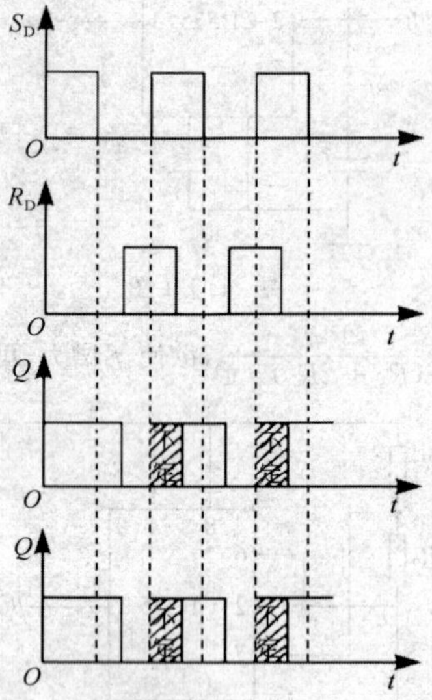

题解 21.1.9 图

21.1.10 解题过程　波形图如题 21.1.10 图所示。已知 RS 触发器状态方程为 $\begin{cases} Q_{n+1} = S + \overline{R}Q_n \\ S \cdot R \neq \mathbf{1} \end{cases}$

于是，当 C 脉冲高电平时，若 $S = \mathbf{1}, R = \mathbf{0}$，$Q$ 初值为 **0**，则 Q 由 **0** 变 **1**；若初值为 **1**，则 Q 保持 **1**。若 $S = \mathbf{0}, R = \mathbf{1}$，则 Q 值由 **1** 变 **0**。

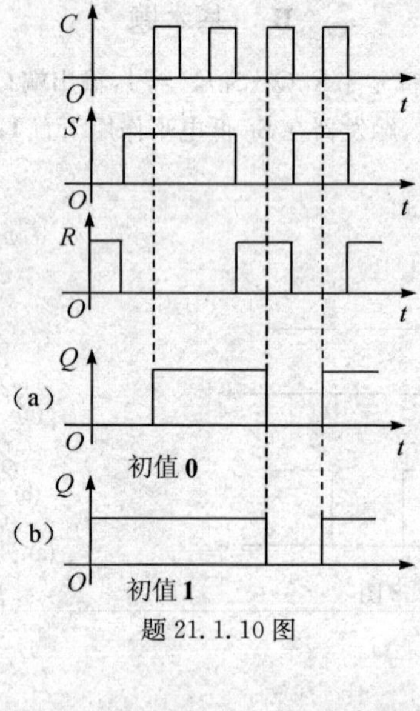

题 21.1.10 图

21.1.11 **逻辑推理** 维持阻塞型JK触发器与主从型JK触发器区别：前者是C上升沿翻转；后者是C下降沿翻转。

解题过程 已知JK主从触发器状态方程：　　$Q_{n+1}=J\overline{Q}_n+\overline{K}Q_n$

(1)$J=\mathbf{1},K=\mathbf{0}$，则$Q_{n+1}=\mathbf{1}$；　　(2)$J=\mathbf{0},K=\mathbf{1}$，则$Q_{n+1}=\mathbf{0}$；

(3)$J=K=\mathbf{1},Q_{n+1}=\overline{Q}_n$；　　(4)$J=K=\mathbf{0},Q_{n+1}=Q_n$。

Q波形如题解21.1.11图(a)所示。

对维持阻塞型JK触发器，其逻辑功能与主从型JK触发器相同，只是在C脉冲上升沿翻转，Q波形如题解21.1.11图(b)所示。

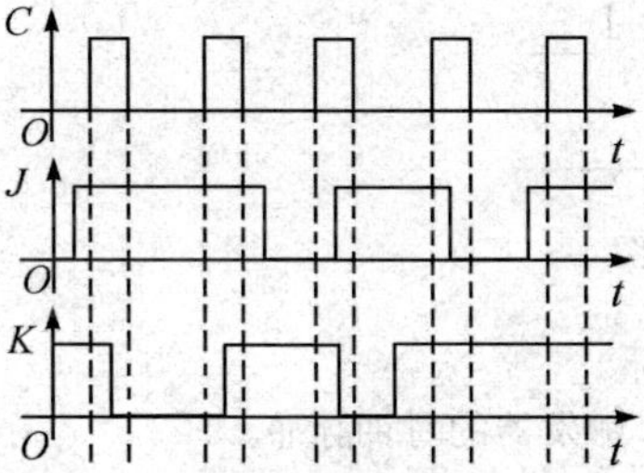

题21.1.11图

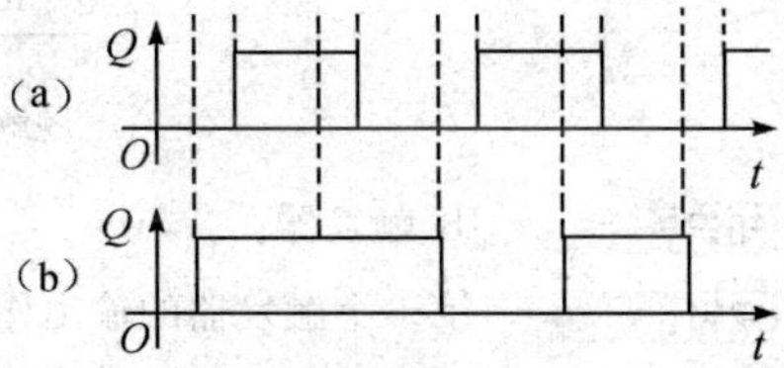

题解21.1.11图

21.1.12 **知识点窍** JK触发器，D触发器。

逻辑推理 要有计数功能，输入应为输出的反：$J=\overline{Q},D=\overline{Q}$，而(b)，(c)同相，(f)不翻转。

解题过程 将题21.1.12图A所示的CP脉冲波形重画于题21.1.12图B中。各触发器Q端的波形如题解21.1.12图所示。其中(a)、(d)、(e)三种情况均具有计数功能。

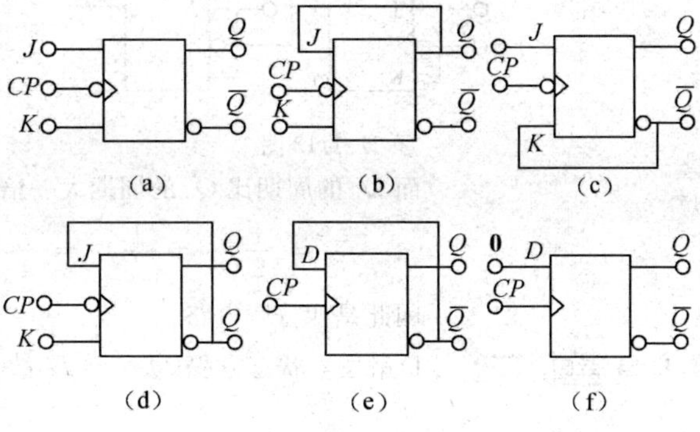

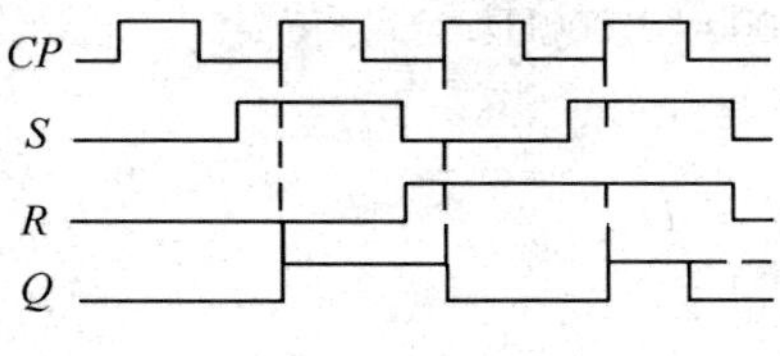

题21.1.12图A

题21.1.12图B

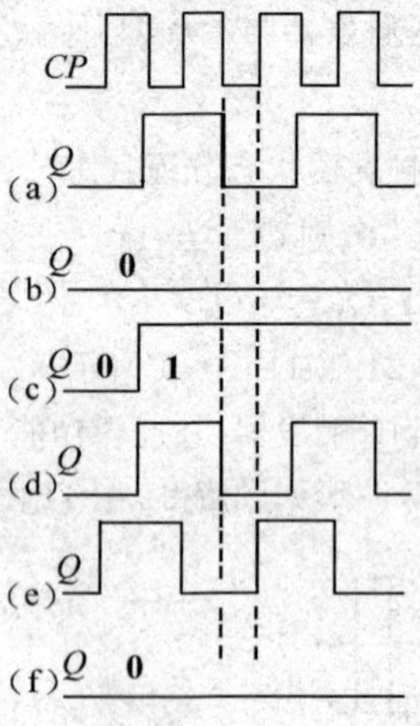

题解 21.1.12 图

21.1.13 知识点窍　JK 触发器。

逻辑推理　第一个触发器的输出作为第二个触发器的时钟脉冲。

解题过程　题 21.1.13 图所示两个触发器均接成计数触发器(即 T 触发器，且 $T=1$) 状态，由 T 触发器状态方程：$Q_{n+1}=\overline{Q}_n$，具有计数功能，故波形如题解 21.1.13 图所示。

由题 21.1.13 图所示可知，Q_1 的周期比 CP 的周期大一倍，则频率为

$$f_{Q1}=\frac{1}{2}f_C=\frac{1}{2}\times 4\ 000=2\ 000\text{Hz}$$

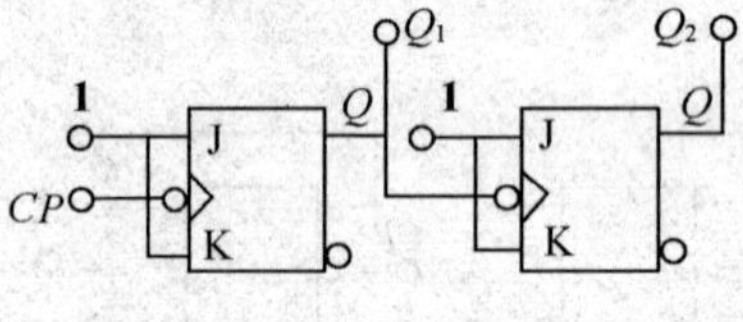

题 21.1.13 图

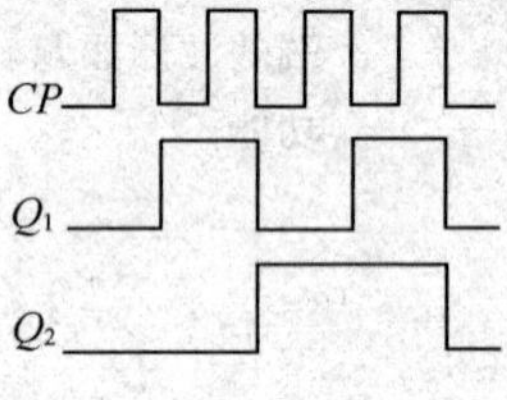

题解 21.1.13 图

而 Q_2 的周期比 Q_1 的周期大一倍，其频率为

$$f_{Q2}=\frac{1}{2}f_{Q1}=\frac{1}{4}f_C=\frac{1}{4}\times 4\ 000=1\ 000\text{Hz}$$

因此是四分频电路。

21.1.14 解题过程　D 触发器状态方程：$Q_{n+1}=D$，故 $Q_{1(n+1)}=D$

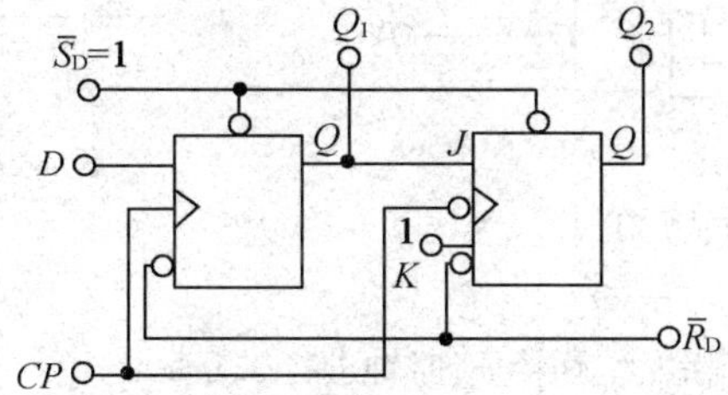

题 21.1.14 图

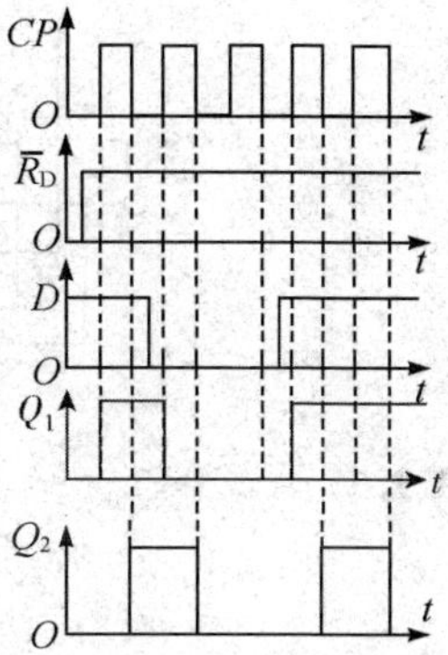

题解 21.1.14 图

JK 触发器状态方程：$Q_{n+1}=J\overline{Q}_n+\overline{K}Q_n$，故 $Q_{2(n+1)}=Q_{1(n)}\cdot\overline{Q}_{2(n)}$，由于题中假设初态 $Q_1=Q_2=0$，故 $\overline{R}_D$ 的低电平不起作用。又因为 D 触发器和 JK 触发器均为下降沿触发。Q_1 端和 Q_2 端的输出波形如题解 21.1.14 图所示。

21.1.15 知识点窍 JK 触发器，D 触发器。

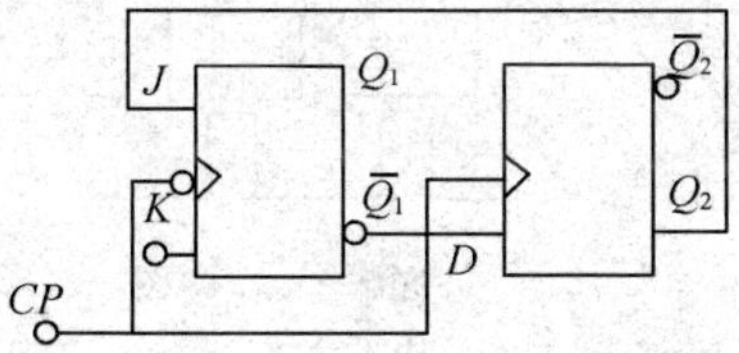

题 21.1.15 图

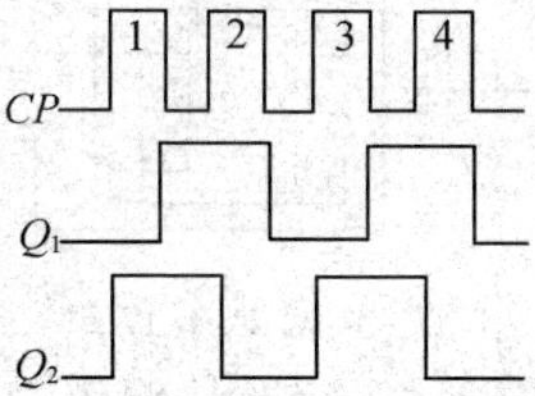

题解 21.1.15 图

逻辑推理 分析此题的电路，应从后级开始再到前级。因为后级是 D 触发器，在 CP 脉冲前沿翻转。翻转后的状态 Q_2 再反馈到前级 J 端，前两级在 CP 脉冲后沿翻转。

解题过程 已知 JK 触发器：$Q_{1(n+1)}=Q_{2(n)}\overline{Q}_{1(n)}$，则 $D=\overline{Q}_{1(n+1)}$；D 触发器：$Q_{2(n+1)}=D=\overline{Q}_{1(n)}$。因此，画出 Q_1 和 Q_2 的波形如题解 21.1.15 图所示。Q_1 和 Q_2 相位差 90°，故称正交波形发生器。注意 D 触发器为上升沿触发，而 JK 触发器为下降沿触发。

21.1.16 知识点窍 触发器。

逻辑推理 可写出 $Y_{1\sim3}$ 和 Q,CP 的关系，可根据 CP,Q 画出 $Y_{1\sim3}$ 的波形。

解题过程 在题 21.1.16 图所示电路中，由 JK 触发器状态方程

$$Q_{n+1}=\overline{Q}_n\cdot\overline{Q}_n+\overline{Q}_n\cdot Q_n=\overline{Q}_n$$

因此，时钟下降沿触发器翻转一次。

$$Y_1=Q_n,Y_2=\overline{\overline{Q_n\cdot CP}}=Q_n\cdot CP,\quad Y_3=\overline{\overline{Q}_n\cdot CP}=Q_n+\overline{CP}$$

由此可画出 Y_1,Y_2,Y_3 的波形如题解 21.1.16 图所示。

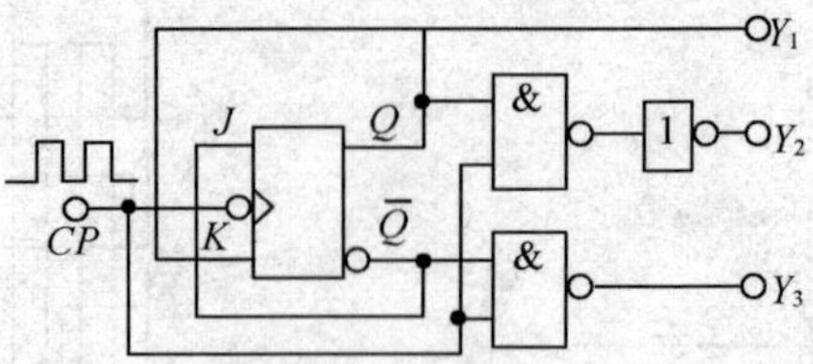

题 21.1.16 图

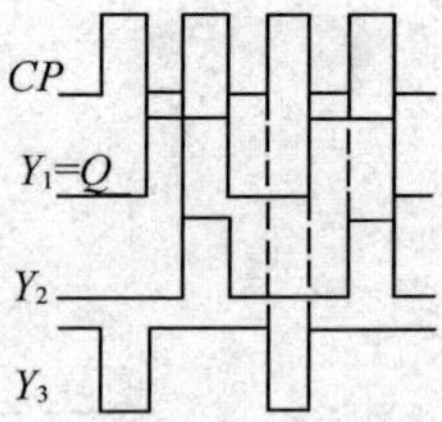

题解 21.1.16 图

21.1.17 解题过程 JK 触发器同题 21.1.9，为

$$Q_{n+1}=\overline{Q}_n$$

故每个下降沿发生翻转，对时钟进行二分频。

因此 $Y_1=\overline{Q_n+CP}=\overline{Q}_n\cdot\overline{CP}$ $\quad Y_2=\overline{\overline{Q}_n+CP}=Q_n\cdot\overline{CP}$

波形图如题解 21.1.17 图所示。可见 Y_1 和 Y_2 脉冲交替出现，相位相反。于是，电路是交替脉冲发生器。

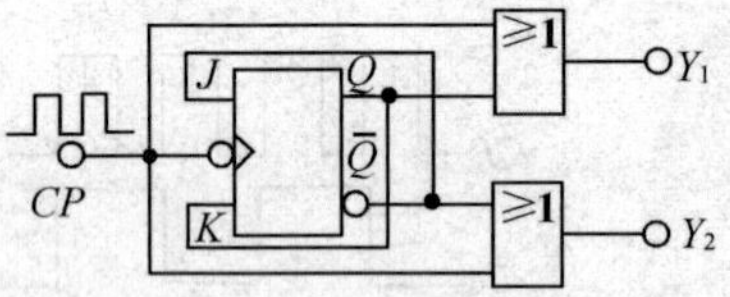

题 21.1.17 图

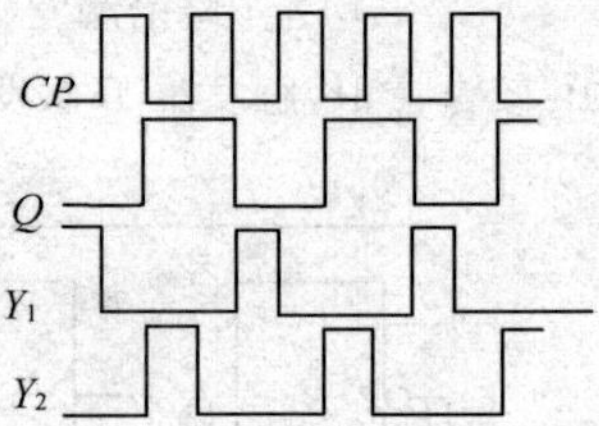

题解 21.1.17 图

21.1.18 解题过程 接线图如题解 21.1.18 图(a) 所示，已知：状态方程为

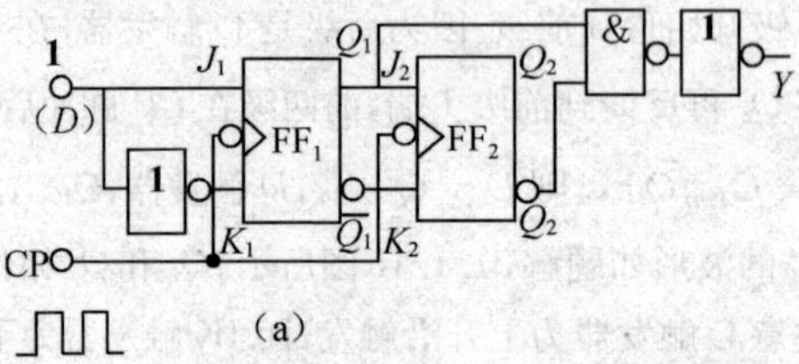

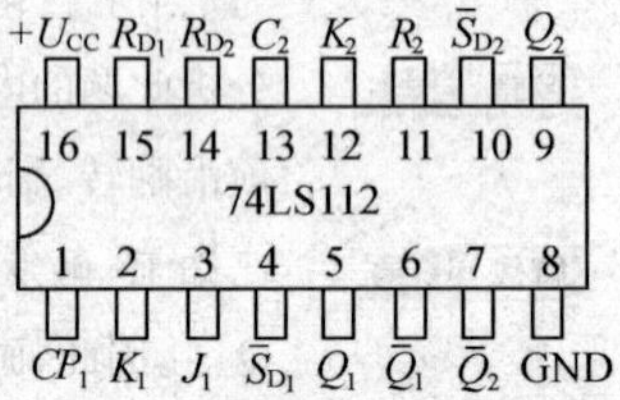

题 21.1.18 图

$$FF_1: Q_{1(n+1)}=J_1\overline{Q}_{1(n)}+\overline{K}_1Q_{1(n)}=\overline{Q}_{1(n)}D+\overline{D}Q_{1(n)}$$

$$FF_2: Q_{2(n+1)}=J_2\overline{Q}_{2(n)}+\overline{K}_2Q_{2(n)}=Q_{1(n)}\overline{Q}_{2(n)}+Q_{1(n)}\cdot Q_{2(n)}=Q_{1(n)}$$

输出方程：$Y=Q_{1(n)}\cdot\overline{Q}_{2(n)}$

因此，波形图如题解 21.1.18 图(b) 所示，显然，这里 D 是一个开关脉冲。

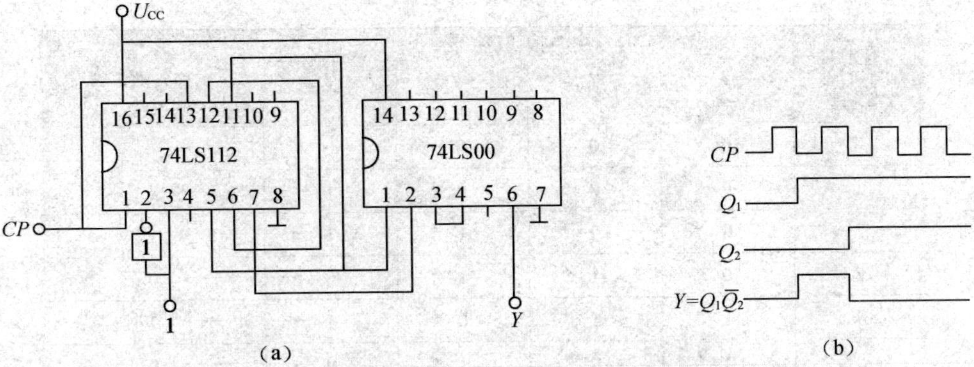

题解 21.1.18 图

21.1.19 解题过程 根据题 21.1.19 图(a) 可以画出逻辑电路如题解 21.1.19 图(a) 所示。

已知:D触发器的状态方程

$$Q_{1(n+1)} = D$$

JK 触发器状态方程

$$Q_{2(n+1)} = J\overline{Q}_{2(n)} + \overline{K}Q_{2(n)} = Q_{1(n)}\overline{Q}_{2(n)} + Q_{1(n)}Q_{2(n)} = Q_{1(n)}$$

因此,JK 触发器输出比 D 触发器延迟$\frac{1}{2}T_{CP}$,即一个脉冲宽度。

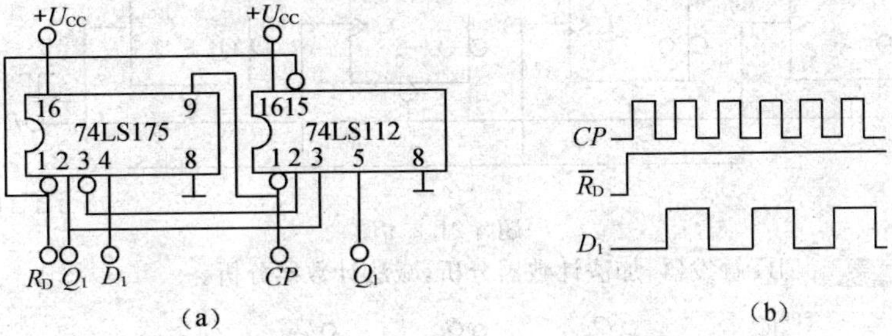

题 21.1.19 图

波形图如题解 21.1.19 图(b) 所示。

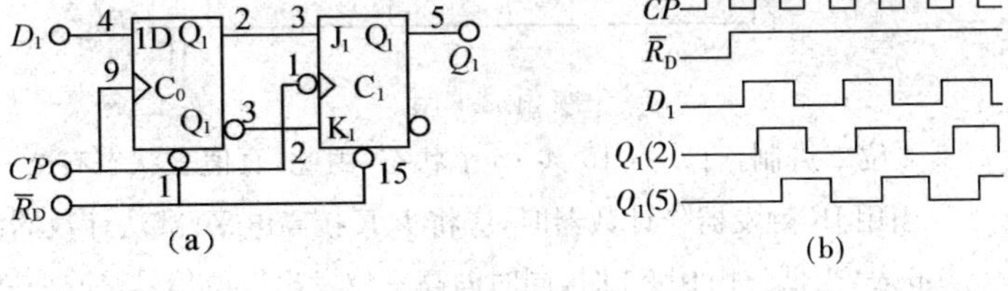

题解 21.1.19 图

21.2.1 解题过程 用4个D触发器组成的四位移位寄存器如题解 21.2.1图所示。设待输入的数据为$D = \mathbf{1101}$,则移位寄存过程如题 21.1.19 表所示。

题 21.2.1 表

移位脉冲 $CP(\uparrow)$	寄存器中的数码(并行输出)				移入数据
	Q_3 (串行输出)	Q_2	Q_1	Q_0	
0	**0**	**0**	**0**	**0**	
1	**0**	**0**	**0**	**1**	**1**
2	**0**	**0**	**1**	**1**	**1**
3	**0**	**1**	**1**	**0**	**0**
4	**1**	**1**	**0**	**1**	**1**
5	**1**	**0**	**1**	**0**	**0**
6	**0**	**1**	**0**	**0**	**0**
7	**1**	**0**	**0**	**0**	**0**
8	**0**	**0**	**0**	**0**	**0**

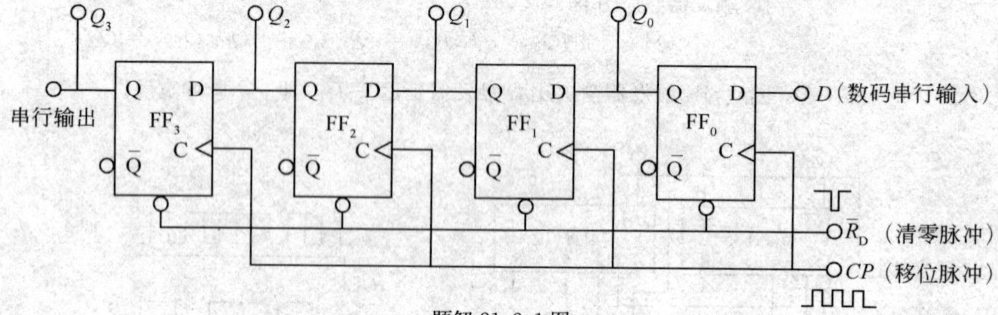

题解 21.2.1 图

21.3.6 知识点窍　JK 触发器,加法计数器分析,减法计数器分析。

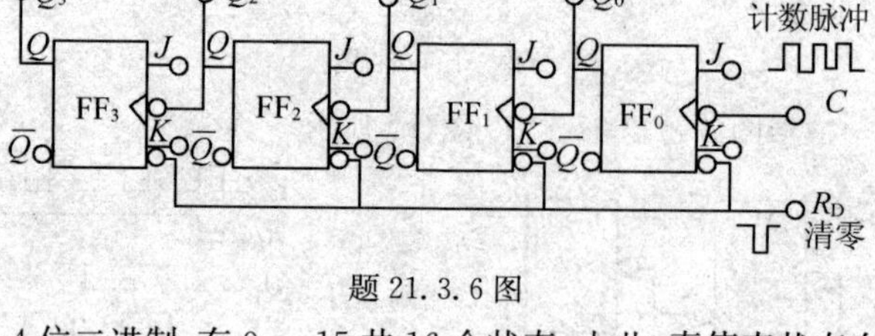

题 21.3.6 图

逻辑推理　4 位二进制,有 0 ~ 15 共 16 个状态,由此,真值表状态有 0 ~ 16 即可。

解题过程　当用JK触发器作计数器时,应将 J、K 接高电平。减法计数的状态表如题 21.3.6 表,当低位由 **0** 变 **1** 时,同时向高一位发出借位信号,使高一位触发器翻转。因 JK 触发器脉冲下降沿翻转,故应由 $\overline{Q}$ 端得到高位时间脉冲。这样,当低位的 Q 端由 **0** 变 **1** 时,它的 $\overline{Q}$ 端由 **1** 变为 0,可作为高一位触发器的时钟信号,将其触发翻转。减法计数器电路如题解 21.3.6 图所示。

题 21. 3. 6 表

C	0	1	2	3	4	5	6	7	8	9	10	11	12	13	14	15	16
Q_3	0	1	1	1	1	1	1	1	1	0	0	0	0	0	0	0	0
Q_2	0	1	1	1	1	0	0	0	0	1	1	1	1	0	0	0	0
Q_1	0	1	1	0	0	1	1	0	0	1	1	0	0	1	1	0	0
Q_0	0	1	0	1	0	1	0	1	0	1	0	1	0	1	0	1	0

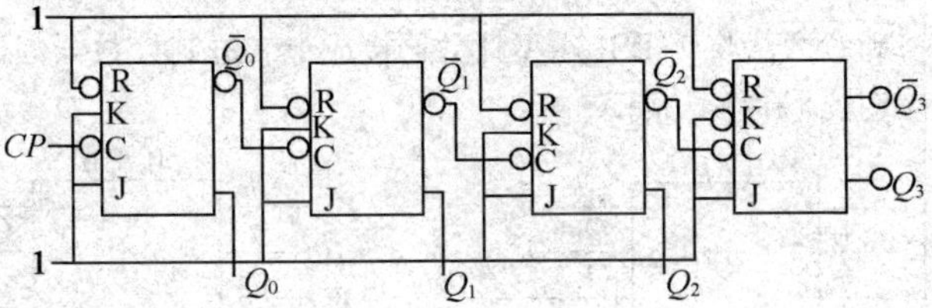

题解 21. 3. 6 图

21. 3. 7 知识点窍 计数器。

逻辑推理 题 21. 3. 7 图(a) 和教材图 21. 3. 1 相似，故为加法计算器。

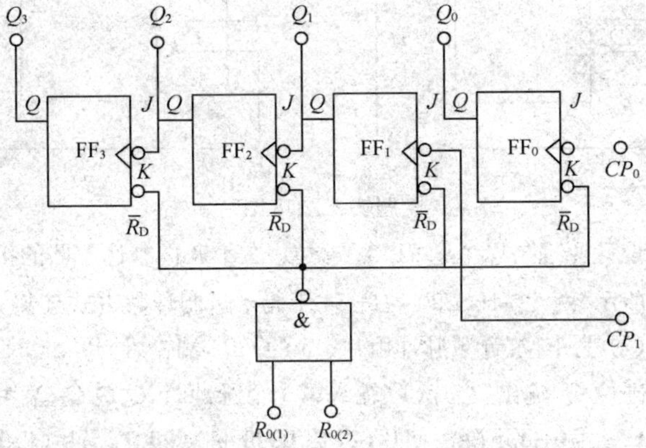

(a)

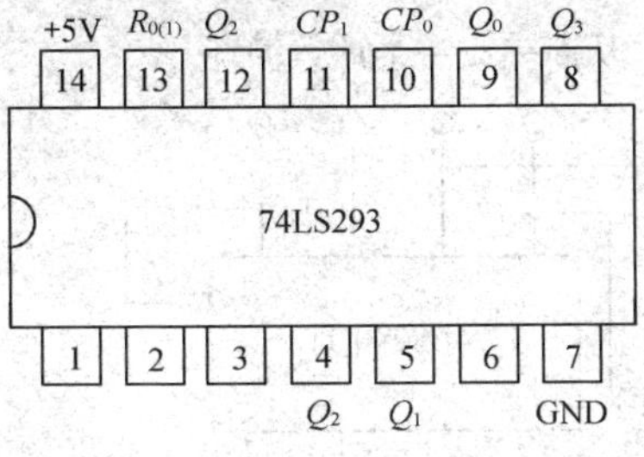

(b)

$R_{0(1)}$	$R_{0(2)}$	Q_3	Q_2	Q_1	Q_0
1	1	0	0	0	0
0	×	计			数
×	0	计			数

(c)

题 21. 3. 7 图

解题过程 (1)1 位二进制计数器。(2) 八进制计数器。(3) 十六进制计数器。

21.3.8 知识点窍 采用不同的方法进行计数器的设计。

逻辑推理 对于集成计数的设计问题，首先看明白它的功能表，然后根据清零法和置数法的不同特点进行设计。比如，清零法，一般状态均从 **0000** 开始，计数到要求值时用**与**门或**与非**门强制反馈至芯片的清零端。

而置数法，则是预设初值 N，使得待计数值 $M=16-N$，当计满时，通过输出反馈至送数端，强制把预设的初值送到输出端。

解题过程 74LS161 型计数器的功能表如教材表 21.3.4 所示，由以上分析可知，用清零法和置数法将 74LS161 型计数器接成十二进制计数器的逻辑图，如题解 21.3.8 图(a) 和(b) 所示。

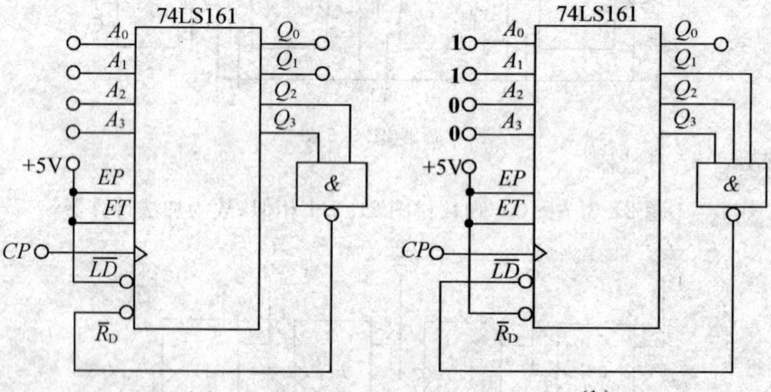

题解 21.3.8 图

21.3.9 解题过程 设计原理与思考题 21.3.2 类似。二十四进制计数器的接线图如题解 21.3.9 图所示。两片 74LS290 均按 8421 码十进制计数方式连接，其中片(1) 为个位，片(2) 为十位。计数脉冲由片(1) 的 CP_0 端输入，片(2) 的计数脉冲由片(1) 的最高位 Q_3 输出。当片(1) 输入第十个脉冲时，$Q_3Q_2Q_1Q_0$ 由 **1001** 回到 **0000**，Q_3 由 **1** 变为 **0**，此下降沿使片(2) 由 **0000** 变为 **0001**。当片(1) 输入第 20 个脉冲时，片(2) 变为 **0010**。再输入 4 个脉冲，片(1) 的状态为 **0100**。片(2) 的 Q_1 和片(1) 的 Q_2 均为 **1**，立即反馈置 **0**，从而完成一个计数循环。

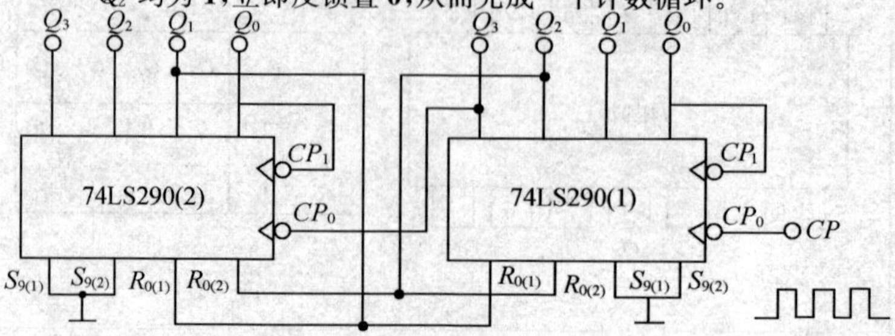

题解 21.3.9 图

21.3.10 解题过程　将 CP_0 与 Q_0 端连接，组成 8421 十进制计数器。

$S_{9(1)}=1, S_{9(2)}=1$ 时，计数器为 1001，计数至 1111 时，共七个状态。如题解 21.3.10 图所示。

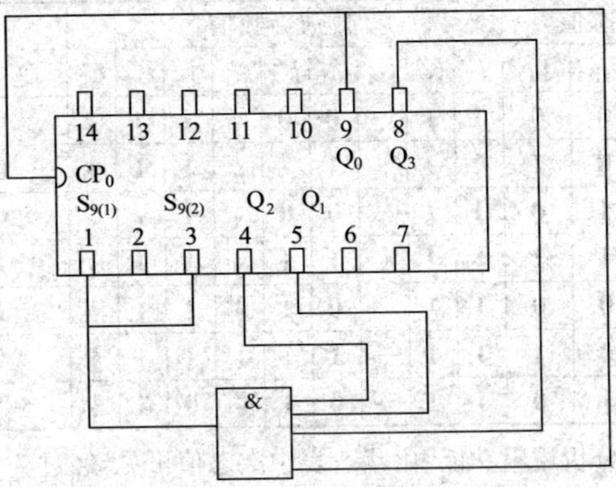

题解 21.3.10 图

21.3.11 知识点窍　计数器。

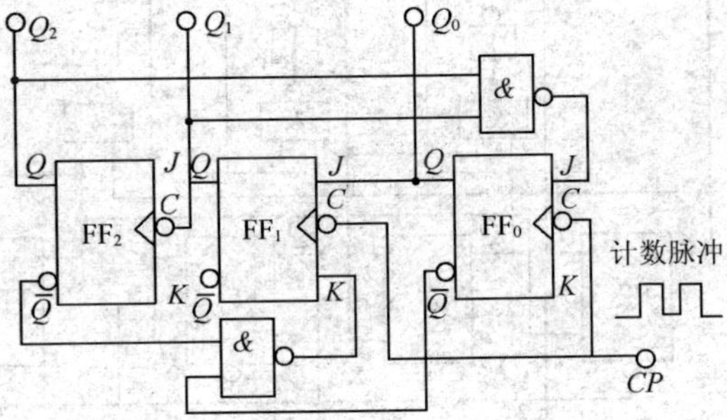

题 21.3.11 图

逻辑推理　FF_2 的时钟和 FF_1，FF_0 不同，是异步时序，要用异步时序逻辑来实现。

解题过程　(1) 由逻辑图可以得驱动方程式

$$FF_0: J_0=\overline{Q_2\cdot Q_1}, K_0=\mathbf{1}$$

$$FF_1: J_1=Q_0, K_1=\overline{\overline{Q_2}\cdot\overline{Q_0}}=Q_2+Q_0$$

$$FF_2: J_2=K_2=\mathbf{1}$$

且各触发器时钟：

$$C_0=CP\downarrow \qquad C_1=CP\downarrow \qquad C_2=Q_1\downarrow$$

(2) 可以得到状态方程式(由 JK 触发器定义)

$$FF_0: Q_{0(n+1)}=J_0\overline{Q_{0(n)}}+\overline{K_0}Q_{0(n)}=\overline{Q_{2(n)}\cdot Q_{1(n)}}\cdot\overline{Q_{0(n)}}$$

$$FF_1: Q_{1(n+1)}=J_1\overline{Q_{1(n)}}+\overline{K_1}Q_{1(n)}=\overline{Q_{1(n)}}\cdot Q_{0(n)}+\overline{Q_{2(n)}}\cdot Q_{1(n)}\cdot\overline{Q_{0(n)}}$$

$$FF_2: Q_{2(n+1)} = \overline{Q_{2(n)}} = J_2\overline{Q}_{2(n)} + \overline{K}_2 Q_{2(n)}$$

(3) 状态转换表：已知初态为 **000**，状态转换表如题 21.3.11 表所示。

题 21.3.11 表

CP	初态值			激励函数值									次态值		
序号	$Q_{2(n)}$	$Q_{1(n)}$	$Q_{0(n)}$	J_2	K_2	C_2	J_1	K_1	C_1	J_0	K_0	C_0	$Q_{2(n+1)}$	$Q_{1(n+1)}$	$Q_{0(n+1)}$
1	**0**	**0**	**0**	**1**	**1**	—	**0**	**0**	↓	**1**	**1**	↓	**0**	**0**	**1**
2	**0**	**0**	**1**	**1**	**1**	—	**1**	**1**	↓	**1**	**1**	↓	**0**	**1**	**0**
3	**0**	**1**	**0**	**1**	**1**	—	**0**	**0**	↓	**1**	**1**	↓	**0**	**1**	**1**
4	**0**	**1**	**1**	**1**	**1**	↓	**1**	**1**	↓	**1**	**1**	↓	**1**	**0**	**0**
5	**1**	**0**	**0**	**1**	**1**	—	**0**	**1**	↓	**1**	**1**	↓	**1**	**0**	**1**
6	**1**	**0**	**1**	**1**	**1**	—	**1**	**1**	↓	**1**	**1**	↓	**1**	**1**	**0**
7	**1**	**1**	**0**	**1**	**1**	↓	**0**	**1**	↓	**0**	**1**	↓	**0**	**0**	**0**

(4) 分析逻辑功能：由状态表中次态值可见，经过 7 个 *CP* 脉冲后状态回到初态值，所以是七进制计数器。

21.3.12 知识点窍　逻辑电路分析。

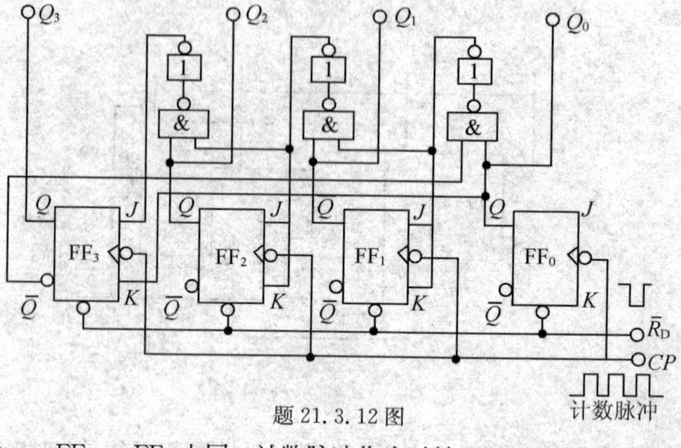

题 21.3.12 图

逻辑推理　$FF_0 \sim FF_3$ 由同一计数脉冲作为时钟，可见是同步时序，于是可由分析步骤：(1) 驱动方程式→(2) 状态方程式→(3) 状态表→(4) 分析。得到分析结果。

解题过程　(1) 根据题解 21.3.12 图所示，可以得到同步时钟电路的驱动方程式。

$$FF_0: J_0 = K_0 = \mathbf{1}$$

$$FF_1: J_1 = K_1 = \overline{\overline{\overline{Q}_3 \cdot Q_0}} = \overline{Q}_3 \cdot Q_0$$

$$FF_2: J_2 = K_2 = \overline{\overline{\overline{Q}_3 \cdot Q_0 \cdot Q_1}} = \overline{Q}_3 \cdot Q_1 \cdot Q_0$$

$$FF_3: J_3 = \overline{\overline{\overline{Q}_3 \cdot Q_1 \cdot Q_0 \cdot Q_2}} = \overline{Q}_3 \cdot Q_2 \cdot Q_1 \cdot Q_0, K_3 = Q_0$$

(2) 可以得到状态方程式为

$$FF_0: Q_{0(n+1)} = J_0\overline{Q}_{0(n)} + \overline{K}_0 Q_{0(n)} = \overline{Q}_{0(n)}$$

$$FF_1: Q_{1(n+1)} = J_1\overline{Q}_{1(n)} + \overline{K}_1 Q_{1(n)} = J_1 \oplus Q_{1(n)} = (\overline{Q}_{3(n)} \cdot Q_{0(n)}) \oplus Q_{1(n)}$$

$$FF_2: Q_{2(n+1)} = J_2\overline{Q}_{2(n)} + \overline{K}_2 Q_{2(n)} = J_2 \oplus Q_{2(n)} = (\overline{Q}_{3(n)} \cdot Q_{0(n)} \cdot Q_{1(n)}) \oplus Q_{2(n)}$$

$$FF_3: Q_{3(n+1)} = J_3\overline{Q}_{3(n)} + \overline{K}_3 Q_{3(n)} = \overline{Q}_{3(n)} \cdot Q_{2(n)} \cdot Q_{1(n)} Q_{0(n)} + Q_{3(n)} \cdot \overline{Q}_{0(n)}$$

(3) 列状态表，已知初始状态为 **0000**，如题 21.3.12 表所示。

题 21.3.12 表

CP	Q_3	Q_2	Q_1	Q_0
0	**0**	**0**	**0**	**0**
1	**0**	**0**	**0**	**1**
2	**0**	**0**	**1**	**0**
3	**0**	**0**	**1**	**1**
4	**0**	**1**	**0**	**0**
5	**0**	**1**	**0**	**1**
6	**0**	**1**	**1**	**0**
7	**0**	**1**	**1**	**1**
8	**1**	**0**	**0**	**0**
9	**1**	**0**	**0**	**1**
10	**0**	**0**	**0**	**0**

(4) 画波形图：根据状态表可画出 CP，Q_0，Q_1，Q_2，Q_3，Q_4 的波形图，如题解 21.3.12 图所示。

(5) 判别逻辑功能：由状态表和波形图可知，为十进制计数。

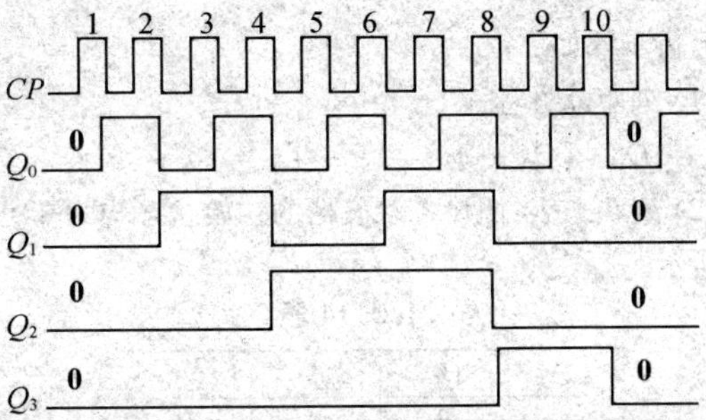

题解 21.3.12 图

21.3.13 解题过程 题 21.3.13 图所示逻辑电路是一只同步时序逻辑电路。分析步骤如下：

(1) 列驱动方程式

$$J_C = Q_B, K_C = Q_A$$

$$J_B = Q_A + Q_C, K_B = \mathbf{1}$$

$$J_A = \overline{Q}_B, K_A = \mathbf{1}$$

(2) 列状态表：根据 JK 触发器的功能表直接列出状态表，如题 21.3.13 表所示。

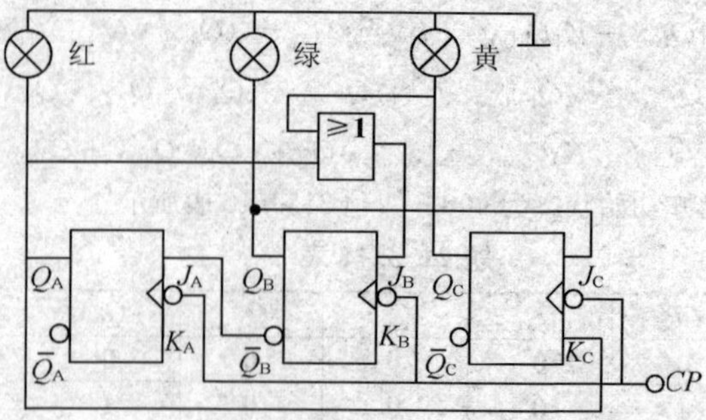

题 21.3.13 图

题 21.3.13 表

CP	Q_A	Q_B	Q_C
0	**0**	**0**	**0**
1	**1**	**0**	**0**
2	**0**	**1**	**0**
3	**0**	**0**	**1**
4	**1**	**1**	**1**
5	**0**	**0**	**0**

(3) 判别逻辑功能：由状态表已经可以看出灯亮的顺序：红 → 绿 → 黄 → 三灯全亮 → 三灯全灭 → 循环。

21.3.14 知识点窍 逻辑电路分析。

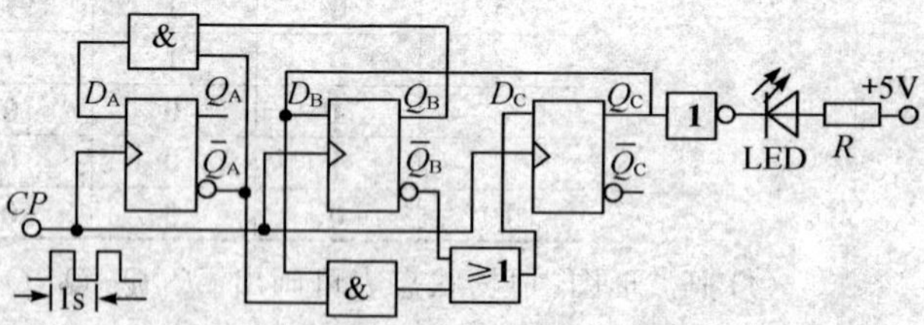

题 21.3.14 图

逻辑推理 图中触发器为维持阻塞型，且是同步时序电路。

解题过程 分析步骤如下：

(1) 列驱动方程式

$$D_A = \bar{Q}_A \cdot Q_B \qquad D_B = Q_C \qquad D_C = \bar{Q}_A \cdot Q_C + \bar{Q}_B$$

(2) 列状态表：假设各触发器的初始状态均为 **0**，可得状态表如题 21.3.14 表所示。

题 21.3.14 表

CP	Q_C	Q_B	Q_A
0	**0**	**0**	**0**
1	**1**	**0**	**0**
2	**1**	**1**	**0**
3	**1**	**1**	**1**
4	**0**	**1**	**0**
5	**0**	**0**	**1**
6	**1**	**0**	**0**

(3) 分析功能：由状态表可见，由第 1 个 *CP* 脉冲开始到第 5 个 *CP* 脉冲止，循环一周。其中 $Q_C = \mathbf{1}$ 的时间为 3 个脉冲，即 3s。

由此可知，当 $Q_C = \mathbf{1}$ 时，LED亮，是 3s；当 $Q_C = \mathbf{0}$ 时，LED灭，是 2s。并依此循环。

21.5.3 解题过程　(1)555 定时器接成了多谐振荡器。

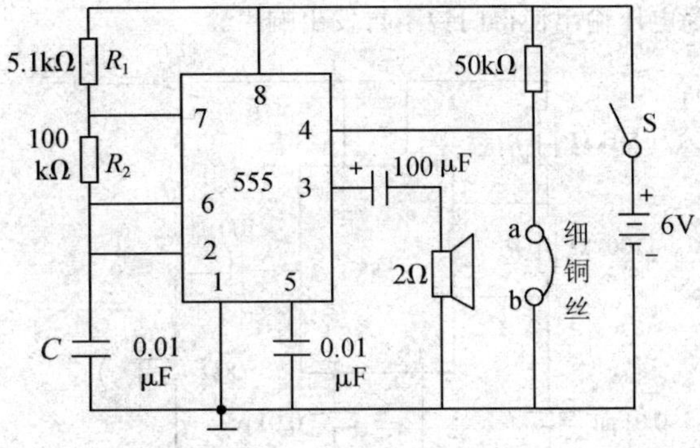

题 21.5.13 图

(2) 工作原理:接通开关 S 时,由于 a,b 间接有细铜丝,因此复位端 4 接地,即 $V_0 = \mathbf{0}$,因此 555 定时器被复位置 **0**,扬声器中无电流通过,不发声。如果盗窃者碰断铜丝,则 4 点悬空,即获得高电平,555 定时器接成的多谐振荡器开始工作,由 3 端输出矩形脉冲,频率为　$f = \dfrac{1}{0.7(R_1 + 2R_2)C}$

代入数据得　$f = \dfrac{1}{0.7 \times (5.1 + 2 \times 100) \times 10^3 \times 0.01 \times 10^{-6}} \approx 700\text{Hz}$

方波经电容器隔直后供给扬声器,扬声器发出报警声。

21.5.4 解题过程　电路是一个由 555 定时器构成的单稳态触发器,当手摸金属片时,2 端通过人体电阻接地,电位低于 $\frac{1}{3}U_{CC}$,定时器中触发器输出高电平,发光二极管亮。放手之后,7 端放电,三极管截止,电源向电容器充电,当 $u_C \geqslant \frac{2}{3}U_{CC}$ 时,触发器翻转,输出低电平,发光二极管熄灭。

发光二极管点亮时间约为

$t_p - 1.1RC = 1.1 \times 200 \times 10^3 \times 50 \times 10^{-6} = 11\text{s}$

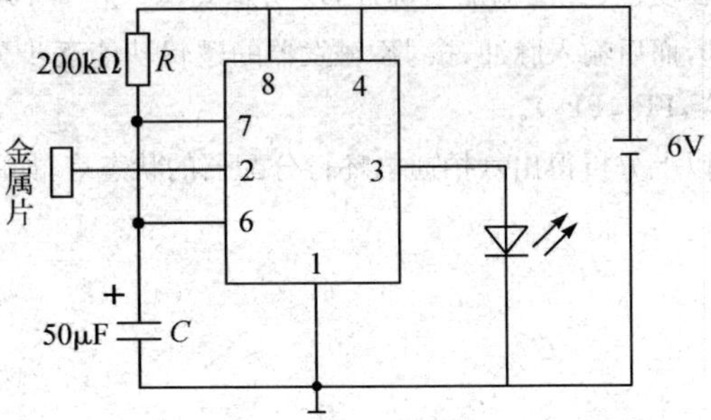

题 21.5.4 图

21.5.5 解题过程　由门铃电路可以看出 555 组成了多谐波振荡电路。当按下按钮 SB 时,接通电源,振荡器开始工作,555 的 3 脚输出端输出矩形波振荡电压(如题解 21.5.5

图所示)，使得门铃发出响声。松开按钮 SB 时，相当于断开电源，没有矩形振荡电压输出使得门铃不再发出响声。

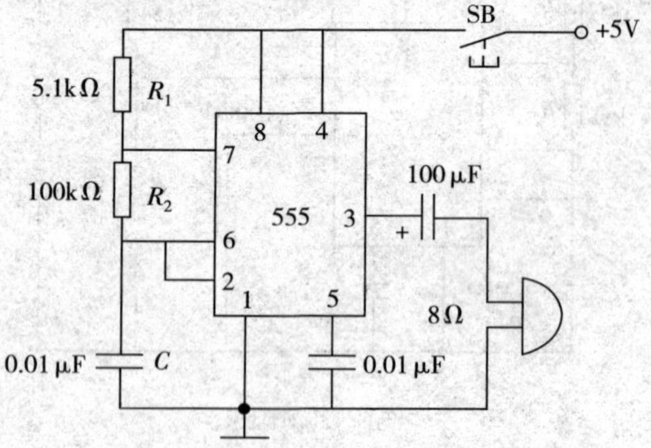

题 21.5.5 图

计算门铃发声的频率

$t_{P1}=0.7(R_1+R_2)C=0.7357\text{ms}$

$t_{P2}=0.7R_2C=0.7\text{ms}$

故周期 T 为 $T=t_{P1}+t_{P2}=1.4357\text{ms}$

发声频率为 $f=\dfrac{1}{T}=696.5\text{HZ}\approx700\text{HZ}$

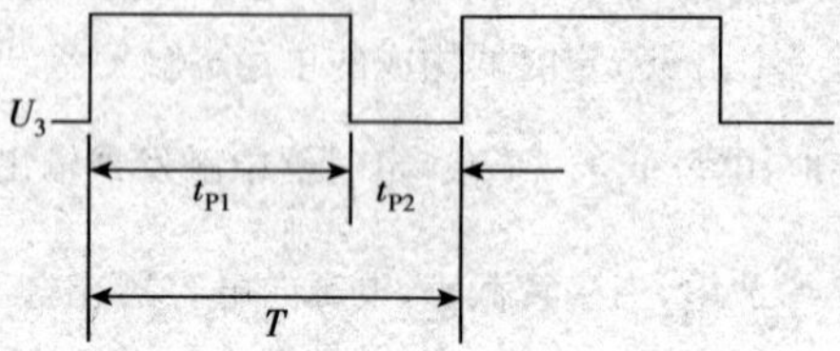

题解 21.5.5 图

21.6.1 知识点窍　环行分配器的分析。

逻辑推理　先在复位、置位端加负脉冲，使初态 $Q_AQ_BQ_C=\mathbf{100}$，即预置状态，$U_1V_1W_1=\mathbf{100}$，而后输入脉冲，按 JK 触发器的逻辑功能逐步分析(三个触发器自左至右 FF_1，FF_2，FF_3)。

解题过程　由以上分析得出六拍通电环行分配器的状态表，如题 21.6.1 表所示。

题 21.6.1 表

脉冲数	J_1	K_1	J_2	K_2	J_3	K_3	U_1	V_1	W_1
0	1	0	1	0	0	1	1	0	0
1	0	1	1	0	0	1	1	1	0
2	0	1	1	0	1	0	0	1	0
3	0	1	0	1	1	0	0	1	1
4	1	0	0	1	1	0	0	0	1
5	1	0	0	1	0	1	1	0	1
6	1	0	1	0	0	1	1	0	0

由上表可知步进电机六拍通电方式为

$U_1 \rightarrow U_1, V_1 \rightarrow V_1 \rightarrow V_1, W_1 \rightarrow W_1 \rightarrow W_1, U_1 \rightarrow U_1 \cdots\cdots$

21.6.2 解题过程 由与非门组成的 RS 基本触发器来控制电动机的起停的电路图如题解 21.6.2 图所示。

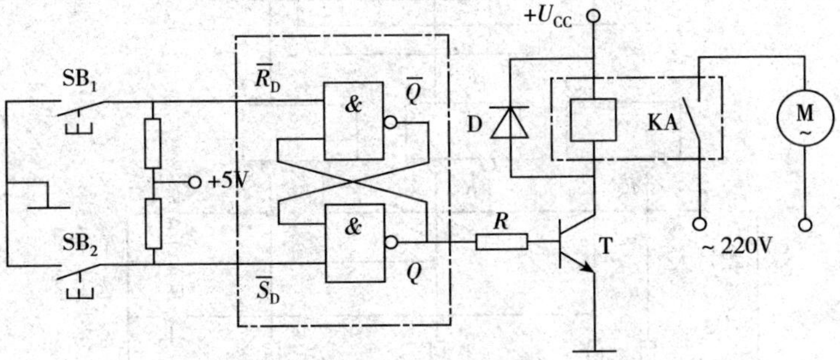

题解 21.6.2 图

(1) 按下启动按钮 SB_2 时,RS 基本触发器$\overline{S_D}$ 端加入低电平,输出端 Q 为高电平,使晶体管 T 导通,继电器的线圈通电使动合触点闭合,电动机通电开始运转。

(2) 按下停止按钮 SB_1 时,RS 基本触发器$\overline{R_D}$ 端加入高电平,输出端 Q 为低电平,使晶体管 T 截止,继电器的线圈断电使动合触点断开,电动机断电停止运转。

C　拓宽题

21.6.3 知识点窍　逻辑电路设计。

逻辑推理　理解给定器件 74LS00 及 74LS20 的逻辑功能表含义，并分析设计要求，然后对号入座，实现逻辑功能。

解题过程　主持人按下电路复位，故将主持人按钮接到 RS 触发器的清零端 $\overline{R}_D$ 发光管都不亮。三个参赛者按钮按到 $\overline{S}_D$ 端，当有人按下时 RS 触发器置 **1**，此时相连接的与非门的输入也设成高电平，输出即可为低电平，再接至发光管的阴极，发光管亮，按这个思路，设计出的三人抢答逻辑电路如题解 21.6.3 图所示。

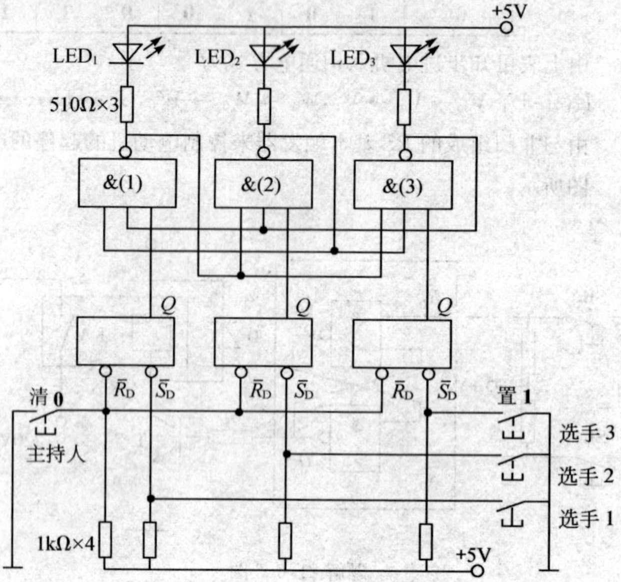

题解 21.6.3 图

21.6.4 知识点窍　T 触发器的应用设计。

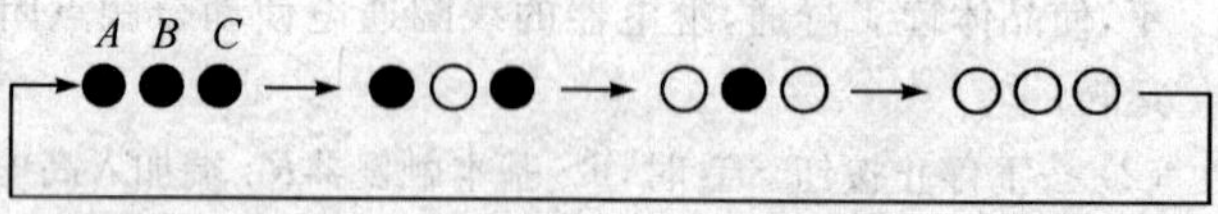

题 21.6.4 图

逻辑推理　掌握 T 触发器的逻辑状态表，分析其逻辑功能并根据灯 A、B、C 的点亮顺序，将其安排到不同的输出端上。

解题过程　B 先亮，然后 A、C 同时亮，故 A、C 应在同一输出端子上连接。据题意，所设计的逻辑电路如题解 21.6.4 图所示。题 21.6.4 表所示是状态表，先清零，三灯全暗。

题 21.6.4 表

CP	Q_1	Q_2	A	B	C
0	**0**	**0**	●	●	●
1	**1**	**0**	●	**0**	●
2	**0**	**1**	**0**	●	**0**
3	**1**	**1**	**0**	**0**	**0**
4	**0**	**0**	●	●	●

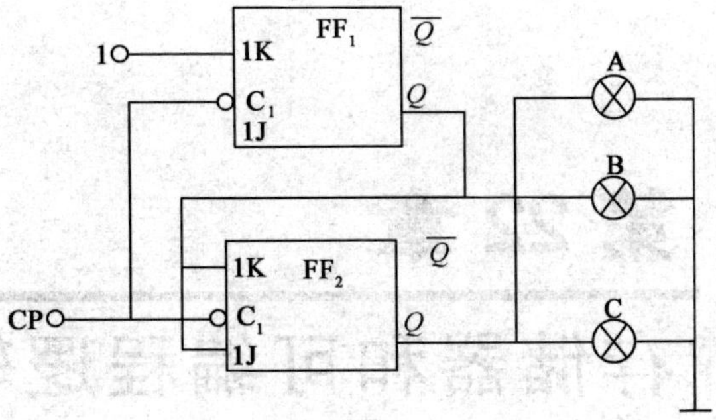

题解 21.6.4 图

第 22 章

存储器和可编程逻辑器件

本章应对通用型大规模集成电路 RAM、ROM、PROM、EPROM、EEPROM、PLA 等的结构、工作原理和使用方法等三个方面了解和熟悉。

存储器由许多存储单元组成，每个存储单元可存放 1 位二进制数字。存储器的容量一般用字节数 M 乘以位数 N 来表示。

存储器已不是单纯为了存储信息，在该章中主要用存储器实现各种组合逻辑电路，它将比用门电路实现更为方便、简单。

22.1 重点内容提要

一、只读存储器(ROM)

特点：结构简单，存储信息固定不变。

用途：存放不可更改的固定程序。

性能指标：存储容量(存放的二进制数位数）和存取速度(从给出取数命令到数据有效送到输出端的时间)。

1. 结构与工作原理及阵列图

结构框图如图 22.1 所示，由存储矩阵、地址译码器和读出电路组成。

(1) 存储矩阵：它是存储器的主体，由若干存储单元组成，每单元存放 1 位二进制数。如图 22.2(a)、(b)、(c) 所示为不同的 ROM 表达形式。

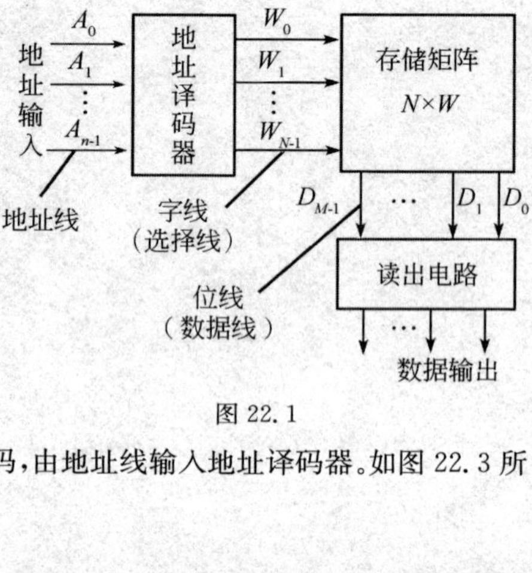

图 22.1

$W_0 \sim W_{N-1}$ 为地址选择线(字线)。

$D_0 \sim D_{M-1}$ 为数线(位数)。

存储容量 $= N \times M$。

(2) 地址译码器：指令或数据的存放地址用二进制编码，由地址线输入地址译码器。如图 22.3 所

示地址译码器有 n 条地址线，可译码出 N 条字线，即可读出 N 条指令或数据，$N=2^n$。$A_0 \sim A_{n-1}$ 为地址线。

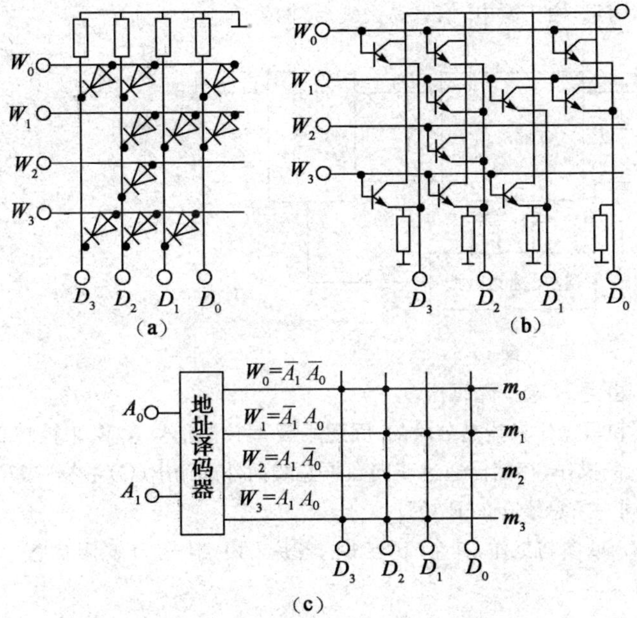

图 22.2

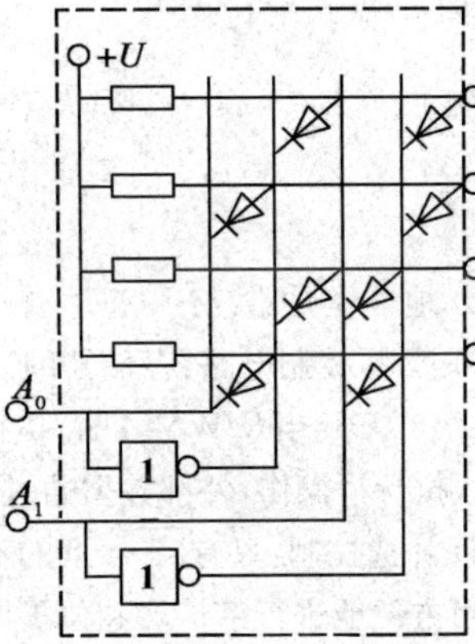

图 22.3

(3) 读出电路：读出电路通常是由三态非门组成的数据总线，它一方面可增强 ROM 的带负载能力，另一方面当 ROM 不输出数据时，总线上可传输其他部件中的数据。

2. ROM 的应用

与或逻辑阵列，不仅可存放设计规定的指令或数据，也可做成具有特殊逻辑功能的部件，实现特殊的逻辑函数等。

二、随机存取存储器(RAM)

特点：可随时读取某指定地址的存储单元中的数据或指令，也可随时将数据或指令存入(写入)到指定地址的存储单元中。读/写方便，但电路一旦失电，所存信息随之丢失。

1. RAM 的分类

(1) 双极型 RAM。存储速度快，但功耗大，成本高，用于高速场合。

(2)MOS 型 RAM。分又静态 RAM 和动态 RAM，一般后者比前者容量大；速度较低，但成本低，主要用于对工作速度要求不高的场合。

2. RAM 的结构与工作原理

RAM 的结构框图如图 22.4 所示，形式与 ROM 相似，只是多了读写控制电路，且输出端是双向数据总线。

(1) 存储矩阵：结构形式与 ROM 相似，但交叉点上的元件是具有记忆功能的触发器和具有存储电荷功能的 MOS 管栅极电容，且每个交叉点上都有存储元件。

RAM 可分静态 RAM 和动态 RAM 两种，静态 RAM 存入信息后只要不断电，信息一直保存且工作速度快。动态 RAM 采用电容存储信息，由于漏电，信息易丢失，结构简单。

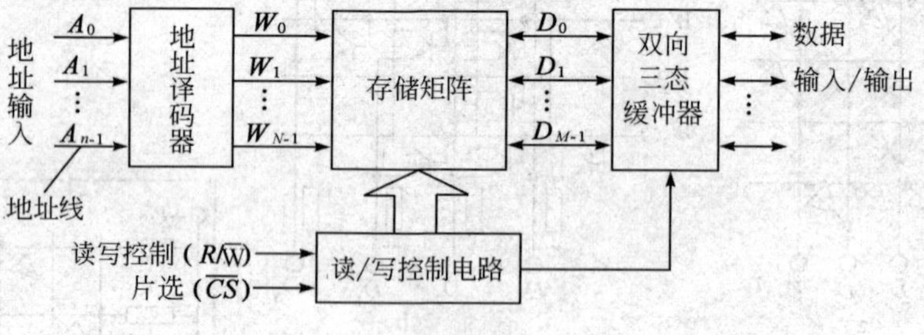

图 22.4

(2) 地址译码器：与 ROM 一样，也是 N 选一译码器。

(3) 读/写控制电路：存储器的读和写操作只能是分时的，因此用读/写控制信号 $R/\overline{W}$ 来控制双向数据总线(I/O)。当 $R/\overline{W} = \mathbf{1}$ 时，执行读操作，存储器通过双向数据总线向外部输出(O)数据；当 $R/\overline{W} = \mathbf{0}$ 时，执行写操作，外部数据通过同一条总线存入 RAM。

(4) 片选控制：只有 $\overline{CS} = \mathbf{0}$ 的 RAM 参与工作，其余 $\overline{CS} = \mathbf{1}$ 的各片 I/O 端均处于高阻状态。这样 RAM 可方便地进行字扩展和位扩展。

3. RAM 芯片简介

图 22.5 所示是 2114 型 RAM 的外引线排列图，它有 18 条引脚。

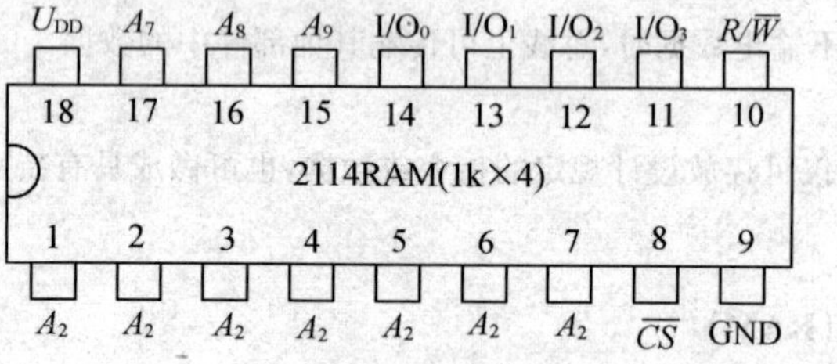

图 22.5

(1) $A_9 \sim A_0$ 是 RAM 的地址输入端。有 10 条($n = 10$) 地址线(10 位地址码)。该 RAM 的字数为：$2^n = 2^{10} = 1\,024$ 字(即 1 024 个字单元)。

(2) $I/O_3 \sim I/O_0$ 是 RAM 的数据输入/输出端。有 4 条数据线，数据为 4 位。

(3) 该 RAM 的存储容量 $1\,024 \times 4 = 4\,096$ 个存储单元。可表示为 1 024 字 ×4 位 RAM 或 1K×4 位 RAM。

(4) $R/\overline{W}$ 是 RAM 的读/写控制端。$R/\overline{W} = \mathbf{1}$ 时，RAM 执行读出操作：$R/\overline{W} = \mathbf{0}$ 时，RAM 执行写入操作。

(5) $\overline{CS}$ 是 RAM 的片选控制端。$\overline{CS} = \mathbf{0}$ 时，该片 RAM 被选中，可以进行读/写操作。

(6) 2114RAM 采用 NMOS 工艺制造，电源 U_{DD} 为 +5V。

4. RAM 的扩展

(1)RAM 位数的扩展。当所用的单片 RAM 的位数不够用时，就需要扩展位数。

例如两片 1K 字 × 4 位 RAM 扩展成 1K 字 × 8 位 RAM 的接线图，如教材图 22.2.3 所示。

(2)RAM 字数的扩展。当所用的单片的字数不够用时，就需扩展字数。

例如用两片 2114 型 1K 字 × 4 位 RAM 扩展成 2K 字 × 4 位 RAM 的接线图，如教材图 22.2.4 所示。

三、可编程逻辑器件(PLD)

1. PLD 的结构框图

(1) 与门、或门及缓冲器的图形符号。

PLD 是由可编程的“**与**”阵列和可编程的“**或**”阵列组成，其电路符号如图 22.6 所示。图中(a) 表示“**与**”阵列；(b) 表示“**或**”阵列；(c) 表示缓冲器。

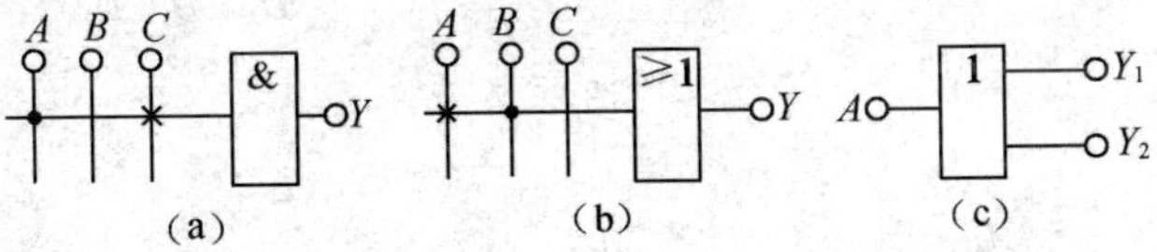

图 22.6

(2) 导线交叉点的含义。

“·”者表示固定连接点，出厂时已接好，不可更改。打“×”者表示用户定义编程点，出厂时是接通的，用户可将其断开，即擦去“×”；也可保留接通，仍用“×” 表示。既无“·” 又无“×” 者表示不接通，或被用户擦除(断开) 的，该变量则不是其输入量。

2. 可编程只读存储器

可编程只读存储器中“**与**” 逻辑阵列是固定的，而“**或**” 逻辑阵列则可根据需要进行编程，在存储矩阵的每个交叉点上都有存储条件，而且是接通的，用户可根据需要用专用的输入设备断开某些连接点，以实现自定的逻辑功能。

(1) 一次编程型(PROM)：存储矩阵的每个交叉点上的二极管或三极管通过一根熔断丝连接，当编程时，根据程序将某些点的熔丝烧断，即存入 **0**，其余未烧断的则存入 **1**，一旦编好也不能再修改。

(2) 可改写型(EPROM)：这种存储器是由 MOS 管制成，编好程序的 EPROM 可通过元件上的窗口用紫外线照射以擦除其中存储的内容，然后重新进行编程使用。

(3) 电可改写型(EEPROM)：可用加电压信号的方法擦除原有程序，然后进行改写，这是一种可快速擦除的元件。

不论上述哪一种存储器，作为 ROM 都只能读出信息，而不能随意写入信息。

PROM(EPROM，EEPROM) 的逻辑阵列图如图 22.7 所示。

3. 可编程逻辑阵列(PLA)

PLA 是“**与**” 阵列和“**或**” 阵列均可编程的逻辑器件，其逻辑阵列图如图 22.8 所示。在 ROM 中“**与**” 阵列是固定的 N 选一译码器，它包含全部 2^n 个最小项。若输出函数中包含的最小项数目较少，那么“**与**” 阵列的利用率很低。而 PLA 则不同，它的“**与**” 阵列也可编程，因此可将输出函数化简，以最少的“**与**” 项来编写“**与**” 阵列，使“**与**” 阵列大大简化，提高了器件的利用率，即译码器中所用元件大

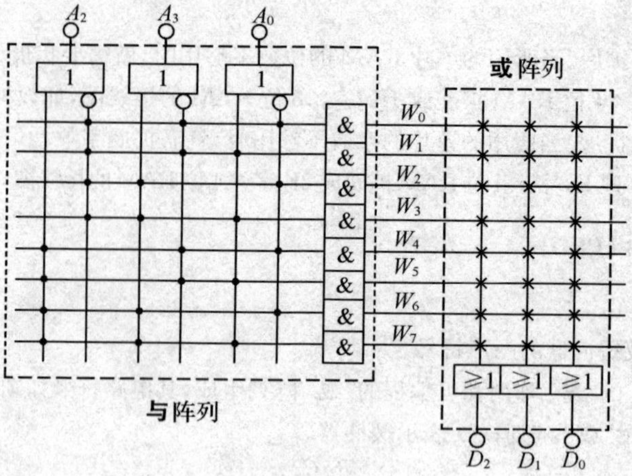

图 22.7

大减少。

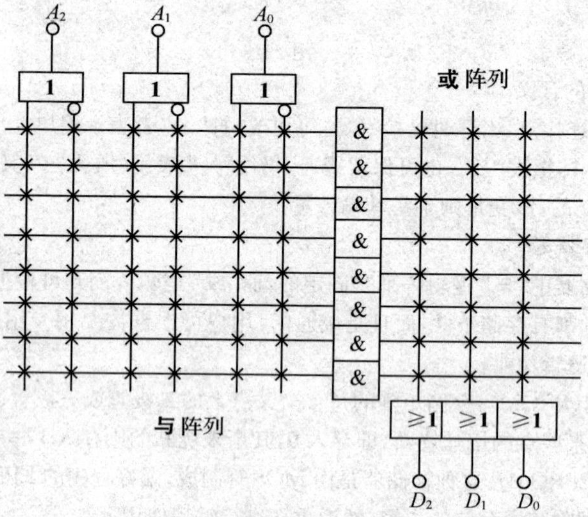

图 22.8

4. 可编程阵列逻辑

可编程阵列逻辑简称 PAL，其结构与 PLA 相似，也是由“与”阵列和“或”阵列组成。

不同点：①PAL 的“或”阵列固定，不用编程；②PAL 的输出端还备有不同的输出电路和反馈电路供电路设计者使用。

5. 通用逻辑阵列

通用逻辑阵列简称 GAL，其功能比 PAL 更强。其优点为：

(1)GAL 的输出端设置了多个可编程逻辑宏单元(OLMC)。

(2) 用户通过编程可将 OLMC 设置成多种工作模式。

(3) 设置了电子标签和加密位。

考点:了解阵列图的意义及作法,学会 ROM,PROM,RAM 及 PLA 的应用方法。

22.2 练习与思考题解答

22.1.1 解题过程 ROM 是由存储矩阵和地址译码两个主要部分构成的。存储矩阵的作用是存放数据或指令,地址译码的作用是根据地址线上输入的二进制地址代码来确定与地址代码相对应的一组存储单元的位置,从而实现读出操作。

22.1.2 解题过程 ROM 的存储矩阵是由纵横两组平行线的交叉点上设置一定的存储元件(二极管或三极管) 构成的。有元件处表示存放数字 1,无元件处表示存放数字 0,一旦固定,存储内容不可修改,只能读出。ROM 的存储容量是字数和位数的乘积:$N \times M$,其中 M 为位线数,N 是字线数。在 ROM 中它们分别是纵线和横线。

22.1.3 解题过程 存储矩阵由若干存储单元组成,单元存放 1 位二进制数 1 或 0,存储单元排成若干行和列,形成矩阵结构。若干位二进制数码来表示数据和信息,这样的二进制数码称为一个字。存放一个字长为 M 的字,需要 M 个存储单元,这 M 个存储单元称为字单元。

22.1.4 解题过程 地址译码器有 n 条地址输入线,通过译码器被翻译成 N 条输出字线,$N = 2^n$。同一时间只能选中其中一条字线,故称 N 取一译码器。又因为 n 条地址线上输入可组成 $N = 2^n$ 个最小项,同一时间选中其中一个最小项,故地址译码器又称最小项译码器。

21.1.5 解题过程 由于 ROM 中的信息是用存储矩阵中交叉点上的元件来表示的,有元件处为 **1**,无元件处为 **0**,可以随时读出。但若要写入信息,只有重新选 ROM 才行,所以不能随时写入信息。

存储单元存 **1** 还是存 **0**,这取决于 ROM 需要存储什么内容,设计时已经确定,制造时便完全"固化" 在存储器芯片里。ROM 出厂后,它内部存储矩阵的结构已经定型,所存内容不能更改,即使断电,ROM 所存信息也不会消失。

22.2.1 解题过程 RAM 的主要组成部分有存储矩阵、地址译码器、读写控制电路及输入/输出三态缓冲器等。读/写控制端是控制读出或写入用的,当 $R/\overline{W} = \mathbf{1}$ 时,RAM 读出;当 $R/\overline{W} = \mathbf{0}$ 时,RAM 写入,片选控制端 $\overline{CS}$ 是在有多片 RAM 组成的存储器中选择被访问的 RAM 片时用的,$\overline{CS} = \mathbf{0}$ 的一片或几片工作,其余 $\overline{CS} = \mathbf{1}$ 的各片均不工作。

22.2.2 解题过程 (1)8 位;(2)256 字;(3) 字长 8 位;(4)2048 个存储单元;

(5) 每次会选中 8 个存储单元。

22.2.3 解题过程 单个存储芯片不能满足要求时,需将若干个存储器芯片连接起来以扩展其存储容量，以通过增加位数的办法来实现存储芯片容量扩展的叫位数扩展。以通过增加字数的办法来实现存储芯片容量扩展的叫字数扩展。首先将芯片进行位数扩展，即将存储芯片的片选端、读/写控制端 $R/\overline{W}$、地址输入端对应地并联起来，然后进行字数扩展，即将位扩展的芯片用译码器来控制它们的片选端，再将读/写控制端 $R/\overline{W}$、地址输入端、输入/输出端 I/O 对应地并联起来。

22.2.4 解题过程 (1) 异同：①ROM(或 PROM) 的存储矩阵中的存储元件是一般的二极管、三极管或 MOS 管，没有记忆功能。而且仅位于某些事先固定的交叉点上。而 RAM 的存储矩阵中每个交叉点上均具有记忆功能的存储元件，如触发器或具有电容的 MOS 管等。

②ROM 的存储单元中存入的数据不能更改，只能读出。而 RAM 的存储单元中存入的数据可读出，也可随时更改。

③ROM 和 RAM 的地址译码器相同，都是 N 取一译码器。

④ROM 的读出电路是单向总线，即单向三态缓冲器。RAM 的 I/O 电路是双向总线，即双向三态缓冲器。

⑤ROM 存储的信息是永存的，RAM 存储的信息是暂时的，机器失电，信息立即消失。

(2)ROM 出厂后，它内部存储矩阵的结构已经定型，所有内容不能改变，工作时，即使断开电源，ROM 所存信息也不会消失，可长期保存。

(3)RAM 断电时，存储单元的记忆作用消失，保存的信息也消失，下次通电时重新记忆新的信息，故 RAM 是易失忆的存储器。

22.3.1 解题过程 PLD 的核心部分是两个逻辑门阵列，一个是"**与**"阵列，一个是"**或**"阵列。根据不同型号有：PROM 型："**与**"阵列固定为 N 取一译码器，"**或**"阵列可由用户编程固化。PAL 型："**或**"阵列固定，"**与**"阵列可由用户编程固化。PLA 型"**与**"阵列和"**或**"阵列均可由用户编程固化。EPROM、EEPROM 和 GAL 等还可擦除原存储内容，重新编程写入后固化。

22.3.2 解题过程 PLD 中行线与列线交叉点有三种含义：

(1) 圆点表示两条导线是连通的，该点是固定连接点。

(2) 叉点表示两条导线是连通的，但该点是编程点，厂家留给用户编程使用。

(3) 既无圆点又无叉点表示两线是断开的，或者是编程的叉点被擦除过，两线已不再联通。

22.3.3 解题过程 PLD 中**与**门、**或**门画法如题解 22.3.3 图 A 所示。

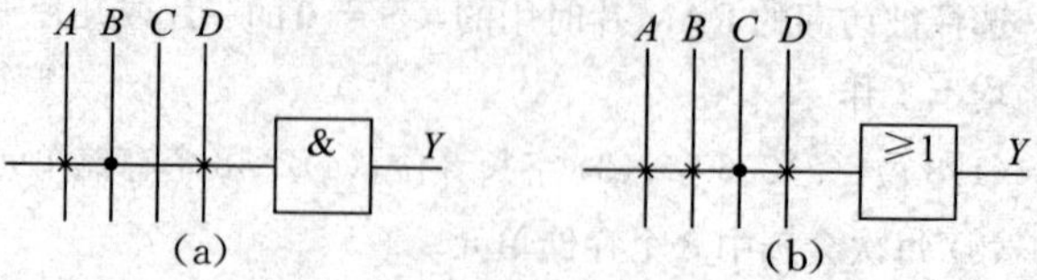

题解 22.3.3 图 A

$Y = ABD$ 与门　　　　　　$Y = A + B + C + D$ 或门

常规画法**与**门、**或**门画法如题解 22.3.3 图 B 所示。

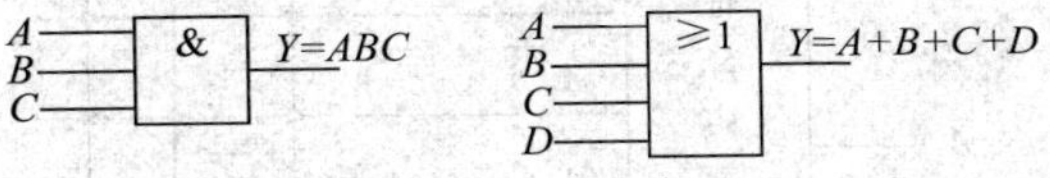

(a)　　　　　　(b)

题解 22.3.3 图 B

22.3.4 解题过程　PROM 中让存储矩阵中所有存储单元的内容为 1，在每个交叉点处都制作了二极管或者 MOS 场效晶体管，每个管子都串联了一个熔断丝。用户编程时，根据要求，如果某些存储单元应当存 1，则保留其熔丝，另一些存储单元应当存 0，则将其熔丝烧断，熔丝烧断后，不能恢复，故只能编程一次，且一旦编好，就不能再修改。

22.3.5 解题过程　PAL 的基本组成部分为**与**阵列和**或**阵列，其中**与**阵列可编程。

22.3.6 解题过程　突出优点是：在 GAL 的输出端设置了多个可编程的逻辑宏单元(OLMC)，用户通过编程可将 OLMC 设置成多种工作模式，使 GAL 器件有多种功能的输出。

22.3 课后习题全解

A　选择题

22.1.1 分析　$N = 2^{10} = 1024$。故选(2)。

22.2.1 分析　存储容量 $= 2^n \times M = 2^{10} \times 4 = 4096$。故选(3)。

22.2.2 分析　$512 = 2^9$，$1K = 2^{10}$。

地址线数目为 $10 + 9 = 19$。故选(2)。

22.3.1 分析　PROM 中可编程的是存储矩阵。故选(2)。

22.3.2 分析　PAL 的**与**、**或**阵列中可编程的是与阵列。故选(1)。

B　基本题

22.1.2 解题过程　(1) 将 ROM 存储的内容列如题 22.1.2 表所示。

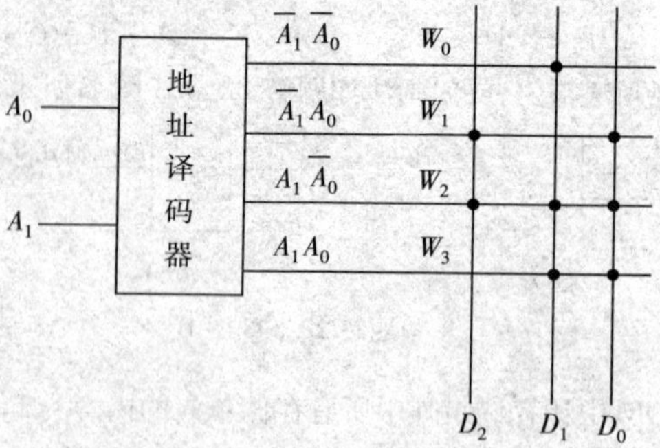

题 22.1.2 图

题 22.1.2 表

地址码		最小项	字线	存储内容		
A_1	A_0			D_2	D_1	D_0
0	0	$\overline{A_1}\,\overline{A_0}$	W_0	0	1	0
0	1	$\overline{A_1}\,\overline{A_0}$	W_1	1	0	1
1	0	$\overline{A_1}\,\overline{A_0}$	W_2	1	1	1
1	1	$\overline{A_1}\,\overline{A_0}$	W_3	0	1	1

(2)D_0、D_1 和 D_2 的逻辑式分别为：

$$D_0 = W_1 + W_2 + W_3 = \overline{A_1}A_0 + A_1\overline{A_0} + A_1A_0$$

$$D_1 = W_0 + W_2 + W_3 = \overline{A_1}\,\overline{A_0} + A_1\overline{A_0} + A_1A_0$$

$$D_2 = W_1 + W_2 = A_1\overline{A_0} + A_1A_0$$

22.1.3 知识点窍　阵列图分析。

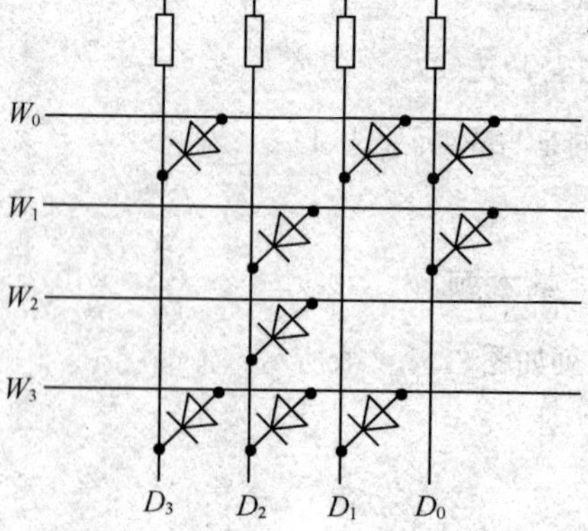

题 22.1.3 图

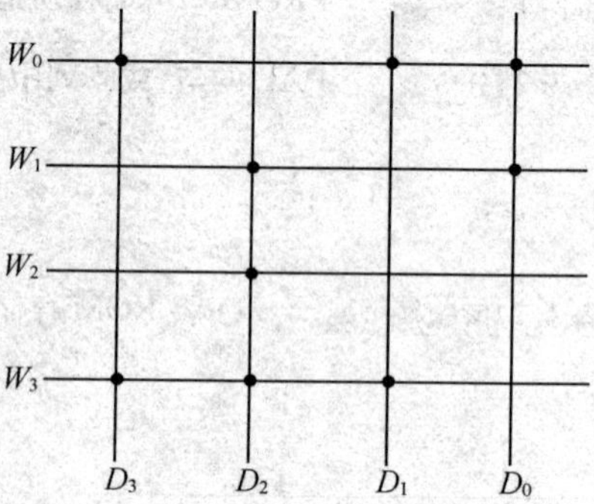

题解 22.1.3 图

逻辑推理 字线为高时，二极管导通，与二极管相连的位线输出为高，相当于接有二极管的交叉点存 **1**。

解题过程 简化阵列图如题解 22.1.3 图所示。

ROM 存储内容列表如题 22.1.3 表所示。

题 22.1.3 表

字线				位线			
W_3	W_2	W_1	W_0	D_3	D_2	D_1	D_0
0	0	0	1	1	0	1	1
0	0	1	0	0	1	0	1
0	1	0	0	0	1	0	0
1	0	0	0	1	1	1	0

$D_3 = W_0 + W_3 \quad D_2 = W_1 + W_2 + W_3$

$D_1 = W_0 + W_3 \quad D_0 = W_0 + W_1$

22.1.4 知识点窍 阵列图分析。

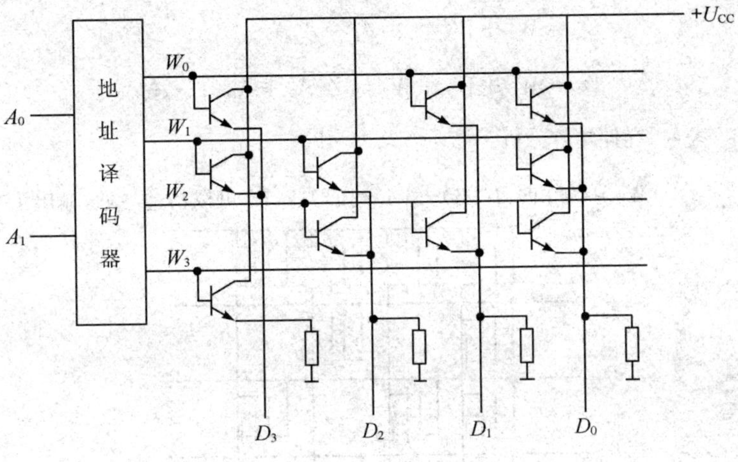

题 22.1.4 图

逻辑推理 字线为高电平时，双极型晶体管导通，与三极管相连的位线输出为高，相当于接有三极管的交叉点存 **1**。

解题过程 (1) 简化阵列图如题解 22.1.4 图所示。

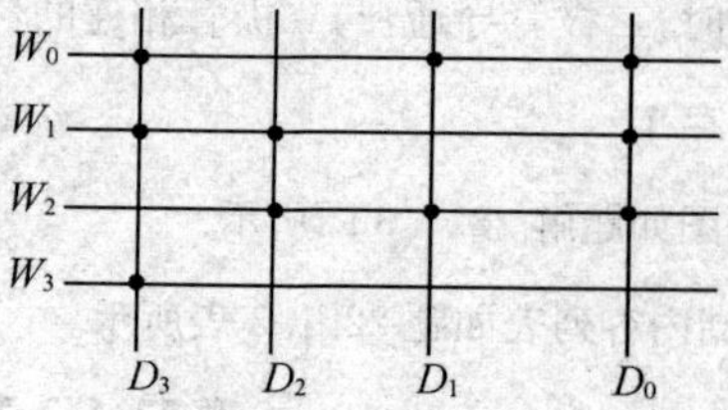

题解 22.1.4 图

(2) 其存储的内容如题 22.1.4 表所示。

题 22.1.4 表

字线				位线			
W_3	W_2	W_1	W_0	D_3	D_2	D_1	D_0
0	0	0	1	1	0	1	1
0	0	1	0	1	1	0	1
0	1	0	0	0	1	1	1
1	0	0	0	1	0	0	0

(3) $D_3 = W_3 + W_1 + W_0 = \overline{A}_1\overline{A}_0 + \overline{A}_1 A_0 + A_1 A_0$

$D_2 = W_1 + W_2 = \overline{A}_1 A_0 + A_1\overline{A}_0$

$D_1 = W_0 + W_2 = \overline{A}_1\overline{A}_0 + A_1\overline{A}_0$

$D_0 = W_0 + W_1 + W_2 = \overline{A}_1\overline{A}_0 + \overline{A}_1 A_0 + A_1\overline{A}_0$

22.1.5 知识点窍 存储矩阵分析。

逻辑推理 $W_{0\sim3}$ 为 **1** 时，NMOS 管 DS 极导通，D_i 可以与地导通，输出为 **0**。

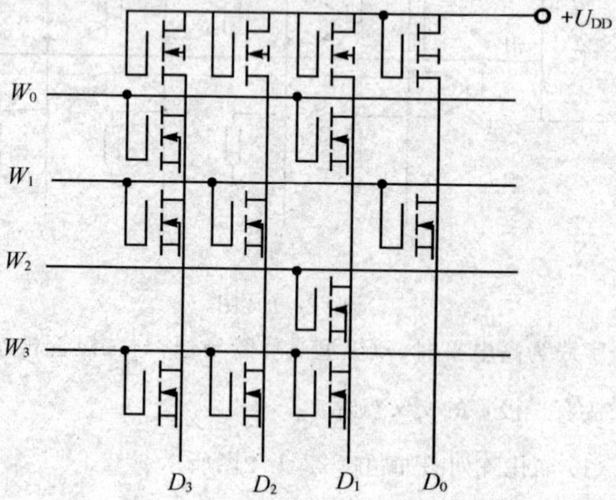

题 22.1.5 图

解题过程 (1) 简化阵列图如题解 22.1.5 图所示，由题 22.1.5 图所示可知，一旦单元被选中，W_i 和 D_i 均为高电平，而阵列输出数据为低电平，存储内容为 **0** 而不是 **1**。

(2) 存储内容如题 22.1.5 表所示。

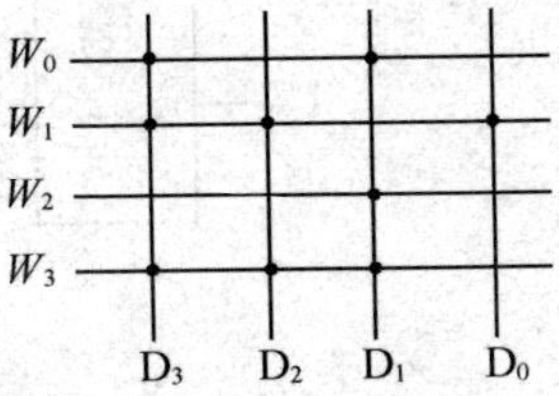

题解 22.1.5 图

题 22.1.5 表

字线				**位线**			
W_3	W_2	W_1	W_0	D_3	D_2	D_1	D_0
0	**0**	**0**	**1**	**1**	**0**	**1**	**0**
0	**0**	**1**	**0**	**1**	**1**	**0**	**1**
0	**1**	**0**	**0**	**0**	**0**	**1**	**0**
1	**0**	**0**	**0**	**1**	**1**	**1**	**0**

(3) $D_3 = W_0 + W_1 + W_3$ $\qquad D_2 = W_1 + W_3$

$D_1 = W_0 + W_2 + W_3$ $\qquad D_0 = W_1$

22.1.6 **知识点窍** ROM 分析。

逻辑推理 函数有 3 个输出变量 Y_0, Y_1 和 Y_2，所以 ROM 用 3 条位线。有 A, B, C 3 个输入变量，应采用 3/8 线地址译码矩阵。

解题过程 将以上各式化为最小项形式

$$Y_0 = AB + BC = AB(C+\bar{C}) + (A+\bar{A})BC = \bar{A}BC + AB\bar{C} + ABC$$

$$= \sum m(3,6,7)$$

$$Y_1 = A\bar{B} + \bar{A}B = A\bar{B}(C+\bar{C}) + \bar{A}B(C+\bar{C}) = A\bar{B}C + A\bar{B}\,\bar{C} + \bar{A}B\bar{C} + \bar{A}BC$$

$$= \sum m(2,3,4,5)$$

$$Y_2 = AB + BC + CA = AB(C+\bar{C}) + (A+\bar{A})BC + A(B+\bar{B})C$$

$$= AB\bar{C} + \bar{A}BC + A\bar{B}C + ABC = \sum m(3,5,6,7)$$

若将 A、B、C 三变量分别接至 ROM 的地址输入端 A_2、A_1、A_0，则实现阵列图如题解 22.1.6 图所示。ROM 存储的内容如题 22.1.6 表所示。

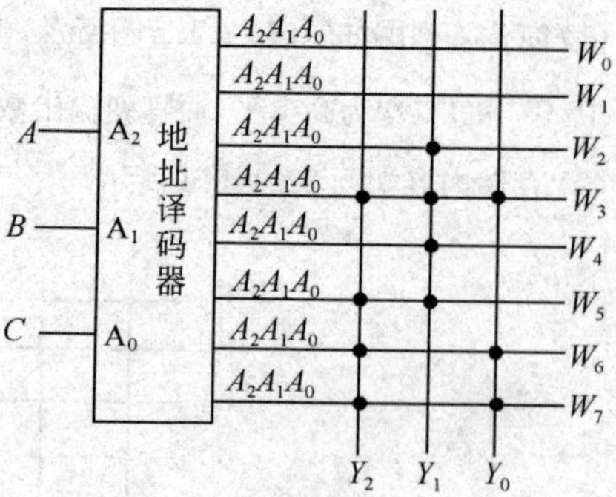

题解 22.1.6 图

题 22.1.6 表

字单元	Y_2	Y_1	Y_0
W_0	0	0	0
W_1	0	0	0
W_2	0	1	0
W_3	1	1	1
W_4	0	1	0
W_5	1	1	0
W_6	1	0	1
W_7	1	0	1

22.2.3 知识点窍 RAM 位数的扩展。

逻辑推理 参照练习与思考题22.2.3 解答中位扩展的方法。

解题过程 2 片 256×4RAM 位扩展的接线图如题解 22.2.3 图所示。

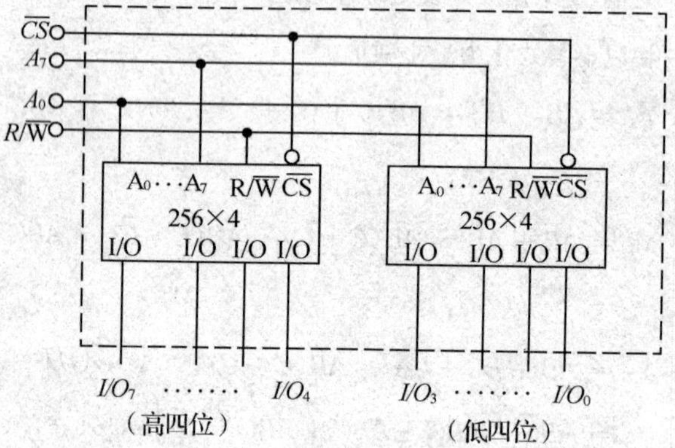

题解 22.2.3 图

22.2.4 知识点窍　RAM 字数扩展。

逻辑推理　参照练习与思考题 22.2.3 解答中字扩展的方法。

解题过程　四片 256×8RAM 扩展成 1 024×8RAM 的接线图如题解 22.2.4 图所示。

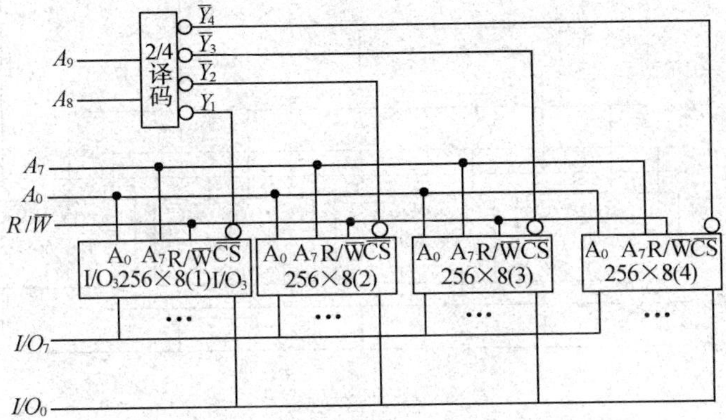

题解 22.2.4 图

22.2.5 知识点窍　有关 RAM 的基本概念。

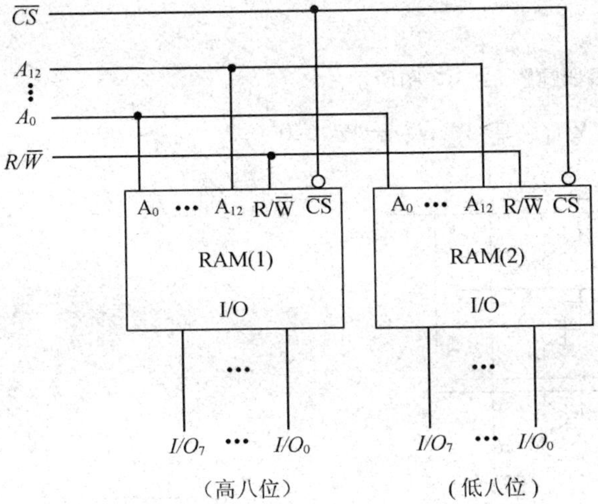

题 22.2.5 图

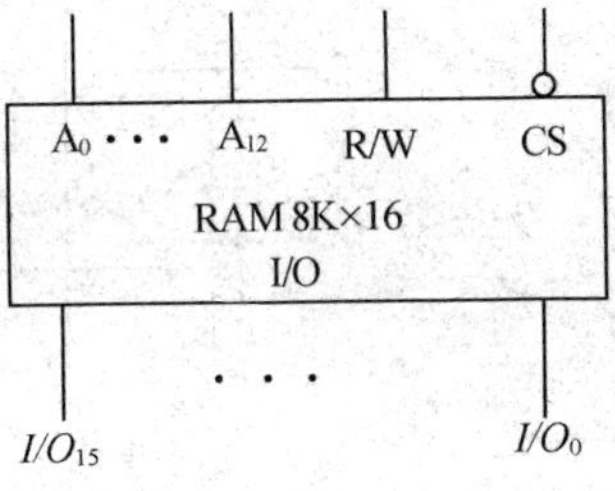

题解 22.2.5 图

逻辑推理　本题是位扩展连接，参照前面几题关于位扩展的分析。

解题过程　各片 RAM 有 13 位地址码 $A_0 \sim A_{12}$，有 $2^{13} = 8K$ 字，每字 8 位。

扩展后 RAM 有 $2^{13} = 8K$ 字，每字 16 位。

等效 RAM 的电路如题解 22.2.5 图所示。

22.2.6 解题过程　与习题 22.2.4 类似，只不过本题是 RAM 的字数扩展。

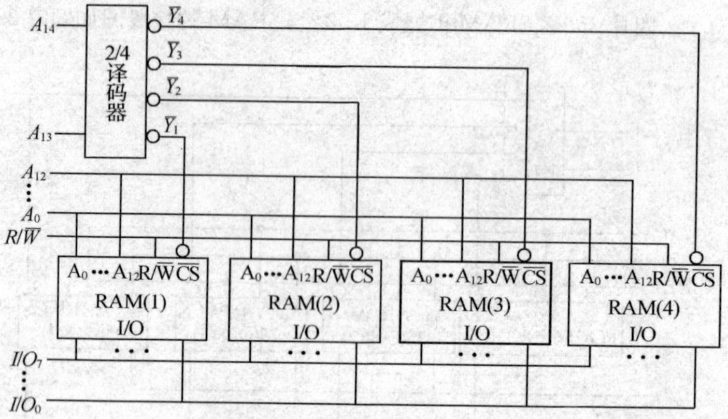

题 22.2.6 图

扩展前各片 RAM 有 13 位地址码 $A_0 \sim A_{12}$，其字数为 $2^{13} = 8$K 字，每字 8 位。扩展后的 RAM 有 15 位地址码 $A_0 \sim A_{14}$，其中高两位 $A_{13} \cdot A_{14}$ 通过 2/4 线译码器控制各片片选$\overline{CS}$，选中者可以进行工作，有 $8\text{K} \times 4 = 32$K 字，每字仍为 8 位。

22.3.3 解题过程　(1) 编程列阵图如题解 22.3.3 图所示。

(2)$D_0 = W_1 + W_2$，$D_1 = W_0$，$D_2 = W_1 + W_2$。

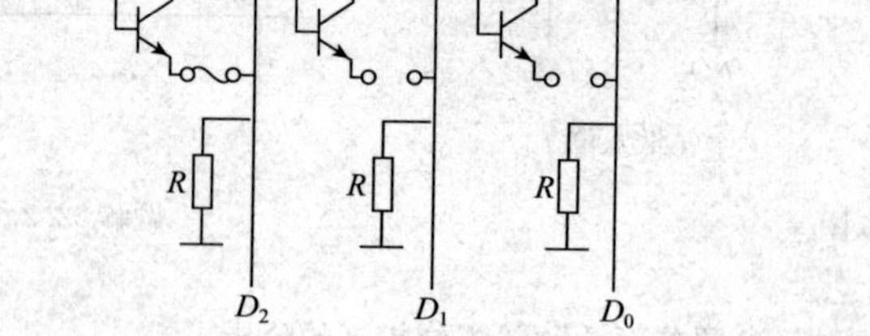

题 22.3.3 图

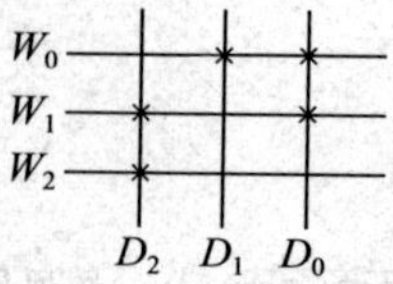

题解 22.3.3 图

22.3.4 解题过程 (1) 将 Y_0 化为量小项形式

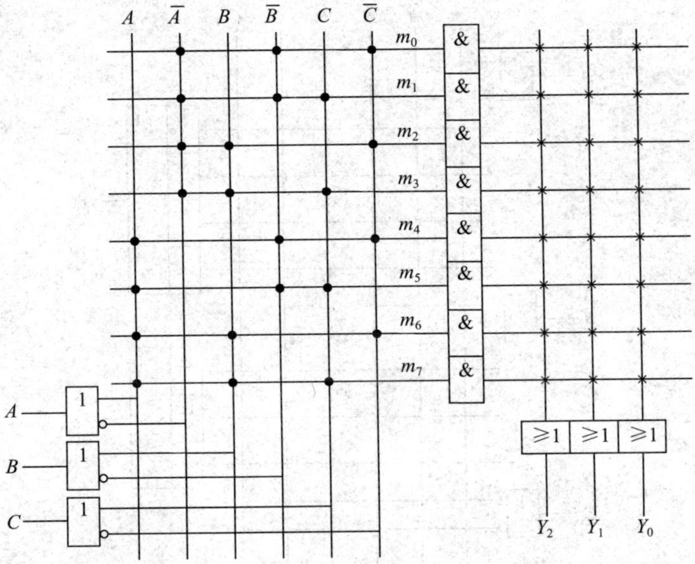

题 22.3.4 图

$$Y_0 = A(\overline{B}\,\overline{C} + \overline{B}C + B\overline{C} + BC) + \overline{A}BC + ABC$$
$$= A\overline{B}\,\overline{C} + A\overline{B}C + AB\overline{C} + ABC + \overline{A}BC$$
$$= m_4 + m_5 + m_6 + m_7 + m_3$$
$$Y_1 = m_7 + m_1 + m_2$$
$$Y_2 = m_7 + m_1 + m_0 + m_2$$

(2) 画编程阵列图(如题解 22.3.4 图所示),在右侧部分擦除部分叉点,留下(1) 中相应的叉点即可。

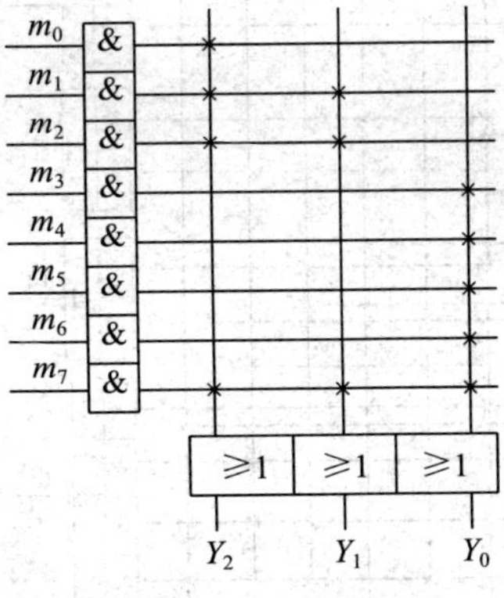

题解 22.3.4 图

22.3.5 解题过程　PAL 编程电路　$Y_0 = AB + BC + \overline{A}\,\overline{B}\,\overline{C}$　$Y_1 = A\overline{B} + \overline{A}B$

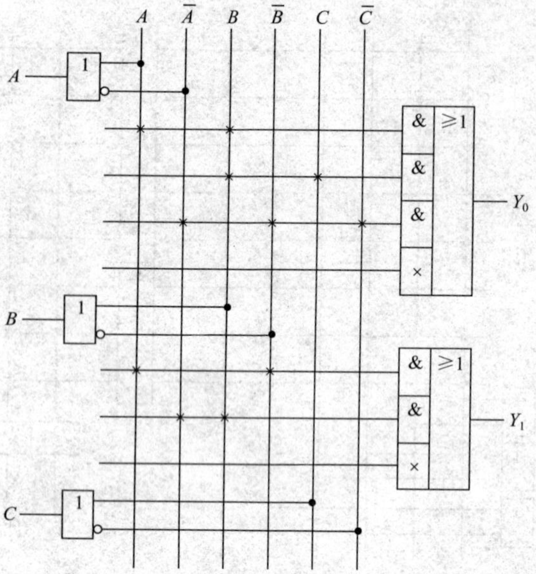

题 22.3.5 图

22.3.6 知识点窍　PAL 应用。

逻辑推理　由 Y 的表达式可判断出有 3 个输入变量 A、B、C，4 个输出量用变量 Y_1，Y_2，Y_3，Y_4 表示，从 PAL12H6 编程阵列图中确定 3 个输入端，4 个输出端。

解题过程　根据 Y_1，Y_2，Y_3，Y_4 表达式的特点选定 PAL12H6 的 5，6，7 为输入端，16，15，14，13 为输出端，输出逻辑函数 $Y_1 \sim Y_4$（其余部分不用），编程阵列图如题解 22.3.6 图所示（与门中有"╳"号者表示此门未使用）。

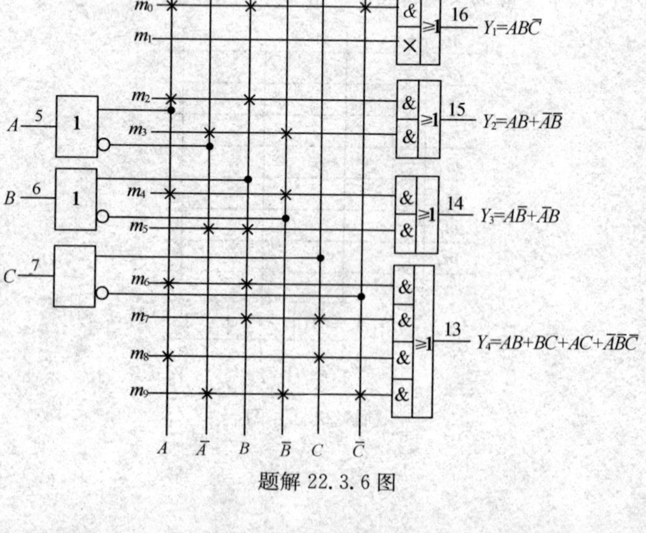

题解 22.3.6 图

C　拓宽题

22.3.7 解题过程　(1) $D_3=m_4$

$$D_2=m_0+m_1+m_2+m_3+m_5+m_6+m_7+m_8$$

$$D_1=m_2+m_3+m_5+m_6+m_9+m_{10}+m_{14}+m_{15}$$

$$D_0=m_1+m_3+m_5+m_7+m_9+m_{11}+m_{13}+m_{15}$$

(2) 编程阵列图如题解 22.3.7 图所示。

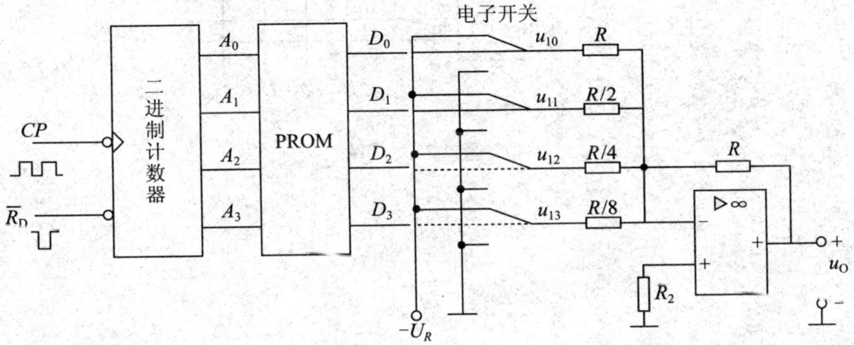

(a)

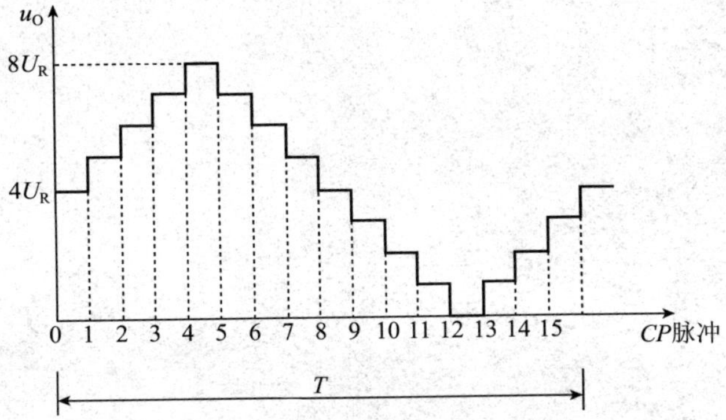

(b)

题 22.3.7 图

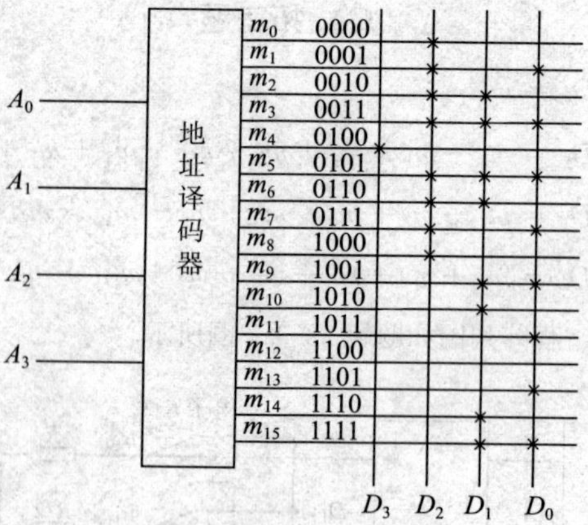
A_0
A_1
A_2
A_3
地址译码器
m_0 0000
m_1 0001
m_2 0010
m_3 0011
m_4 0100
m_5 0101
m_6 0110
m_7 0111
m_8 1000
m_9 1001
m_{10} 1010
m_{11} 1011
m_{12} 1100
m_{13} 1101
m_{14} 1110
m_{15} 1111
D_3 D_2 D_1 D_0

题解 22.3.7 图

第 23 章

模拟量和数字量的转换

模—数转换器(A/D)和数—模转换器(D/A)均属大规模集成电路,是数字、模拟模块间必不可少的部分。本章的重点是了解实现转换的最基本原理及主要技术指标。

23.1 重点内容提要

一、D/A 转换器

数—模转换器简称 D/A 转换器(DAC)。

1. 倒 T 型电阻网络 D/A 转换器

如图 23.1 所示为倒 T 形网络。

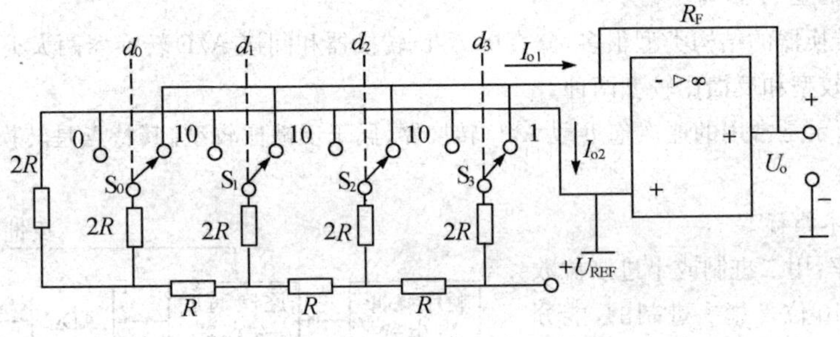

图 23.1

运算放大器输出电流为

$$I_{o1}=\frac{U_{REF}}{R\cdot 2^4}(d_3\cdot 2^3+d_2\cdot 2^2+d_1\cdot 2^1+d_0\cdot 2^0)$$

运算放大器输出电压为

$$U_o=-R_F I_{o1}=-\frac{R_F}{R}\cdot\frac{U_{REF}}{2^4}(d_3\cdot 2^3+d_2\cdot 2^2+d_1\cdot 2^1+d_0\cdot 2^0)$$

若输入 n 位二进制,且 $R_F=R$,则

$$U_o = -\frac{U_{REF}}{2^n}(d_{n-1} \cdot 2^{n-1} + d_{n-2} \cdot 2^{n-2} + \cdots + d_1 \cdot 2^1 + d_0 \cdot 2^0)$$

2. 主要技术指标

(1) 分辨率：最小输出电压(对应于输入二进制最低位 **1**) 与最大输出电压(对应于输入二进制所有位全为 **1**) 之比称为分辨率。

最小输出电压增量 $\Delta U_{omin} = \frac{U_{REF}}{2^n}$

最大输出电压 $U_{omax} = \Delta U_{omin}(2^n - 1)$，对应于全 **1** 的二进制输入。

(2) 转换精度：指输出模拟电压实际值与理论值之差，通常用输出电压满刻度的百分数或最低有效位数字的倍数来表示。

(3) 线性度：即系统在转换过程中产生的非线性误差，用满刻度的百分数表示。

(4) 转换速度：用从输入数字信号起到输出电压稳定所需时间来衡量。

总的转换时间为 $T_{TRmax} = t_s + t = 1 + 7 \approx 8\mu s$

1) 建立时间 t_s：转换器输入数字量由全 **0** 变全 **1** 或由全 **1** 变全 **0** 时，输出电压达到稳定值所需的时间。

2) 转换速率 S_R：转换速率 S_R 取决于运算放大器的性能。

(5) 电源抑制比：即电源电压变化所引起的输出电压变化的百分比。

$$\gamma = \frac{\Delta U_o}{\Delta U_{CC}} \times 100\%$$

二、A/D 转换器

模 — 数转换器简称 A/D 转换器(ADC)。

1. 逐次逼近型 A/D 转换器

模 — 数转换器的结构类型很多，分直接 A/D 转换器和间接 A/D 转换器两大类。直接 A/D 转换器又分并联比较型和反馈比较型两种。

图 23.2 所示是常用的逐次逼近型 A/D 转换器，属于反馈比较型。其特点是转换速度快，转换精度高。

2. 主要技术指标

(1) 分辨率：用二进制或十进制位数表示，如 8 位、10 位是指二进制的，能分辨最大输入模拟电压的$\frac{1}{2^8}$ 或$\frac{1}{2^{10}}$。

(2) 转换误差(即转换精度)：实际输出数字量与理论值之差。

(3) 转换速度：完成一次转换所需的时间称为转换速度。它包括采样保持电路工作时间和转换电路工作时间。

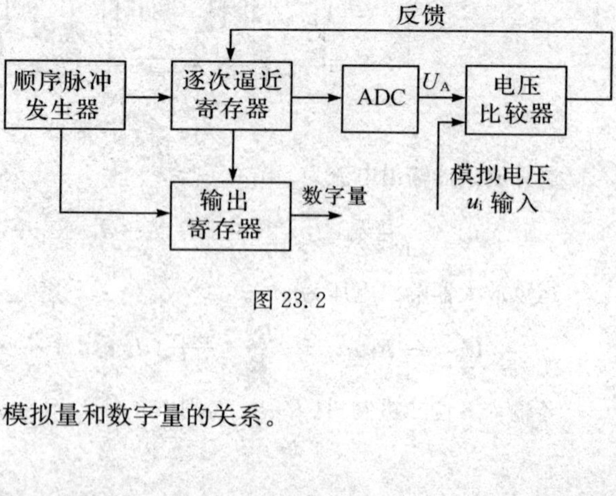

图 23.2

考点：应用技术指标含义，计算转换前后模拟量和数字量的关系。

23.2 课后习题全解

A 选择题

23.1.1 分析 $R_F = R, n = 4$ 时

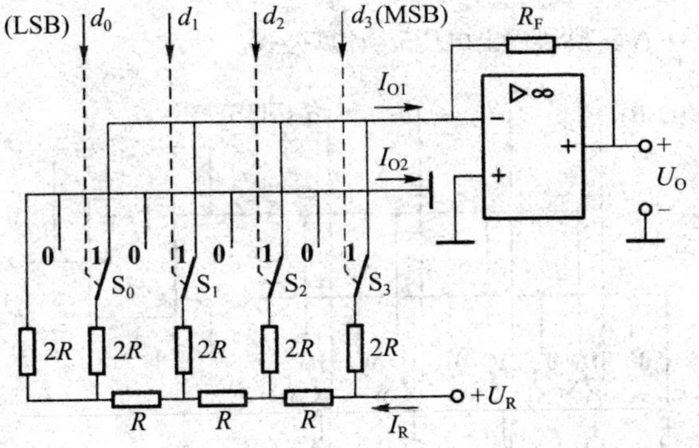

题 23.1.1 图

模拟输出电压 $U_{omin} = -\frac{U_R}{2^n} \times 1 = \frac{10}{10} = 0.625V$

$$U_{omax} = -\frac{(2n-1)U_R}{2^n} = \frac{15 \times 10}{16} = 9.375V$$

故分别选(2)、(1)。

23.1.2 分析 $U_{omin} = \frac{U_R}{2^n} = 0.313V$

输入 1010 时

$$U = \frac{-U_R}{2^n} \cdot (1 \times 2^3 + 0 \times 2^2 + 1 \times 2 + 0 \times 2^0) = 3.13V$$

故选(1)。

23.1.3 分析 输入量 = 1 时 $U_0 = \frac{U_R}{2^n} = 4.885mV$

最大输出 $U_0 = \frac{U_R}{2^n}(2^n - 1) = 10V$

$\therefore 2^n - 1 = 10V/4.885mV \Rightarrow n = 11$

∴ 该 D/A 转换器是 11 位的。故选(2)。

23.2.1 分析 由 A/D、D/A 转换公式

$$U_0 = -\frac{U_R}{2^n}(d_{n-1} \cdot 2^{n-1} + d_{n-2} \cdot 2^{n-2} \cdots d_0 2^0)$$

$U_1 = 3.91V, U_R = -5V, n = 8$

$$\frac{5}{2^8}(d_7\times 2^7+d_6\times 2^6+\cdots d_1\times 2^0)=3.91$$

采用逐次逼近法，试探得：

$d_7=1, d_6=1, d_5=0, d_4=0, d_3=1, d_2=0, d_1=0$

$\therefore d_0=0$ ∴ 输出数字量为**11001000**，故选(1)。

B　基本题

23.1.4 知识点窍　D/A 转换器输出电压 u_o 计算公式。

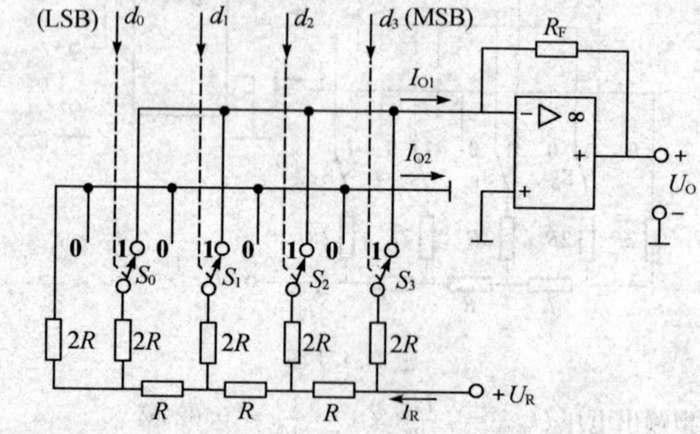

题 23.1.4 图

逻辑推理　输入 $d_3d_2d_1d_0=$ **1010**，故输入为 $n=4$ 位二进制数。

解题过程　应用公式 $U_o=-\frac{U_R}{2^n}(d_{n-1}\cdot 2^{n-1}+d_{n-1}\cdot 2^{n-1}+\cdots+d_0\cdot 2^0)$

$$=-\frac{10}{16}(8+2)=-6.25\text{V}$$

23.1.5 知识点窍　D/A 转换器。

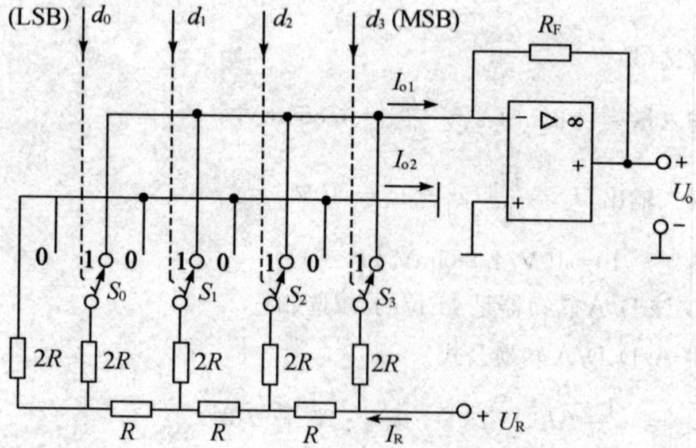

题 23.1.5 图

逻辑推理 此为一倒T型网络，有输入电压 U_R 和输出电流 I_{o1} 的关系

$$I_{o1} = \frac{U_R}{R} \cdot \frac{1}{2^4}(d_5 2^3 + d_2 \cdot 2^2 + d_1 \cdot 2 + d_0 \cdot 1)$$

解题过程

$$I_R = \frac{U_R}{R} = \frac{10}{10} = 1\text{mA}$$

根据公式，得

$$I_{o1} = \frac{U_R}{R} \cdot \frac{1}{2^4}(d_3 \cdot 2^3 + d_2 \cdot 2^2 + d_1 \cdot 2 \cdot d_0 \cdot 1)$$

$$= \frac{1}{16}(8+2+1) = \frac{11}{16} \approx 0.687\ 5\text{mA}$$

输出电压为：$U_o = -R_F \cdot I_{o1} = -10 \times 0.687\ 5 = -6.875\text{V}$

各支路电路 $I_3 = \frac{1}{2} I_R = \frac{1}{2} \times 1 = 0.5\text{mA}$

$$I_2 = \frac{1}{4} I_R = 0.25\text{mA}$$

$$I_1 = \frac{1}{8} I_R = 0.125\text{mA}$$

$$I_0 = \frac{1}{16} I_R = 0.0625\text{mA}$$

23.1.6 解题过程 输入 **00000001** 时 $U_0 = \frac{-U_R}{2^8} \times 1 = -0.04\text{V}$

∴ 输入 **10000000** 时 $U_0 = -\frac{U_R}{2^8} \times (2^7 \times 1 + 0) = -5.12\text{V}$

输入 **01101000** 时 $U_0 = \frac{-U_R}{2^8} \times (2^6 + 2^5 + 2^3) = -4.16\text{V}$

23.1.7 解题过程 $U_{min} = \frac{U_R}{2^n} = 0.04\text{V}$ $U_{max} = \frac{U_R}{2^n}(2^n - 1) = 10.2\text{V}$

$2^n - 1 = 10.2/0.04 = 255$

$\therefore n = 8$

分辨率 $= \frac{1}{2^8 - 1} \approx 0.004$

23.2.2 知识点窍 逐次逼近型 A/D 转换器。

逻辑推理 逐次原理是反馈比较。

解题过程 启动脉冲后，在第一个 CP 作用下，D/A 转换器，$d_3 d_2 d_1 d_0 = \mathbf{1000}$。

(1) $U_A = \frac{10}{2^4} \times 2^3 = 5\text{V}$，则 $V_A < V_I$，故 $d_3 = \mathbf{1}$，第二个 CP 脉冲作用下

$d_3 d_2 d_1 d_0 = \mathbf{1100}$。

(2) $U_A = \frac{10}{2^4} \times (2^3 + 2^2) = 7.5\text{V}$，则 $V_A < V_I$，故 $d_2 = 1$，第三个 CP 脉冲作用下

$d_3 \sim d_0 = \mathbf{1110}$。

(3)　$U_A = \frac{10}{2^4} \times (2^3 + 2^2 + 2) = 8.75\text{V}$,则 $V_A > V_I$,故 $d_1 = \mathbf{0}$,第四个 CP 脉冲作用下

$d_3 \sim d_0 = \mathbf{1101}$。

(4)　$U_A = \frac{10}{2^4} \times (2^3 + 2^2 + 1) = 8.125\text{V}$,则 $V_A < V_I$,故 $d_0 = \mathbf{1}$

因此转换结果:$d_3 \sim d_0 = \mathbf{1101}$

23.2.3 解题过程

$U_{omax} = \frac{U_R}{2^8}(2^7 - 1) = 9.945$

$U_I = 6.435\text{V}$ 时,$U_R = 9.984\text{V}$

$6.435 = \frac{9.984}{2^8} \times (d_7 \times 2^7 + d_6 \times 2^6 \cdots d_0 \times 2^0)$

逐次逼近试探得:

$d_7 = 0 \quad d_6 = 1 \quad d_5 = 1 \quad d_4 = 0$

$d_3 = 0 \quad d_2 = 1 \quad d_1 = 0 \quad d_0 = 1$

∴A/D 转换器输出数字量为 01100101。

23.2.4 解题过程

如教材图 23.2.6 所示。

第一阶段对输入电压 u_I 积分($0 \sim T_1$)。

$$U_A = -\frac{1}{RC}\int_0^{T_1} u_I \mathrm{d}t = -\frac{T_1}{RC}U_I$$

U_A 为负值,比较器输出 u_c 为 1,开通 CP 控制门 G,计数器开始计数。当计到 2^n 个脉冲时,计数器清 0,同时输出一进位信号,u_I 积分结束,T_1(积分时间 $= 2^n T_{CP}$)(T_{CP} 为 CP 的周期)。

第二阶段对电压($-U_R$)积分。

因 U_I 和($-U_R$)极性相反,当($-U_R$)积分时,可使 U_A 以斜率相反的线性斜坡恢复为 0,随即结束对($-U_R$)的积分,所以

$$U_A = \frac{1}{RC}\int_0^{T_2} U_R \mathrm{d}t - \int_0^{T_1} U_I \mathrm{d}t = 0$$

由上式则　$\frac{T_2}{RC}U_R = \frac{T_1}{RC}U_I$

$$\frac{NT_{CP}}{RC}U_R = \frac{2^n T_{CP}}{RC}U_I$$

故　$U_I = \frac{U_R}{2^n}N$

C 拓宽题

23.1.8 解题过程 $U_{omax}=-\left(\frac{100}{200}\times1+\frac{100}{130}\times1+\frac{100}{100}\times1+\frac{100}{200}\times1\right)\times3.5\text{V}$

$Q_3Q_2Q_1Q_0=1010$ 时

$U_0=-\left(\frac{100}{200}\times1+\frac{100}{130}\times0+\frac{100}{100}\times1+\frac{100}{200}\times0\right)\times3.5=-5.25\text{V}$

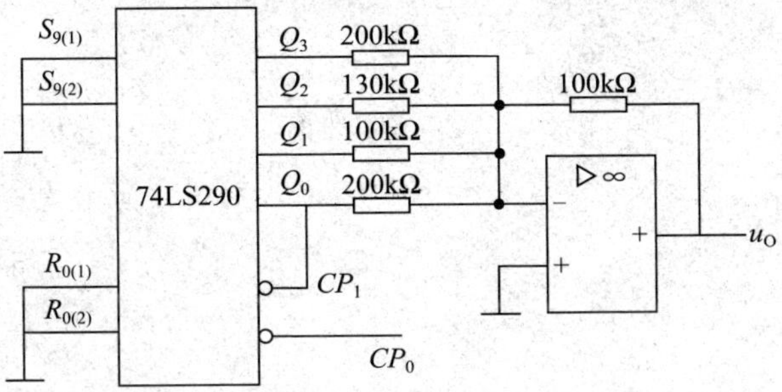

题 23.1.8 图

23.1.9 解题过程 $d_4d_5d_6d_7d_8d_9=0$

计数器由初态 $Q_3Q_2Q_1Q_0=d_3d_2d_1d_0=0000$ 开始计数

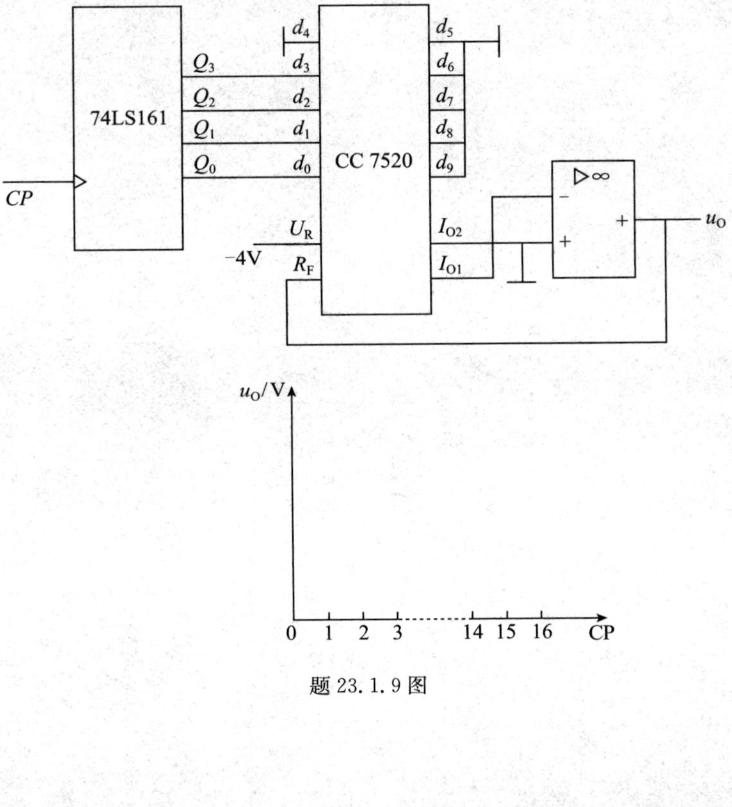

题 23.1.9 图

输出模拟量 $U_0 = 0 \rightarrow -\frac{U_R}{1024} \rightarrow -\frac{2U_R}{1024} \rightarrow \frac{-3UR}{1024} \cdots \rightarrow -\frac{-15U_R}{1024} \rightarrow 0$

波形图如题解 23.1.9 图所示。

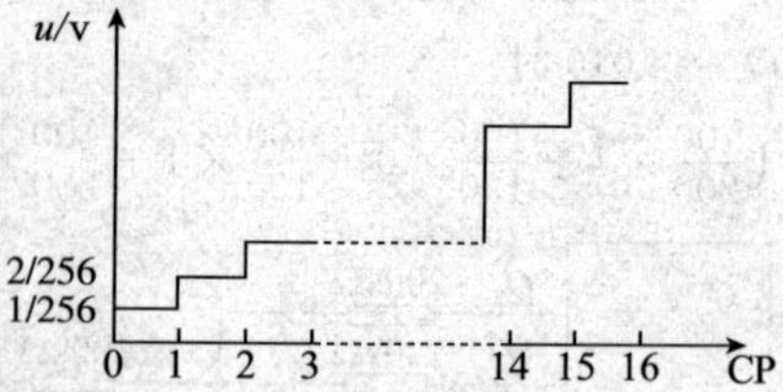

题解 23.1.9 图